站(所)用低压交直流运维技术

国网河南省电力公司郑州供电公司　编

中国电力出版社
CHINA ELECTRIC POWER PRESS

内 容 提 要

本书全面介绍了变电站低压交流和直流设备的核心知识及实践应用，包括巡视维护、设备验收、异常处理及故障处置、技改与大修等内容。通过深入分析交流和直流设备的运行特点与常见问题，详细阐述了巡视维护的重点和操作规范，提供了针对设备验收的具体流程和技术要求。此外，书中对交流与直流系统可能出现的异常情况进行分类解析，并给出实用的处理方法和预防措施，同时结合技改大修案例，剖析了优化改进与系统更新的关键技术点。

本书既是一本实用的技术指导手册，也是从业人员提升专业技能的重要参考工具。它的编写注重理论与实践的结合，为变电站运行和检修人员提供了系统的技术支持，有助于提高设备运行的安全性与稳定性，降低事故发生率。同时，本书为从事设备管理和技术创新的人员提供了宝贵经验，具有较高的实用价值和推广意义。

图书在版编目（CIP）数据

站（所）用低压交直流运维技术 / 国网河南省电力公司郑州供电公司编. -- 北京 ：中国电力出版社, 2025. 8. -- ISBN 978-7-5239-0283-7

Ⅰ. TM63

中国国家版本馆 CIP 数据核字第 2025TG1049 号

出版发行：中国电力出版社
地　　址：北京市东城区北京站西街 19 号（邮政编码 100005）
网　　址：http://www.cepp.sgcc.com.cn
责任编辑：雍志娟
责任校对：黄　蓓　常燕昆　张晨荻
装帧设计：郝晓燕
责任印制：石　雷

印　　刷：三河市万龙印装有限公司
版　　次：2025 年 8 月第一版
印　　次：2025 年 8 月北京第一次印刷
开　　本：787 毫米×1092 毫米　16 开本
印　　张：24.5
字　　数：566 千字
定　　价：180.00 元

本书编委会

本书编写组

主　　　编　李俊华　陈建凯　苏海涛

副　主　编　石云松　王天健　郑含璐　刘朋辉

编写组组长　王天健　郑含璐　唐诗佳　王思琦　朱建伟

编写组副组长　范淑薇　贾龙涛　刘朋辉　王兴电　贾　伟

内容审核　郭　峰　王　涛　左魁生　唐翠莲　王　兵

编写组成员（排名不分先后）

李俊华　王天健　郑含璐　王思琦　唐诗佳　朱建伟
范淑薇　贾龙涛　王兴电　刘朋辉　贾　伟　杨　光
陈俐文　李　航　侯　艳　曲良孔　许　辉　周　琦
卫元军　张轶鹏　王　欣（男）　贾棋然　李　峰
王　勇　陈瑞华　许　冬　吕　明　周鹏举　刘倩玲
李东杰　马瑞卿　韩　婷　李红卫　张　爽　赵冠男
李玉倩　张程莉　邢永飞　张　晓　吕婉煜　焦世青
刘钰寒　李艳军　赵全胜　王核哲　刘锦蕙　王一帆
綦龙旗　刘　珂　党　霞　王　强　王子行　何婷婷
詹振宇　王东晖

序　言

随着电力系统的不断发展与运行复杂性的提升，变电站作为电网的重要枢纽，其低压交流和直流设备的运行维护水平，直接关系到电网的安全性与可靠性。在现代变电站中，低压交流系统为辅助设备提供动力支持，直流系统则作为控制与保护设备的“心脏”，确保设备在关键时刻能够可靠动作。因此，加强对低压交流和直流设备的管理与维护，不仅是电力行业提升设备管理能力的核心方向之一，更是保障电网稳定运行的重要基础。

本书正是在这样的背景下应运而生。全书围绕变电站低压交流和直流设备的全生命周期管理，涵盖巡视维护、设备验收、异常处理与故障处置，以及技术改造和大修工作，从理论到实践，系统总结了相关经验与成果。特别是针对异常情况的处理方法和预防措施，书中提供了详尽且具有针对性的解决方案，填补了目前行业内缺乏系统介绍此类内容的空白，堪称从业人员不可多得的工具书。

在设备巡视维护方面，书中详细阐述了巡视的基本要求、方法与关键点，为从业人员提供了全面掌握设备状态的依据，从而为异常情况的及时发现与处理奠定基础。设备验收作为新设备投运前的关键环节，其质量直接影响设备未来的运行可靠性。本书对验收流程、验收标准及注意事项进行了细致解读，并结合实际案例，深入剖析了验收过程中常被忽视的问题及改进建议。

低压交流和直流系统的异常处理是设备运行中的重点和难点，书中基于多年实践经验，对各类异常现象进行了分类解析，总结了一系列行之有效的应急处理措施，帮助从业人员快速定位问题并排除故障，最大限度地降低事故风险。此外，技术改造与大修作为提升设备性能、优化系统结构的重要手段，也在书中占据重要篇幅。通过多个实际案例，书中从项目设计、施工到验收，提供了全过程的清晰指导，同时强调在技改大修中融入创新思维与前沿技术的重要性。

本书不仅具有全面性和实用性，更在理论深度与操作指导之间达成了平衡，适合不同层次的读者使用。对于新入职的从业人员，书中丰富的实践案例和具体操作步骤，可帮助他们快速熟悉工作内容，提高岗位技能；而对于经验丰富的技术人员，书中关于技改和大修的深入探讨，则为其提供了新的思路与方法，进一步拓宽专业视野。此外，书中对设备管理与维护工作的系统总结，也为行业管理者与科研人员提供了宝贵的参考，为提升变电站设备管理水平和推进行业高质量发展贡献了智慧。

作为一名长期从事电力设备研究与管理的从业者，我深刻认识到低压交流和直流设备在电力系统中的重要性，也深知相关知识的传播对行业发展的重要意义。特别是在新能源快速发展的今天，电力系统正在向数字化、智能化方向迈进，低压交流和直流设备的运行维护工作面临着前所未有的挑战与更高要求。本书的出版，正是对这一行业需求的积极回应。

我衷心希望，本书能够成为广大电力从业人员的得力助手，不仅为实际工作提供科学指导，还能激发更多人对设备管理与技术创新的深入思考。同时，期待本书的出版能够推动低压交流和直流设备管理的规范化、专业化进程，为我国电力事业的可持续发展增添动力。

最后，向全体作者团队致以诚挚的谢意，感谢他们用心总结工作经验，潜心研究技术难点，编写出这样一本兼具理论价值与实践意义的优秀著作。

吴加新
2025 年 8 月

前　言

随着电力系统的快速发展，变电站在电网中的地位越发重要。作为变电站运行的重要组成部分，低压交流和直流设备的状态直接关系到电网的安全性和可靠性。这些设备不仅为保护装置、控制设备及操作机构提供必要的电源支持，还在突发状况下保障电网稳定运行方面发挥着不可替代的作用。如何科学管理、有效维护这些设备，成为电力行业亟待解决的重要课题之一。

本书从理论和实践出发，全面梳理了低压交流和直流设备在变电站中的应用和管理。本书分为 11 章，内容涵盖设备基础知识、巡视与维护、设备验收、异常与故障处置、技术改造与大修等几个方面。全书结构清晰，内容详实，力求为从业人员提供科学、实用的指导。

本书由一支长期从事电力行业研究与实践的专家团队共同撰写，每位作者结合自身专业领域，负责相应章节的编写。

第一章和第六章：由唐诗佳和刘朋辉共同编写，这两章全面介绍了变电站低压交流和直流设备的组成、功能及工作原理，帮助读者建立理论框架，深入理解低压交流和直流设备的基础知识。这一部分内容充分结合运行现场的真实案例，讲解巡视和维护的基本要求、常见问题及解决方法，为一线工作人员提供实际参考。

第二章和第三章：由朱建伟和范淑薇共同编写，这两章深入分析了变电站低压交流设备运行中可能出现的异常现象和故障类型，总结了高效可靠的应对策略，并提供了典型案例解析。

第四章和第九章：由郑含璐和贾龙涛共同编写，从验收流程和调试标准入手，详细说明设备投运前的关键步骤和注意事项，尤其针对新设备提出了具体的验收要点。

第五章和第十章：由王思琦和贾伟共同编写，分享了多个技改和大修的实际案例，包括技术方案设计、项目实施及验收，总结了提升设备可靠性的经验。

第七章和第八章：由王天健和王兴电共同编写，重点探讨了变电站低压直流设备运行过程中可能遇到的异常情况和故障类型，归纳了切实可行的解决方案，并结合典型案例进行了详细解析。

第十一章：由郑含璐和贾龙涛共同编写，介绍变电站站用低压交直流系统常用仪器仪表的使用方法及应用要点，涵盖巡视维护和验收操作。通过掌握这些工具的正确操作和安全意识，提升设备维护效率，确保系统运行稳定可靠。

在本书的编写过程中，得到了郭峰、王涛、左魁生等几位专家的悉心审核与宝贵技术指导。四位专家的深厚专业知识和丰富实践经验为本书的内容提供了重要支持，确保了其技术的严谨性和实用性。对此，向他们表示由衷的感谢！同时，也希望本书能够为广大读者在日常工作中提供切实帮助，并为电力行业的持续发展贡献微薄力量。

主编：李俊华

2025 年 8 月

目　录

第二部分　低压直流设备

第三部分　仪器仪表使用

第一部分

低压交流设备

第一章　低压交流设备巡视维护

本章描述

站用低压交流电源系统是变电站的重要组成部分，为站内一、二次设备及辅助设施等提供可靠的工作电源、操作电源及动力电源，是变电站安全运行，防止变电站全停的重要保障。通过巡视维护，可以及时发现设备存在的故障或老化问题，如变形、损坏、松动、接线不紧密、漏电等，从而采取相应措施确保设备的正常运行。因此，站用低压交流设备巡视维护对于确保设备正常运行、提高电力系统稳定性、保障人员和设备安全、提升设备使用寿命以及优化设备维护计划等方面都具有重要意义。

第一节　低压交流运行规定

变电站的站用交流系统是保证变电站安全可靠运行的重要环节。站用电主要作用是给变电站内的一、二次设备及生产活动，提供持续可靠的操作或动力电源。

站用交流系统的主要负荷有：主变风冷系统、断路器机构储能及隔离开关电源、充电机、逆变器、通信及自动化设备、消防、空调、照明、检修电源箱、防汛设施等。

一、组成及功能

变电站的站用交流系统是保证变电站安全可靠运行的重要环节。站用电主要作用是给变电站内的一、二次设备及生产活动，提供持续可靠的操作或动力电源。

站用交流系统的主要负荷有：主变风冷系统、断路器机构储能及隔离开关电源、充电机、逆变器、通信及自动化设备、消防、空调、照明、检修电源箱、防汛设施等。

（一）系统构成

站用交流电源系统主要由站用变压器、交流进线（联络）柜、交流配电柜、自动切换装置、交流供电网络及保护测控等组成。见图 1－1－1。

（二）各组件功能

（1）站用变压器。站用变压器电源取自两台不同主变压器分别供电的母线，保证站内不会失去交流电源。

（2）交流进线（联络）柜、交流配电柜。交流进线柜起交流电源控制及监视作用，主要包含两组主备自动切换装置以及交流母线的电流、电压监视器。配电柜则起分配交流电源的功能，并监视各个馈线的空气开关状态。

图 1－1－1　站用交流进线开关

（3）站内馈线及用电元件主要包括以下几类。

1） 直流系统。

2） 交流操作电源（包括电动隔离开关操作）。

3） 主变压器强迫油循环风冷系统。

4） UPS 逆变电源。

5） 主变压器有载调压装置。

6） 设备加热、驱潮、照明。

7） 检修电源箱、试验电源屏。

8） SF_6 监测装置。

9） 配电室正常及事故排风扇电源，生活、照明等交流电源。

（三）低压交流断路器及熔断器基本情况

1. 配置要求

（1） 站用交流电源系统馈线宜采用断路器，禁止断路器与熔断器混用。

（2） 变电站内如没有对电能质量有特殊要求的设备，不应采用具有低电压自动脱扣功能的断路器。

（3） 检修电源箱应配置剩余电流动作保护装置。

（4） 各级断路器动/热稳定、开断容量和级差配合应配置合理。设计单位应提供站用交流系统上下级差配置图和各级断路器（熔断器）级差配合参数。见图 1－1－2、图 1－1－3。

级差配合有以下三条原则：

(1) 上一级电源开关的额定容量，应当大于由此馈电的各回路工作电流的总和（考虑同时率以后）。

(2) 上一级开关的各项保护动作时间应当比下一级开关动作时间延时0.5s，如果是电子保护，起码应当延后0.3s，以免下一级故障引起上一级开关误动作。

(3) 关于电压、开断电流等开关基本参数，上一级都不能小于下一级开关，或者应当满足回路实际需要。

图 1－1－2　级差配置原则

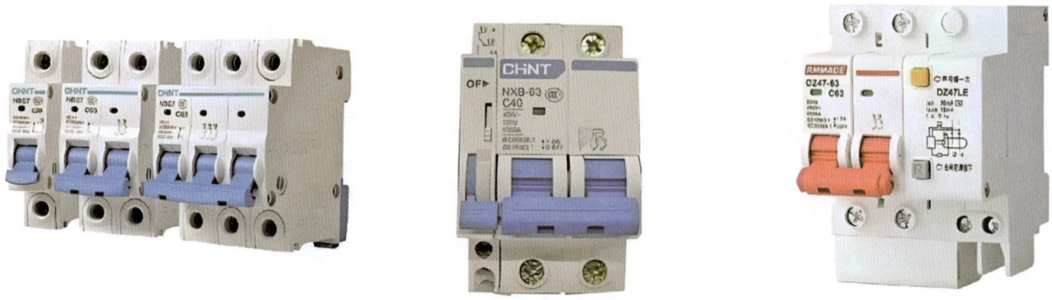

图 1－1－3　站用低压交流负荷开关

2. 低压交流电源断路器灵敏度

保护电器的动作电流应与回路导体截面配合，并应躲过回路最大工作电流；保护动作灵敏度应按回路末端最小短路电流校验。GB 50054—2011《低压配电设计规范》要求“保护线路末端的短路电流不应小于断路器瞬时或短延时过电流脱扣器整定值的 1.3 倍”，DL/T 5155—2016《220kV～1000kV 变电站站用电设计技术规程》要求“当短路保护电器为断路器时，被保护线路末端的短路电流不应小于断路器瞬时或短延时过电流脱扣器整定电流的 1.5 倍。”站用低压交流断路器存在保护灵敏度不足，无法保护长电缆末端单相接地、相零短路等故障的隐患。

对灵敏度校核不合格的馈出回路分别采用：降低断路器额定电流、更换带短延时保护的电子脱扣断路器、更换带零序保护的电子脱扣断路器或加装零序模块、更换电缆、改变回路电缆长度等方法进行整改，其中更换带短延时保护的电子脱扣断路器的方法在运行变电站更容易实施，且能解决大部分低压交流断路器灵敏度不足的问题。

（四）站用变压器电源

（1）110kV 及 220kV 变电站宜从主变压器低压侧分别引接两台容量相同、可互为备用、分列运行的站用工作变压器。每台工作变压器按全站计算负荷选择。当变电站只有一台主变压器或只有一条母线时，其中一台站用变压器的电源宜从站外引接。

（2）500kV 变电站站用变压器电源。

1）500kV 变电站的主变压器为两台（组）及以上时，由主变压器低压侧引接的站用工作变压器应为两台，并应装设一台从站外可靠电源引接的专用备用变压器，该电源宜采用专线引接。每台工作变压器的容量至少考虑两台（组）主变压器的冷却用电负荷。专用备用变压器的容量应与最大的工作变压器容量相同。

2）只有一台（组）主变压器时，除由站内引接一台站用变压器外，应再设一台由站外可靠电源引接的站用变压器，该电源宜采用专线引接。

（3）变电站不能满足站用电 N-1 要求时，则必须保证异常情况失去站用电源时，能够在变电站站用蓄电池事故放电时间内紧急恢复站用电，否则亦须在检修期间采用备用发电机（车）作为应急备用电源。见图 1－1－4、图 1－1－5。

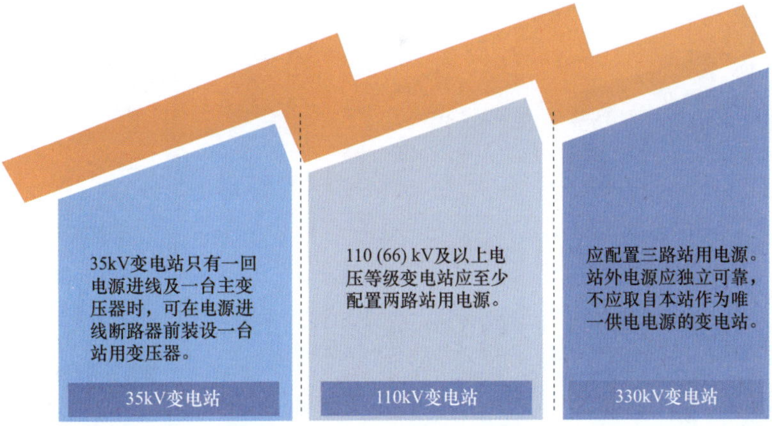
35kV变电站只有一回电源进线及一台主变压器时，可在电源进线断路器前装设一台站用变压器。
35kV变电站
110 (66) kV及以上电压等级变电站应至少配置两路站用电源。
110kV变电站
应配置三路站用电源。站外电源应独立可靠，不应取自本站作为唯一供电电源的变电站。
330kV变电站

图 1－1－4　站用变配置原则

（4）站用电接线方式。

1）站用电低压系统应采用三相四线制，系统的中性点连接至站用变压器中性点，就地单点直接接地。系统额定电压380/220V。

2）站用电母线采用按工作变压器划分的单母线。相邻两段工作母线间可配置分段或联络断路器，宜同时供电分列运行，并装设自动投入装置。

3）当任一台工作变压器退出时，专用备用变压器应能自动切换至失电的工作母线段继续供电。

（5）站用电切换注意事项。站用电源采用串联切换方式（先分后合）。不允许停电的重要交流电源，采用并联切换方式时（短时并列），注意防止非同期。

图 1－1－5　站用变压器电源

（五）交流电源屏

（1）站用交流电源柜内（见图 1－1－6）各级开关动、热稳定、开断容量和级差配合应配置合理。

（2）交流回路中的各级保险、快分开关容量的配合每年进行一次核对，并对快熔断器（熔片）逐一进行检查，不良者予以更换。

（3）具有脱扣功能的低压断路器应设置一定延时。低压断路器因过载脱扣，应在冷却后方可合闸继续工作。

（4）漏电保护器每季度应进行一次动作试验。

（六）站用交流不间断电源系统

UPS 是交流不停电电源的简称。主要为变电站计算机监控系统、关口电能计量、调度数据远动传输系统、同步时钟、五防机、事故照明等不能中断供电的重要负荷提供电源。它的主要功能是：在正常、异常和供电中断事故情况下，均能向重要用电设备及系统提供安全、可靠、稳定、不间断、不受倒闸操作影响的交流电源。

图 1－1－6　站用交流电源屏

站用 UPS 应采用两路站用交流输入、一路直流输入，两台 UPS 装置的直流输入采用不同直流母线输入，不自带蓄电池，直流输入取自站内直流电源系统。见图 1－1－7、图 1－1－8。

图 1－1－7　UPS 逆变电源

1. UPS 的分类

UPS 系统主要有有三种类型：后备式、互动式、在线式。

（1）后备式：具备自动稳压、断电保护等功能，转换时间 10ms 左右，逆变输出的交流电是方波，结构简单，价格便宜；

（2）互动式：具有滤波功能，抗市电干扰能力强，转换时间小于 4ms，逆变输出为模拟正弦波，价格远低于在线式；

（3）在线式：结构较复杂，性能完善，能够持续不中断输出纯净正弦波交流电，能够解决尖峰、浪涌、频率漂移等全部的电源问题；价格高，通常应用在关键计算机和网络设备等对电力要求苛刻的环境中。

2. UPS 的结构

变电站内 UPS 系统一般由电力 UPS 主机、旁路稳压柜、输出馈线柜等三部分组成，结构示意图如图 1－1－9 所示。

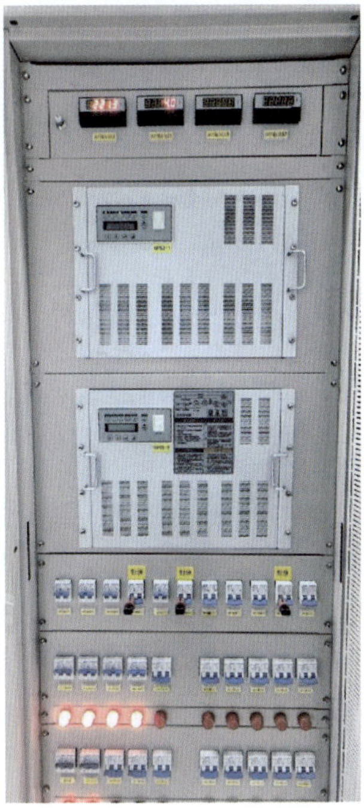

图 1－1－8 UPS 逆变屏

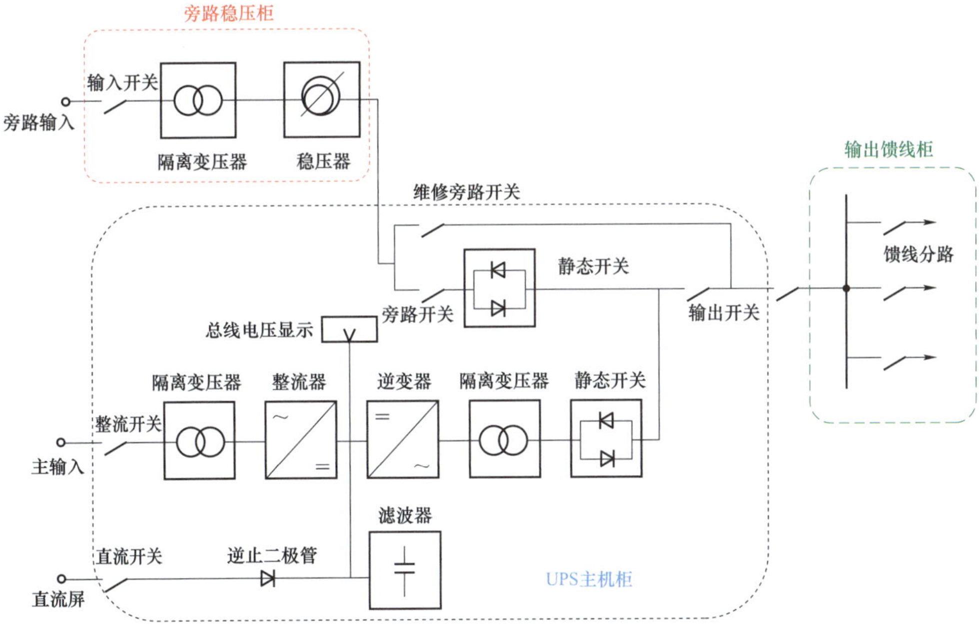

图 1－1－9 UPS 结构示意图

整流器：有两个主要功能：第一，将交流电（AC）变成直流电（DC），经滤波后供给逆变器；第二，给蓄电池提供充电电压，起到一个充电器的作用。

逆变器：将直流电（DC）转化为交流电（AC），供给负载使用。

蓄电池：UPS 用来作为储存电能的装置，使其在市电失电时，可以将直流电逆变后，为负载提供不间断电源。其容量大小决定了其维持放电（供电）的时间。

静态开关：又称静止开关，是用两个可控硅（SCR）反向并联组成的一种交流开关，其闭合和断开由逻辑控制器控制。

隔离变压器、稳压器：在输入或输出部分将交流与直流隔离，稳压器除了隔离之外还有稳定电压的作用。

3. UPS 的四种运行模式

UPS 有 4 种运行模式，将 UPS 系统结构简化后示意图如图 1－1－10 所示。

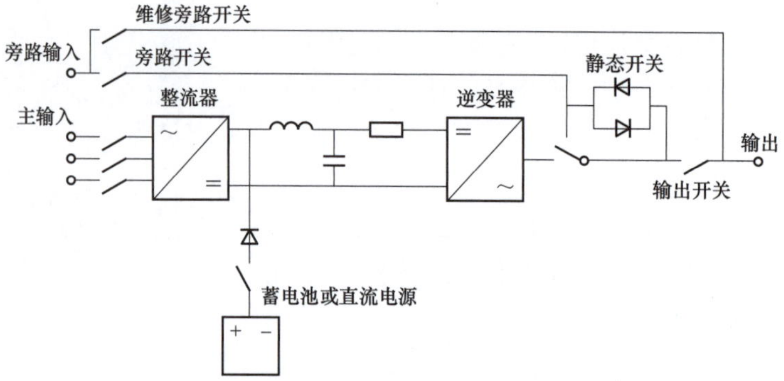

图 1－1－10　UPS 结构简化示意图

（1）正常操作模式：在正常交流电源供应下，整流器将交流电转换为直流电，将市电中的“电源污染”消除，并同时对蓄电池充电。再供给逆变器将直流电转换为交流电，提供更稳定的电源给负载。见图 1－1－11。

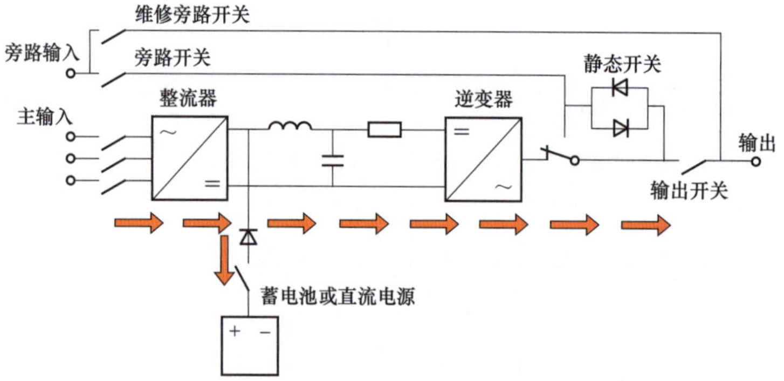

图 1－1－11　UPS 正常模式图

（2）停电模式：当交流电源发生异常或整流器、电抗器故障时，蓄电池组提供直流电给逆变器，使交流输出不会有中断，进而达到保护负载的作用。见图 1－1－12。

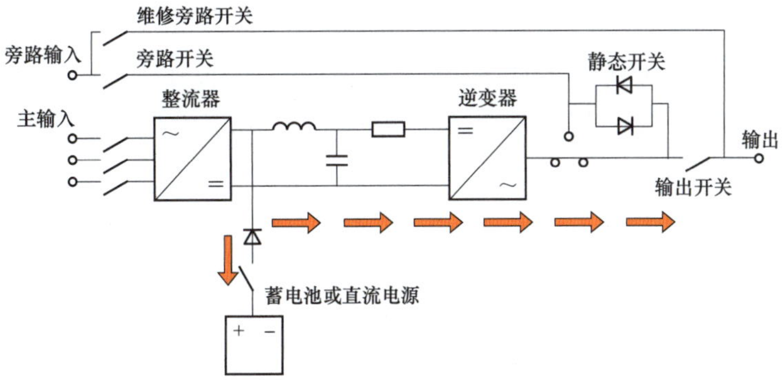

图 1－1－12　UPS 停电模式图

（3）备用电源模式：当逆变器发生异常状况如逆变器保险丝熔断、短路等故障时，逆变器会自动切断以防止损坏，若此时旁路交流电源正常时，静态开关会将电源供应转为由旁路备用电源输出给负载使用。见图 1－1－13。

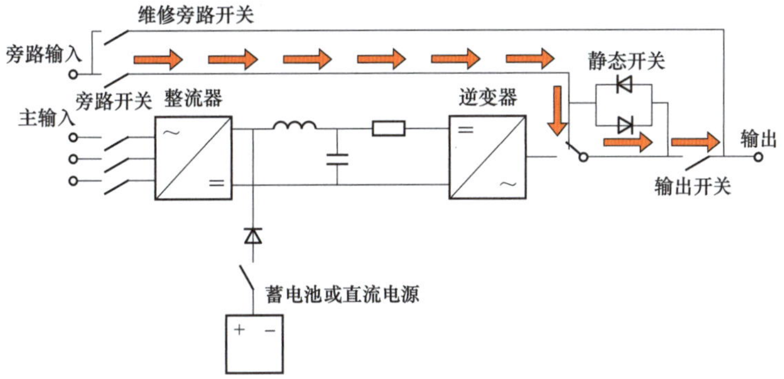

图 1－1－13　UPS 备用电源模式图

（4）维护旁路模式：当 UPS 要进行维修或更换电池而且负载供电又不能中断时，可以先切断逆变器开关然后激活维修旁路开关，再将整流器和旁路开关切断。交流电源经由维护旁路开关继续供应交流电给负载，此时，维护人员可以安全地对 UPS 进行维护。见图 1－1－14。

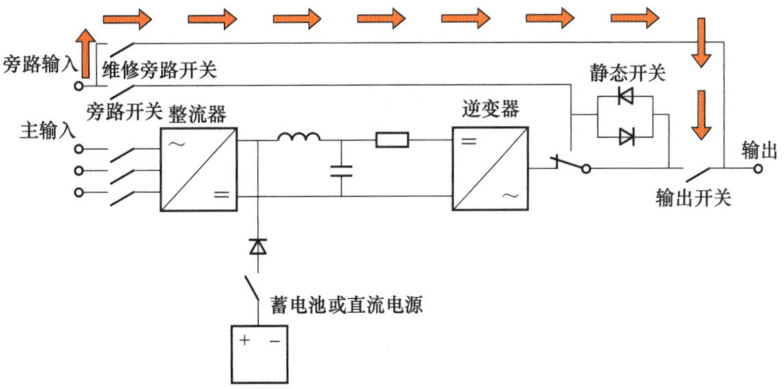

图 1－1－14　UPS 维护旁路模式图

4. 电力系统 UPS 运行要求

（1）监控系统和远方通信系统对变电站十分重要，因此作为电源的 UPS 系统的可靠性也有非常高的要求；

（2）综自系统的负载大多数为单相负载，因此电力系统专用的 UPS 电源大多数要求为三相/单相输入、单相输出的中小型功率 UPS，容量一般在 60kVA 范围之内；

（3）旁路静态切换开关应具有自动、手动两种工作方式，实现无间断切换；

（4）由于变电站有 220V 或 110V 直流系统，并有直流充电屏给蓄电池充电。所以电力专用 UPS 自身不带蓄电池，直接使用直流系统作为 UPS 的直流输入，并且不需要具备充电功能；

（5）电力专用 UPS 的直流输入端一般要求装有反灌杂讯抑制器，如逆止二极管等，使 UPS 对直流母线的影响尽量小；

（6）UPS 电源在带满全部设备后，应留有 40%以上的供电容量。UPS 在交流电失电后，不间断供电维持时间不小于 60 分钟。

（七）自动装置

（1）站用电切换及自动转换开关、备用电源自投装置动作后，应检查备自投装置的工作位置、站用电的切换情况是否正常，详细检查直流系统，UPS 系统，主变压器（高抗）冷却系统运行正常。

（2）站用电正常工作电源恢复后，备用电源自投装置不能自动恢复正常工作电源的需人工进行恢复，不能自重启的辅助设备应手动重启。

（3）备自投装置闭锁功能应完善，确保不发生备用电源自投到故障元件上、造成事故扩大。

（4）备自投装置母线失压启动延时应大于最长的外部故障切除时间。

见图 1－1－15。

图 1－1－15　ATS 自动切换装置

二、典型接线方式

（一）两台站用变（ATS）

交流电源系统典型接线方式［两台站用变（ATS）］如图 1－1－16 所示。

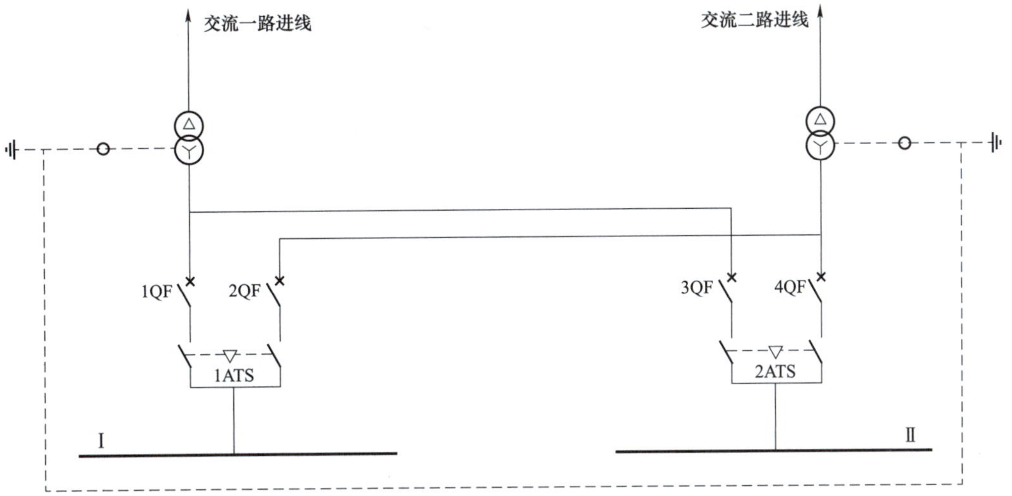

图 1-1-16　交流电源系统典型接线方式［两台站用变（ATS）］

（二）两台站用变（非 ATS）

交流电源系统典型接线方式［两台站用变（非 ATS）］如图 1-1-17 所示。

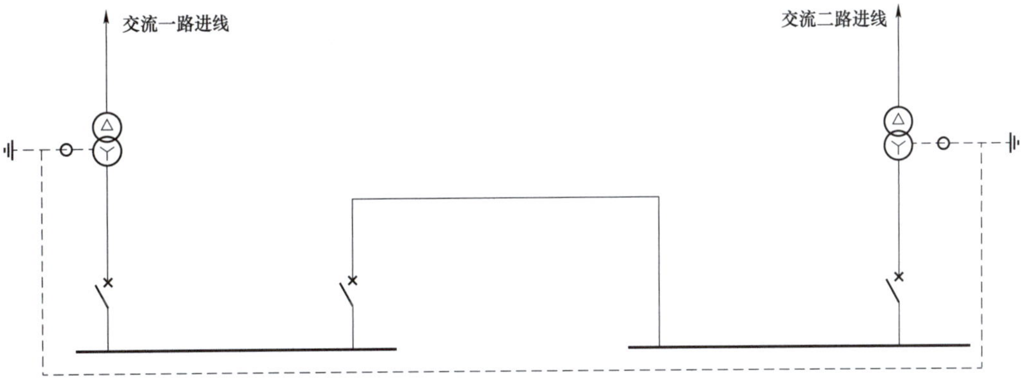

图 1-1-17　交流电源系统典型接线方式［两台站用变（非 ATS）］

三、一般规定

站用交流电源系统额定电压为 380/220V，采用三相四线制，频率 50Hz，低压侧中性点采用直接接地方式。

交流电源相间电压值应不超过 420V、不低于 380V，三相不平衡值应小于 10V。如发现电压值过高或过低，应立即安排调整站用变分接头，三相负载应均衡分配。

两路不同站用变电源供电的负荷回路不得并列运行，站用交流环网严禁合环运行。

站用电系统重要负荷（如主变压器冷却系统、直流系统等）应采用双回路供电，且接于不同的站用电母线段上，并能实现自动切换。

站用交流电源系统涉及拆动接线工作后，恢复时应进行核相。接入发电车等应急电源时，应进行核相。

第二节　低压交流设备巡视

一、巡视周期

低压交流设备的巡视归属于变电站巡视，分为例行巡视、全面巡视、专业巡视、熄灯巡视和特殊巡视。

各个设备部门需要履行相应的巡视职责：省检修公司变电检修中心、变电检修班负责组织开展变电站专业巡视，省检修公司运维分部（变电运维中心）负责组织开展变电站例行、全面、熄灯、特殊、专业巡视；省检修公司特高压交直流运检中心负责组织开展特高压变电站例行、全面、熄灯、特殊、专业巡视；地市公司变电运维室负责组织开展变电站例行、全面、熄灯、特殊巡视，地市公司变电检修室、变电检修班负责组织开展变电站专业巡视；县公司运检部运维检修部负责组织开展变电站例行、全面、熄灯、特殊、专业巡视，县公司变电检修班负责组织开展变电站专业巡视。

（一）变电站可以分为四类

（1）一类变电站是指交流特高压站，直流换流站，核电、大型能源基地（300 万千瓦及以上）外送及跨大区（华北、华中、华东、东北、西北）联络 750/500/330kV 变电站。

（2）二类变电站是指除一类变电站以外的其他 750/500/330kV 变电站，电厂外送变电站（100 万千瓦及以上、300 万千瓦以下）及跨省联络 220kV 变电站，主变或母线停运、开关拒动造成四级及以上电网事件的变电站。

（3）三类变电站是指除二类以外的 220kV 变电站，电厂外送变电站（30 万千瓦及以上，100 万千瓦以下），主变或母线停运、开关拒动造成五级电网事件的变电站，为一级及以上重要用户直接供电的变电站。

四类变电站是指除一、二、三类以外的 35kV 及以上变电站。

不同类型变电站内低压交流设备巡视周期不同。例行巡视周期为：一类变电站每 2 天不少于 1 次；二类变电站每 3 天不少于 1 次；三类变电站每周不少于 1 次；四类变电站每 2 周不少于 1 次。机器人能巡视的设备可以由机器人完成例行巡视。全面巡视周期为：一类变电站每周不少于 1 次；二类变电站每 15 天不少于 1 次；三类变电站每月不少于 1 次；四类变电站每 2 月不少于 1 次。熄灯巡视每月不少于 1 次。专业巡视周期为：一类变电站每月不少于 1 次；二类变电站每季不少于 1 次；三类变电站每半年不少于 1 次；四类变电站每年不少于 1 次。

（二）遇有下列情况，应根据需要增加巡视次数或及时进行特殊巡视

（1）大风后；

（2）雷雨后；

（3）冰雪、冰雹后、雾霾过程中；

（4）新设备投入运行后；

（5）设备经过检修、改造或长期停运后重新投入系统运行后；

（6）设备缺陷有发展时；

（7）设备发生过负载或负载剧增、超温、发热、系统冲击、跳闸等异常情况；

（8）法定节假日、上级通知有重要保供电任务时；

（9）电网供电可靠性下降或存在发生较大电网事故（事件）风险时段。

运维班负责所辖变电站的现场设备巡视工作，应结合每月停电检修计划、带电检测、设备消缺维护等工作统筹组织实施。备用设备应按照运行设备的要求进行巡视。

（三）巡视的方法

（1）目测法：就是值班人员用肉眼对运行设备可见的外观变化进行观察来发现设备的异常现象；如变色、变形、位移、松动、放电、冒烟、渗油、断股断线、闪络痕迹、挂搭异物、腐蚀污秽等都可以通过目测法检查出来。

（2）耳听法：变电站一、二次电磁式设备（如变压器、互感器、继电器、接触器）正、异常运行时会发出不同声响，值班人员通过培训或运行经验掌握设备正常运行声音特点，当设备发生故障时发出异常音律、音量来判断设备故障发生和性质。

（3）鼻嗅法：电气设备的绝缘材料一旦过热会向周围空气发出异味，当巡视中嗅到异味时，跟踪、检查会发现过热的设备部位，直至查明原因。

（4）检测法：借助红外成像仪、测温仪器设备检查设备发红、发热情况。

（四）巡视时应遵照下述要求

（1）检查巡视工具（红外热成像仪、钥匙、万用表、工具箱等），确认电量充足、合格完备。

（2）巡视人员应穿全棉长袖工作服，扣好纽扣；穿绝缘鞋。进入设备区，必须戴安全帽。进出高压室，必须随手关门。

（3）严格按照巡视路线巡视。

（4）雷雨天气，需要巡视高压设备时，应穿绝缘靴，并不得靠近避雷器和避雷针。

（5）巡视检查时，应与带电设备保持足够的安全距离：220kV 不小于 3.00m，110kV 不小于 1.50m，10kV 不小于 0.70m。

（6）巡视检查时，不得进行其他工作（严禁进行电气工作），不得移开或越过遮栏。

（7）进入 GIS 室，注意通风。SF_6气体含量不得超过 1000μL/L，氧气含量不低于 18%。入口处若无 SF_6气体含量显示器，应先通风 15min，并用检漏仪测量 SF_6气体含量合格。

（8）行走中注意脚下，防止踩空、踩踏设备管道；巡视时，防止误碰误动设备。

（9）对于已出现缺陷和异常的设备，应加强异常跟踪巡视。

（10）巡视中如有紧急情况，巡视人员应立即停止巡视，参加处理紧急情况，处理完后再继续巡视。

二、例行巡视

例行巡视是指对设备及设施外观、异常声响、设备渗漏、二次装置及辅助设施异常告警、消防安防系统完好性、设备运行环境、缺陷和隐患跟踪检查等方面的常规性巡查。

（一）交流进线屏

交流进线电源屏起着交流电源控制及监视作用，主要包含自动切换装置（ATS）以及交流母线的电流电压监视器。馈线屏则起着分配交流电源的功能，并监视各个馈线的空开状态。其巡视项目如下。

（1）低压母线进线断路器、分段断路器位置指示与监控机显示一致，储能指示正常。

（2）站用交流电源柜支路低压断路器位置指示正确，低压熔断器无熔断。

（3）站用交流电源柜电源指示灯、仪表显示正常，无异常声响。

（4）站用交流电源柜元件标志正确，操作把手位置正确。

（二）交流馈线屏

馈线主要为变电站内的一、二次设备及相关生产活动，提供持续可靠的操作或动力电源，主要包括以下几类。

（1）直流系统用交流电源；

（2）交流操作电源（包括电动隔离开关操作用交流电源等）；

（3）主变压器强迫油循环风冷系统用交流电源；

（4）UPS 逆变电源用交流电源；

（5）主变有载调压装置用交流电源；

（6）设备加热、驱潮、照明用交流电源；

（7）检修电源箱、试验电源屏用交流电源；

（8）六氟化硫监测装置用交流电源；

（9）配电室正常及事故排风电源；

（10）生活、照明等交流电源。

其巡视项目如下。

（1）切换检查母线（电源）电压正常，负荷分配正常。

（2）检查各低压断路器、隔离开关、熔断器是否完好，各部连接是否紧固。

（3）各低压断路器位置是否正确。

（4）各低压电器应无异音、异味。

（5）屏、柜应整洁，柜门严密。

（6）屏内外标志齐全完好。

（三）交流不间断电源屏巡视项目

交流不间断电源，简称 UPS。由整流器和逆变器等组成的一种电源装置，它与直流电源的蓄电池组配合，能提供符合要求的不间断交流电源。由于与不接地系统的蓄电池组相连接。其巡视项目如下。

（1）站用交流不间断电源系统面板、指示灯、仪表显示正常，风扇运行正常，无异常告警、无异常声响振动。

（2）站用交流不间断电源系统低压断路器位置指示正确。

（3）备自投装置充电状态指示正确，无异常告警。

（4）自动转换开关（ATS）正常运行在自动状态。

（四）事故照明屏巡视项目

（1）交直流电源指示正常，交直流指示灯、事故照明支路灯指示正常；

（2）屏内开关把手位置正确，交流接触器接触良好，无异常响声、无异味及发热现象。

（五）其他巡视项目

原存在的设备缺陷是否有发展趋势。

三、全面巡视

全面巡视是指在例行巡视项目基础上，对站内设备开启箱门检查，记录设备运行数据，检查设备污秽情况，检查防火、防小动物、防误闭锁等有无漏洞，检查接地引下线是否完好，检查变电站设备厂房等方面的详细巡查。全面巡视和例行巡视可一并进行。全面巡视在例行巡视的基础上增加以下项目。

（1）屏柜内电缆孔洞封堵完好。

（2）各引线接头无松动、无锈蚀，导线无破损，接头线夹无变色、过热迹象。

（3）配电室温度、湿度、通风正常，照明及消防设备完好，防小动物措施完善。

（4）门窗关闭严密，房屋无渗、漏水现象。

（5）环路电源开环正常，断开点警示标志正确。

（一）交流进线屏巡视项目

（1）站用交流高压开关设备名称标识清晰、正确。

（2）站用交流高压系统的各相电流指示正常，且三相电流平衡。

（3）站用交流高压系统的各相电压指示正常，且三相电压平衡。

（4）断路器、转换开关、刀闸、接触器等接点接触良好位置正确，无发热现象。

（5）各电气接点接触良好，牢固，无松动，发热现象。屏内表计、断路器等设备和元件标识齐全、清晰。

（6）二次接线绝缘良好，无破损，标识清楚。

（7）设备接地良好，接地线截面符合要求。

（二）交流馈线屏巡视项目

（1）低压配电屏各电流表压表指示正常：表计校验在有效期范围内。

（2）低压配电屏各信号显示正确。

（3）低压配电屏各断路器、刀闸、接触器位置与运行方式相对应，接触可靠，接点无发热：设备位置指示正确。

（4）低压屏各保护投退位置正确，保护及自动装置运行正常，信号继电器无动作掉牌。

（5）低压屏内电缆、引线接线连接紧固，电流未超过允许值，无过热现象。

（6）低压屏内二次接线端子连接紧固，无接触不良和发热现象。

（7）低压屏内电缆孔洞封堵完好。

（8）配电屏接地良好。

（9）配电室门窗关闭严密，防小动物、防火设施完善。

（10）室温合适，室内通风良好。

（三）交流不间断电源屏巡视项目

检查 1ATS 和 2ATS（备自投装置）信号指示灯，低压开关位置指示器等是否正常，各部件无烧伤、损坏。

（四）站用变压器巡视项目

（1）外观清洁，无漏油、变形，运行时无异常噪声，异常的振动或放电声。

（2）油浸式变压器油温、油位指示正常。

（3）套管瓷件清洁完好，有无破损、裂纹、闪络和放电痕迹。

（4）高低压侧引线及接头无烧黑、无过热，连接金具紧固，无变形、松脱、锈蚀，两侧连接引线热缩完备。

（5）瓦斯继电器内充满油，连接阀门打开，监控后台无瓦斯继电器动作报文。

（6）有载调压控制箱内各控制选择开关位置正确，档位显示与机械指示一致，无异常信号。呼吸器完好，油杯内油面、油色正常，呼吸畅通，受潮变色硅胶不超过 2/3。

（7）防爆膜完整，无漏油现象。

（8）本体接地良好，设备基础无沉降、无裂纹。

（9）干式站用变现场温、湿度显示正常，无异常升高、异味，散热系统运行正常。

（五）油浸式占用变压器巡视项目

（1）运行时上层油温应不超过 80℃。

（2）有关过负荷运行的规定，应根据制造厂规定和导则要求，在现场运行规程中明确。

（3）变压器的油色、油位应正常，本体音响正常，无渗油、漏油，吸湿器应完好、矽胶应干燥。

（4）套管外部应清洁、无破损裂纹、无放电痕迹及其他异常现象。

（5）变压器外壳及箱沿应无异常发热，引线接头、电缆应无过热现象。

（6）变压器室的门、窗应完整，房屋应无漏水、渗水，通风设备应完好。

（7）部位的接地应完好，必要时应测量铁心和夹件的接地电源。

（8）各种标志应齐全、明显、完好，各种温度计均在检验周期内，超温信号应正确可靠。

（9）消防设施应齐全完好。

（六）干式变压器巡视项目

（1）干式变压器温度限制应按制造厂的规定执行。

（2）干式变压器的正常周期性负载、长期急救周期性负载和短期急救负载，应根据制造场规定和导则要求，在现场运行规程中明确。

（3）变压器的温度和温度计应正常。

（4）变压器的音响正常。

（5）引线接头完好，电缆母线应无发热迹象。

（6）外部表面无积污。

（七）主变冷却器电源箱巡视项目

（1）电源指示灯亮。

（2）风机指示灯正确。

（3）把手位置正确。

（4）密封良好无变形锈蚀、接地良好，箱门开合自如，箱内清洁，无异常气味。

（5）各种标签、名称完整。

（6）孔洞封堵严密。

（八）室外动力电源箱巡视项目

（1）箱门密封良好。

（2）箱内无受潮现象，端子无生锈，防火封堵良好。

（3）开关、刀闸位置正确，名称齐全。

（4）接线无松动、发热现象，无异响、异味。

（九）其他巡视项目

（1）门窗关闭严密，玻璃完整。

（2）房屋无渗、漏水现象。

（3）室内照明完好。

（4）室内通风装置开启运转正常，室内无异味。

（5）防鼠挡板完好，驱鼠器完备。

（6）室内防火设施齐全，符合要求。

（7）摇把等配件齐全，按定置摆放整齐。

四、巡视要点

（一）巡视要求

（1）安全第一：巡视时必须穿戴合适的防护装备，禁止单人巡视，必须有人监督。在巡视过程中，要保持警惕，注意自身安全。

（2）细致全面：巡视时要全面、细致、准确，不得忽视任何细节。对于发现的异常情况，要及时记录并上报。

（3）遵守规程：在巡视和维护过程中，必须严格按照操作规程进行，避免误操作导致设备损坏或人员受伤。

（4）及时处理：对于巡视中发现的异常情况，要及时进行处理和维修，确保设备能够正常运行。同时，要做好记录和统计分析工作，为设备的维护和管理提供依据。

（二）巡视要点

在站用低压交流设备巡视中，以下细节需特别注意。

1. 设备外观与连接

（1）检查设备外壳：确保设备外壳无变形、锈蚀、损坏等情况，这有助于判断设备是否遭受过外部冲击或存在潜在的腐蚀问题。

（2）密封性能检查：观察设备的密封性能，特别是柜门、盖板等部位，确保无渗漏现象。这可以防止潮气、灰尘等进入设备内部，影响设备的正常运行。

（3）电缆与接线检查：仔细查看电缆和接线是否整齐、牢固，有无老化、破损或松动现象。这有助于预防因电缆或接线问题导致的设备故障。

2. 指示仪表与运行参数

（1）仪表指示检查：查看电压表、电流表、功率表等仪表的指示是否正常，与实际负荷是否相符。这有助于判断设备的运行状态是否稳定。

（2）运行参数核对：核对设备的运行参数，如温度、湿度、压力等，确保它们在正常范围内。这有助于及时发现设备可能存在的过热、过压等问题。

3. 设备运行声音与温度

（1）运行声音监听：倾听设备运行时的声音，判断是否有异响或振动等异常情况。这有助于发现设备内部的机械故障或电气问题。

（2）设备温度检测：通过触摸或红外测温仪等方式，检查设备各部位的温度是否正常。特别是变压器、电容器等易发热部件，要特别关注其温度变化情况。

4. 安全防护与接地装置

（1）安全防护检查：确保设备防护门关闭严密，安全警示标志清晰醒目。这有助于防止误操作或触电事故的发生。

（2）接地装置检查：检查接地装置是否良好，接地引下线是否有断股、锈蚀等现象。这有助于确保设备的接地安全，防止因接地不良导致的触电或短路事故。

5. 环境条件与消防设施

（1）环境条件检查：检查配电室的通风、照明、温度、湿度等环境条件是否符合要求。这有助于保持设备的良好运行状态，延长设备使用寿命。

（2）消防设施检查：确保消防设施齐全有效，灭火器在有效期内。这有助于在发生火灾等紧急情况时及时扑救，保护设备和人员安全。

综上所述，在站用低压交流设备巡视中，需要特别注意设备外观与连接、指示仪表与运行参数、设备运行声音与温度、安全防护与接地装置以及环境条件与消防设施等细节。通过全面细致的检查和记录，可以及时发现和处理设备的异常情况，确保设备的可靠运行和人员的安全。

五、巡视异常后处理

在巡视过程中，如果发现设备有异常情况，如大量漏油、声音异常、电压严重不对称、引线发热、绝缘子破损裂纹、闪络等，应立即汇报调度，并按照现场规程做出正确的处理。如需切换备用母线或停用运行的一段母线时，要注意调整站用负荷，尽量缩短停电时间。如果站用变低压侧断路器跳闸，应检查备用电源是否投入，并分析故障点所在位置，隔离故障点后恢复供电。如无法查明故障点需要强送电时，应使用远方操作避免手动操作。

第三节　低压交流设备维护

一、低压交流设备维护

（一）充电装置除尘

（1）在满足安全的条件下每月进行一次清洁除尘，各装置的通风口应重点清扫。清扫运行设备时应认真仔细，防止振动、误碰，并使用绝缘工具（毛刷、除尘设备等）。

（2）每半年专业维护人员应至少进行一次专业检查，包括巡视检查项目和以下项目：

1）根据装置和蓄电池的状况，调整运行参数；

2）检查“三遥”功能是否正常；

3）检查熔断器是否正常。

（3）对于处在备用状态的装置（含充电模块），应每月进行一次带电轮换运行，以保证备用设备处在完好状态。

（4）专项检查和备用带电轮换应进行项目和情况的记录，并归档。

（5）装置出现异常或发生故障时，应进行维护调整或更换。

（二）站用交直流不间断电源装置除尘

（1）定期清洁 UPS 装置柜的表面、散热风口、风扇及过滤网等。

（2）维护中做好防止低压触电的安全措施。

1）运行注意事项。在上电正常后，合上交流输出开关，则光子牌和电压、电流表计均指示正常。

逆变器正常运行于交流运行状态时，必须定期做电源切换试验，以验证其直流运行状态良好。拉开逆变器屏上交流输入开关，逆变器应自动转入直流运行状态运行，检查运行应正常，相关的声光信号正确。然后合上交流输入开关，恢复其正常的交流运行状态。

逆变器有以下几种运行状态：

交流运行状态：指逆变器交流输入正常，将输入的交流整流、逆变后输出交流电压。

直流运行状态：当逆变器的交流输入失去，直流输入正常时，逆变器将输入的直流进行逆变后输出交流电压。

自动旁路状态：逆变器开机时，首先运行于该状态。如输出大于额定输出功率时，将自动切至旁路状态。当逆变器出现故障时，逆变器自动切至旁路状态。逆变器在自动切至旁路状态的过程中会伴随出现“逆变器故障”信号出现，如逆变器本身并无故障，切至旁路状态后该信号会自动消失。

手动旁路状态：当逆变器有检修工作时，手动操作此旁路开关至“旁路”位置，即由交流输入直接供电。

当 UPS 系统在正常交流电源状态下连续运行时间超过三个月，应做切换试验，以验证其直流运行状态良好，即拉开 UPS 屏上交流输入开关，使逆变器应自动转入直流运行状态运行，检查运行应正常，相关的声光信号正确。然后合上交流输入开关，恢复其正常的交流运行状态。

UPS 负荷空开跳开后，应注意检查所带负荷回路绝缘是否有问题，检查没有明显故障点后可以试分合一次空开。

UPS 装置自动旁路后，因检查 UPS 自动旁路的原因，短时间无法判断故障点时，应进行操作，用另一台 UPS 代所有 UPS 负荷运行，将故障 UPS 隔离后作进一步检查，必要时因通知相关人员检查。

运维人员应按规定定期进行蓄电池测量，确保 UPS 的直流供电稳定可靠。

2）故障及异常处理。逆变器过载或逆变器内部故障时，此时逆变器应工作于旁路状态，应转移负荷，并汇报调度。如 UPS 内部故障，则应将该 UPS 所供母线上的所有负荷转移到另外一条母线上。

逆变器报交流输入或直流输入故障时，应是相应输入电源故障，此时运维人员应尽快查找原因，设法立即恢复，如无法立即恢复，应做好防止另一电源失去的措施，并汇报设备运维管理单位，立即增派人手处理。

按下“复归”按钮，复归信号灯亮。

按下“逆变”开关，将UPS退出系统，手动合上外部“旁路”开关。

检查是否由过载引起，如是过载，则应减载。

如非过载所致，应检查出原因并排除故障。

（三）备用站用变试验

（1）变电站内的备用站用变（一次不带电）每年应进行一次启动试验，试验操作方法列入现场运行规程；

（2）长期不运行的站用变每年应带电运行一次。

（3）维护准备阶段。

1）确认工作现场情况，了解站用电设备运行状况。

2）操作前准备，准备正式操作票。

3）作业危险源分析，同工作票中危险点分析。

4）开工会。

① 分工明确，任务落实到人。

② 做好安全措施，危险源明确。

（4）维护实施阶段。

1）接受调度指令，征得相应值班调度员许可。

2）切换站用电系统，正确执行操作票，防止站用变压器低压侧并列。

3）备用电源自动投入装置试验。

① 检查备用电源自动投入装置确已正确投入。

② 断开运行站用变压器。

③ 检查自动投入装置是否正确动作。

④ 检查站用电系统是否切换运行正常。

4）恢复站用电系统，备用站用变压器带电试验运行24h，恢复站用电系统正常运行方式。

（5）维护结束阶段。

1）作业现场清理。

① 清理工作现场。

② 检查站用电各负荷运行正常，

2）检修人员自我验收。

① 设备检查完毕。

② 记录发现的问题。

3）收工会。

① 记录本次维护内容。

② 记录反事故措施或技改情况。

③ 记录有无遗留问题。

4）验收、填写维护记录。

① 验收合格。

② 规范填写维护记录。

（四）自动转换开关投切试验

双电源自动切换开关的检测是保障电力系统安全稳定运行的重要措施。通过外观检查、电气连接检查、功能测试、转换时间检测、机械操作性能检测、电气性能检测、负载能力检测、控制电路和信号检测、环境适应性检测以及安全性检测等多项检测，可以全面评估双电源自动切换开关的性能和可靠性。定期的检测和维护有助于发现潜在问题，避免突发故障，确保电力供应的连续性和系统的安全性。

1. 外观检查

外观检查是检测的第一步，主要检查双电源自动切换开关的外壳是否完好、标识是否清晰、是否有变形、腐蚀、裂纹、松动或其他机械损伤。外观检查有助于发现一些可能影响设备正常工作的明显缺陷。

2. 电气连接检查

电气连接检查主要是检查开关的各接线端子是否紧固、电缆连接是否牢固、导线有无老化或损坏，以及接地是否良好。此项检查确保电气连接的稳定性，防止因接触不良引发电力故障或火灾。

3. 功能测试

功能测试是双电源自动切换开关检测的核心内容，主要是通过模拟主电源断电的情况，观察开关是否能够自动切换到备用电源，并在主电源恢复时自动切换回去。测试过程包括手动和自动模式下的切换操作，确保开关在不同工作模式下都能正常运行。

4. 转换时间检测

转换时间检测是指测量从主电源断电到切换到备用电源所需的时间。转换时间是衡量双电源自动切换开关性能的重要指标。检测过程中通常使用秒表或专用测试仪器，记录转换所需的时间，以确保符合设计要求或相关标准。较短的转换时间可以有效减少电力中断对设备和系统的影响。

5. 机械操作性能检测

机械操作性能检测主要是检查开关的机械结构是否运行顺畅，是否有卡滞、阻力过大或异常噪音等问题。检测包括多次操作开关，观察其机械部分的反应是否灵敏、平稳。此项检测有助于确认开关的机械部分是否能够在需要时快速、准确地执行切换操作。

6. 电气性能检测

电气性能检测包括对开关的绝缘电阻、耐压性能和接触电阻的测试。绝缘电阻测试通过兆欧表检测开关各部分的绝缘情况，确保在工作电压下不发生漏电或短路。耐压测试则是对开关施加高于工作电压的测试电压，以检测其在高压下的耐受能力。接触电阻测试通过微欧计测量触点间的电阻值，确保接触电阻在设计范围内，以减少能量损失和发热。

7. 负载能力检测

负载能力检测是验证双电源自动切换开关在实际负载条件下的工作能力。通过连接实际负载或模拟负载，检测开关在不同负载条件下的工作状态，观察是否能够正常承载额定电流、是否出现异常发热、损坏或跳闸现象。负载能力检测能够确保开关在实际使用中能够稳定工作。

8. 控制电路和信号检测

双电源自动切换开关通常配备有控制电路和信号接口，用于实现自动控制和状态监测。控制电路和信号检测主要检查控制电路的逻辑功能是否正常，信号接口是否能够正确传递状态信息。此项检测包括对开关状态指示灯、报警信号、远程控制接口等的检查，以确保控制系统的可靠性。

9. 环境适应性检测

环境适应性检测是评估双电源自动切换开关在不同环境条件下的工作性能。包括在高温、低温、高湿度或高粉尘等恶劣环境下进行测试，观察开关是否能够稳定工作。这项检测能够确保开关在不同使用场景下的可靠性，避免因环境变化导致的故障。

10. 安全性检测

安全性检测是确保双电源自动切换开关在异常情况下不会对设备或人员造成伤害。此项检测包括对开关的防护等级检查（如防尘、防水）、过载保护功能测试、紧急停止功能测试等。通过安全性检测，确保开关能够在异常情况下迅速断电，避免事故的发生。

（五）备自投动作试验

1. 备用电源自动投入装置的试验要求

备用电源自动投入装置在使用期间需要进行各种试验，以保证其安全可靠的运行。具体的试验项目包括：

（1）电器性能试验：对备用电源自动投入装置输出接线的导通、断开性能进行检验，确保备用电源与负荷系统在电气连接上是正常可靠的；

（2）运行试验：在检验后对备用电源自动投入装置进行一次完整的试运行，包括手动、自动切换测试和发电机应急自启动测试，以确保其能够在主电源失效时及时启动，实现负荷快速恢复；

（3）稳定性试验：通过对备用电源自动投入装置在各个工作状态下的稳定性检测，确保其在运行过程中不会发生抖动、失稳等现象，保证负载的稳定性。

2. 备用电源自动投入装置试验周期

备用电源自动投入装置的试验周期由 ISO/IEC 8528－9《燃料用发电机组工作、运行和维护规范》和 JB/T 6625—2007《电力设备运行检验规程》等标准给出，一般为每半年进行一次试验，对一些关键部位需要特别关注，如发电机、电池等，周期可以适当缩短。

3. 站用备自投切换试验方法

以无人值班变电站最常用的电压互感器装于进线侧时为例，见图 1－3－1，原始运行方式为 1 号站用变带全部负荷，站用电切换试验主要有以下几个步骤：

（1）检查 1 号、2 号站用变供电正常，3801、3802 开关在合闸位置，38012 开关在分闸位置；

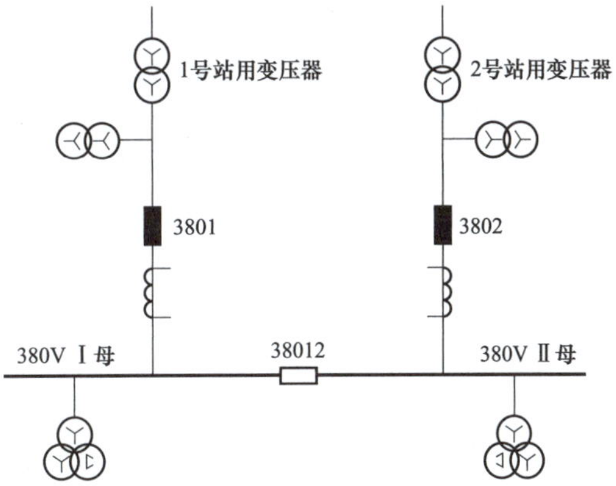

图 1－3－1　低压交流系统连接图

（2）检查站用备自投装置在投入状态，将备自投模式由自动模式切至手动模式；

（3）断开 3801 开关；

（4）检查 3802、38012 开关在合闸位置，3801 开关在分闸位置，供电方式为 2 号站用变带全部负荷；

（5）合上 3801 开关；

（6）检查 38012 开关在分闸位置，3801、3802 开关在合闸位置，供电方式恢复为原始运行方式；

（7）断开 3802 开关；

（8）检查 3801、38012 开关在合闸位置，3802 开关在分闸位置，供电方式为 1 号站用变带全部负荷；

（9）合上 3802 开关；

（10）检查 38012 开关在分闸位置，3801、3802 开关在合闸位置，供电方式恢复为原始运行方式；

（11）将备自投模式由手动模式切至自动模式；

（12）切换试验完毕。

（六）电缆封堵

（1）应使用有机防火材料封堵。

（2）孔洞较大时，应用阻燃绝缘材料封堵后，再用有机防火材料封堵严密。

（七）红外检测

（1）必要时应对交流电源屏、交流不间断电源屏（UPS）等装置内部件进行检测。

（2）重点检测屏内各进线开关、联络开关、馈线支路低压断路器、熔断器、引线接头及电缆终端。

（3）配置智能机器人巡检系统的变电站，有条件时可由智能机器人完成红外普测和精确测温，由专业人员进行复核。

低压交直流电缆连接点松动通常导致过热故障发生的重要原因之一，一般连接点超过 70℃，或高于环境温度 30℃，即认为有隐患存在。见图 1－3－2。

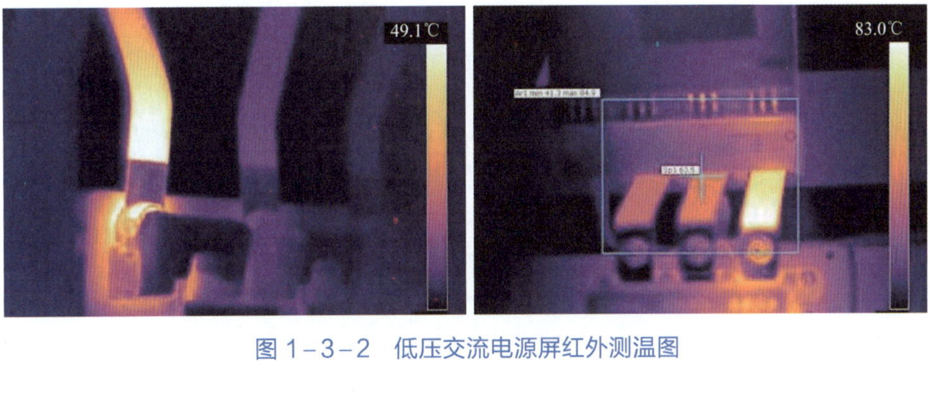

图 1－3－2　低压交流电源屏红外测温图

二、低压交流设备维护要点

（一）维护注意事项

站用低压交流设备维护注意事项包括。

定期巡视：检查设备外观、运行状态及指示灯是否正常，及时发现并处理潜在问题。

安全操作：在维护前确保设备已断电，并穿戴好个人防护装备，如绝缘手套、安全帽等。

细致检查：对设备的每个部件进行细致检查，包括接线端子、绝缘部分、冷却设施等，确保无松动、变形、损坏等现象。

专业工具：使用专业的维护工具和设备进行检测和维修，确保维护工作的准确性和有效性。

记录维护情况：每次维护后都要记录维护情况和发现的问题，为后续维护和故障排除提供参考。

环境监控：关注设备运行环境，如温度、湿度等，确保设备在适宜的环境中运行。

避免误操作：在维护过程中，避免误触设备或误操作导致设备损坏或人员受伤。

遵循规程：严格按照设备维护规程和操作规程进行维护，确保维护工作的规范性和安全性。

遵循以上注意事项，可以确保站用低压交流设备的稳定运行和延长使用寿命。

（二）判断隐患要点

要判断站用低压交流设备是否存在隐患，可以从以下几个方面入手。

外观与运行状态：检查设备外观是否有变形、损坏、锈蚀等情况，同时观察设备的运行状态，如指示灯是否正常、有无异响等。

绝缘电阻检测：使用摇表等工具检测设备的绝缘电阻，如果绝缘电阻值小于规定标准（如 0.5MΩ），则可能存在绝缘老化或损坏的隐患。

温度监测：通过温度传感器或红外测温仪等设备监测设备的运行温度，如果温度异常升高，可能意味着设备存在过载、散热不良等问题。

电气参数监测：实时监测设备的电压、电流、频率等电气参数，如果发现参数异常波动或超出正常范围，可能表明设备存在故障或隐患。

定期维护与检修：按照设备维护规程和操作规程进行定期维护和检修，通过拆卸检查、清洗、更换易损件等方式，及时发现并处理设备内部的隐患。

故障报警系统：如果设备配备了故障报警系统，应密切关注报警信息，及时响应并处理报警事件，避免故障扩大或引发安全事故。

综上所述，通过外观检查、绝缘电阻检测、温度监测、电气参数监测、定期维护与检修以及故障报警系统等多种方式，可以综合判断站用低压交流设备是否存在隐患。

（三）维护设备异常处置

站用低压交流设备维护异常处置主要包括以下方面：

过载：发现设备过载时，立即停机检查，排除过载原因后恢复正常运行，并加强设备监控，防止再次过载。

短路：发现设备短路时，立即停机检查，查找短路原因，采取相应措施如修复设备、更换元件等，恢复正常运行后加强监控。

漏电：发现设备漏电时，同样立即停机检查，查找漏电原因并采取修复或更换元件等措施，之后加强监控。

接地故障：发现设备接地故障时，停机检查并查找原因，采取相应措施修复设备或更换元件，恢复正常后加强监控。

绝缘老化发现设备绝缘老化时，停机检查并查找老化原因，采取更换设备或修复绝缘等措施，之后加强监控。

损坏：发现设备损坏时，停机检查损坏原因，采取修复或更换元件等措施，恢复正常后加强监控。

此外，对于站用变压器等关键设备，在运行中出现大量漏油、声音异常、电压严重不对称、引线发热、绝缘子破损裂纹、闪络等异常现象时，值班人员应立即汇报调度，并退出站用变压器运行，切换站用电源，检查原因并按现场规程处理。

总之，在处置异常时，应确保人员安全，遵循操作规程，并尽快恢复设备正常运行，以减少对电力系统的影响。

本 章 小 结

站用交流电源地位在电力系统越来越重要，稳定性和可靠性的要求越来越高，站用交流电源系统作为变电站主变冷却、消防水泵、隔离开关机构、充电装置、照明、检修等设备的电源，其性能与质量直接关系到变电站主设备的安全可靠运行。本章首先总结了交流系统设备和运行规定相关内容，帮助了解设备的运行原理、规程制度和处理方法，更加规范自己的行为，避免违规操作，从而保障人身安全，确保设备稳定和供电可靠性。后介绍了站用低压交流设备的巡视的相关规定，包括巡视周期、巡视方法、巡视流程、巡视要点及异常处理，最后介绍了低压交流设备维护试验方法、流程及注意事项。

第二章　站用低压交流系统异常处理

本章描述

站用低压交流系统主要负责为站内的各种设备和设施提供稳定的电力供应。为变电站内的一、二次设备提供电源，包括大型变压器的强迫油循环冷却系统、交流操作电源、直流系统用交流电源、设备用加热、驱潮、照明等交流电源，以及为 UPS、SF_6 气体监测装置提供交流电源等。

站用低压交流系统的正常运行是变电站站正常运行的基础。如果该系统出现故障或异常，将会导致站内的设备和设施无法正常工作。站用低压交流系统通过采用一系列的保护措施和高科技设备，如过载保护、漏电保护、短路保护以及 UPS、电子式稳压电源等，可以确保电力供应的可靠性和稳定性。即使在电力波动或电力损坏的情况下，也能保护设备和设施免受损害。

相比于直流系统，站用低压交流系统的应用层面更为广泛。它不仅可以为站内的设备和设施提供电力供应，还可以为直流负荷的正常工作提供必要的交流电源。随着城市配网改造的深入和智能电网的发展，站用低压交流系统也将面临新的机遇和挑战。未来，该系统将更加注重智能化、自动化和节能降耗等方面的发展，以适应更加复杂多变的电力需求和运行环境。

本章包含交流电源屏异常、交流进线柜 ATS 及备自投装置异常、交流馈线柜开关异常、交流系统负荷异常、事故照明及不间断电源屏异常、风冷系统异常六个任务。

第一节　交流电源屏异常

一、交流表计损坏

（一）表计的作用

交流屏内的表计主要分为电压表和电流表两类。交流电压表和交流电流表是电学中常用的两种测量仪表，它们分别用于测量交流电路中的电压和电流。交流电压表具有输入阻抗高、频率范围宽、灵敏度高、电压测量范围广等优点。

分类：根据电路组成结构的不同，交流电压表可分为放大——检波式、检波——放大式和外差式。常用的交流电压表属于放大——检波式电子电压表。交流电流表的内阻很小，对电路来说是短路的，电流可以允许交流一定数值（如 5 安培）流过。具有测量范围广、精度高、稳定性好等特点。

目前变电站内使用的表计主要分为指针表和数字表两大类，如图 2－1－1 所示。

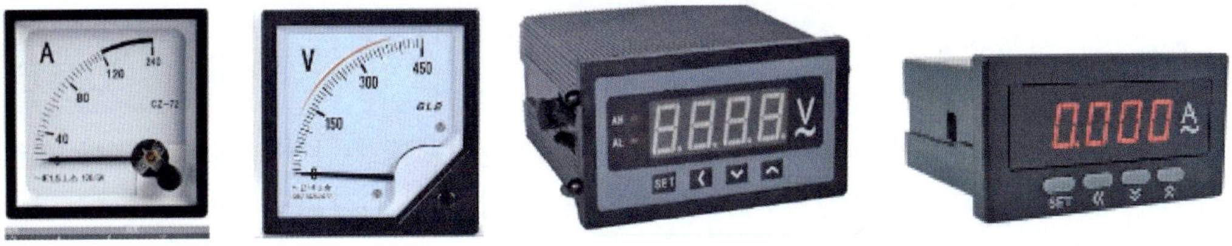

(a) 指针交流电流表　(b) 指针交流电压表　(c) 数字交流电压表　(d) 数字交流电压表

图 2－1－1　低压交流表计

表计是电气测量中不可或缺的工具，它可以帮助我们快捷准确的显示出测量电路中的电压和电流。然而，如果不正确使用或维护，电压电流表可能会损坏，从而影响测量结果的准确性。本文将探讨电压电流表损坏的常见原因及其处理方法。

（二）交流表计损坏原因分析

1. 物理冲击

电压电流表的传感器和内部电路板是脆弱的，强烈的物理冲击可能导致其内部元件损坏。例如，跌落或撞击可能导致传感器移位或断裂，从而影响其测量准确性。

2. 电击

当电压电流表暴露在超出其额定范围的电压或电流下时，可能会导致内部元件烧坏。例如，如果将电压电流表连接到高于其额定电压的电路中，可能会烧毁其内部电路板。

3. 环境因素

电压电流表也可能因环境因素而损坏。例如，长时间暴露在高温、潮湿或者有腐蚀性气体的环境中，可能会导致其内部元件腐蚀或老化，从而影响其性能。

4. 使用不当

不正确的使用方法也可能导致电压电流表损坏。例如，未按照说明书正确连接电路，或者在不适当的时机进行测量，都可能导致电压电流表的损坏。

（三）交流表计损坏异常处理

1. 避免物理冲击

在搬运和使用电压电流表时，应该小心轻放，避免剧烈震动或撞击。此外，在不使用时，应将其妥善存放在防震的盒子或包装中。

2. 遵守安全规范

在使用电压电流表时，必须遵守相关的安全规范，确保其不会暴露在超出其额定范围的电压或电流下。此外，还应定期检查其绝缘性能，确保其外壳没有破损或老化。

3. 控制环境条件

尽可能将电压电流表存放在干燥、温度适中且通风良好的环境中，避免其暴露在潮湿、高温或有腐蚀性气体的环境中。

4. 正确使用

按照说明书正确使用电压电流表，包括正确连接电路、选择合适的测量范围等。此外，还应定期对其进行校准，确保其测量结果的准确性。

5. 寻求专业维修

如果电压电流表出现故障，建议联系专业的维修人员进行检修。非专业人士的维修可能会进一步损坏设备，甚至可能带来安全隐患。

电压电流表是电气测量中的重要工具，正确的使用和维护对于保证其准确性和延长其寿命至关重要。通过了解电压电流表损坏的常见原因，我们可以采取相应的预防措施，减少其损坏的风险。

二、指示灯损坏

（一）指示灯的作用

交流屏内指示灯的作用：用于显示交流屏内设备的工作状态，如正常运行、电源指示、故障等。当交流屏内设备发生故障时，故障指示灯常亮，配合交流监控器形成声光告警，提醒工作人员及时进行检修，避免事故发生。指示灯的存在还可以提高工作人员对设备操作的便捷性和直观性，使工作过程更加简单快捷。

图 2-1-2　交流指示灯

交流屏内指示灯的功能分类如图 2-1-2 所示。

电源指示灯：用来指示交流屏两路交流进线的电源状态，通常为红色。

状态指示灯：主要反映交流屏馈线回路的工作状态，通常为红色，开关闭合灯亮，开关断开灯灭。

报警指示灯：用来指示交流屏的报警状态，如监控器故障、馈线空开跳闸、电压异常、缺相、相序异常等，通常为红色。

交流屏内指示灯的电压等级分类：一般分为 220V 和 380V 两种。

指示灯故障在变电站的运行过程中很常见，下面着重介绍指示灯损坏的原因和处理方法。

（二）指示灯的常见故障

指示灯不亮：检查电源线路是否松动或损坏，用万用表交流档测量指示灯的电源端，如果电压正常则是指示灯故障，如果电压异常则检查电源线路。

指示灯亮度不够：用万用表交流档测量指示灯的电源端，电源电压的高低会影响指示灯的亮度，如果电压正常则是指示灯故障，如果电压异常则检查电源线路。

指示灯闪烁：用万用表交流档测量指示灯的电源端，电压不稳会造成指示灯闪烁，如果电压正常则是指示灯故障，如果电压异常则检查电源线路。

（三）指示灯故障的原因分析

电压波动：电压在指示灯工作范围内频繁波动，对导致指示灯连续闪烁降低指示灯的使用寿命。当电压波动幅度超出指示灯的工作范围会导致指示灯损坏。

环境温度：指示灯的工作温度范围有限，若环境温度过高或过低，将影响指示灯的正常发光和寿命。长时间处于高湿度环境中，指示灯的电路板可能因腐蚀而引发故障。目前变电站内多使用电阻式指示灯，由于长期发热也会影响其使用寿命。

自身老化：长时间使用后，指示灯的 LED 灯珠可能因老化而发光减弱或完全不发光；指示灯的电路板可能因长期使用出现氧化、腐蚀等现象，导致电路连接不良。

连线松动：指示灯电源连接线松动导致连接电阻增大，长期供电而加速老化可能引起断裂或短路而导致故障。

开关故障：馈线空开长期使用会出现合闸不到位的情况，看着开关是合闸状态，实际在开关内部未形成导通，造成指示灯故障的假象。

（四）指示灯故障的处理过程

确认指示灯的工作电压范围和应用环境，购买合适规格的指示灯。

更换时应断电或采取绝缘措施，确保更换指示灯时不会触电，可以使用绝缘手套或绝缘工具。

拆线时应对线头做好绝缘，防止触电或线头接触到其他设备。

接线时应检查连接是否牢固，确保没有松动。

更换完成后，进行通电测试，确保新指示灯工作正常。

三、交流监控装屏幕异常

（一）交流监控装屏幕的作用

交流监控装置屏幕是监控系统中至关重要的组成部分，它负责显示监控设备捕捉到的图像和相关信息。交流监控装置屏幕的设计基本具备以下三个特点：

高清化：随着技术的进步，交流监控装置屏幕的分辨率和清晰度不断提高，使得监控画面更加清晰、细节更加丰富。

智能化：结合 AI 技术，交流监控装置屏幕可以实现智能分析、预警和决策辅助等功能，提高监控系统的智能化水平。

网络化：通过网络传输技术，交流监控装置屏幕可以实现远程监控和实时信息共享，提高监控系统的灵活性和可扩展性。

交流监控器的图片如图 2－1－3 所示。

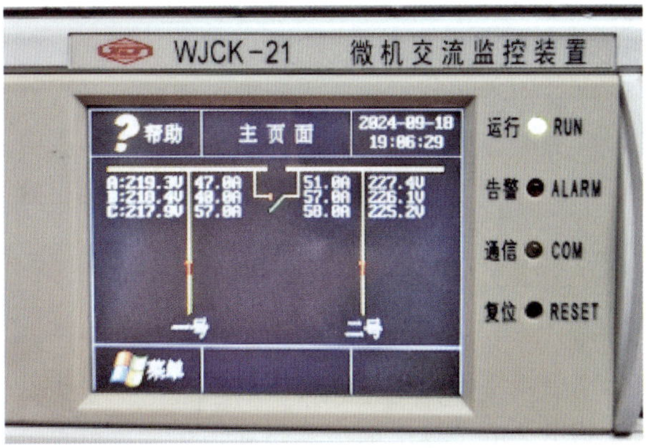

图 2－1－3　交流监控器

交流监控系统在电力、工业自动化等领域发挥着重要作用，它能够实时、准确地显示交流屏内设备的工作状态，如备自投的运行、馈线支路、进线电压，电流、故障等。当交流屏内设备发生故障时，屏幕对应部分闪烁并有故障提示，发出响声告警，提醒工作人员及时进行检修，避免事故发生。为系统的稳定运行和故障诊断提供关键信息。交流监控屏幕的存在还可以提高工作人员对设备操作的便捷性和直观性，使工作过程变得更加简单。

（二）交流监控装置屏幕异常原因分析

1. 屏幕无显示

（1）重启设备：首先，尝试重启交流监控装置。很多时候，简单的重启可以解决因软件卡顿或临时性错误导致的屏幕显示问题。

（2）检查电源输入：确认交流监控装置的电源输入稳定，电压是否在设备规定的范围内。不稳定的电源供应可能导致屏幕闪烁或无法正常显示。

（3）检查监控装置与显示屏之间的连接线是否插紧，是否有松动或损坏。

2. 屏幕显示模糊或色彩失真

屏幕设置调整：进入监控装置的设置菜单，检查屏幕显示设置是否正确，比如分辨率、刷新率等，不正确的设置可能导致画面失真或无法显示。

3. 屏幕闪烁或黑屏间歇出现

（1）硬件故障：长时间的闪烁或黑屏可能是屏幕或内部显示组件的问题，需要专业人员检查。

（2）软件或硬件问题：需要专业人员检查。

4. 屏幕触控功能失效

（1）触控校准：如果设备支持，尝试进行触控屏校准操作。

（2）软件或硬件问题：需要专业人员检查。

5. 温度与环境因素

检查设备的运行环境，过高的温度或湿度可能影响电子元件的性能导致屏幕显示异常。确保设备处于适宜的工作环境中。

（三）交流监控装置屏幕异常的处理

检查电源和连接：确保电源正常、连接牢固。

重新启动设备，解决长期不间断工作造成的死机问题。

升级或更换设备：解决兼容性问题，升级或更换不兼容的设备。

维修或更换故障设备：针对具体的故障现象，维修或更换相应的设备。

四、交流监控装置通讯异常

（一）交流监控装置的作用

交流监控装置是交流电源屏的重要组件，实时监控交流屏中的电压、电流、开关状态等电力参数，并通过软报文或干接点的形式将遥信、遥测数据上传至监控中心。当电力系统出现异常时，交流监控装置会发出声光报警，提醒用户及时进行处理。随着现代科技的迅速发展，各种自动化设备和系统已广泛应用于我们的日常生活和生产活动中。交流监控装置作为其中的关键组件，承担着监测和控制的重要职责。然而，在实际运行过程中，交流监控装置的通信系统可能会出现各种异常情况，这些异常不仅会影响设备的正常运行，还可能导致严重的安全问题和经济损失。因此，深入分析和有效处理这些通信异常至关重要。

（二）交流监控装置通信异常原因分析

（1）设备硬件故障：监控装置的通信接口（如 RS485、以太网接口等）可能出现损坏或老化，导致通信异常。

（2）电源问题：设备电源不稳定或电源模块故障也可能影响通信功能。

（3）通信线路问题：线路连接不良：通信线路连接不牢固、松动或接触不良，导致信号传输不稳定；线路损坏：通信线路受到物理损伤（如被切断、磨损等）或老化，影响信号传输质量。

（4）线路干扰：通信线路周围存在强电磁干扰源，导致信号传输受到干扰。

（5）通信协议或参数设置错误：监控装置与上位机或其他设备之间的通信协议不一致，导致通信失败；通信参数如波特率、数据位、停止位、校验位等参数设置不正确，也会导致通信异常。

（6）软件故障：监控装置的软件程序出现错误或异常，可能导致通信功能无法正常工作。

上位机软件故障：上位机或监控中心的软件程序出现错误，也可能影响与监控装置的通信。

（三）交流监控装置通信异常的处理

（1）检查设备硬件，确认监控装置的通信接口是否完好，如有损坏应及时更换。

（2）检查设备电源是否稳定，电源模块是否正常工作。

（3）检查通信线路的连接是否牢固，确保无松动或接触不良现象，对通信线路进行全面检查，排除物理损伤或老化问题，如有必要，更换新的通信线路或采用屏蔽性能更好的线路。

（4）检查通信协议和参数设置，确认监控装置与上位机或其他设备之间的通信协议是否一致；检查通信参数设置是否正确，包括波特率、数据位、停止位、校验位等；如需更改通信协议或参数设置，应按照设备说明书或相关技术文档进行操作。

（5）在排除硬件和线路故障后，可以尝试重启监控装置和上位机或监控中心的软件程序，重启设备后，再次检查通信是否正常。

（6）升级软件或固件：在某些情况下，软件或固件升级可以解决通信异常的问题。如有可用的软件或固件升级包，应按照设备说明书或相关技术文档进行升级操作。

交流监控装置通信异常的原因可能涉及设备硬件、通信线路、通信协议和参数设置等多个方面。在处理此类问题时，应首先进行详细的故障排查和分析，然后根据具体情况采取相应的处理措施。

五、交流母线绝缘异常

（一）交流母线绝缘的重要性

交流母线在电力系统中扮演着电能传输和分配的关键角色，其绝缘性能对于电力系统的安全稳定运行至关重要。

防止电气故障：良好的绝缘性能可以有效防止电气故障的发生，如短路、接地等，这些故障可能导致设备损坏、停电甚至火灾等严重后果。

保障人身安全：交流母线通常带有高电压，如果绝缘性能不良，可能导致人员触电，造成人身伤害甚至死亡。因此，良好的绝缘性能是保障人身安全的重要措施。

提高输电效率：绝缘性能好的母线可以减少电能损耗和线路电流的泄漏，提高输电效率，降低能源消耗。

交流母线作为电力系统中电能传输的重要组成部分，其绝缘性能的好坏直接关系到电力系统的安全稳定运行。当交流母线出现绝缘异常时，可能会引发漏电、短路等故障，严重影响电力设备的正常运行和供电可靠性。因此，对交流母线绝缘异常进行准确的分析和有效的处理至关重要。

交流电源柜见图 2－1－4。

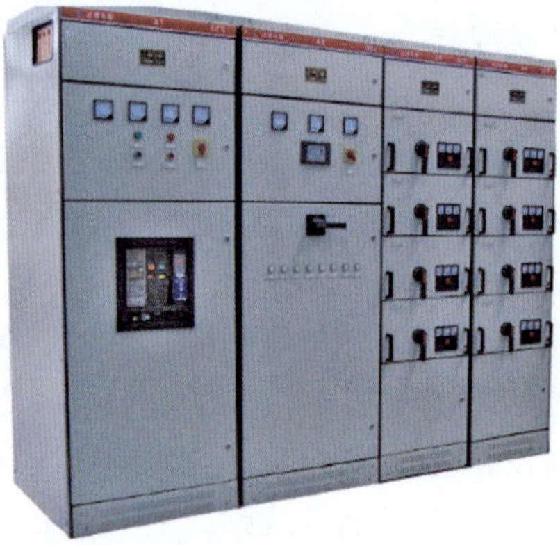

(a) GCS 交流电源柜

(b) GGD 交流电源柜

图 2－1－4　交流电源柜

（二）交流母线绝缘的故障原因分析

1. 环境因素

湿度：高湿度环境下，空气中的水分容易在母线表面凝结，形成导电层，降低绝缘性能。

温度：高温会加速绝缘材料的老化，使其绝缘性能下降。

灰尘和污秽：积累在母线表面的灰尘和污秽会吸收水分，形成导电通道。

2. 绝缘材料老化

长期运行：随着时间的推移，绝缘材料会自然老化，机械强度和绝缘性能逐渐降低。

电老化：频繁的过电压和过电流会导致绝缘材料的电老化。

3. 机械损伤

安装过程中的碰撞和刮擦：可能会破坏母线的绝缘层。

运行中的振动和摩擦：使绝缘层出现裂缝和破损。

4. 过电压冲击

雷电过电压：雷电直接击中母线或通过感应引入过电压。

操作过电压：如开关操作时产生的过电压。

见图 2－1－5。

图 2－1－5　交流电缆绝缘降低

（三）交流母线绝缘异常的表现

1. 绝缘电阻下降

通过绝缘电阻测试，发现母线的绝缘电阻值低于正常标准。

2. 局部放电

使用局部放电检测设备，可以检测到母线存在局部放电现象。

3. 泄漏电流增大

在运行中，监测到母线的泄漏电流超过正常范围。

4. 温度异常升高

通过红外测温，发现母线某些部位温度明显高于正常水平。

（四）交流母线绝缘异常的处理

1. 清洁和干燥

对于因湿度和污秽导致的绝缘异常，可对母线进行清洁和干燥处理。

2. 绝缘修复

对于轻微的绝缘损伤，采用绝缘材料进行修复。

3. 更换绝缘部件

对于严重老化或损坏的绝缘部件，及时进行更换。

4. 加强防护措施

如增加防潮、防尘的防护装置。

5. 优化运行环境

控制母线运行环境的温度、湿度，减少外界因素对绝缘的影响。

（五）预防交流母线绝缘异常的措施

1. 定期检测和维护

制定科学的检测和维护计划，定期对母线进行检测和维护。

2. 选用优质绝缘材料

在母线的设计和制造中，选用质量可靠、性能优良的绝缘材料。

3. 加强安装质量控制

确保母线在安装过程中不受损伤，保证安装质量。

4. 完善过电压保护措施

安装合适的过电压保护装置，减少过电压对母线绝缘的冲击。

第二节　交流馈线柜开关异常

一、抽屉式开关异常

（一）抽屉式开关的特点

抽屉式馈线开关是馈线柜中的一个重要组成部分，主要用于分配电力负载和控制电路开关。抽屉式馈线开关是放在采用钢板制成封闭外壳的柜子里面，其进出线回路的电器元件都安装在可抽出的抽屉中，构成能完成某一类供电任务的功能单元。这些功能单元与母线或电缆之间用接地的金属板或塑料制成的功能板隔开，形成母线、功能单元和电缆三个区域。每个功能单元之间也有隔离措施。抽屉式馈线开关一般由外壳、导电件、隔离件、操作机构、保护装置等组成。

抽屉式馈线开关是电力系统中的关键组件，主要用于控制和切断电流，以确保电力系统的稳定运行。然而，在实际运行过程中，这些开关可能会出现各种异常情况，包括无法正常闭合、接触不良、操作失灵等。这些问题不仅会影响电力系统的正常运行，还可能带来严重的安全风险。因此，对抽屉式馈线开关异常的分析和处理是非常重要的。

常见抽屉式开关的结构如图 2-2-1 所示。

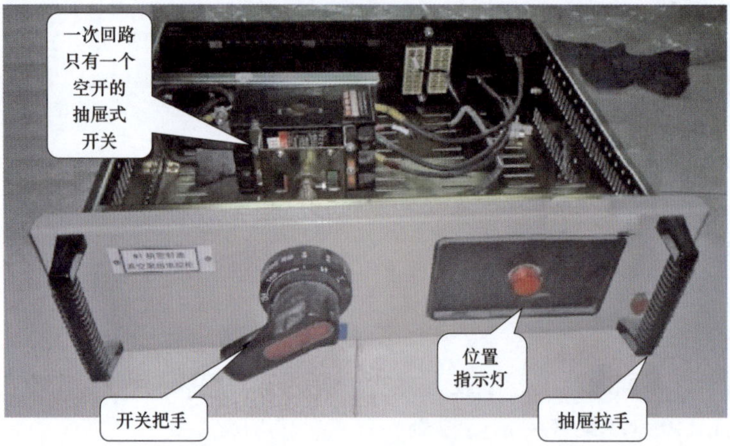

图 2-2-1　抽屉式开关的结构

（二）抽屉式开关的故障象征

（1）开关无法正常闭合是抽屉式馈线开关最常见的异常之一。这种异常可能由多种原因引起。

1）机械故障：开关的机械结构可能存在故障，例如连杆机构卡住、弹簧失效等，导致开关无法正常闭合。

2）电气故障：开关的电气部分可能存在故障，例如触头烧坏、绝缘损坏等，导致开关无法正常闭合。

3）操作失误：操作人员的错误操作也可能导致开关无法正常闭合。

（2）开关接触不良也是抽屉式馈线开关的常见异常之一。这种异常可能由以下原因引起：

1）触头污染：开关的触头可能受到污染，影响其导电性能。

2）触头磨损：长期使用后，触头可能会磨损，导致接触不良。

3）温度和湿度的影响：环境条件，如高温、高湿，可能会导致触头材料变质，从而影响接触质量。

（3）开关操作失灵是另一个常见的异常，可能由以下原因引起：

1）操作机构故障：开关的操作机构可能存在故障，例如齿轮箱故障、电动机故障等，导致开关无法正常操作。

2）控制系统故障：开关的控制系统可能存在故障，例如 PLC 故障、传感器故障等，导致开关无法正常响应指令。

3）人为错误：操作人员的错误操作也可能导致开关操作失灵。

（三）充电装置交流电源处理过程

定期维护和检查：定期对抽屉式馈线开关进行维护和检查，包括清洁触头、检查机械结构、检测电气部分等，以确保开关的正常运行。

更换零部件：对于已经损坏的零部件，如触头、弹簧、齿轮等，应及时更换，以恢复开关的正常功能。

修复和调整：对于可以修复的机械和电气故障，应进行修复和调整，以确保开关的可靠性和稳定性。

培训操作人员：对操作人员进行培训和教育，确保他们能够正确地操作和维护抽屉式馈线开关，避免人为错误导致的异常。

升级改造：对于老化或技术落后的开关，可以考虑进行升级改造，以提高其性能和可靠性。

二、低压断路器跳闸熔断器熔断

低压断路器（见图 2－2－2）是一种开关装置，主要用于控制和保护电路。当电路中的电流超过断路器的额定电流值时，断路器会自动切断电路，防止电流过大导致设备损坏或者电源短路。这种情况被称为低压断路器跳闸。

熔断器（见图 2－2－3）是一种安全装置，主要用于保护电路免受电流过大的损害。熔断器内部包含一个低熔点的金属丝，当电流过大时，金属丝会因为过热而熔断，从而切断电路。这种情况被称为熔断器熔断。

低压断路器跳闸和熔断器熔断是电气系统中常见的两种故障现象，它们都是为了保护电路和设备免受电流异常带来的损害而设计的安全机制。本文将深入探讨这两种现象的原因、区别以及处理方法。

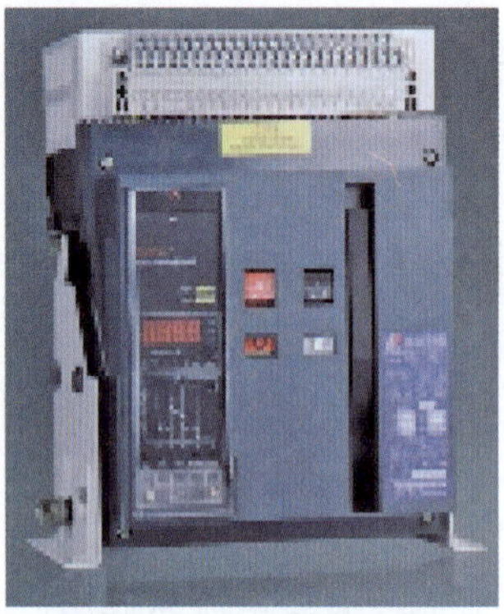

图 2-2-2　低压断路器

图 2-2-3　熔断器

（一）低压断路器的运行规定

断路器的运行电压不应经常超过其额定电压的 110%。

负荷电流一般不应超过其额定电流，过负荷也不得超过 10%，且持续时间不超过 4 小时。

短路容量与系统匹配：断路器安装地点的系统短路容量不应大于其额定开断容量 1。

操作规范与禁止事项：严禁将拒绝跳闸的断路器投入运行。

禁止用杠杆或千斤顶将电磁机构的断路器进行带电合闸。

状态监测与接地要求：断路器的分、合闸指示器应易于观察，指示正确。

金属外壳及底座应有明显的接地标志并可靠接地。

遵循最新标准：应遵循最新的国家或国际标准，如 GB/T 14048.2—2020 和 IEC 60947-2 等。

（二）低压断路器故障象征

过载：当电路中的负载超过断路器的承载能力时，会导致电流过大，触发断路器跳闸。

短路：如果电路中发生短路，电流会瞬间增大到正常水平的几倍甚至更高，这会立即触发断路器跳闸。

欠电压：当电源电压低于断路器的工作电压时，断路器也会跳闸。

操作失误：例如误触开关或者不当的电路连接也会导致断路器跳闸。

（三）低压熔断器故障象征

检查电路：首先需要检查电路是否存在过载、短路或者其他异常情况。

更换熔断器：在确认电路无异常后，需要更换新的熔断器。

调整熔断器参数：如果熔断器频繁熔断，可能需要调整其熔断点或者选择更大规格的熔断器。

（四）低压断路器跳闸与熔断器熔断的区别

低压断路器跳闸和熔断器熔断虽然都是由电流过大导致的保护机制，但它们之间还是存在一些区别的：

响应速度：低压断路器的响应速度一般比熔断器快，能够在毫秒级内切断电路。而熔断器的响应速度较慢，通常在几秒到几十秒内熔断。

可重复性：低压断路器在电流异常解除后可以手动重置，继续使用。而熔断器一旦熔断，就需要更换新的熔断器。

精度：低压断路器可以根据电流大小精确地调节跳闸点，而熔断器的熔断点则取决于金属丝的规格和老化程度，精度较低。

（五）低压断路器跳闸与熔断器熔断处理过程

检查电路：首先需要检查电路是否存在过载、短路或者其他异常情况。

更换熔断器：在确认电路无异常后，需要更换新的熔断器。

调整熔断器参数：如果熔断器频繁熔断，可能需要调整其熔断点或者选择更大规格的熔断器。

禁止带电操作：更换熔体时必须切断电源，防止电弧伤人。

三、空气式开关异常

（一）空气式开关概述

基本功能：空气式开关，即空气断路器，是一种用于电路保护的开关设备。它能够在电路发生过载、短路或欠压等故障时，自动切断电路，从而保护电路和设备的安全。

工作原理：空气式开关内部通常包含触头系统、灭弧装置和脱扣机构等部件。当电路正常时，触头闭合，电流得以流通。一旦电路出现故障，如过载或短路，脱扣机构会迅速动作，使触头分离，切断电路。同时，灭弧装置会迅速熄灭电弧，防止故障扩大。

低压交流系统中空气式馈线开关是电力系统中的关键设备，负责电力输送和配电。然而，在长期的运行过程中，这些开关可能会出现各种异常情况，如触头烧坏、绝缘损坏、操作失灵等，这些问题可能导致电力供应中断，甚至可能引发安全事故。空气式馈线开关作为电力系统的核心组件，其稳定性和可靠性直接影响着电力供应的质量。因此，对空气式馈线开关的异常分析和处理至关重要。

常见空开按极数主要分为：1P、2P、3P、4P 如图 2－2－4 所示。

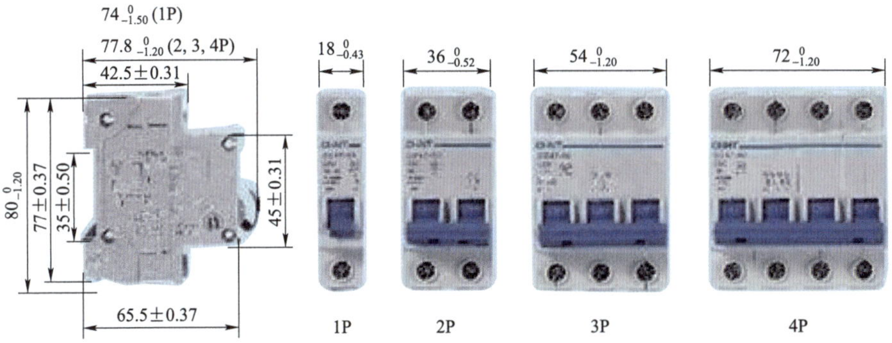

图 2－2－4　空开按极数分类

（二）常见故障原因深度剖析

过载：当电路中的负载电流超过空气式开关的额定电流时，会导致开关内部发热增加，触头磨损加剧，甚至引发火灾等安全事故。过载的原因可能是用电设备过多、电线老化或线径过小等。

短路：短路是指电路中的火线与零线或火线与火线之间直接接触，导致电流异常增大。短路可能由电线老化、破损、接线不良或电器设备内部故障等原因引起。短路发生时，空气式开关会迅速跳闸以切断电路，防止故障扩大。

欠压或过压：欠压或过压都可能导致空气式开关跳闸。欠压通常发生在用电高峰时段，由于电网电压下降，导致开关欠压保护动作。过压则可能由雷击、电网故障或电器设备内部故障等原因引起。

开关本身故障：空气式开关在长时间使用过程中，可能会因触头磨损、弹簧失效、脱扣机构卡滞等原因导致故障。此外，开关内部的电子元件也可能因老化或损坏而引发故障。

（三）故障处理方法与技巧

过载处理：首先检查电路中的负载是否过多或电线是否老化、线径过小。如有必要，可减少用电设备或更换更大线径的电线。同时，确保空气式开关的额定电流与电路负载相匹配。

短路处理：检查电线是否老化、破损或接线不良。对于电器设备内部故障引起的短路，应请专业电工进行维修或更换设备。在处理短路故障时，务必先切断电源，确保安全。

欠压或过压处理：对于欠压问题，可尝试在用电高峰时段减少用电设备的使用。如问题持续存在，应联系电网公司进行检查。对于过压问题，应检查电器设备的防雷措施是否完善，并请专业电工进行检修。

开关本身故障处理：如怀疑空气式开关本身存在故障，应先切断电源，然后检查触头、弹簧、脱扣机构等部件是否损坏或卡滞。如有必要，可更换新的空气式开关。

（四）预防措施与日常维护建议

定期检查：定期对空气式开关进行检查和维护，确保其处于良好工作状态。检查内容包括触头磨损情况、弹簧弹性、脱扣机构动作是否灵活等。

合理选型：在选择空气式开关时，应根据电路的负载情况、工作环境等因素进行合理选型。确保开关的额定电流、额定电压等参数与电路要求相匹配。

加强防护：对于易受雷击或电网波动影响的区域，应加强电器设备的防雷措施和电网稳定性监测。同时，避免在潮湿、高温等恶劣环境下使用空气式开关。

正确使用：在使用空气式开关时，应遵循操作规程和安全规范。避免频繁操作开关或使用过大的负载电流。如发现问题应及时处理并报告相关人员。

四、带漏电保护的馈线开关异常

（一）概述

带漏电保护的馈线开关是一种重要的电气设备，广泛应用于电力系统中，用于保护电路免受过载、短路和漏电等故障的影响。然而，在实际运行过程中，馈线开关可能会出现各种异常情况，如跳闸、误动作、拒动等。将对带漏电保护的馈线开关的常见异常进行分析，并提出相应的处理措施。

常见带漏电空开按极数主要分为：1P、2P、3P、4P 如图 2-2-5 所示。

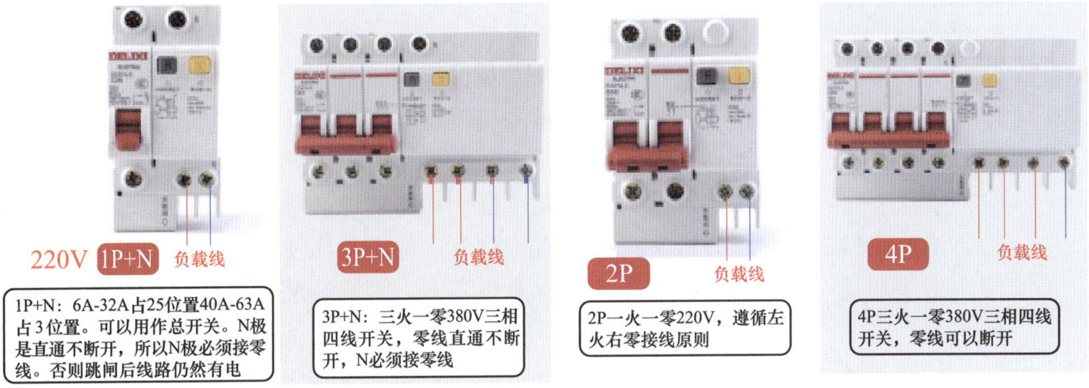

220V 1P+N
负载线
1P+N：6A-32A占25位置40A-63A占3位置。可以用作总开关。N极是直通不断开，所以N极必须接零线。否则跳闸后线路仍然有电
3P+N
负载线
3P+N：三火一零380V三相四线开关，零线直通不断开，N必须接零线
2P
负载线
2P一火一零220V，遵循左火右零接线原则
4P
负载线
4P三火一零380V三相四线开关，零线可以断开

注：必须上进下出。红线代表火线；蓝线代表零线

图 2-2-5 带漏电空开按极数分类

塑壳带漏电开关如图 2-2-6 所示。

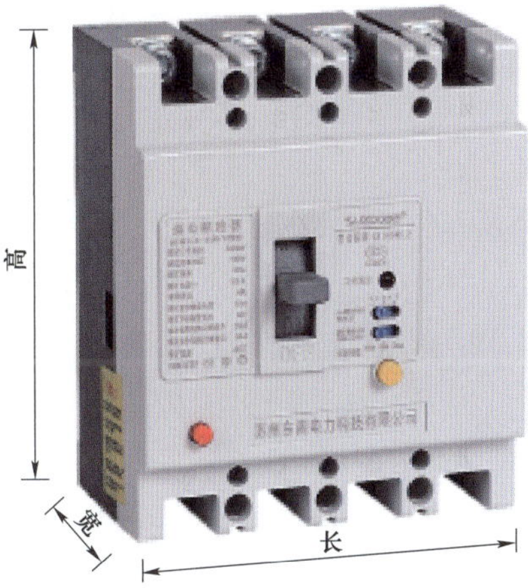

图 2-2-6 塑壳带漏电开关

（二）抽屉式开关的故障象征

1. 跳闸

（1）过载：当电路中的电流超过馈线开关的额定值时，开关会自动跳闸，以防止设备损坏。

（2）短路：电路中发生短路时，电流急剧增大，超过开关的承受能力，导致开关跳闸。

（3）漏电：当电路中有漏电现象时，漏电保护装置会检测到并触发开关跳闸。

2. 误动作

（1）电磁干扰：外部电磁干扰可能导致开关误动作。

（2）机械故障：开关内部的机械部件损坏或松动，可能导致误动作。

（3）环境因素：高温、潮湿等恶劣环境条件可能导致开关误动作。

3. 拒动

（1）电源故障：开关的控制电源出现问题，导致开关无法正常工作。

（2）继电器故障：开关内部的继电器损坏，导致开关无法正常动作。

（3）接触不良：开关的触点接触不良，导致开关无法正常闭合。

（三）抽屉式开关异常处理过程

1. 过载

（1）检查负载：确认负载是否超出开关的额定值，如有必要，更换更大容量的开关。

（2）优化电路：合理分配电路，避免单个开关承担过多负载。

2. 短路

（1）排查故障点：查找电路中的短路点，修复或更换损坏的元件。

（2）加强绝缘：提高电路的绝缘性能，减少短路风险。

3. 漏电

（1）检查接地：确保电路的接地良好，避免漏电现象。

（2）定期维护：定期检查漏电保护装置的工作状态，确保其正常运行。

4. 误动作

（1）屏蔽干扰：采取措施屏蔽外部电磁干扰，如增加屏蔽罩、使用滤波器等。

（2）维修机械部件：检查开关内部的机械部件，如有损坏及时更换。

（3）改善环境：改善开关的工作环境，避免高温、潮湿等恶劣条件。

5. 拒动

（1）检查电源：确保开关的控制电源正常，如有问题及时修复。

（2）更换继电器：如果继电器损坏，应及时更换。

（3）清理触点：定期清理开关的触点，确保接触良好。

第三节　交流系统负荷异常

一、变电站动力箱异常

变电站动力箱是变电站中重要的电气设备之一，主要用于分配和控制电力系统的电能。动力箱的正常运行对于保障电力系统的稳定性和可靠性至关重要。然而，在实际运行过程中，动力箱可能会出现各种异常情况，如断路器跳闸、熔断器熔断等。本文将针对变电站动力箱的常见异常进行分析，并提出相应的处理措施。

常见动力箱外观如图 2-3-1 所示。

（一）变电站动力箱系统运行规程

检修准备：

人员要求：检修人员需具备电气知识，掌握检修技术及安全要求，持证上岗。

工具与设备：确保工具、设备完好，安全防护装备齐全。

工作票与停电申请：填写工作票和停电申请单，经主管领导签字确认。

检修操作：

现场勘查：开展现场勘查，了解设备状况，制定检修方案。

安全隔离：设置安全标志，对检修区域进行安全隔离。

检修实施：按照检修方案进行操作，注意防止误操作。

检修后工作：

质量检查：对检修质量进行检查，确保设备恢复正常。

总结与改进：进行检修总结，提出改进措施。

变电站检修运行规程是确保检修工作安全、顺利进行的重要保障，必须严格遵守相关规定和操作流程。

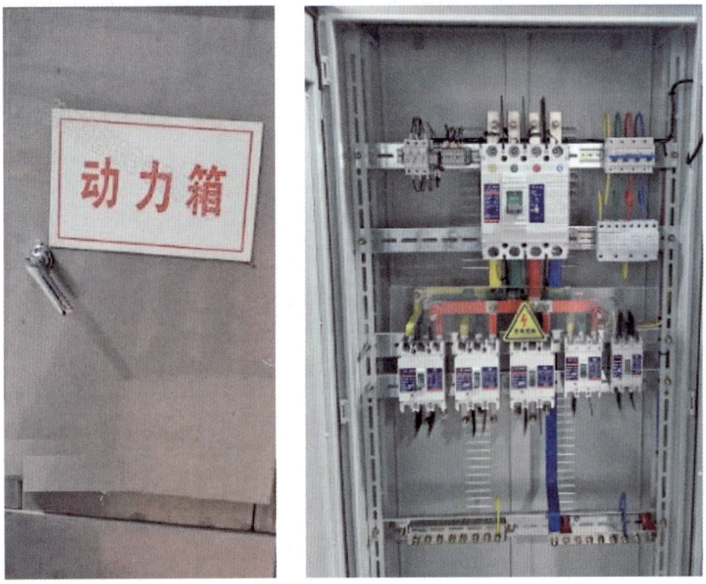

(a) 外观　　(b) 内部

图 2-3-1　站用动力箱

（二）变电站动力箱异常故障象征

负荷过大：随着电力负荷的不断增加，动力箱可能因长时间高负荷运行而导致局部过热，进而引发设备损坏或系统短路。

设备老化：动力箱内部的零部件随着运行时间的增长会逐渐老化和磨损，如接触不良、松脱等问题，这些都可能导致动力箱无法正常运行。

外部环境影响：恶劣的天气环境，如风暴、洪水、地震等，都可能对动力箱的正常运行造成影响。此外，夏季高温天气还可能导致动力箱内部温度升高，加剧设备老化。

操作不当或管理不善：错误的操作、忽视安全规范、疏忽大意等不良习惯都可能导致动力箱运行和维护问题。

（三）变电站动力箱异常处理过程

合理调整负荷：对于因负荷过大导致的异常，应合理调整动力箱的负荷使用情况，避免长时间高负荷运行。在高温地区，可通过设置多台配变器或采用其他降温措施来降低动力箱内部温度。

定期维护检修：建立定期维护检修制度，对动力箱内部的零部件进行定期检查、清洁和更换。对于老化的零部件，应及时更换以确保动力箱的正常运行。

加强外部防护：在动力箱外部加装遮阳装置、防水装置等，以抵御恶劣天气环境的影响。同时，定期对动力箱进行清洁和保养，保持其良好的运行状态。

规范操作和管理：加强对动力箱操作人员的培训和管理，确保其熟悉安全规范和操作流程。对于因操作不当导致的异常，应及时纠正并加强培训。

安装监测设备：在动力箱内部安装温度、湿度等监测设备，实时监测动力箱的运行状态。一旦发现异常，应立即采取措施进行处理，防止事态扩大。

综上所述，变电站动力箱异常的处理需要综合考虑负荷、设备、环境和管理等多个方面。通过合理调整负荷、定期维护检修、加强外部防护、规范操作和管理以及安装监测设备等措施，可以有效降低动力箱异常的发生概率，保障电力系统的稳定运行。

二、变电站夹层照明灯异常

变电站作为电力系统的核心环节，其内部设备的正常运行对于电力供应的稳定性至关重要。在变电站的日常运营中，照明设施的稳定运行对于确保工作人员的安全和设备的维护具有重要意义。然而，在实际运行过程中，变电站夹层照明行灯可能会出现各种异常情况，如亮度不足、闪烁、熄灭等。

本文将针对这些异常情况进行深入分析，并提出相应的处理方案。变电站夹层照明行灯异常情况的发生，不仅会影响到变电站的正常运行，还可能对工作人员的安全构成威胁。因此，对于变电站夹层照明行灯异常的处理，应做到及时、准确、有效。通过定期的检查和维护，可以保证照明行灯的正常工作，从而确保变电站的安全稳定运行。见图 2－3－2。

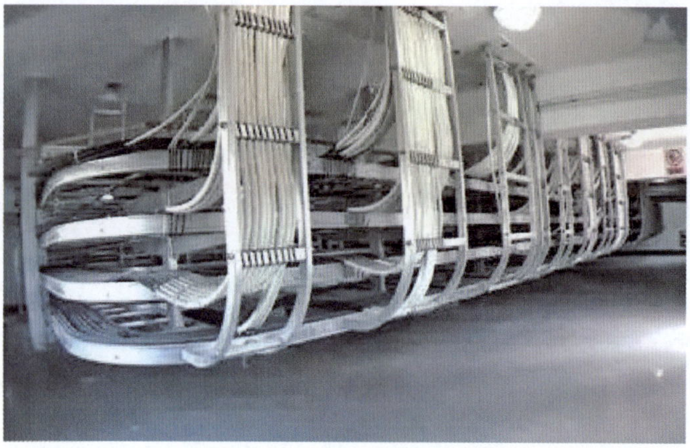

图 2－3－2　变电站电缆夹层

（一）夹层照明行灯运行规定

1. 照明电压

变电所夹层及站台板下的照明系统应采用 36V 安全电压进行供电。

这一规定确保了在这些特定区域内的照明系统能够提供足够的安全保障，避免因电压过高而引发的潜在风险。采用 36V 安全电压可以有效降低触电事故的风险，同时保证照明系统的正常运行，为工作人员提供一个安全、舒适的工作环境。此外，变电所的正常照明网络电压通常为 380V/220V，而事故照明则可能由直流电源屏提供，其电源电压为 220V 或 110V，但与夹层及站台板下照明相关的特定规定仍为 36V 安全电压。

2. 照明设计标准

变电站夹层照明设计应符合安全可靠、技术先进、经济合理的标准。

应选用配光合理、效率高的灯具，并保证照明器与带电导体间有足够的安全距离。

3. 安装位置与维护

夹层照明行灯的安装位置应便于维护。

灯具不得布置在变压器、配电装置和裸导体的正上方，水平净距应大于 1.0m。

灯具不得采用吊链和软线吊装，以防晃动引发短路事故。

4. 应急照明设置

夹层内应装设事故应急照明，兼做正常照明用。

应急照明应保证在事故情况下能提供足够的照度，确保人员安全疏散。

这些规定确保了变电站夹层照明行灯的安全运行，为作业人员提供了良好的照明环境，同时保障了作业人员的安全。

（二）夹层照明行灯异常象征

1. 亮度不足

亮度不足是变电站夹层照明行灯最常见的异常表现之一。这可能是由于灯具老化、灯泡损坏或者供电电压不稳定等原因导致的。

2. 闪烁

照明行灯闪烁可能是由于电源电压不稳定、灯具内部电路故障或者接触不良等原因造成的。

3. 熄灭

照明行灯熄灭可能是由于灯泡损坏、电源故障或者灯具内部电路故障等原因导致的。

（三）变电站夹层照明行灯异常的原因分析

1. 灯具老化

长时间使用后，灯具内部的元器件可能会出现老化，从而导致灯具性能下降，如亮度降低、闪烁等。

2. 电源电压不稳定

电源电压不稳定可能会导致灯具供电不稳定，从而引起灯具异常，如闪烁、熄灭等。

3. 灯具内部电路故障

灯具内部电路故障可能会导致灯具无法正常工作，如闪烁、熄灭等。

4. 灯泡损坏

灯泡损坏是造成照明行灯熄灭的主要原因之一。灯泡的寿命一般在几千小时左右，长时间使用后可能会损坏。

5. 接触不良

接触不良可能会导致灯具供电不稳定，从而引起灯具异常，如闪烁、熄灭等。

（四）夹层照明行灯异常处理过程

1. 更换老化的灯具

对于老化的灯具，应及时进行更换，以保证照明行灯的正常工作。

2. 调整电源电压

对于电源电压不稳的情况，应采取措施调整电源电压，以保证灯具的正常工作。

3. 修复灯具内部电路

对于灯具内部电路故障的情况，应进行修复或更换，以保证灯具的正常工作。

4. 更换损坏的灯泡

对于损坏的灯泡，应及时进行更换，以保证照明行灯的正常工作。

5. 检查接触情况

三、变电站检修电源箱异常

变电站作为电力系统的重要组成部分，其运行状态直接影响到电网的安全稳定。检修电源箱作为变电站内设备维护和检修的重要工具，其正常工作对于保障变电站的可靠运行至关重要。本文将针对变电站检修电源箱可能出现的异常情况进行分析，并提出相应的处理措施。

变电站检修电源箱的正常运行对于保障变电站的安全稳定至关重要。通过定期检查和维护，以及规范的操作和培训，可以有效预防和处理电源箱可能出现的异常情况，确保变电站的可靠运行。见图 2–3–3。

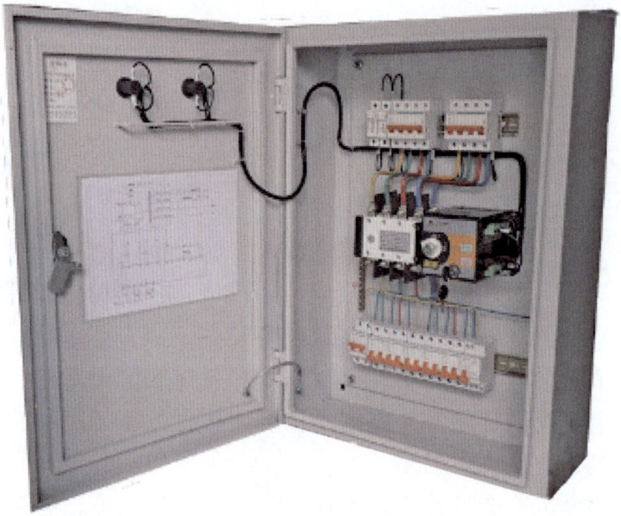

图 2–3–3　电源检修箱

（一）检修箱运行规定

1. 检修准备

人员要求：检修人员需具备电气知识，掌握检修技术及安全要求，持证上岗。

工具与设备：确保工具、设备完好，安全防护装备齐全。

工作票与停电申请：填写工作票和停电申请单，经主管领导签字确认。

2. 检修操作

现场勘查：开展现场勘查，了解设备状况，制定检修方案。

安全隔离：设置安全标志，对检修区域进行安全隔离。

检修实施：按照检修方案进行操作，注意防止误操作。

3. 检修后工作

质量检查：对检修质量进行检查，确保设备恢复正常。

总结与改进：进行检修总结，提出改进措施。

变电站检修运行规程是确保检修工作安全、顺利进行的重要保障，必须严格遵守相关规定和操作流程。

（二）检修箱故障象征

1. 电源箱内部短路

原因：电源箱内部线路老化、绝缘损坏或接线错误导致短路。

影响：可能导致电源箱烧毁，甚至引发火灾。

2. 电源箱输出电压不稳定

原因：电源箱内部稳压器故障或电源输入电压波动。

影响：影响检修设备的正常工作，甚至造成设备损坏。

3. 电源箱过载

原因：同时接入过多负载或单个负载功率过大。

影响：可能导致电源箱过热，甚至烧毁。

4. 电源箱接地不良

原因：接地线接触不良或接地电阻过高。

影响：增加触电风险，影响设备安全。

（三）检修箱故障及处理方法

电源箱内部短路处理：检查电源箱内部线路，更换老化或损坏的电线。确保接线正确，避免短路发生。定期进行电源箱内部清洁，防止灰尘积累导致短路。

电源箱输出电压不稳定处理：检查电源箱内部稳压器，如有故障及时更换。确保电源输入电压稳定，必要时安装稳压器。定期检查电源箱内部元件，确保其正常工作。

电源箱过载处理：根据电源箱额定功率合理分配负载，避免过载。安装过载保护装置，如断路器或熔断器。定期检查电源箱温度，避免过热。

电源箱接地不良处理：检查接地线连接是否牢固，如有松动及时紧固。测量接地电阻，确保符合安全标准。定期检查接地线状态，及时更换损坏的接地线。

（四）预防措施

定期维护：定期对电源箱进行检查和维护，及时发现并处理潜在问题。清理电源箱内部灰尘，保持通风良好。

规范操作：严格按照操作规程使用电源箱，避免误操作导致异常。对于高功率设备，应单独使用电源箱，避免过载。

加强培训：对变电站工作人员进行定期培训，提高其对电源箱异常情况的认识和处理能力。加强安全意识教育，确保操作人员能够正确使用电源箱。

四、变电站事故通风系统电源异常

为了保证变电站设备的正常运行，必须维持适当的工作环境，包括温度、湿度等。通风系统在此过程中起着至关重要的作用，它通过排出热量和湿气来维持设备工作环境的稳定性。然而，如果通风系统电源出现异常，可能会影响设备的正常运行，甚至导致事故。本文将详细分析变电站事故通风系统电源异常的原因，并提供相应的处理办法。

事故通风系统是为防止生产设备事故或故障时，有害气体或爆炸性气体造成更大损失而设置的排气系统。变电站事故通风系统电源异常是一种常见的故障，可能会影响设备的正常运行。通过对电源质量、电源线路、开关或断路器以及电机的仔细检查和及时处理，可以有效地解决这些问题，保障设备的稳定运行。

事故通风系统的核心组成部分，如图 2–3–4 所示。

图 2–3–4　通风系统

（一）事故通风系统运行规定

1. 设计要求

排风量：根据工艺设计确定，换气次数不小于 12 次/h。

吸风口设置：设置在有害物质散发量最大或聚集处，采取导流措施避免死角。

排风口设置：避开人员常停留地，与送风口水平距离不小于 20m，不足时排风口高于进风口不小于 6m。

风机选择：离心式或轴流式，开关便于操作，排放可燃气体时选防爆型，见图 2–3–5。

图 2–3–5　防爆轴流通风机

2. 联锁与供电

宜与可燃或有毒气体检测、报警装置联锁启动，供电可靠性等级与工艺等级相同。

3. 其他规定

可不经净化直接向室外排放，不必设置机械补风，但应留有自然补风通道。

以上规定确保了事故通风系统的有效性和安全性。

（二）事故通风系统故障象征

1. 电源质量问题

电源质量问题是导致通风系统电源异常的主要原因之一。这包括电压不稳定、频率波动、谐波干扰等。如果电网电压过低或过高，可能会导致电机无法正常启动或运行，从而影响通风系统的正常工作。

2. 电源线路问题

电源线路问题也可能导致通风系统电源异常。例如，电源线路老化、接触不良、短路或过载等情况都可能影响电源的正常供应。

3. 开关或断路器故障

开关或断路器故障也可能导致通风系统电源异常。如果开关或断路器故障，可能会导致电源无法正常切换或供电中断。

4. 电机故障

电机故障也可能导致通风系统电源异常。例如，电机过热、轴承损坏、绕组绝缘损坏等都可能导致电机无法正常运转，从而影响通风系统的正常工作。

（三）事故通风系统处理过程

1. 检查电源质量

检查电源质量是否符合要求。如果发现电压不稳定、频率波动或谐波干扰等问题，应采取相应措施进行调整或滤波。

2. 检查电源线路

检查电源线路是否存在老化、接触不良、短路或过载等情况。如果发现问题，应及时进行修复或更换。

3. 检查开关或断路器

检查开关或断路器是否存在故障。如果发现开关或断路器故障，应及时进行维修或更换。

4. 检查电机

检查电机是否存在故障。如果发现电机过热、轴承损坏、绕组绝缘损坏等问题，应及时进行维修或更换。

五、变电站消防水泵电源异常

变电站的建筑消防泵组通常有两种组合方案：一运一备和两运一备。

一运一备：该方案要求主泵和备用泵的性能相同，且都具备独立承担全部消防供水量的能力。这样的设计可以保证即使主泵出现故障，备用泵也能立即接替，保证消防供水的连续性。

两运一备：这种方案通常配备两台主泵和一台备用泵。两台主泵轮流运行，当其中一台出现故障时，另一台主泵继续运行，而备用泵则随时待命，准备接替故障泵的工作。

无论采用哪种方案，确保消防水泵的可靠运行是至关重要的。

消防水泵在变电站的消防系统中起着至关重要的作用。当发生火灾时，消防水泵能否正常运行直接关系到灭火救援的效率。然而，由于水泵的设置和维护不当，可能产生各种电气故障，导致消防水泵无法正常启动，从而影响灭火救援，甚至可能造成严重损失。因此，本文将针对变电站消防水泵电源异常的情况进行详细分析，并提出相应的解决方案。

变电站内消防水泵及其控制柜的图片如图 2-3-6 所示。

(a) 消防水泵　　(b) 消防水泵控制柜

图 2-3-6　消防控制系统

（一）消防水泵运行规定

《变电站设计防火规范》(GB 50229—2006)：

消防水泵房应设直通室外的安全出口。

一组消防水泵的吸水管不应少于 2 条；当其中 1 条损坏时，其余的吸水管应能满足全部用水量。吸水管上应装设检修用阀门。

消防水泵应采用自灌式引水。

消防水泵房应有不少于 2 条出水管与环状管网连接，当其中 1 条出水管检修时，其余的出水管应能满足全部用水量。试验回水管上应设检查用的放水阀门、水锤消除、安全泄压及压力、流量测量装置。

消防水泵应设置备用泵。

消防水泵房应设置与消防控制室直接联络的通信设备。

消防水泵房的建筑设计应符合现行标准《建筑设计防火规范》(GB 50016) 的有关规定。

（二）消防水泵故障象征

电源电压不稳定、电源线路故障、水泵电机故障、控制系统故障。

（三）消防水泵处理过程

电源电压不稳定：电源电压不稳定是引起消防水泵电源异常的常见原因之一。电压过低或过高都可能导致水泵电机无法正常运行。特别是在电网负荷高峰期，电源电压可能会出现波动，影响设备的正常运行。

电源线路故障：电源线路故障包括线路短路、断路、接触不良等问题。这些故障可能会导致水泵无法获得稳定的电源供应，从而影响其正常运行。

水泵电机故障：水泵电机是消防水泵的核心部件，其故障可能会导致整个水泵系统瘫痪。常见的电机故障包括绕组烧毁、轴承损坏、转子卡滞等。

控制系统故障：控制系统故障也可能导致消防水泵无法正常启动。例如，控制开关故障、PLC 程序错误、传感器失效等问题都可能影响水泵的启动和运行。

（四）预防措施

1. 电压稳定措施

为确保消防水泵的正常运行，变电站应配备稳压器，以维持电源电压的稳定性。此外，还应定期检查电源线路和设备接头，确保连接紧密，避免因接触不良导致的电压下降。

2. 电源线路检查

定期对电源线路进行检查，确保线路无破损、老化等情况。对于发现的故障点，应及时修复或更换相关部件。同时，还应加强电源线路的防护，防止因外界因素（如老鼠咬断线路）导致的故障。

3. 水泵电机维护

定期对水泵电机进行保养和维护，包括清洁电机、润滑轴承、检查绕组绝缘等。如果发现电机存在故障，应及时进行修复或更换，以保证水泵的正常运行。

4. 控制系统检查

定期对消防水泵的控制系统进行检查，确保各控制开关、PLC 程序、传感器等设备正常运行。对于发现的问题，应及时调整或更换相关部件。

消防水泵在变电站消防系统中发挥着重要作用。为确保其在火灾发生时能够正常运行，我们必须对可能出现的电源异常进行深入分析和及时处理。只有这样，才能保障消防水泵在关键时刻发挥其应有的作用，最大限度地减少火灾带来的损失。

第四节　电力低压交流柜 ATS 及备自投装置异常处理

一、电力低压交流柜 ATS 控制回路异常故障处理

（一）ATS 控制回路装置的结构

控制回路的构成

电源部分：为控制回路提供稳定的工作电压，通常包括交流电源和直流电源。

检测单元：负责监测市电和备用电源的状态参数，如电压、电流、频率等。

控制单元：基于检测单元获取的信息，按照预设的逻辑和条件进行判断和决策。

驱动单元：将控制单元发出的指令进行放大和转换，以驱动执行机构动作。

执行机构：一般为接触器、继电器或断路器，用于实现电源的切换操作。

（二）ATS 控制器装置的原理

正常情况下，检测单元实时监测市电的状态。当市电正常时，控制单元保持执行机构接通市电。一旦市电出现异常，如电压下降、频率偏移或停电，检测单元将异常信息传递给控制单元。控制单元经过分析处理，发出切换指令，通过驱动单元驱动执行机构动作，将负载切换至备用电源。当市电恢复正常后，控制单元根据预设条件决定是否将负载切换回市电。

（三）ATS 控制器装置图片

见图 2－4－1。

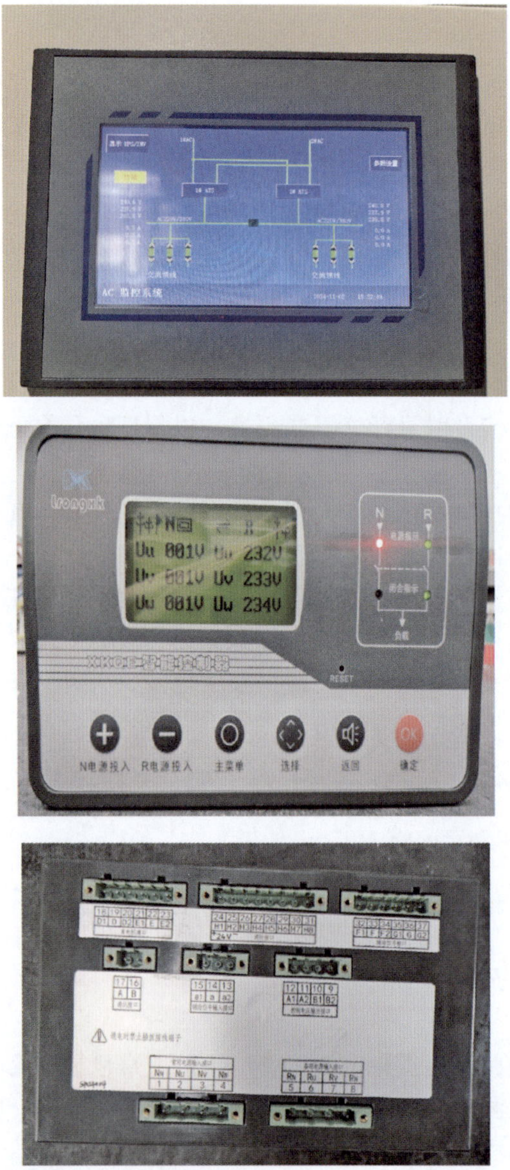

图 2－4－1　ATS 控制器界面、端子及接线图（一）

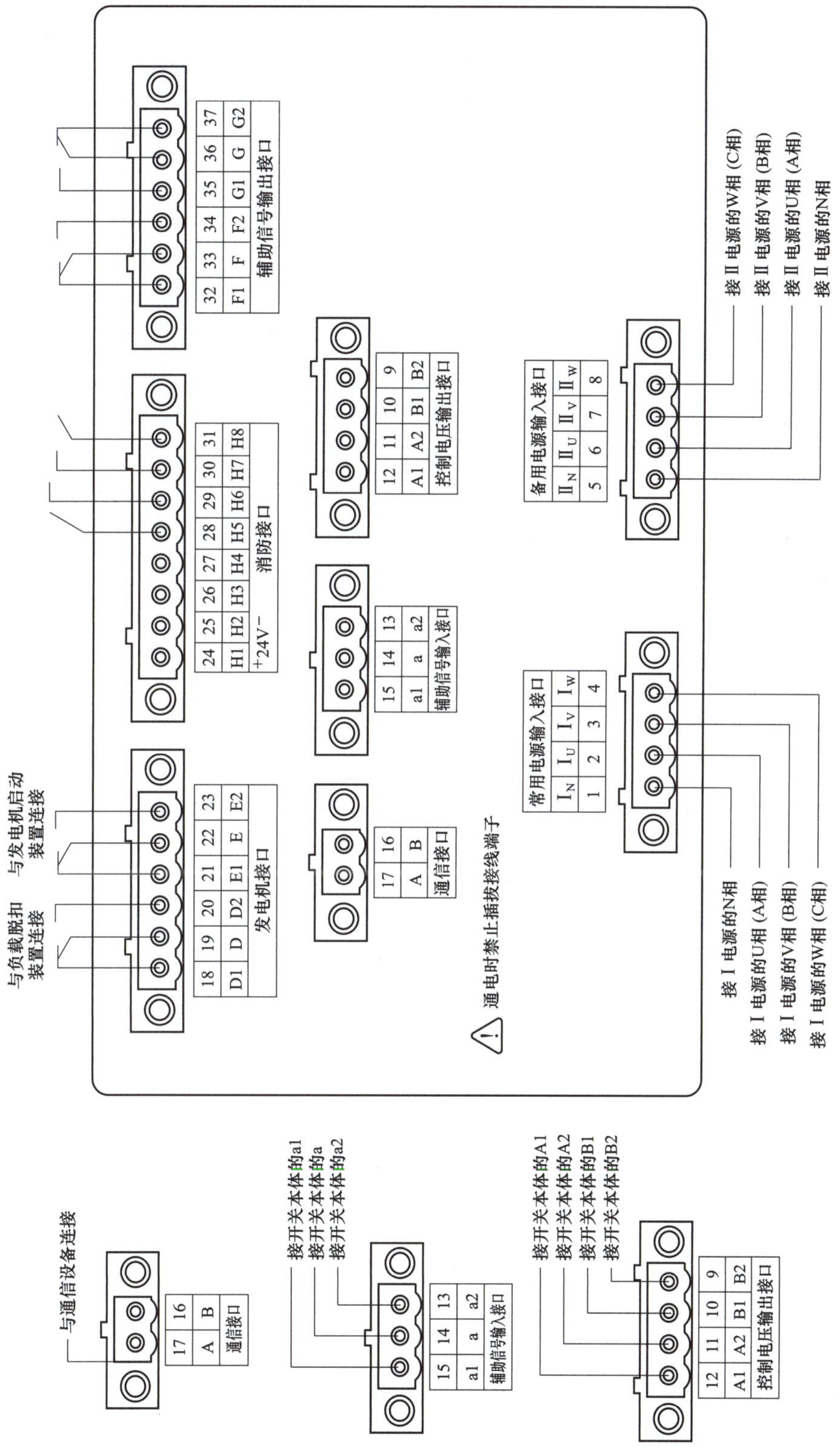

图 2－4－1　ATS 控制器界面、端子及接线图（二）

（四）ATS 装置控制回路异常原因分析

1. 电源故障

市电输入异常：市电停电、电压波动过大或电源线路故障。

电源转换模块故障：交流转直流模块损坏，导致直流电源输出不稳定或缺失。

2. 检测单元故障

传感器故障：电压传感器、电流传感器等出现精度偏差、损坏或失效。

信号传输线路故障：线路断路、短路、接触不良等，影响检测信号的准确传输。

3. 控制单元故障

控制芯片故障：芯片损坏、程序错误或逻辑混乱，导致控制指令错误。

参数设置错误：预设的切换条件、延时时间等参数设置不合理。

4. 驱动单元故障

驱动电路元件损坏：如三极管、场效应管等损坏，无法正常放大驱动信号。

驱动电源异常：驱动电源电压不稳定或缺失，影响驱动能力。

5. 执行机构故障

接触器或继电器故障：触头磨损、粘连、线圈烧毁等，导致无法正常切换。

断路器故障：机械部件卡滞、脱扣机构故障等，影响断路器的正常动作。

（五）ATS 装置控制回路异常的处理

1. 电源故障处理

检查市电输入线路，修复断路、短路等故障。

更换损坏的电源转换模块，确保稳定的直流电源输出。

2. 检测单元故障处理

更换故障传感器，确保检测数据的准确性。

修复信号传输线路，保证检测信号的正常传输。

3. 控制单元故障处理

重新烧录控制程序，修复程序错误。

检查并更正错误的参数设置，使其符合实际需求。

4. 驱动单元故障处理

更换损坏的驱动电路元件，恢复驱动能力。

修复或更换异常的驱动电源，保证驱动电源的稳定供应。

5. 执行机构故障处理

更换磨损、粘连的接触器或继电器触头，修复或更换烧毁的线圈。

对断路器进行维修，处理机械部件卡滞、脱扣机构。

二、ATS 装置切换异常

（一）ATS 本体装置的结构

控制器：是 ATS 装置的核心部分，负责监测电源状态、控制开关切换等。

开关本体：用于接通或断开电源。

电源监测模块：实时监测电源的电压、频率等参数。

机械连锁机构：确保开关切换的安全性和可靠性。

操作机构：用于手动或自动操作开关。

显示与报警模块：显示电源状态和故障信息，并发出报警信号。

（二）ATS 本体装置的功能

与开关本体一体式安装适用于市电－市电转换失压保护；

具备自投自复功能；

具备手动/自动切换功能。

当发电机是人工启动时，也可作市电一发电机的供电系统间的转换。

（三）ATS 本体装置图片

见图 2－4－2。

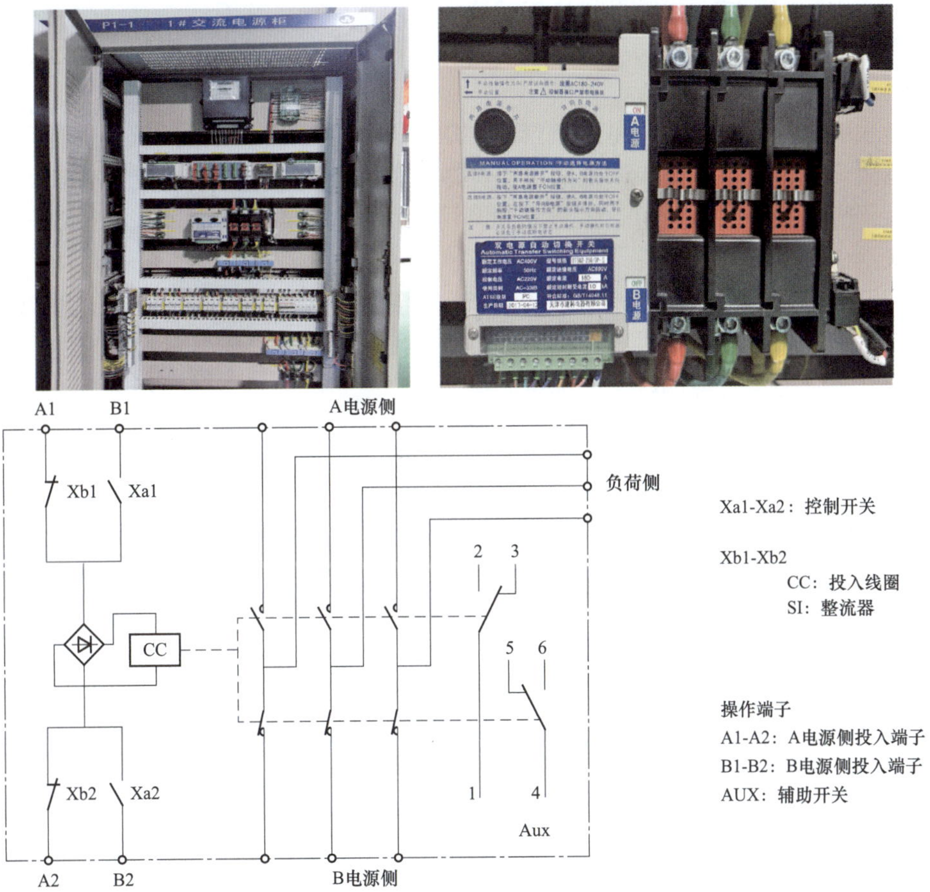

图 2－4－2　ATS 本体装置图

三、自动转换开关自动投切失败

（一）自动转换开关自动投切原因分析

ATS 切换异常类型如下。

（1）误动作。

误动作是指 ATS 在不应该切换的情况下错误地执行了切换操作。这种情况可能导致不必要的电力供应中断，影响生产效率和服务质量。误动作的原因可能包括：

传感器故障：用于检测电源状态的传感器出现故障，导致控制单元接收到错误的信号。

控制逻辑错误：控制单元中的逻辑设置存在错误，导致在不符合切换条件的情况下执行切换操作。

（2）拒动作。

拒动作是指 ATS 在应该切换的情况下未能执行切换操作。这种情况可能导致在主电源失效后，负载无法及时切换到备用电源，从而导致长时间的电力供应中断。拒动作的原因可能包括：

机械故障：断路器的机械部分出现故障，导致无法正常开闭。

控制单元故障：控制单元出现故障，无法向断路器发送切换命令。

（3）切换失败。

切换失败是指 ATS 在尝试切换时未能成功完成切换操作。这种情况可能导致电力供应的不稳定，甚至可能造成更严重的电力事故。切换失败的原因可能包括：

同步问题：在切换过程中，主电源和备用电源之间的电压、频率或相位不一致，导致切换失败。

时序问题：ATS 的切换时序设置不正确，导致断路器的开闭顺序错误，从而引起切换失败。

通过红外测温，发现母线某些部位温度明显高于正常水平。

（二）ATS 装置切换异常的处理

1. 误动作处理

针对误动作问题，首先应检查传感器的状态，确保其能够准确检测电源状态。如果传感器存在故障，应及时更换或维修。同时，也应检查控制单元中的逻辑设置，确保其与实际需求一致。如果发现逻辑错误，应及时修改控制逻辑。

2. 拒动作处理

对于拒动作问题，首先应检查断路器的机械部分，确保其能够正常开闭。如果存在机械故障，应进行维修或更换。同时，也应检查控制单元的状态，确保其能够正常发送切换命令。如果控制单元存在故障，应进行修复或更换。

3. 切换失败处理

针对切换失败问题，首先应检查主电源和备用电源之间的电压、频率和相位是否一致。如果存在差异，应调整电源参数，确保同步。同时，也应检查 ATS 的切换时序设置，确保断路器的开闭顺序正确。如果时序设置不正确，应进行调整。

四、备自投装置异常处理

（一）备自投装置的结构

控制回路的构成如下。

检测元件：包括电压互感器、电流互感器等，用于实时监测电网的电压和电流状态，提供给控制单元作为判断依据。当主电源故障（如电压降低、失压）时，这些元件能迅速将信号传递给控制单元。

执行机构：通常是一个或多个电磁接触器或断路器，负责实际的电源切换操作。当控制单元发出切换指令后，执行机构迅速断开主电源回路，同时闭合备用电源回路，确保负载不间断地从一个电源转移到另一个电源。

延时与合闸逻辑电路：为了防止因瞬时故障导致不必要的切换，备自投装置设计有延时功能。只有当主电源故障持续一段时间（如几秒到几十秒），确认不是瞬时波动后，才会启动切换过程。同时，合闸逻辑确保备用电源稳定后再进行连接，避免反向送电或合闸冲击。

保护与报警模块：除了基本的电源切换功能外，备自投装置还集成有过载、短路等保护功能，以及故障报警输出，确保系统安全运行，并及时通知维护人员。

人机界面：包括显示屏、按键等，便于操作人员查看系统状态、设置参数和进行手动操作。现代备自投装置往往具备友好的图形化界面，方便用户交互。

综上所述，备自投装置通过精密的电子控制和机械执行部件协同工作，实现了在主电源故障时自动、快速、安全地切换到备用电源的功能，确保了电力供应的连续性和可靠性。

（二）ATS 控制器装置的原理

低压备自投适用于两进线一联络的系统结构，符合三合二逻辑。可以实现进线 1 和 2 以及联络开关的自投自复、互为投切和自动投切。该装置支持手动模式和自动模式；支持充电过程和不充电过程。

有一路进线有电：装置上电后自动检测进线电压，且进线电压值大于备投设置中的有压定值，经整定延时分无压进线开关后，自动合上有电进线开关，再合母联开关（程序自动判断三合二逻辑，三个开关同时只有两个开关合闸）。开关正常合闸装置本体“自投成功”指示灯亮，如果在此过程中有开关拒动，经延时发“自投失败”指示灯亮；备投动作失败后，备投状态处于放电状态。按复归按钮或者在显示面板上复归装置，复归事件前务必排除故障，或者退出备自投。

两路进线同时有电：两路进线同时有电且进线电压值大于备投设置中的有压定值，经整定延时分 QF3，检母联开关分位后，自动合上一路进线开关、二路进线开关（程序自动判断三合二逻辑，三个开关同时只有两个开关合闸）。开关正常合闸装置本体“自投成功”指示灯亮，如果在此过程中有开关拒动，经延时发“自投失败”指示灯亮；备投动作失败后，备投状态处于放电状态。按复归按钮或者在显示面板上复归装置，复归事件前务必排除故障，或者退出备自投。

有一路进线失电：正常时两路进线同时有电且进线电压值大于备投设置中的有压定值，一路进线开关、二路进线开关在合位，母联开关在分位。其中有一路进线失电压且小于备投设置中无压定值，经整定自投延时后分失压进线开关，检失压进线开关分开后，合母联开关，检母联开关合成功后（程序自动判断三合二逻辑，三个开关同时只有两个开关合闸）开关正常合闸装置本体“自投成功”指示灯亮，如果在此过程中有开关拒动，经延时发“自投失败”指示灯亮；备投动作失败后，备投状态处于放电状态。按复归按钮或者在显示面板上复归装置，复归事件前务必排除故障，或者退出备自投。

有一路进线失电来电：此前有一路有电的进线开关在合位，母联开关在合位。其中有一路进线失电又来电且电压大于备投设置中有压定值，经整定自复延时后分失母联开关，检母联开关分位，合失电又来电的进线开关（程序自动判断三合二逻辑，三个开关同时只有两个开关合闸），开关正常合闸装置本体“自复成功”指示灯亮，如果在此过程中有开关拒动，经延时发“自复失败”指示灯亮；备投动作失败后，备投状态处于放电状态。按复归按钮或者在显示面板上复归装置，复归事件前务必排除故障，或者退出备自投，见图 2-4-3。

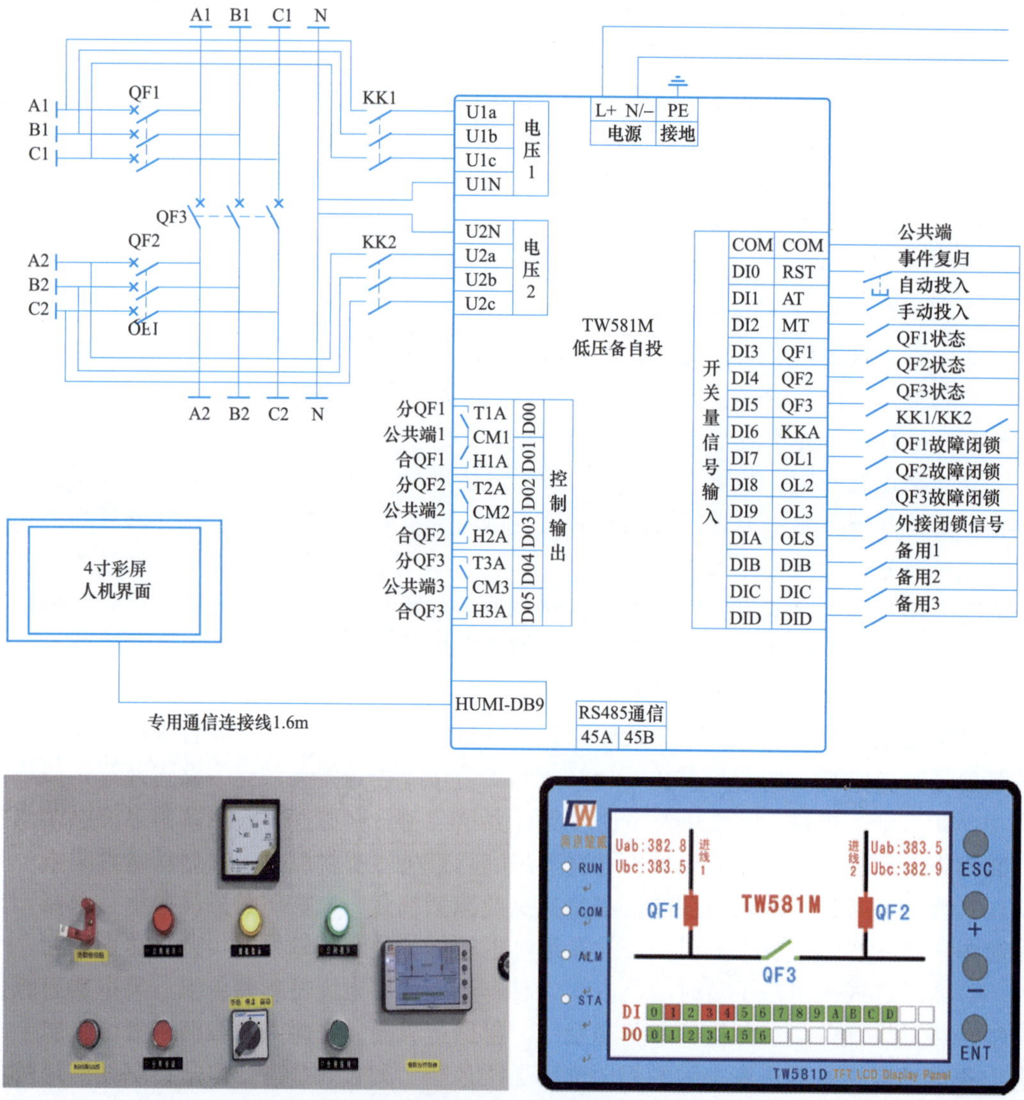

图 2-4-3　备自投装置

（三）备自投装置异常原因分析

（1）定值整定错误：备自投装置的整定定值因各个厂家的设计理念不同而有所不同，

整定计算人员可能因误读说明书或版本型号不匹配而导致整定定值不正确，进而引发备自投装置拒动或误动。

（2）设备硬件故障：备自投装置的硬件部分（如电路板、元件等）可能因老化、损坏或质量问题而导致故障。

（3）设备软件问题：备自投装置的软件程序可能存在漏洞或错误，导致装置在特定情况下无法正确判断和执行动作。

（4）电源故障：如果电源电压不稳定，可能会导致备自投装置误判故障，从而触发误动作。

（5）通信异常：备自投装置通常需要通过网络进行通信，网络配置问题或设备天线故障可能导致装置无法接收到正确的指令或信号。

（6）电压与相位异常：备用电源与工作电源之间的电压和相位差过大可能导致备自投装置无法正确动作。

（7）电磁干扰：备自投装置在运行过程中可能受到电磁干扰的影响，导致装置误动或拒动。

（四）备自投装置异常的处理过程

（1）检查备自投方式：确认备自投装置的投切方式是否正确，例如：是自投自复还是只有自投没有自复，这是处理异常的第一步。

（2）检查交流输入情况：检查备自投装置的两路交流输入采样是否正常，如不正常应继续检查输入电压采样保险是否完好，两路交流进线电源是否正常。

（3）排除设置和采样问题后，应对备自投装置自身进行检查。

（4）可尝试重新启动备自投装置，如自动投切功能仍然失效，可尝试进行手动模式切换。

（5）通过以排查基本可以确定问题所在，如果备自投装置自身故障，应进行及时更换。

（6）更换后应检查备自投装置可能发出闭锁、失电告警等信息。此时，应检查这些告警信号是否复归。

第五节　事故照明逆变与电力不间断电源异常处理

一、站用不间断电源（UPS）系统交流进线电源故障处理

（一）UPS 装置的结构

变电站内 UPS 系统主要部分：整流器、逆变器、蓄电池、静态开关、隔离变压器及稳压器的用处。

整流器：将交流电（AC）变成直流电（DC），经滤波后供给逆变器。

逆变器：将直流电（DC）转化为交流电（AC），供给负载使用。

蓄电池：UPS 用来作为储存电能的装置，使其在市电失电时，可以将直流电逆变后，为负载提供不间断电源。其容量的大小决定了其维持放电（供电）的时间。

静态开关：又称静止开关，是两个可控硅（SCR）反向并联组成的一种交流开关，其闭合和断开由逻辑控制器控制，可实现零切换时间，从而保证可靠供电。

隔离变压器、稳压器：在输入或输出部分将交流与直流隔离，稳压器除了隔离之外还有稳定电压的作用。

电源输入共有 3 路电源输入：市电输入、直流输入、旁路输入（分为电子旁路和维修旁路）。

市电输入来源：站用交流电源柜。

直流输入来源：站内直流电源系统及蓄电池。

电子旁路输入来源：市电输入交流电源柜另一段。

站用不间断电源（UPS）装置正常运行模式是：在正常交流电源供应下，整流器将交流电转换为直流电，将市电中的“电源污染”消除，在供给逆变器将直流电转换为交流电，提供稳定的电源

（二）UPS 电源装置的原理图

见图 2-5-1。

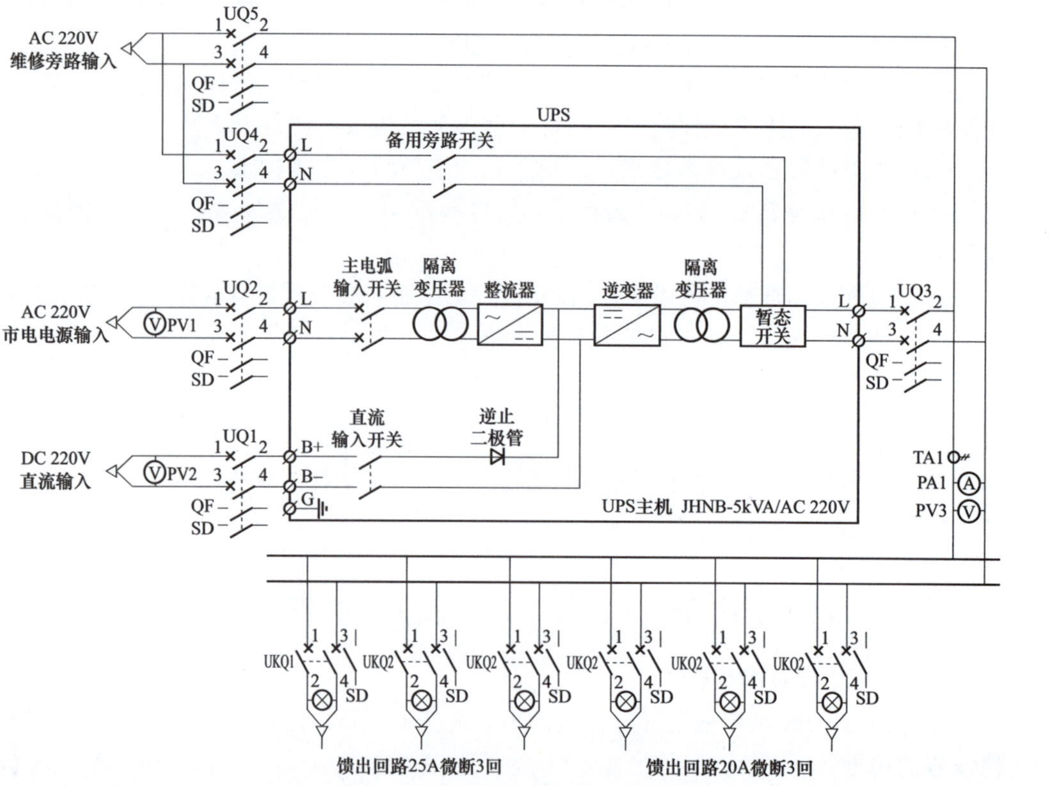

1.1、UQ1—UPS直流输入开关；1.2、UQ2—UPS市电输入开关；1.3、UQ3—UPS电子旁路输入开关；1.4、UQ4—UPS手动维修旁路输入开关

图 2-5-1　UPS 装置原理图

（三）UPS 电源装置异常图

见图 2－5－2。

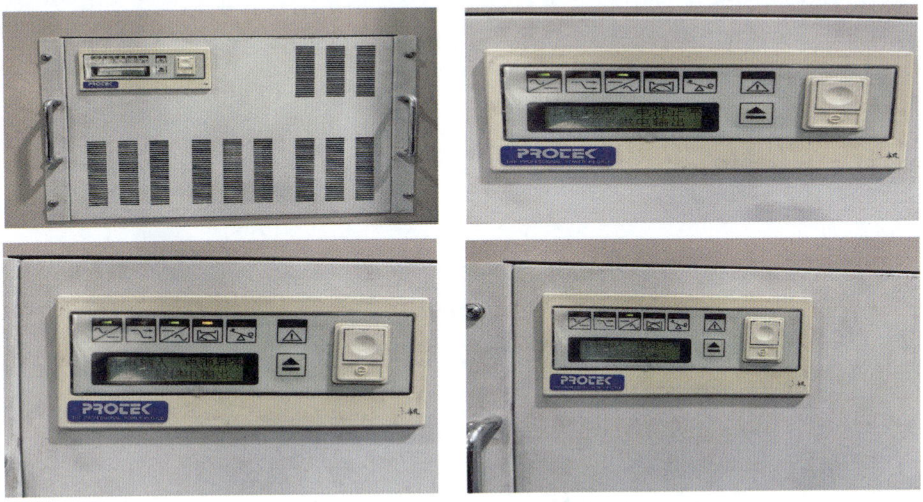

图 2－5－2　UPS 装置

（四）站用不间断电源（UPS）装置交流进线电源故障象征

（1）监控系统发出站用不间断电源（UPS）交流输入电源故障等告警信号。

（2）站用不间断电源（UPS）装置处在直流（蓄电池）供电模式。

（3）柜内交流进线电压表及电流表显示交流进线电压/电流异常。

（五）站用不间断电源（UPS）装置交流进线电源处理过程

（1）市电停电：检查站用交流电源是否停电，如果是站用交流电源停电，需要等待市电恢复。

（2）市电线路故障：检查线路是否老化、断路、短路等，站用不间断电源（UPS）装置交流进线空开是否跳闸，可能导致市电无法正常输入。

（3）市电电压异常：交流进线电源电压过高或过低超出站用不间断电源（UPS）装置的输入范围，通知专业检修人员检查处理站用变输出电压，或使用稳压器对市电进行处理，确保交流输入电压在站用不间断电源（UPS）装置的允许范围内。

（4）连接问题：市电输入线缆连接松动或接触不良，这会导致市电无法稳定输入到站用不间断电源（UPS）装置，对松动的线缆端子接口进行紧固。

（5）UPS 装置自身问题：检查站用不间断电源（UPS）装置的输入电路元件，控制电路等是否正常。联系厂家或专业技术人员进行检修和维修。

（6）输出负载连接异常：过重的负载或负载短路可能影响 UPS 装置的正常工作，甚至导致交流进线电源故障。检查负载情况，排除短路和过重负载的问题。

在处理站用不间断电源（UPS）装置交流进线电源故障时，要遵循相关的安全操作规程，避免触电和其他安全事故。如果自己无法准确判断和解决问题，建议及时联系专业的电源维修人员或厂家技术支持。

二、UPS 装置滤波电抗器发热异常

为确保变电站 UPS 装置中滤波电抗器的安全、稳定运行，根据国家和电力行业的相关法规、规程及智能变电站技术标准，特制定本运行规程。

（一）设备要求

滤波电抗器应与滤波电容器相串联，有效吸收电网中的谐波电流，提高系统功率因数，保障设备安全运行。

（二）运行管理

（1）定期检查滤波电抗器的外观、温度及运行状况，确保其处于良好状态。

（2）监测电抗器的谐波吸收效果，及时调整参数以满足系统需求。

（3）定期对电抗器进行维护，包括清洁、紧固连接件等，确保其性能稳定。

（三）安全管理

（1）确保电抗器安装牢固，避免振动和撞击。

（2）保持电抗器周围通风良好，防止过热引发故障。

（3）定期对电抗器进行绝缘电阻和耐压试验，确保其绝缘性能良好。

本规程适用于变电站内所有 UPS 装置的滤波电抗器，确保其安全、可靠运行。

不间断（UPS）装置滤波电抗器长期发热异常故障，见图 2-5-3。

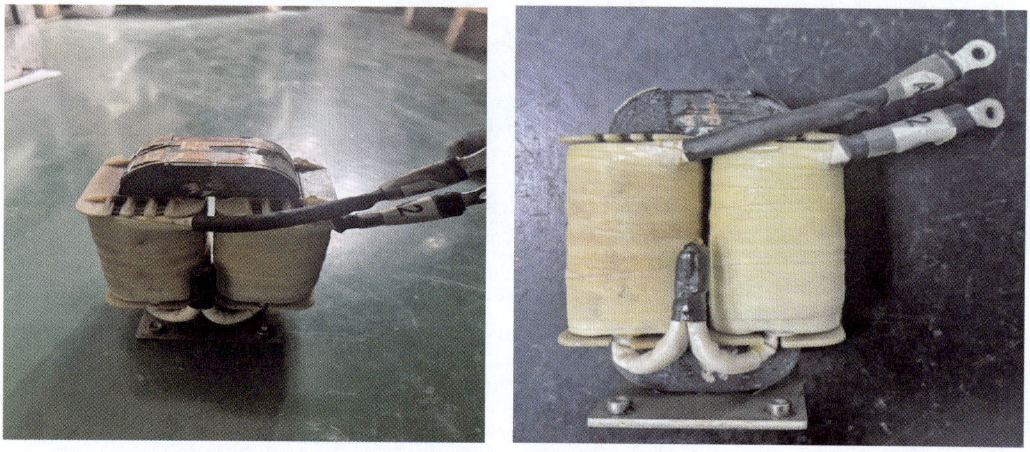

图 2-5-3　发热损坏的滤波电抗器

站内不间断（UPS）装置滤波电抗器发热异常故障象征。

设计与工艺缺陷：电抗器本身的质量问题，如设计和工艺上的缺陷，可能导致发热异常。

电网谐波：非线性负载（如变频器）产生的谐波注入电网，引起谐波电流电压放大甚至谐振，导致电抗器发热。

外部因素：如电路板设计不足、电感选择错误或电感磁芯粉末配方错误等，也可能导致电抗器过热针对电抗器发热异常，可采取以下应对措施：

1）提高电抗器质量：优化设计和工艺，确保电抗器质量可靠。

2）减少谐波影响：采取措施减少谐波的产生和传播，如使用滤波器或调整负载。

3）加强监控与维护：定期对电抗器进行检查和维护，及时发现并处理发热异常问题。

不间断（UPS）装置滤波电抗器发热处理过程。

发热原因分析：

设计与工艺缺陷：电抗器本身质量问题可能导致发热。

电网谐波：非线性负载产生的谐波可能导致电抗器发热。

负载与环境：UPS 负载过大或环境温度过高也可能引起发热。

处理措施：

检查电抗器质量：确认电抗器无设计或工艺缺陷。

谐波治理：采取措施减少谐波，如使用滤波器。

调整负载与环境：确保 UPS 负载在额定范围内，调整环境温度至最佳范围（20℃至25℃）。

预防措施如下。

定期检查：定期对电抗器进行检查，包括外观、温度及运行状况。

环境调节：确保 UPS 周围空气流通，使用机房专用空调调节温度。

遵循以上规程，可以有效处理变电站 UPS 装置滤波电抗器发热问题，确保设备安全稳定运行。

请根据实际情况，结合上述可能原因及解决方法，对 UPS 装置滤波电抗器发热进行排查和处理。如问题复杂或难以解决，建议联系专业技术人员进行检查和维修。

三、UPS 电源装置告警异常分析

（一）不间断（UPS）装置滤波电抗器长期发热异常故障图

见图 2-5-4。

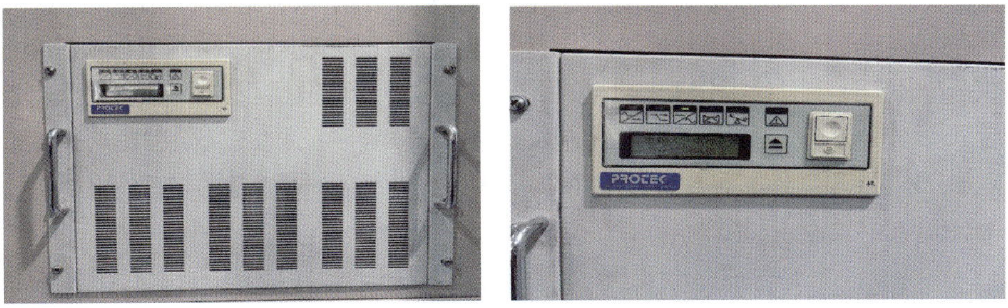

图 2-5-4 发热故障状态下的 UPS

（二）站用不间断电源（UPS）装置告警异常故障象征

（1）监控系统发出站用不间断电源（UPS）装置异常故障等告警信号。

（2）站用不间断电源（UPS）装置处在电子旁路供电模式。

（3）站用不间断电源（UPS）装置故障灯亮。

（三）站用不间断电源（UPS）装置告警异常处理过程

（1）交流输入电源问题：UPS 交流输入电源中断或不稳定，UPS 交流输入电压不在正常范围内。确保市电正常，如市电中断，确保 UPS 有足够电池备份时间。市电不稳定可使用电压稳定器。

（2）直流电源输入问题：检查线路是否老化、断路、短路等，UPS 装置直流进线空开是否跳闸，可能导致直流无法正常输入。

（3）过载问题：负载过重：接入 UPS 的负载超过其额定输出能力。

解决方法：检查所有连接设备，确保总功率不超过 UPS 额定功率。如负载过大，减少负载或升级 UPS 容量。

（4）UPS 内部故障。

硬件故障：UPS 内部电路板、传感器等硬件故障。请专业技术人员检查维修，必要时更换故障部件。

过热问题：内部风扇故障或长时间工作或负载过重导致 UPS 内部温度过高。更换风扇，降低负载，确保 UPS 周围通风良好，避免高温环境。

（5）其他因素。

报警器故障：报警器本身故障导致误报。请专业技术人员检查维修，必要时更换报警器。

环境因素：如温度和湿度过高，影响 UPS 正常工作。保持 UPS 工作环境温度和湿度在适宜范围内。

（6）输出端短路或内部逆变器故障。

输出端突然短路或UPS内部逆变回路故障也可能导致告警。检查UPS输出是否短路，检查逆变器及内部控制电路。

电压波动范围过大：UPS 电源电压波动范围超过产品正常电压波动范围时，会触发报警。暂停使用，检查导致电压波动的原因，并避免再次发生。

超负载运行：UPS 电源超负载运行会报警（超载不多时，UPS 电源在规定时间内会自动停机保护）。停止部分超载设备，使 UPS 电源报警消失。

请根据实际情况，结合上述可能原因及解决方法，对 UPS 装置进行排查和处理。如问题复杂或难以解决，建议联系专业技术人员进行检查和维修。

四、并机 UPS 装置异常处理

（一）运行方式

（1）并机运行指两台或多台 UPS 同时工作，共同承担负载。

（2）正常运行时，各 UPS 分担部分负荷，保持同步运行。

（二）操作规程

（1）启动与关机：需确保并机系统的机组软件版本一致，闭合相关开关，按照操作步骤进行上电和逆变开机。

（2）切换操作：在 UPS 故障或需要维修时，需按照规定的步骤进行供电切换，确保负载不间断供电。

并机 UPS 装置的结构。

变电站内并机 UPS 系统主要部分：多台整流器、逆变器、蓄电池、静态开关、隔离变压器及稳压器的用处。

整流器：将交流电（AC）变成直流电（DC），经滤波后供给逆变器。

逆变器：将直流电（DC）转化为交流电（AC），供给负载使用。

蓄电池：UPS 用来作为储存电能的装置，使其在市电失电时，可以将直流电逆变后，为负载提供不间断电源。其容量的大小决定了其维持放电（供电）的时间。

静态开关：又称静止开关，是两个可控硅（SCR）反向并联组成的一种交流开关，其闭合和断开由逻辑控制器控制，可实现零切换时间，从而保证可靠供电。

隔离变压器、稳压器：在输入或输出部分将交流与直流隔离，稳压器除了隔离之外还有稳定电压的作用。

电源输入共有 3 路电源输入：市电输入、直流输入、旁路输入（分为电子旁路和维修旁路）。

市电输入来源：站用交流电源柜。

直流输入来源：站内直流电源系统及蓄电池。

电子旁路输入来源：市电输入交流电源柜另一段。

站用不间断电源（UPS）装置正常运行模式是：在正常交流电源供应下，整流器将交流电转换为直流电，将市电中的“电源污染”消除，在供给逆变器将直流电转换为交流电，提供稳定的电源。

并机 UPS 电源装置的原理见图 2-5-5。

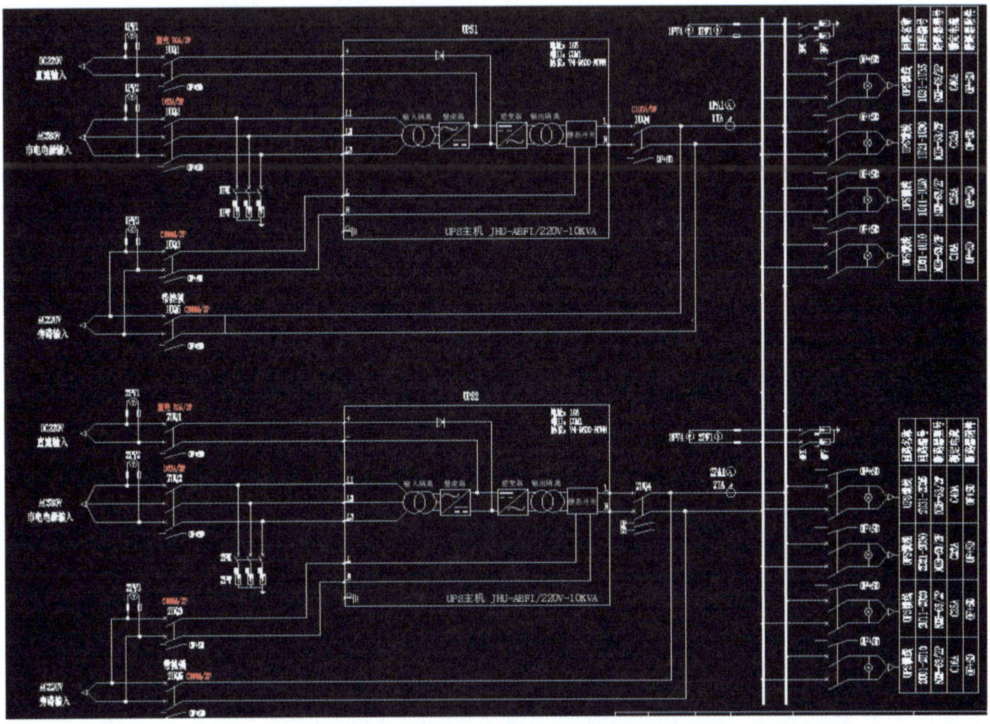

图 2-5-5 UPS 工作原理图

并机（UPS）装置告警异常故障象征。

逆变器异常：如逆变器输出短路，需检查负载、并机参数设置等。

并机线问题：并机线脱落或非标配线可能导致无法逆变输出。

电源输入问题：电源连接不良、电源输入电压异常。

负载问题：连接设备超过 UPS 承受范围或负载功率过大。

设置与环境问题：报警阈值设置敏感、环境温度过高或过低。

内部故障：如整流器、逆变器、风扇等硬件故障。

并机（UPS）装置告警异常处理过程。

交流输入电源问题：UPS 交流输入电源中断或不稳定，UPS 交流输入电压不在正常范围内。确保市电正常，如市电中断，确保 UPS 有足够电池备份时间。市电不稳定可使用电压稳定器。

直流电源输入问题：检查线路是否老化、断路、短路等，UPS 装置直流进线空开是否跳闸，可能导致直流无法正常输入。

过载问题：负载过重，接入 UPS 的负载超过其额定输出能力。

解决方法：检查所有连接设备，确保总功率不超过 UPS 额定功率。如负载过大，减少负载或升级 UPS 容量。

UPS 内部故障。

硬件故障：UPS 内部电路板、传感器等硬件故障。请专业技术人员检查维修，必要时更换故障部件。

过热问题：内部风扇故障或长时间工作或负载过重导致 UPS 内部温度过高。更换风扇，降低负载，确保 UPS 周围通风良好，避免高温环境。

并机线问题：并机线脱落或非标配线可能导致无法逆变输出。

其他因素：

报警器故障：报警器本身故障导致误报。请专业技术人员检查维修，必要时更换报警器。

环境因素：如温度和湿度过高，影响 UPS 正常工作。保持 UPS 工作环境温度和湿度在适宜范围内。

输出端短路或内部逆变器故障。

输出端突然短路或UPS内部逆变回路故障也可能导致告警。检查UPS输出是否短路，检查逆变器及内部控制电路。

电压波动范围过大：UPS 电源电压波动范围超过产品正常电压波动范围时，会触发报警。暂停使用，检查导致电压波动的原因，并避免再次发生。

超负载运行：UPS 电源超负载运行会报警（超载不多时，UPS 电源在规定时间内会自动停机保护）。停止部分超载设备，使 UPS 电源报警消失。

请根据实际情况，结合上述可能原因及解决方法，对并机 UPS 装置进行排查和处理。如问题复杂或难以解决，建议联系专业技术人员进行检查和维修。

五、事故照明逆变电源告警异常

（一）事故照明逆变电源的运行规定

1. 启动与停机

启动：先开启交流侧断路器，再将逆变器的直流开关打开。

停机：先关闭逆变器的直流开关，再断开交流侧断路器。

2. 运行监控

定期检查逆变器的运行状态，包括输入输出电压、电流等参数，并记录。

如有异常情况，应及时记录并上报。

3. 维护与保养

对逆变器进行定期清洁、部件检查，确保设备处于良好状态。

按照规定的故障处理流程进行维护和修理。

4. 安全管理

操作时应穿戴好个人防护装备，确保人身安全。

熟悉紧急疏散路线，以便在紧急情况下迅速撤离。

遵循以上规程，可以确保逆变器在变电站中的安全、稳定运行，同时延长设备的使用寿命。

事故照明逆变电源原理见图 2–5–6。

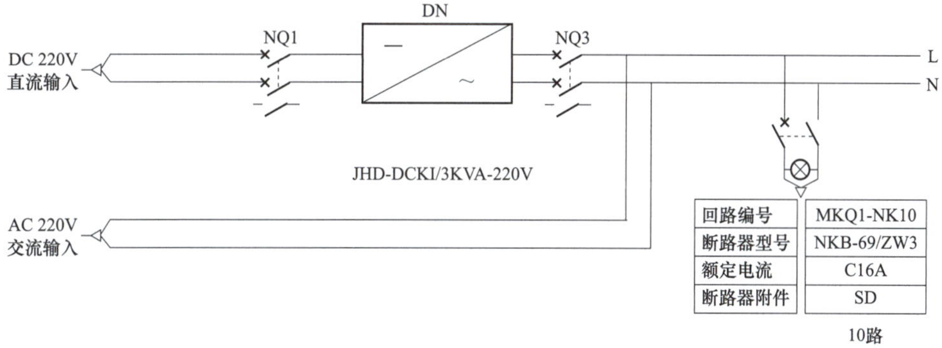

图 2–5–6　逆变器接线图

事故照明逆变电源设备见图 2–5–7。

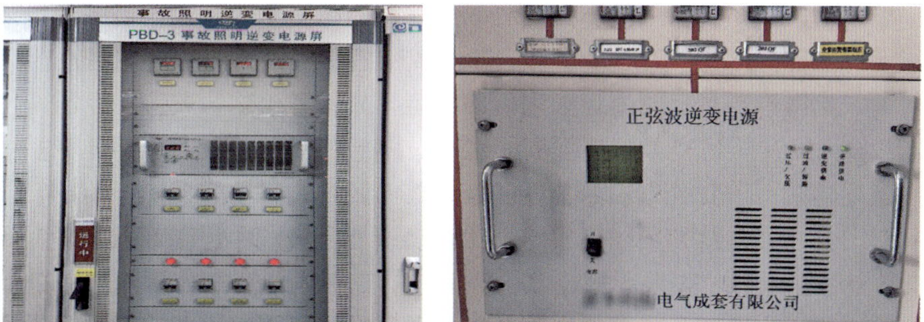

图 2–5–7　逆变电源设备

（二）事故照明逆变器故障象征

1. 输入电压波动过大

如果输入电压波动过大，超出了逆变电源的允许范围，可能会导致逆变电源无法正常工作，从而产生告警。

2. 输入电源频率不稳定

输入电源的频率不稳定也可能影响逆变电源的性能，导致告警。

3. 负载短路

如果负载发生短路，会导致电流瞬间增大，可能损坏逆变电源并触发告警。

4. 负载功率过大

如果负载功率超过了逆变电源的额定功率，使得逆变电源无法正常驱动负载，也会产生告警。

5. 高温、高湿环境

逆变电源的工作环境对其性能有着重要的影响。如果环境温度过高或湿度过大，可能会影响电子元件的性能，导致逆变电源工作异常，从而引发告警。

6. 电磁干扰

强电磁场可能干扰逆变电源的正常运行，引发告警。

（三）事故照明逆变器异常处理过程

针对逆变电源告警异常的情况，可以采取以下解决措施。

检查硬件设备，包括功率器件、电容器、散热器等，如有损坏或老化的部件，及时更换。

对软件进行升级或修复，以解决可能存在的控制算法错误和程序漏洞。

确保输入电源的稳定性，使用稳压设备或改善电源质量。

检查负载情况，排除短路和过载的可能性。

改善逆变电源的工作环境，保持适宜的温度和湿度，减少电磁干扰。

定期对逆变电源进行维护和检查，确保其始终处于良好的工作状态。

在使用过程中，遵守逆变电源的操作规范，避免误操作导致设备异常。

六、事故照明逆变电源告警异常

（一）逆变器切换故障象征

（1）频率异常：如果输入频率与逆变电源设计的频率不匹配，可能会导致切换失败或者设备无法正常工作。

（2）负载异常：当负载超出逆变电源的额定功率或者出现短路等情况时，可能会导致切换异常。

（3）温度异常：逆变电源内部温度过高或过低都可能影响切换操作的正常进行。

（4）控制信号异常：如果控制信号出现错误或者丢失，也可能导致逆变电源无法正常切换。

（5）机械故障：例如开关卡滞、连接器松动等机械故障也可能导致切换异常。

（二）逆变电源切换异常处理过程

针对逆变电源告警异常的情况，可以采取以下解决措施：

检查硬件设备，包括功率器件、电容器、散热器等，如有损坏或老化的部件，及时更换。

对软件进行升级或修复，以解决可能存在的控制算法错误和程序漏洞。

确保输入电源的稳定性，使用稳压设备或改善电源质量。

检查负载情况，排除短路和过载的可能性。

改善逆变电源的工作环境，保持适宜的温度和湿度，减少电磁干扰。

定期对逆变电源进行维护和检查，确保其始终处于良好的工作状态。

在使用过程中，遵守逆变电源的操作规范，避免误操作导致设备异常。

第六节 风冷系统异常

一、强油风冷风系统油泵电源异常

（1）提高变压器油的流速，加速其内部热对流速度。

（2）冷却风扇：提高冷却器表面空气流动速度，加速内冷却介质变压器油和外冷却介质空气的热交换。

（3）冷却器：增加冷却表面积，提高散热效率。

（4）冷却控制系统：实现冷却器投退的温度控制功能，并与变压器非电量保护配合实现超温跳闸功能。

（5）信号回路：运行中的工作电源、操作电源、工作冷却器、辅助冷却器、备用冷却器发生故障时，能够发就地指示信号和遥信信号。

油泵电源异常可能导致油泵无法正常工作，进而影响整个冷却系统的运行，电源故障时，冷却系统可能无法有效控制变压器油温，导致变压器运行风险增加。强油风冷设备外观见图 2-6-1。

图 2-6-1 强油风冷设备外观

（一）强油风冷风系统油泵运行规定

冷却装置要求：强油循环风冷变压器在运行时，必须投入冷却器，空载和轻载时不应投入过多冷却器。冷却装置全部停止时，允许在额定负荷下运行 20min，若上层油温未达 75℃，可继续运行至油温上升到 75℃，但最长运行时间不得超过 1h12min。

温度与负载控制：上层油温不超过 65℃时，允许不开冷却装置带额定负荷运行。根据温度和负载自动投切冷却器的装置应保持正常。

电源与备用：变压器强迫油循环风冷系统应具有能自动切换的双电源，并定期试验切换功能。

其他注意事项：现场应根据变压器负荷和环境温度，按制造厂规定确定投入冷却器的组数。

以上规定确保了强油风冷变压器的安全、稳定运行。

（二）强油风冷风系统油泵电源故障象征

电源缺相或中断：可能由于电源线路问题或隔离开关损坏导致，需要检查电源线路和隔离开关的状态。

控制变压器故障：控制变压器可能因电源线路断开、虚连或熔断器烧毁而损坏，进而影响油泵电源。

保护回路故障：保护系统的漏电闭锁和漏电跳闸保护可能导致电源无法送电，需要检查保护回路的工作状态。

此外，油泵本身也可能出现故障，如电机反转、油泵震动、油压低、轴足封漏油以及油泵卡死等，这些问题也可能与电源故障有关。因此，在处理油泵电源故障时，还需要考虑油泵本身的状态和工作环境

（三）强油风冷风系统油泵电源处理过程

电源缺相或中断：可能由于电源线路问题或隔离开关损坏导致，需要检查电源线路和隔离开关的状态，查明原因进线处理。

控制变压器故障：控制变压器可能因电源线路断开、虚连或熔断器烧毁而损坏，进而影响油泵电源。查明原因进线处理。

保护回路故障：保护系统的漏电闭锁和漏电跳闸保护可能导致电源无法送电，需要检查保护回路的工作状态。查明原因进线处理。

此外，油泵本身也可能出现故障，如电机反转、油泵震动、油压低、轴足封漏油以及油泵卡死等，这些问题也可能与电源故障有关。因此，在处理油泵电源故障时，还需要考虑油泵本身的状态和工作环境。

二、主变风冷控制箱电源异常

主变风冷控制箱（见图 2-6-2）在电力系统中起着至关重要的作用，特别是在保证主变压器的冷却效率和维护电网稳定性方面。本文将探讨主变风冷控制箱电源异常的原因、影响以及相应的处理措施。主变风冷控制箱是负责控制主变压器冷却系统的关键设备。主变压器作为电网的核心设备，其功能是变换电压以便于功率传输。然而，变压器在运行过程中会产生大量热量，这可能对设备的安全运行构成威胁。因此，为

了确保变压器油温不超过其绝缘材料所允许的温度，必须采取有效的冷却方式，如外部冷却。主变风冷控制箱就是负责管理这种冷却过程的设备。主变风冷控制箱电源异常可能导致冷却系统无法正常工作，从而使得变压器油温升高，甚至超过其设计极限。这不仅会影响变压器的正常运行，还可能缩短其使用寿命，甚至引发严重的安全事故。

图 2-6-2　主变风冷控制箱

（一）主变风冷控制箱运行规定

1. 电源管理

两路工作电源互为备用，故障时自动切换。

电源故障时发出信号，两路同时故障报风冷全停。

2. 风扇控制

风扇可手动或自动投入。

自动投入时，根据温度或负载电流启动。

温度达到规定值时，分两组投入运行。

3. 冷却器控制

冷却器有工作、辅助、备用、停止四种状态。

4. 信号与保护

故障时发出就地指示和遥信信号。

油泵和风机控制回路有热继电器保护。

5. 其他要求

配备标准接口和通信协议。

控制箱内安装插座和恒温控制装置。

变压器自带温度仪表，不需另装。

此规程确保了主变风冷控制箱的正常运行，为变电站的稳定工作提供了保障。

（二）主变风冷控制箱电源故障象征

电源异常可能由多种因素引起，包括但不限于以下因素。

电源供应问题：例如，供电网络故障、电压不稳定或电源线路老化等。

设备故障：如控制箱内部元件损坏、电源模块故障等。

操作错误：例如，误操作导致电源切断或设置错误。

环境因素：如高温、潮湿等恶劣环境条件可能影响电源的正常工作。

（三）主变风冷控制箱电源处理过程

针对电源异常，应采取以下措施。

立即检查电源供应：确认是否存在供电问题，如果有，应联系电力部门解决。

检查控制箱内部：查看是否有明显的设备损坏或连接松动。

恢复电源：若电源被误切断，应及时恢复。

环境调整：改善控制箱周围的环境条件，确保其工作温度和湿度在合理范围内。

更换或维修设备：如果发现设备故障，应及时更换或修复。

加强培训：确保操作人员充分了解设备的操作规程，防止误操作。

定期维护：建立健全的维护计划，定期检查电源系统的工作状态。

主变风冷控制箱电源异常会严重影响主变压器的冷却效果，进而影响整个电力系统的稳定运行。因此，及时发现和处理电源异常至关重要。通过定期维护、严格操作规程和及时处理故障，可以有效避免电源异常，确保主变风冷控制箱的可靠运行。

三、主变风冷控制箱异常

主变风冷控制箱在电力系统中起着至关重要的作用，特别是在保证主变压器的冷却效率和维护电网稳定性方面。本文将探讨主变风冷控制箱电源异常的原因、影响以及相应的处理措施。

主变风冷控制箱是负责控制主变压器冷却系统的关键设备。主变压器作为电网的核心设备，其功能是变换电压以便于功率传输。然而，变压器在运行过程中会产生大量热量，这可能对设备的安全运行构成威胁。因此，为了确保变压器油温不超过其绝缘材料所允许的温度，必须采取有效的冷却方式，如外部冷却。主变风冷控制箱就是负责管理这种冷却过程的设备。

电源异常的影响。主变风冷控制箱异常可能导致冷却系统无法正常工作，从而使得变压器油温升高，甚至超过其设计极限。这不仅会影响变压器的正常运行，还可能缩短其使用寿命，甚至引发严重的安全事故。

（一）主变风冷控制箱电源故障象征

1. 温控系统失效

温控系统是主变风冷控制箱的核心部分，它的失效可能会导致无法准确测量油温，或者无法根据油温调整风扇的工作状态。这将严重影响主变的冷却效果，甚至可能导致主变过热，威胁主变的安全运行。

2. 风扇故障

风扇是主变风冷系统的执行部件，它的故障可能包括卡住、转速不稳定、无法启动等。这将直接影响主变的冷却效果。

3. 控制逻辑错误

控制逻辑的错误可能导致风扇的启动、停止时机不准确，或者转速调节不合理，从而影响主变的冷却效果。

4. 通信故障

主变风冷控制箱通常需要与上级监控系统进行通信，以便于远程监控和控制。通信故障可能导致无法获取主变的实时状态信息，或者无法对主变风冷系统进行远程控制。

（二）主变风冷控制箱电源处理过程

1. 温控系统失效的处理

如果发现温控系统失效，首先需要检查传感器是否损坏，如果是，则需要更换传感器。如果传感器正常，则需要检查温控系统的逻辑是否正确，并进行修复或升级。

2. 风扇故障的处理

针对风扇的故障，首先需要检查风扇的电源供应是否正常，如果电源正常，则需要检查风扇的机械部件是否存在故障。如果发现机械故障，则需要进行维修或更换。

3. 控制逻辑错误的处理

如果发现控制逻辑存在错误，需要对控制逻辑进行检查和修改，确保风扇的启动、停止和转速调节符合预设的控制策略。

4. 通讯故障的处理

如果发现通讯故障，首先需要检查通讯线路是否正常，如果线路正常，则需要检查通信协议是否匹配，或者是否存在软件故障。如果是软件故障，则需要进行修复或升级。

结论：

主变风冷控制箱在主变的运行和维护中起着至关重要的作用。通过对主变风冷控制箱可能出现的各种异常情况的分析，我们可以针对性地制定处理方案，以保证主变的安全稳定运行。

四、主变风冷系统风机异常

主变风冷系统（见图 2－6－3）是电力系统中的关键组成部分，负责维持变压器的正常工作温度。然而，在运行过程中，风机可能会出现各种异常情况，如停机、速度不稳定等，这些都可能影响变压器的冷却效率，甚至威胁到整个电力系统的稳定运行。本文将深入分析主变风冷系统风机异常的原因，并提供相应的处理策略。主变风冷控制箱风机异常可能导致冷却系统无法正常工作，从而使得变压器油温升高，甚至超过其设计极限。这不仅会影响变压器的正常运行，还可能缩短其使用寿命，甚至引发严重的安全事故。

图 2－6－3　主变风冷系统

（一）主变风冷控制箱运行规定

1. 电源管理

两路工作电源互为备用，故障时自动切换。

电源故障时发出信号，两路同时故障报风冷全停。

2. 风扇控制

风扇可手动或自动投入。

自动投入时，根据温度或负载电流启动。

温度达到规定值时，分两组投入运行。

3. 冷却器控制

冷却器有工作、辅助、备用、停止四种状态。

单台冷却器下部装有分控制箱，总控制箱控制三台主变风冷却器。

4. 信号与保护

故障时发出就地指示和遥信信号。

油泵和风机控制回路有热继电器保护。

5. 其他要求

配备标准接口和通信协议。

控制箱内安装插座和恒温控制装置。

变压器自带温度仪表，不需另装。

此规程确保了主变风冷控制箱的正常运行，为变电站的稳定工作提供了保障。

（二）主变风冷控制箱风机故障象征

1. 机械故障

机械故障是风机异常最常见的原因之一。例如，轴承损坏、叶片变形或裂纹、轴心偏移等都会导致风机运行不稳定或停机。这些故障通常由长期运行造成的磨损或腐蚀引起。

2. 电气故障

电气故障也是风机异常的重要原因。例如，电机烧坏、接触器卡滞、电缆老化等都可能导致风机无法正常启动或运行。

3. 控制系统故障

控制系统故障也可能导致风机异常。例如，控制器程序错误、传感器失效、信号干扰等都可能影响风机的正常运行。

4. 环境因素

环境因素也可能对风机造成影响。例如，环境温度过高或过低、湿度过大、沙尘过多等都可能影响风机的正常运行。

（三）主变风冷控制箱风机处理过程

1. 定期维护

定期对风机进行维护是预防风机异常的重要措施。包括清洁、润滑、紧固等操作，以及检查轴承、叶片、轴心等情况，及时更换损坏部件，保证风机的正常运行。

2. 电气检查

定期对风机的电气系统进行检查，包括电机、接触器、电缆等，确保其正常运行。如发现异常，应及时进行维修或更换。

3. 控制系统检查

定期对控制系统进行检查，包括控制器程序、传感器等，确保其正常运行。如发现异常，应及时调整或更换。

4. 环境控制

对环境进行监控和控制，确保环境温度、湿度、灰尘等在风机的正常运行范围内。如条件不允许，可考虑采取相应的防护措施，如加装防尘罩、调节室内温度等。

5. 故障处理

在风机发生故障时，应及时进行处理。首先应断开风机电源，避免进一步损坏设备和人身安全。然后，根据故障情况进行相应的维修或更换，直至风机恢复正常运行。

五、变电站事故通风系统电源异常

为了保证变电站设备的正常运行，必须维持适当的工作环境，包括温度、湿度等。通风系统在此过程中起着至关重要的作用，它通过排出热量和湿气来维持设备工作环境的稳定性。然而，如果通风系统电源出现异常，可能会影响设备的正常运行，甚至导致事故。本文将详细分析变电站事故通风系统电源异常的原因，并提供相应的处理办法。

事故通风系统是为防止生产设备事故或故障时，有害气体或爆炸性气体造成更大损失而设置的排气系统。变电站事故通风系统电源异常是一种常见的故障，可能会影响设备的正常运行。通过对电源质量、电源线路、开关或断路器以及电机的仔细检查和及时处理，可以有效地解决这些问题，保障设备的稳定运行。

事故通风系统的核心组成部分，如图 2－6－4 和图 2－6－5 所示。

图 2－6－4　通风系统

图 2-6-5　防爆轴流通风机

（一）事故通风系统运行规定

1. 设计要求

排风量：根据工艺设计确定，换气次数不小于 12 次/h。

吸风口设置：设置在有害物质散发量最大或聚集处，采取导流措施避免死角。

排风口设置：避开人员常停留地，与送风口水平距离不小于 20m，不足时排风口高于进风口不小于 6m。

风机选择：离心式或轴流式，开关便于操作，排放可燃气体时选防爆型。

2. 联锁与供电

宜与可燃或有毒气体检测、报警装置联锁启动，供电可靠性等级与工艺等级相同。

3. 其他规定

可不经净化直接向室外排放，不必设置机械补风，但应留有自然补风通道。

以上规定确保了事故通风系统的有效性和安全性。

（二）事故通风系统故障象征

1. 电源质量问题

电源质量问题是导致通风系统电源异常的主要原因之一。这包括电压不稳定、频率波动、谐波干扰等。如果电网电压过低或过高，可能会导致电机无法正常启动或运行，从而影响通风系统的正常工作。

2. 电源线路问题

电源线路问题也可能导致通风系统电源异常。例如，电源线路老化、接触不良、短路或过载等情况都可能影响电源的正常供应。

3. 开关或断路器故障

开关或断路器故障也可能导致通风系统电源异常。如果开关或断路器故障，可能会导致电源无法正常切换或供电中断。

4. 电机故障

电机故障也可能导致通风系统电源异常。例如，电机过热、轴承损坏、绕组绝缘损坏等都可能导致电机无法正常运转，从而影响通风系统的正常工作。

（三）事故通风系统处理过程

1. 检查电源质量是否符合要求

如果发现电压不稳定、频率波动或谐波干扰等问题，应采取相应措施进行调整或滤波。

2. 检查电源线路

检查电源线路是否存在老化、接触不良、短路或过载等情况。如果发现问题，应及时进行修复或更换。

3. 检查开关或断路器

检查开关或断路器是否存在故障。如果发现开关或断路器故障，应及时进行维修或更换。

4. 检查电机

检查电机是否存在故障。如果发现电机过热、轴承损坏、绕组绝缘损坏等问题，应及时进行维修或更换。

本 章 小 结

站用低压交流系统作为电力系统中不可或缺的一部分，其稳定运行对于保障整个变电站乃至整个电网的安全至关重要。然而，在实际运行过程中，该系统常常会出现各种异常现象，这就需要我们深入学习和掌握异常处理的相关知识和技能。以下是对站用低压交流系统异常处理学习重点、难点以及学习注意事项的总结。

系统结构与工作原理：首先，必须熟悉站用低压交流系统的基本结构和各部件的工作原理。这包交流屏柜、开关设备、UPS、逆变、风冷、消防水泵、事故照明等关键组件的功能和相互之间的连接关系。只有深入理解系统的整体架构，才能在异常发生时迅速定位问题所在。

异常现象识别与判断：学习如何准确识别站用低压交流系统出现的各种异常现象，如电压波动、电流异常、设备过热等，并学会根据异常现象初步判断可能的原因和故障点。

故障排查与定位：由于站用低压交流系统结构复杂，设备众多，且各部件之间相互关联，因此在出现故障时，往往难以迅速准确地定位故障点。这要求学习者具备丰富的实践经验和深厚的专业知识，能够灵活运用各种检测工具和方法进行故障排查。

异常处理策略制定：针对不同类型的异常现象，需要制定不同的处理策略。这要求学习者不仅要熟悉各种异常处理的方法和技巧，还要能够根据实际情况灵活调整处理策略，确保处理的及时性和有效性。

理论与实践结合：站用低压交流系统异常处理的学习不仅要求掌握理论知识，还要求具备实际操作能力。如何将理论知识与实践相结合，是学习者面临的一个难点。

在学习过程中，要注重实践操作，通过模拟故障处理、实际案例分析等方式，加深对异常处理的理解和掌握。

站用低压交流系统技术不断更新换代，新的设备和技术不断涌现。因此，学习者要保持持续学习的态度，不断更新自己的知识和技能。

在处理站用低压交流系统异常时，要时刻保持安全意识，严格遵守操作规程和安全规范，确保人身和设备安全。

第三章　低压交流系统故障处理

本章描述

变电站低压交流系统作为变电站的重要组成部分，为站内一、二次设备及辅助设施等提供可靠的工作电源、操作电源及动力电源，时变电站安全运行，防止变电站全停的重要保障。

低压交流系统主要由站用变压器、交流进线（联络）柜、交流配电柜、自动切物装置、交流供电网络及保护测控等组成。各组件功能如下：

（1）站用变压器。站用变压器电源取自两台不同主变压器分别供电的母线，保证变电站不会失去交流电源。

（2）交流进线（联络）柜、交流配电柜。交流进线柜起交流电源控制及监视作用，要包含两组主备自动切换装置以及交流母线的电流、电压监视器。配电柜则起分配交流源的功能，并监视各个馈线的空气开关状态。

（3）站内馈线及用电元件主要包括以下几类。

1）直流系统。

2）交流操作电源（包括电动隔离开关操作）。

3）主变压器强迫油循环风冷系统。

4）UPS 逆变电源。

5）主变压器有载调压装置。

6）设备加热、驱潮、照明。

7）检修电源箱、试验电源屏。

8）SF_6 监测装置。

9）配电室正常及事故排风扇电源，生活、照明等交流电源。

第一节　站用交流电源系统事故

站用电交流系统是保障变电站安全、稳定运行的重要部分，担负了站内设备操作电源、低压直流系统电源、变压器冷却电源、辅助系统电源等重要回路的供电任务。站用交流电源丢失，将危及变电站的正常运行，甚至引起系统停电和扩大事故范围。目前，一般的变电站都采用两路不同的电源，重要的变电站甚至采用三路电源，同时在 380V

母线间设置了备自投功能，大大提高了供电的连续性。

一、站用交流母线全部失压

随着站用电交流系统的复杂化，保护级差的配合及备自投策略等问题也不容忽视，可能会造成站用电交流系统 380V 母线保护级差配合不当或备自投策略选择不当而导致的站用交流电全失事件。

（一）低压交流系统的运行规定

变电站的站用交流系统是保证变电站安全可靠运行的重要环节。站用电主要作用是给变电站内的一、二次设备及生产活动，提供持续可靠的操作或动力电源。站用交流系统的主要负荷有：主变风冷系统、断路器机构储能及闸刀操作电源、充电机、逆变器、通信及自动化设备、消防、空调、照明、检修电源箱、雨水泵等。220kV 变电站一般配置三台站用变，其中两台电源分别接自 220kV 变电站两台主变压器低压侧，另一台则从站外可靠电源进线引接。站用交流电源系统额定电压为 380/220V，采用三相四线制，频率 50Hz，低压侧中性点采用直接接地方式。

（二）站用交流母线运行注意事项

（1）站用交流环网开环点宜设在低压交流盘上。

（2）站用电备用电源自投装置动作后，应检查站用电的切换情况是否正常，应详细检查：直流系统，UPS 系统，主变冷却系统运行正常。站用电正常工作电源恢复后，备用电源自投装置不能自动恢复正常工作电源的须人工进行恢复。

（3）站用交流环网严禁合环运行，切换操作应遵循先拉开后合上的原则。

（三）站用交流母线全部失压故障案例

案例 1：某 110kV 变电站由于暴雨天雨水倒灌进变电站，导致该变电站两台变压器故障跳闸。此时该变电站由于系统失电，引起站用两段低压交流母线全部失电。此时该变电站所有电源由蓄电池提供直流电源，蓄电池逆变提供交流电源。但是蓄电池容量不能保证长时间的供电，因此需要尽快恢复站用电供电。

案例 2：某日，某 500kV 变电站发生了一起站用交流电源全失事件。该站的站用电接线如图 3－1－1 所示。

故障发生后，1 号站用变变低 401 开关首先过流跳闸，380V#1M 母线失压；随后#1 备自投动作，合上 400 甲开关；故障电流未消除，400 甲开关未动作，#0 站用变保护跳#站用变变高 717 开关，造成#0M 母线失压；然后#2 备自投动作，合上 400 乙开关，故障电流仍未消除，400 乙开关未动作，#2 站用变保护跳#2 站用变变高 349 和变低 402 开关，最终导致全站 380V 交流失压。

（四）站用交流母线全部失压故障原因分析

（1）系统失电引起站用电消失。

（2）站用交流 380V 分段开关自带过流保护与站用变保护的定值配合存在问题，保护动作顺序不正确，越级跳闸。备自投策略采用双向自投方式，导致#0 母线、#2 母线逐一合于故障，造成站用交流母线全部失压。

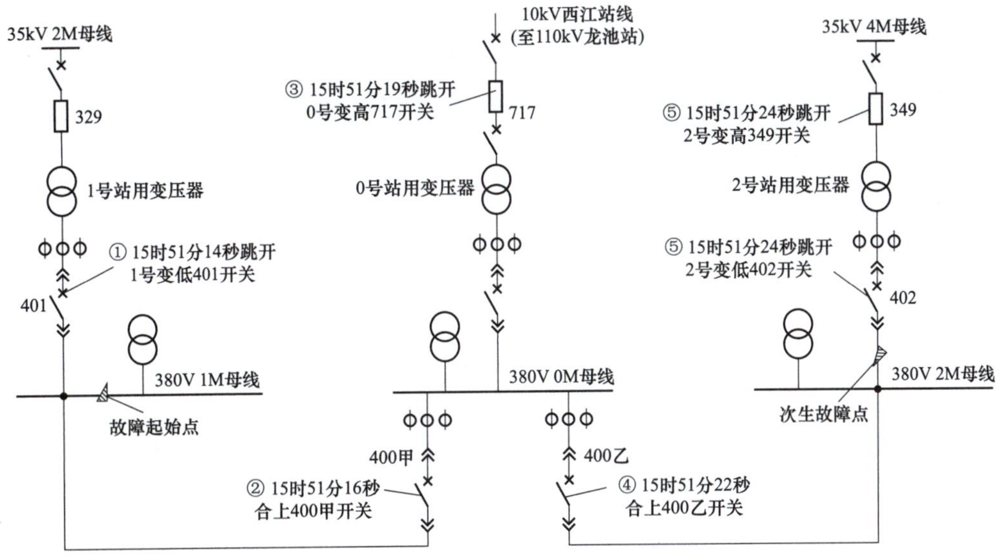

图 3-1-1　案例 2 的变电站低压交流系统示意图

（五）站用交流母线全部失压故障象征

（1）监控系统发出保护动作告警信息，全部站用交流母线电源进线断路器跳闸，低压侧电流、功率显示为零。

（2）站用交流电源柜电压、电流仪表指示为零，低压断路器失压脱扣动作，馈线支路电流为零。

（六）站用交流母线全部失压处理过程

（1）系统失电引起站用电消失。

1）检查系统失电引起站用电消失，拉开站用变压器低压侧断路器。

2）若有外接电源的备用站用变压器，投入备用站用变压器，恢复站用电系统。

3）汇报上级管理部门，申请使用发电车恢复站用电系统。

4）检查蓄电池工作情况，短时无法恢复时，切除非重要负荷。

（2）站用交流 380V 分段开关自带过流保护与站用变保护的定值配合存在问题，备自投策略采用双向自投方式，导致造成站用交流母线全部失压。

1）现场检查一次、二次设备有无异常。

2）根据保护动作时的故障录波和事件顺序记录信号，分析导致事故发生的可能原因。

3）检查 380V 母线烧损故障，判断故障原因为 380V 母线相间短路故障引起，并最终导致母线失压。

4）退出交流低压母线备自投功能。

5）拉开故障段母线所有馈线支路低压断路器，查明故障点并将其隔离。

二、站用交流一段母线失压

（一）站用交流一段母线失压故障案例

案例 1：某 110kV 变电站某 10kV 线路故障，该线路保护装置死机，故障越级造成

110kV 变压器低压侧后备保护动作跳闸，造成该线路所在 10kV 母线失压，该段母线所带站用变失去电源，而该变电站低压交流无自动切换装置，进而造成一段交流母线失压。

案例 2：某变电站低压交流 380VI 母母线短路故障，造成该站用变过流保护动作跳闸，此时 380V 备用电源自投装置闭锁，造成导致一段交流母线失压。

案例 3：某变电站，消防维保人员正在开展主变消防喷淋系统水泵启动试验，水泵电机发生短路，造成 1#站用变 380V 断路器越级跳闸，380V 备用电源自投装置闭锁，导致一段交流母线失压。

（二）站用交流一段母线失压故障原因分析

（1）系统失电引起站用电消失，站用低压无自动切换装置或自动切换装置故障、退出运行，导致一段交流母线失压。

（2）站用一段交流母线故障后，站用变保护动作跳闸导致一段交流母线失压。

（3）站用一段交流母线所带负荷故障，因其他原因造成故障越级导致一段交流母线失压。

（三）站用交流一段母线全部失压故障象征

（1）监控系统发出站用变压器交流一段母线失压信息，该段母线电源进线断路器跳闸，低压侧电流、电压、功率显示为零。

（2）一段站用交流电源柜电压、电流、功率表指示为零，低压断路器故障跳闸指示器动作，馈线支路电流为零。

（四）站用交流一段母线全部失压处理过程

（1）系统失电引起站用电消失，站用低压无自动切换装置或自动切换装置故障、退出运行，造成导致一段交流母线失压。

1）检查系统失电引起站用电消失，拉开站用变压器低压侧断路器。

2）检查变压器冷却设备、直流系统及 UPS 系统等重要负荷运行情况。

3）手动合上低压联络开关，恢复失压站用交流母线供电。

4）若有外接电源的备用站用变压器，投入备用站用变压器，恢复站用电系统。

（2）站用一段交流母线故障后，站用变跳闸导致一段交流母线失压。

1）检查站用变压器高压侧断路器无动作，高压熔断器无熔断。

2）检查变压器冷却设备、直流系统及 UPS 系统等重要负荷运行情况。

3）检查站用变压器低压侧断路器确已断开，拉开故障段母线所有馈线支路低压断路器，查明故障点并将其隔离。

4）合上失压母线上无故障馈线支路的备用电源断路器（或并列断路器），恢复失压母线上各馈线支路供电。

5）无法处理故障时，联系检修人员处理。

6）若站用变压器保护动作，按站用变压器故障处理。

（3）站用一段交流母线所带负荷故障，因其他原因造成故障越级导致一段交流母线失压。

1）检查站用变压器高压侧断路器无动作，高压熔断器无熔断，低压侧交流主进开关跳闸。

2）检查变压器冷却设备、直流系统及 UPS 系统等重要负荷运行情况。

3）检查故障段母线所有馈线支路负荷运行情况，查找故障点位于馈线支路。拉开故障馈线支路空开，隔离故障点。

4）合上失压母线低压侧主进开关，恢复失压母线上各馈线支路供电。

5）无法处理故障时，联系检修人员处理。

三、交流主进开关失灵

交流进线开关为负荷侧的总开关，该开关担负着整段母线所承载的电流，由于该开关所连接的是主变与低压侧负荷输出，就显其作用的重要所在。见图 3－1－2。

图 3－1－2　低压交流系统主进开关

（一）交流主进开关的运行规定

（1）交流主进开关在运行中，应检查低压母线进线断路器、分段断路器位置指示与分合闸指示灯显示一致，储能指示正常。

（2）交流主进开关在运行中，应检查低压母线进线断路器、分段断路器电流表读数正常。

（3）交流主进开关在运行中，应定期对低压母线进线断路器、分段断路器进行测温，确保开关运行正常。

（二）交流主进开关失灵的原因

（1）物理损坏：长时间使用或意外摔落可能导致开关内部松动或损坏。

（2）灰尘和污垢：开关周围的灰尘和污垢积累可能导致开关按钮不灵敏。

（3）电路老化：电路老化、电压不稳定、过载使用等因素可能导致开关故障。

（4）开关质量不佳：劣质开关在使用过程中容易出现故障。

（5）安装不规范：安装过程中接线错误或固定不牢可能导致开关故障。

（6）环境因素：潮湿、高温或腐蚀性气体环境会影响开关的正常工作。

（三）交流主进开关失灵故障象征

1. 交流主进开关合不上

在操作将交流主进开关加入运行操作任务时，合闸按钮或合闸把手均无法操作交流主进开关，交流主进开关仍为分位，低压侧电流、电压、功率显示为零。

2. 正常操作交流主进开关断不开

在操作站用变压器停止运行时，需将站用变低压主进开关断开，将本段低压母线及所带负荷倒至另一台站用变压器。此时，交流主进开关失灵，无法断开此开关，分闸按钮或分闸把手均无法操作交流主进开关，交流主进开关仍为合位，低压侧电流、电压、功率无变化。

3. 故障跳闸交流主进开关断不开

（1）监控系统发出站用变压器保护动作。

（2）监控系统发出交流一段母线失压信息，查看站用变间隔电流、功率显示为零，低压侧电压显示为零。

（3）站用变高压侧开关在分位，低压交流主进开关在合位，电流遥测量为零。

（4）站用变保护装置保护动作，跳闸灯亮。

（5）站用变停止运行。

（四）交流主进开关失灵处理过程

1. 正常操作交流主进开关合闸失灵

（1）隔离失灵主进开关。

（2）使用交流母联开关对失灵主进开关所带母线送电。

（3）对交流主进开关进行维修。

2. 正常操作交流主进开关分闸失灵

（1）倒走该交流主进开关所带母线交流负荷，断开馈线支路空开。

（2）断开该站用变压器高压侧开关，隔离失灵交流主进开关。

（3）对交流主进开关进行维修。

3. 故障跳闸交流主进开关失灵

（1）检查监控系统交流主进开关负荷电流为零。

（2）检查交流主进开关在合位，站用变开关柜上断路器跳闸。

（3）隔离故障点，将交流主进开关解除备用。

（4）手动投入备用电源恢复供电。

（5）联系检修人员进行处理。

四、低压交流母线短路事故

母线是指在变电所中各级电压配电装置的连接，以及变压器等电气设备和相应配电装置的连接，大都采用矩形或圆形截面的裸导线或绞线。母线的作用是汇集、分配和传送电能。母线按结构分为硬母线、软母线和封闭母线。交流母线在电力系统中扮演着电能传输和分配的关键角色，其绝缘性能对于电力系统的安全稳定运行至关重要。图 3－1－3 所示为变电站低压交流三相母线。

图 3－1－3　低压交流系统母线

（一）低压交流母线的运行规定

（1）母线支持绝缘子应无裂缝、破损，无放电及闪络痕迹。

（2）母线各连接处接头，穿墙套管无松动、发热等现象，伸缩节应完好，无断裂、过热现象，无异常放电及振动声响。

（3）母线排和引线应平整无变形，相色清晰。

（4）绝缘母线外套完好，无放电闪络痕迹，屏蔽接地完好。

（5）设备出厂铭牌齐全、清晰可识别，运行编号标识、相序标识清晰可识别。

（6）线夹无松动，均压环平整牢固，接触良好，无过热发红现象。

（7）外观完整，表面清洁，各部连接是否牢固。

（8）无异常振动和声响。

（二）低压交流母线短路故障案例

案例：某日，某变电站发生 380V Ⅰ段母线失压事故，变电运维人员到站检查发现故障发生在交流屏内低压交流母线，交流母线冒烟、烧毁。根据故障现象分析得出：事故原因由于低压交流母线发生短路事故，短路电流急剧增大，温升显著，造成母线排冒烟烧毁，站用变低压侧断路器跳闸造成低压交流母线失压。

（三）低压交流母线短路故障原因

（1）装置支路电阻增加：母线接地处装有电阻的接地支路，如果电阻增加，就会形成电路短路，母线电流过大，从而导致短路。

（2）母线之间短路：低压母线系统中，母线间存在交叉连接，当装置支路电阻增加，或存在母线底座短路，母线之间就会存在短路。

（3）电压不平衡：在接地支路的电阻增加，会导致母线电压不平衡，当母线电压不平衡时，就会产生短路。

（4）机械破坏：低压母线系统中，装置接地支路如果破坏，就会发生短路。

（5）接地支路接触不良：低压母线系统中，接地支路接触不良，会导致知路，从而形成短路。

（6）电缆连接不正确：低压母线系统中，电缆连接不正确，从而形成短路。

（7）避雷器短路：避雷器是屏蔽接地支路中关键部件，如果避雷器短路，就会导致接地电路短路，从而形成短路。

（四）低压交流母线短路故障象征

（1）监控系统发出站用变压器交流一段母线失压信息，该段母线电源进线断路器跳闸，低压侧电流、电压、功率显示为零。

（2）一段站用交流电源柜电压、电流、功率表指示为零，低压断路器故障跳闸指示器动作，馈线支路电流为零。

（五）低压交流母线短路处理过程

（1）检查该段母线电源进线断路器跳闸。

（2）检查变压器冷却设备、直流系统及 UPS 系统等重要负荷运行情况。

（3）检查站用变压器低压侧断路器确已断开，拉开故障段母线所有馈线支路低压断路器，查明故障点并将其隔离。

（4）将该母线支路的负荷转到另一段母线供电；由于站内负荷是双电源供电，只需将另外一路电源开关合上。

（5）联系检修人员处理。

五、交流主进开关低压脱扣继电器造成的事故

低压脱扣功能是指低压断路器本体自带有的一项重要保护功能，由与其同体安装的低压脱扣器实现。低压脱扣器安装在低压断路器内，脱扣器与衔铁相连的拉杆和断路器的脱扣杆之间留有一定的间隙。其工作原理为：当线路电压正常（80%－110%额定电压）时，欠压脱扣器的衔铁被其铁芯吸住，断路器处于运行（合闸）状态；当线路电压降到70%的额定电压以下时，低压脱扣器的铁芯电磁吸力减小（吸不住衔铁），衔铁脱开并带动拉杆撞击断路器的脱扣杆，使断路器分闸。

低压脱扣器作为受电网在欠压或者失压的状态下的保护，体现在当受电网出现失压时，低压脱扣器会瞬动或者经一定时间的延时后使断路器跳闸，断开电源以保护线路、电缆、用电设备。当受电网出现失压时，防止电网恢复供电对电气设备产生冲击，欠压脱扣器也会使断路器跳闸。当发生电压闪变或瞬间波动，低压脱扣装置将瞬间动作或经一定的延时后使断路器跳闸，断开电源以保护用电设备。同时当电网出现失压时，低压失（欠）压装置动作能预防停电后恢复供电时大量的电机类负荷同时启动造成母线电压过低影响重要的电机类负荷的正常启动及设备的运行。但对于一些用户设备可能会造成不必要的停电，在一定程度增加了恢复供电的操作程序，从而造成停电影响和损失。如图3－1－4为低压脱扣装置。

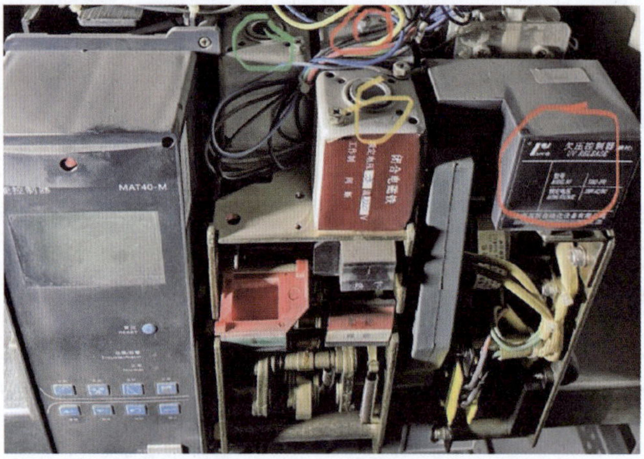

图3－1－4　低压脱扣装置

（一）低压脱扣继电器的运行规定

低压脱扣功能是低压断路器带有的一项重要保护功能，由与其同体安装的低压脱扣器实现。低压脱扣作为受电网在欠压或失压情况下的保护，体现在当电网出现欠压时，低压脱扣器将瞬动或经一定的延时后使断路器跳闸。其主要作用有：

（1）电压降低时，断开低压侧电源防止异步电动机出现欠压堵转运行而导致电机绕

组烧毁。

（2）电压降低时，断开低压侧电源放置电子产品生产线、电信设备等电压敏感型负荷因电压下降而造成的异常运行。

（3）电网故障断电时，利用低压脱扣将低压系统与站变隔离，防止切换后备用电源反送电至停电变压器，损伤变压器或人员。

低压脱扣器是低压断路器中的一个功能部件，实现低压脱扣功能的动作单元，主要有电磁式器和智能式两类，应用较多的是电磁式。其运行管理规定有以下：

（1）低压脱扣器的动作范围为额定电压的 35%～70%，零电压（失压）脱扣动作电压在额定的 35%～110%。

（2）站用交流电源系统的脱扣装置应纳入定值管理。

（3）变电站内如没有对电能质量有特殊要求的设备，应尽快拆除低压脱扣装置。若需装设，低压脱扣装置应具备延时整定和面板显示功能，延时时间应与系统保护和重合闸时间配合，躲过系统瞬时故障。

（二）低压交流主进开关低压脱扣继电器适用场景

站用电系统 380V 母线电压波动的原因主要有电动机直接启动、供电系统短路故障、雷电等原因，其中供电系统故障、雷电是外部系统故障导致的电网异常时间，电动机直接启动造成的电压降落是站用电负荷引起的。变电站站用电负荷中存在大量电机类负荷，如消防水泵电机、风冷电机等，这些负荷在启动过程中产生较大的启动电流，拉低母线电压。理论计算分析表明，按照技术规范设计的站用电供电方式，在站内电机群启动过程中，不会将母线电压拉低至低压脱扣动作值，也即站用负荷群启动不会造成低压脱扣动作。因此，只有外部电网故障会造成低压脱扣动作，装有低压脱器的断路器应设置一定延时，防止因站用电系统一次侧电压瞬时跌落造成脱扣，如果没有延时功能，应增加延时或者拆除低压脱扣器。

低压脱扣效用主要是在通过断开进线开关保证在电压下降时保护用电设备。主要包括防止电压下降损坏电压敏感型负荷以及保证电源切换功能能够完成备用站用交流系统的电压敏感型负载主要有主变压器风冷、直流高频充电模块、消防水泵等三相负载以及电子设备等两相负载。最重要的电机就是变压器冷却风扇电机，因为该回路本身带有过热和低压接触器（在通风箱处），在电压较低时接触器会自动断开电源，因此从保护风扇电机的角度来看，380V 进线低压断路器不必使用低压脱扣功能。低压负荷中还有一个比较重要的是直流高频充电模块电源，正常供电电压范围为 85%～115%。电压低于 85%以后，充电模块停止工作，变电站直流系统切换至蓄电池供电的模式，因此直流高频充电模块电源的电源开关不需要低压脱扣功能。

低压脱扣对电源自动切换功能主要是防止切换后备用电源反送电至停电变压器。为防止该问题，实际二次回路设计或者功能逻辑中，要求低压开关断开后才能进行电源自动切换。低压电源自动切换功能能够依靠自身逻辑能够实现切换，因此进线开关无须安装的低压脱扣功能。

（三）交流主进开关低压脱扣继电器故障现象

（1）站用变低压侧断路器跳闸。

（2）交流一段母线失压信息，低压侧电流、电压、功率显示为零。

（四）交流主进开关低压脱扣继电器故障处理过程

（1）检查变压器冷却设备、直流系统及 UPS 系统等重要负荷运行情况。

（2）检查站用变压器低压侧断路器确已断开。

（3）该母线支路的负荷转到另一段母线供电；由于站内负荷是双电源供电，只需将另外一路电源开关合上。

（4）将站用变解除备用，做安措。

（5）联系检修人员对故障低压脱扣继电器进行维修或者拆除。

六、ATS 切换开关失灵

自动转换开关，也被称为自动切换开关或 ATS（AutomaticTransferSwitch），是一种电气设备，用于实现电力系统的自动切换，电气行业中，也称之为“双电源自动转换开关”或“双电源开关”。见图 3-1-5。自动转换开关具有性能完善、安全可靠、自动化程度高、使用范围广等特点。它能够实时监测电源电路的状态，并在主电源出现故障时自动切换到备用电源，确保电力系统的稳定运行。根据功能不同，自动转换开关可分为 PC 级和 CB 级。PC 级 ATSE 只完成双电源自动转换的功能，不具备短路电流分断（仅能接通、承载）的功能；CB 级 ATSE 既完成双电源自动转换的功能，又具有短路电流保护（能接通并分断）的功能。

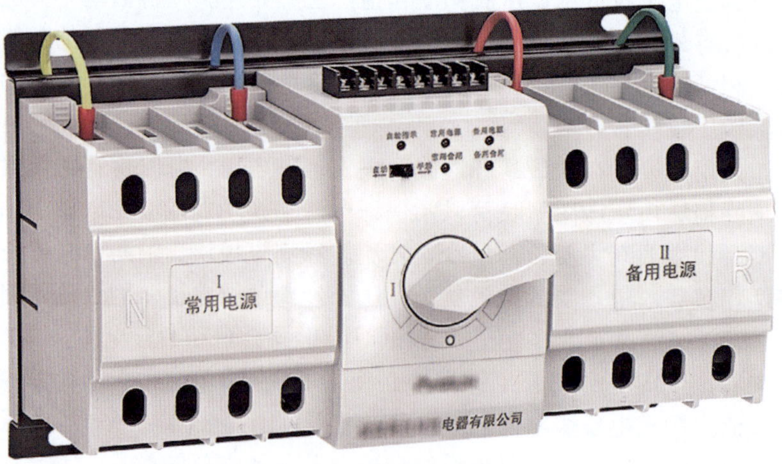

图 3-1-5　ATS 自动切换开关

（一）ATS 切换开关的运行规定

ATS 切换开关采用双线圈电磁操作的 PC 级 ATS，结构简单、动作可靠。其跷跷板式触头结构，自带机械联锁和电气联锁，结合独特的灭弧系统和触头开距，保证两路电源安全可靠转换。并且既可自动操作，又可手动或遥控操作。

交流站用电源 ATS 切换开关具备以下三种操作运行方式：

（1）手动操作运行方式：就地通过控制开关控制 ATS 开关状态。

（2）自动操作运行方式：就地通过逻辑电路或控制器自动控制 ATS 开关状态。

（3）遥控操作运行方式：远方通过计算机通信控制 ATS 开关状态。站用电的遥控操作包括“电源一供电”“电源二供电”“分列供电”和“备自投供电”共四种模式，其中“分列供电”只适用于两段单母线的接线方案。

ATS 切换具备三种工作方式：

（1）自动－自复：两路电源正常，常用电源供电，当常用电源故障，自动转换到备用电源供电，当常用电源恢复正常，返回常用电源供电。

（2）自动－不自复：两路电源正常，常用电源供电，当常用电源故障，自动转换到备用电源供电，当常用电源恢复正常，不返回常用电源供电。

（3）手动：两路电源正常，常用电源供电，当常用电源故障时，需要人为操作到备用电源，不会自动切换。

（二）ATS 切换开关失灵故障案例

案例一：某日，某变电站发生 1 号站用变故障跳闸，同时伴随 380V 交流Ⅰ段母线失压。变电运维人员到站检查发现 1 号站用变套管有严重裂纹，造成该站用变跳闸。该变电站 380V 低压系统配置有 ATS 自动切换装置，运维人员检查发现 ATS 自动切换装置未正确投切，经排查为该 ATS 切换开关失灵，造成 380V 交流Ⅰ段母线失压。运维人员手动将备用电源开关合上后恢复 380V 交流Ⅰ段母线供电。

（三）ATS 切换开关失灵故障原因

（1）电源故障：系统电源故障可能导致自动转换开关无法正常工作。如果主电源或备用电源出现问题，开关可能无法检测到正常的电压和频率，从而无法进行切换。

（2）控制电路故障：自动转换开关的控制电路如果出现故障，如继电器失效、接触不良等，会影响自动投切的正常运行。

（3）电源信号故障：自动转换开关需要接收来自电源的信号来进行切换操作。如果电源信号出现故障，如信号丢失、失真或干扰，会导致开关无法准确判断电源状态，从而无法进行切换。

（4）设置不当：自动转换开关的控制器设置不当可能导致自动投切失败。例如，如果延时调整过长，开关可能无法及时响应电源故障并进行切换。

（5）自身故障：自动转换开关的机械传动部分如果出现故障或损坏，如传动机构卡涩、电机故障等，也会导致开关无法正常切换。转换开关的接触点可能会沾染灰尘或生锈，导致接触点无法正常工作。此外，长时间使用也可能导致接触点失去弹性，影响自动转换。

（四）ATS 切换开关失灵故障现象

一座变电站低压交流系统配置有 ATS 切换功能，当变电站内一台站用变发生故障跳闸后，由于该变电站 ATS 切换开关失灵，导致无法自投至工作电源。这种故障跳闸后，故障现象表现为：

（1）监控系统发出站用变压器保护动作跳闸信息，该站用变高、低压侧断路器开关在分位。

（2）该段站用交流母线电压、电流、功率为零。

（3）备用电源开关在分位。

（4）ATS 自动转换开关面板显示失电、闭锁等信息。

（五）ATS 切换开关失灵处理过程

（1）检查监控系统告警信息，检查自动转换开关所接两路电源电压是否超出控制器正常工作电压范围。

（2）若自动转换开关电源灯闪烁，检查进线电源有无断相、虚接现象。

（3）检查自动转换开关安装是否牢固，是否选至自动位置。

（4）若自动转换无法修复，应采用手动切换，联系检修人员更换自动切换装置。

（5）若手动仍无法正常切换电源，应转移负荷，联系检修人员处理。

（6）若站用变压器保护动作，按站用变压器故障处理。

第二节 交流环网事故

变电站内场地设备采用交流环网供电模式，供给端子箱内照明、断路器、隔离开关、接地刀闸电机电源等。同一个电压等级的场地端子箱（汇控柜）由两头端子箱分别接入不同母线段的低压交流母线。两侧端子箱内设环网进线开关，中间端子箱设联络开关。环网接线方式在停电检修、突发事件或负荷转移时，通过合、解环操作可以减少停电时间，提高供电可靠性，但由此引起的环流对电网的安全运行有很大的影响，有可能因为环流过大而导致线路或主变压器跳闸。

一、低压交流环网合环事故

由于变电站低压交流电压低，合环时会造成特别大的合环电流，会大大超过断路器承载的电流，因此站用低压交流系统严禁合环运行。

（一）交流环网的运行规定

站用交流环网严禁合环运行，切换操作应遵循先拉开后合上的原则。交流环网开环点宜设在低压交流盘上。交流环网一般有两种工作方式。第一种方式两端进线开关投入，联络开关断开。当任一段母线出现问题失压时，由运行人员手动投入联络开关，由正常母线段带所有设备，从而保证各端子箱交流不失电。第二种方式投入一端进线开关，另一端进线开关断开，中间联络开关投入，正常运行时，只有一段交流母线带所有设备。当运行交流母线出现问题失压时，由运行人员手动投入另一正常交流母线进线开关，由另一交流母线段带所有设备，从而保证各端子箱交流不失电。

（二）交流环网合环故障案例

案例：某变电站 330kV 设备扩建，分别从 380V Ⅰ、Ⅱ母线引入交流储能电源，分别带部分 330kV 开关储能电机电源运行，中间使用合环开关。在调试安装过程中，两路电源正常供电，合环开关在合位，且运行正常。此时调试人员在合上某一开关储能电源时出现 2 台所用变均跳闸，380V 备自投装置未动作，造成全站交流失压，主变风扇停转，所用变保护显示低压侧零流保护动作，即判断为低压交流回路出现接地故障。

之后安排人对施工电源和新接入电源进行检查，发现新建 330kV 开关储能电源接线错误，在接线时将火线和零线接至同一端子排，在合上此开关间隔储能电源开关时出现所用系统跳闸，因站内低压开关没有安装漏电保护装置，故障发生时新接入 330kV 设备区的电源开关均未跳闸，本间隔内储能电源开关也没有跳闸，造成所用变低压侧零流保护动作，因低压侧保护动作闭锁备自投装置，因此全站交流消失。

（三）交流环网合环故障象征

（1）合环开关长时间运行，长时间运行将会烧毁电缆线严重时波及运行其他电缆。将会造成误跳闸。

（2）380V 母线电压立即指示为零，母线所带照明电源消失。

（四）交流环网合环故障处理过程

（1）检查监控系统告警信息。

（2）断开交流盘上环网空开。

（3）检查交流环网所连电缆、空开有无烧毁。

（4）若电缆、空开有灼烧现象，则将其隔离。

（5）联系检修人员进行处理。

二、交流环网级差不合格越级跳闸事故

（一）交流环网级差的运行规定

（1）上一级电源开关的额定容量，应当大于由此馈电的各回路工作电流的总和（考虑同时率以后）。

（2）上一级开关的各项保护动作时间应当比下一级开关动作时间延时 0.5s，如果是电子保护，起码应当延后 0.3s，以免下一级故障引起上一级开关误动作。

（3）关于电压、开断电流等开关基本参数，上一级都不能小于下一级开关，或者应当满足回路实际需要。

（4）设计资料中应提供全站交流系统上下级差配置图和各级断路器（熔断器）级差配合参数。

（5）新建变电站交流系统在投运前，应完成断路器上下级级差配合试验，核对熔断器级差参数，合格后方可投运。

（6）交流系统使用的断路器应使用具有脱扣功能的直流断路器，不得将普通交流断路器用于直流系统，已使用的必须限期进行整改。使用进口的交直两用断路器时，要注意直流开断能力的校核；新投变电站的订货及交接验收要严格按照此规定进行。

（7）高频开关电源充电装置输出回路装设直流断路器的，级差配合应和蓄电池出口相一致，以免出现级差配合失调的问题。

（二）交流环网级差不合格越级跳闸故障案例

案例：某变电站，消防维保人员正在开展主变消防喷淋系统水泵启动试验，水泵电机发生短路，造成 1#站用变 380V 断路器越级跳闸，380V 备用电源自投装置闭锁，消防控制柜双电源切换装置动作，切换至备用电源，导致站用交流系统全部失压。

该变电站越级跳闸的站用变 380V 侧至主变消防喷淋系统水泵回路共配置 4 级断路器，第一级为 35kV 站用变 380V 侧断路器，第二级为交流馈线屏消防主（备）电源馈线断路器，第三级为主变消防喷淋系统进线断路器，第四级为消防泵控制柜消防泵断路器。通过对跳闸时 35kV 站用变 35kV 侧电流录波的分析，换算得出水泵电机的短路电流约为 2100A，结合该站的主变消防喷淋系统水泵回路断路晶配置情况，可以看出跳闸时，短路电流小于回路中第二、三、四级断路器脱扣电流定值，大于第一级断路器脱扣电流定值，导致水泵电机短路后直接由 35kV 站用变 380V 侧断路器（第一级）越级跳闸。

由以上分析得知，导致站用交流系统断路器越级跳闸的原因为下级空开脱扣电流定值大于上级空开脱扣电流定值，导致应梯级配置的断路器失去选择性。

（三）交流环网级差不合格越级跳闸故障象征

（1）监控系统发出交流系统母线失压信息，低压侧电流、电压、功率显示为零。

（2）两台站用变低压侧开关跳闸。

（四）交流环网级差不合格越级跳闸处理过程

（1）检查两段母线电源进线断路器跳闸。

（2）检查变压器冷却设备、直流系统及 UPS 系统等重要负荷运行情况。

（3）检查低压交流负荷、查明故障由某馈线交流环网级差不合格引起，拉开级差不合格故障馈线支路断路器。

（4）合上两台站用变低压侧断路器，恢复站内低压交流系统供电。

（5）联系检修人员对级差不合格空开进行更换处理。

三、交流环网电缆接头短路事故

变电站内场地设备采用交流环网供电模式，供给端子箱内照明、断路器、隔离开关、接地刀闸电机电源等。同一个电压等级的场地端子箱（汇控柜）由两头端子箱分别接入不同母线段的低压交流母线。两侧端子箱内设环网进线开关，中间端子箱设联络开关。两套分列运行的站用交流电源系统，电源环路中应设置明显断开点，禁止合环运行。

电缆接头又称电缆头。电缆铺设好后，为了使其成为一个连续的线路，各段线必须连接为一个整体，这些连接点就称为电缆接头。电缆线路中间部位的电缆接头称为中间接头，而线路两末端的电缆接头称为终端头。电缆接头是用来锁紧和固定进出线，起到防水防尘防震动的作用。它的主要作用是使线路通畅，使电缆保持密封，并保证电缆接头处的绝缘等级，使其安全可靠地运行。若是密封不良，不仅会漏油造成油浸纸干枯，而且潮气也会侵入电缆内部，使之绝缘性能下降。

（一）电缆接头的运行规定

电缆终端头和电缆接头的制作、安装必须符合下列规定：

（1）封闭严密，填料灌注饱满、无气泡、无渗油现象；芯线连接紧密，绝缘带包扎严密，防潮涂料涂刷均匀；封铅表面光滑，无砂眼和裂纹。

（2）交联聚乙烯电缆头的半导体带、屏蔽带包缠不超越应力锥中间最大处，锥体坡。

电缆接头安装、固定牢靠，相序正确。直埋电缆头保护措施完整，标志准确清晰。

（3）低压电缆接头标准有以下几点：

1）低压电缆接头不得承担张力。

2）电缆接头应牢固可靠，并做绝缘包扎，保持电缆绝缘强度。

3）低压电缆接头在符合要求的前提下，包扎要美观。

（二）交流环网电缆接头短路故障原因

（1）外部力的破坏：电缆在铺设或使用过程中，如果受到机械外力的撞击、钻孔等，会导致电纱层破裂或导线折断，从而引起短路。

（2）电缆老化：长期使用的电缆会受到环境的影响，例如温度、湿度、紫外线等，导致电缆绝缘化或裂纹，使电流穿越绝缘层，引起短路现象。

（3）电缆接头不牢固：电缆或电缆接头在使用过程中，如果接头松动或接触不良，容易产生电弧王象，引发短路。

（4）铺设不规范：电缆铺设应符合相关的设计和施工规范，如果铺设间距不符合要求、铺设方式不确等，容易导致电缆绝缘层受到损坏，引发短路。

（三）交流环网电缆接头短路故障象征

（1）监控系统发出某些间隔操作电源失电等信号。

（2）低压交流馈电屏该交流环网空开跳闸。

（四）交流环网电缆接头短路故障处理过程

（1）检查监控系统异常信号类型。

（2）判断故障发生范围。

（3）检查故障范围内所有设备，找出故障设备。

（4）将故障设备隔离。

（5）恢复正常设备交流供电。

第三节　低压交流负荷事故

站用低压交流系统主要负责为站内的各种设备和设施提供稳定的电力供应。为变电站内的一、二次设备提供电源，包括大型变压器的强迫油循环冷却系统、交流操作电源、直流系统用交流电源、设备用加热、驱潮、照明等交流电源，以及为 UPS、SF_6 气体监测装置提供交流电源等。站用电负荷按停电影响可分为下列三类：

一类负荷：短时停电可能影响人身或设备安全，使生产运行停顿或主变压器减载的负荷。

二类负荷：允许短时停电，但停电时间过长，有可能影响正常生产运行的负荷。

三类负荷：长时间停电不会直接影响生产运行的负荷。

站用低压交流系统的正常运行是变电站站正常运行的基础。任一低压交流负荷出现故障或异常，将会导致站内的设备和设施无法正常工作。

一、动力箱母线排短路事故

每个动力箱承担运行回路的断路器储能电源、隔离开关的操作电源，而部分断路器

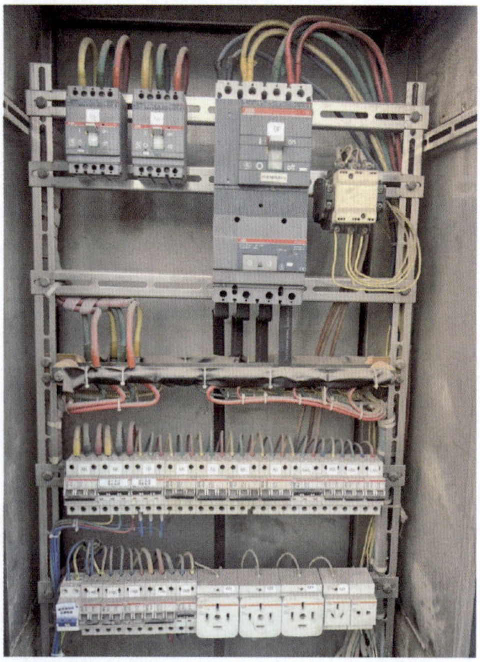

图 3－3－1　变电站内动力箱

配置的是气动弹簧机构和液压机构，当在运行过程中压力下降到一定值时需要储能电机运行进行补压，因此不能长时间缺电，所以必须保证动力箱母线安全可靠运行。图 3－3－1 为动力箱。

（一）动力箱的运行规定

（1）箱内电器选择单相或三相快速自动空气开关，严禁使用带有熔丝的各类保险，空气开关的参数选择既要满足所带负载的需要，又要满足上下级差的要求。确保选择性。

（2）箱内三相汇流母线以及中性线和保护地线均为铜排，铜排均采用热缩绝缘包扎。

（二）动力箱交流母线排短路故障象征

（1）监控系统发出交流系统馈线开关跳闸信息

（2）交流盘上动力箱电源低压交流馈线开关跳闸。

（三）动力箱交流母线排处理过程

（1）检查动力箱母线外观。

（2）检查交流盘上动力箱电源低压交流馈线开关跳闸。

（3）检查动力箱重要负荷运行情况，重要负荷进行切换。

（4）检查查明故障点并将其隔离。

（5）联系检修人员处理。

二、站用变低压配电盘短路事故

低压电力配电系统是现代工业生产和生活中不可或缺的一部分。在低压电力配电系统中，配电盘作为一个重要的组成部分，起着短路保护和故障隔离的重要作用。配电盘是一个具有开关、保护器件、仪表和控制元件的装置，用于实现电能的配电和保护。配电盘通常由进线开关、分支开关、短路保护器和仪表组成。进线开关用于控制电源的接通和切断，分支开关用于控制不同的负荷，短路保护器用于在电路发生短路时迅速切断电源，保护电力设备和人员安全。仪表用于测量电压、电流和功率等参数，控制元件用于对电路进行操作和控制。低压配电盘首先应根据电气接线图来确定开关、熔断器和仪表等的数量，然后根据这些电器的主次关系和控制关系，将其均匀对称地排列在盘面上。并要求盘面上的电器排列整齐美观、便于监视、操作和维修。通常将仪表和信号灯居上，经常操作的开关设备居中，较重的电器居下。各种电器之间应保持足够的距离，以保证安全。

（一）站用变低压配电盘的运行规定：

低压配电盘是指供低压系列照明、动力开关箱柜设备，用以降低输电电压，直接用于低压设备电器等，我国输电线路电压一般是根据输送电能距离的远近，采用不同的输电电压。在运行过程中，应注意以下事项：

（1）整洁严密，无脱漆变形现象。

（2）铭牌标记清楚无误，出线电缆有标牌，回路标记与实际相符。

（3）有可靠接地线。

（4）导电部分接触良好，绝缘良好（1000V 绝缘电阻表测绝缘电阻＞1MΩ），没有受潮的可能性。

（5）平时积灰尘太多时，应带电清扫。

（6）盘内地板孔洞密封良好。

（7）各抽屉拉出、放入活动自如，无卡涩现象，电源进、出触头无烧毛现象，机械转动和闭锁良好，各导线接触良好。无松动过热现象，各元件固定牢固。

（二）站用变低压配电盘短路故障原因

短路是指电路中两个或多个不同极性之间直接连接，导致电流异常增大，使得保护系统起作用。短路通常是由于设备绝缘损坏、线路维修不当等原因引起的。

（三）站用变低压配电盘短路故障现象

（1）失去配电盘上所有馈线所带负荷。

（2）该低压配电盘上总空开跳闸。

（四）站用变低压配电盘短路故障处理过程

（1）检查站压配电盘上总空开跳闸，拉开该配电盘所有馈线支路低压断路器，查明故障点并将其隔离。

（2）合上失压母线上无故障馈线支路的备用电源断路器（或并列断路器），恢复失压母线上各馈线支路供电。

（3）要彻底检查故障馈线支路设备的绝缘状况，及时修复绝缘故障。

三、交流抽屉式开关失灵事故

交流抽屉式开关是变电站交流配电系统的重要组成部分，可抽出式成套开关柜是防护等级较高的封闭型成套开关柜，分为主盘和可抽出单元。交流抽屉式开关因其较高的安全性、体积小，消缺维护灵活，内部元件结构紧凑，具备防电弧能力，电缆室内控制电缆、动力电缆排列有序等特点，广泛应用于发电厂、变电站但在长期运行维护中，其不足之处也日渐明显，主要体现在操作机构易卡涩，开关操作频繁易变形，电元二次控制回路易故障等方面。如下图为抽屉式开关柜。

（一）交流抽屉式开关的运行规定

日常巡检方面：

（1）检查低压配电系统工作环境温度是否过高，红外测温仪检查交流抽屉式开关柜内母线、各抽屉开关出线电缆温度是否正常。

（2）检查各柜门关闭完好，电缆孔封堵严密。

（3）目测盘柜各表计、指示灯指示正常，开关、把手位置正确。

（4）检查低压配电系统无过载、异音、异味、异常放电等现象。

图 3-3-2　抽屉开关

定期维护方面：

（1）对盘柜、母线及负荷开关、电缆室进行清扫除尘。

（2）检查低压配电系统连接螺栓、接线端子紧固，重点是电气连接部分。

（3）检查负荷开关操作机构动作灵活可靠，机械闭锁机构动作正常：开关动、静触头无烧伤、过热现象，触头上有一层薄薄的导电膏；热继电器、接触器无过热、损坏现象，各辅助接点动作正常：熔断器与其底座连接处接触紧密，熔断器熔丝完好，熔断器底座无松动：开关主回路、控制回路接线正确。

（4）采用 1000V 兆欧表对母线进行相间及地绝缘电阻测试。

（5）校验电流表、电压表，拆卸仪表接线前应做好接线标识，拆卸后的接线端子用绝缘胶布包好，仪表校验合格后或新安装的仪表上必须有有效期标。

技术管理方面：

（1）明确设备管理责任区，设备管理落实到个人，加强设备管理责任制。

（2）编制低压开关柜事故汇编写应急处置方案，包括故障原因、暴露问题、防范措施与改进方案。

（3）优化低压抽屉开关操作工作票，完善定期维护、消缺工序卡、工作安全分析、技术工艺交底单。

（4）开展厂家入厂指导、培训，运维人员技术交流，提升运维人员对 380V 低压配电系统处置能力。

（5）从状态监测系统到状态检修，建立设备运行状态数据库与计算机维修管理系统。

操作规程方面：

（1）操作人员应在使用抽屉开关前，对其进行检查，确保开关没有故障和损坏。

（2）使用抽屉开关时，操作人员应根据指示标识选择开关的合适功能和位置。

（3）操作人员在使用开关时应轻柔、稳定地操作，避免用力过猛或抓得过紧，以免损坏抽屉开关。

（4）操作人员在操作完毕后，应及时关闭抽屉开关，保持设备的整洁和安全。

（5）若发现抽屉开关有故障或异常情况，应立即停止使用，并向相关人员报告并进行维修处理。

（二）交流抽屉式开关失灵的故障原因

1. 交流抽屉式开关无法合闸

发生不合闸现象的起因为：手动合闸实践中，储能电机发生绝缘老化、破损问题；再加上操控技术人员不熟练操控流程，且无法遵照正确操控程序实施储能操控，储能机构没有实现储能任务：操控电源不正常、二次回路接线不稳定、断线等，进一步造成储能与合闸回路问题；当断路器稳定跳闸，且消除供电回路故障之后，不按操作实施复位操控，而是立即合闸。储能电机联锁回路发生故障，常见的现象是电刷弹弹出，使储能电机无法电动储能，此时无法远方合闸，就地操作可以进行合闸。对于单一空开的抽屉开关，肖开关跳闸后，需将开关分闸后在进行合闸，对于船式开关需要将闭锁投入方可进行合闸，空开无法保持合闸状态也很常见，分闸未能分到位会导致开关无法进行合闸，或者合闸后缺相。脱扣线圈动作异常也是原因之一，当负荷短路、过载、断电等情况发生时，电子脱扣器根据采集到的开关不正常电量，将信号发送至脱扣线圈，脱扣线圈推动机构动作，分闸线圈一直得到分闸信号，持续进行分闸动作，使合闸机构一旦动作后立即分闸，使得合闸操作无法进行。以上原因势必造成断路器不能正常合闸。

2. 交流抽屉式开关无法分闸

分闸线圈未收到远方信号。如操控电源不正常、二次回路接线不稳定、断线等，或系统联锁不允许进行分闸操作，若收到分闸信号后仍无法分闸，此时大概率为分闸线圈损坏或分闸机构卡涩，分闸线圈直阻异常，机构动作不灵活，对于单一空开的抽屉开关，无法合闸的原因为开关操作把手联锁脱开，连杆不随操作机构动作，无法联动开关，造成无法分闸。

（三）交流抽屉式开关失灵的故障现象

1. 交流抽屉式开关合不上

在操作将交流抽屉式开关加入运行操作任务时，合闸把手无法操作交流抽屉式开关，交流主进开关仍为分位，导致该交流抽屉式开关所带负荷仍无电源，交流丢失负荷。

2. 正常操作交流抽屉式开关断不开

在操作交流抽屉式开关停止运行时，交流主进开关失灵，无法断开此开关，分闸把手均无法操作交流主进开关，交流主进开关仍为合位，低压侧电流、电压、功率无变化。

3. 故障跳闸交流主进开关断不开

假设发生所带负荷电缆短路事故，开关无法正常跳闸，造成保护越级。

（1）监控系统发出站用变压器保护跳闸，交流一段母线失压信息，低压侧电流、电压、功率显示为零。

（2）站用变两侧开关越级动作跳闸，两侧开关在跳闸位置。

（3）抽屉式开关电流表读数为 0。

（4）该失灵交流抽屉式开关所在母线所带负荷失去。

（四）交流抽屉式开关失灵故障处理过程

（1）故障跳闸交流主进开关断不开时。

（2）检查该段母线电源进线断路器跳闸。

（3）检查变压器冷却设备、直流系统及 UPS 系统等重要负荷运行情况。

（4）检查站用变压器低压侧断路器确已断开，拉开故障段母线所有馈线支路低压断路器，查明故障点并将其隔离。

（5）该母线支路的负荷转到另一段母线供电；由于站内负荷是双电源供电，只需将另外一路电源开关合上。

（6）在该抽屉式开关不带电时，将该抽屉式开关拉出。

（7）联系检修人员进行处理或者更换相同容量且合格的抽屉式开关。

四、风冷控制箱失压事故

变压器的冷却装置是将变压器在运行中由损耗所产生的热量散发出去，以保证变压器可以安全正常的运行。本文所进行的主要核心部分就是对控制模块进行的设计，其中包括了可以对主变压器风扇投入与切除的温度范围进行自行设定，也可以按照用户的要求而变化。变压器冷却系统应配置两个相互独立的电源，并具备自动切换功能；冷却系统电源应有三相电压监测，任一相故障失电时，应保证自动切换至备用电源供电。风冷控制箱见图 3－3－3。

图 3－3－3　风冷控制箱

（一）风冷控制箱运行规定

变压器投入电网的同时，冷却系统能自动投入预先设定的相应数量的工作冷却器。切除变压器时冷却装置能自动切除全部投入运行的冷却器。变压器顶层油温（或绕组温度）达到规定值时能自动启动尚未投入运行的辅助冷却器。当运行中的冷却器发生故障时，能自动启动备用冷却器。每个冷却器可用控制开关手柄位置来选择冷却器的工作状态（工作、辅助或备用），这样运用灵活，易于检修各个冷却器。

整个冷却系统接入二路独立电源，二路电源可任选一路工作，一路为备用，当工作电源发生故障时，自动投入备用电源，而当工作电源恢复时，备用电源自动退出，工作电源自动投入。冷却器的油泵电机，设有过负荷，短路及断相保护，以保证电机的安全运行。

变压器冷却系统控制箱的功能如下：

（1）电源切换选用进口的双电源自动切换装置，其主要功能是主备工作电源自动切换，当常用电源故障出现时，自动切换到备用电源。当两路电源都正常时，常用电源工作，备用电源处于备用状态。

（2）可编程控制器（PLC）是强油风冷却器控制装置执行部分的控制中心，它接收变压器送来的各种状态信号，从而来控制执行部分。

（3）提供各种信号接口："Ⅰ段电源故障""口段电源故障""控制电源故障""冷却器故障""冷却器油流故障""风冷全停""风冷全停跳闸""1 号冷却器运行"等，供保护使用。

（4）工作状态指示回路，它将冷却器的工作状态以指示灯的方式显示，便于维护者了解装置的工作情况。

（二）风冷控制箱失压故障原因

（1）电源供应问题：例如，供电网络故障、电压不稳定或电源线路老化等。

（2）设备故障：如控制箱内部元件损坏、电源模块故障等。

（3）操作错误：例如，误操作导致电源切断或设置错误。

（4）环境因素：如高温、潮湿等恶劣环境条件可能影响电源的正常工作。

（三）风冷控制箱失压故障现象

（1）监控系统报出风冷控制电源消失。

（2）冷却器无法进行投切。

（四）风冷控制箱失压故障处理过程

（1）检查低压交流盘风冷控制箱电源空开跳闸。

（2）检查风冷控制箱内空开、电缆有无故障。

（3）试送低压交流盘风冷控制箱电源空开，若电源恢复，则进行运行。

（4）若电源未恢复，将负荷转到另一段母线供电。

五、风冷控制箱继电器发热烧燃事故

变压器的冷却装置是将变压器在运行中由损耗所产生的热量散发出去，以保证变压器可以安全正常的运行。本文所进行的主要核心部分就是对控制模块进行的设计，其中包括了可以对主变压器风扇投入与切除的温度范围进行自行设定，也可以按照用户的要求而变化。变压器冷却系统应配置两个相互独立的电源，并具备自动切换功能；冷却系统电源应有三相电压监测，任一相故障失电时，应保证自动切换至备用电源供电。

继电器是一种电控制器件，是当输入量（激励量）的变化达到规定要求时，在电气输出电路中使被控量发生预定的阶跃变化的一种电器。它具有控制系统（又称输入回路）和被控制系统（又称输出回路）之间的互动关系。通常应用于自动化的控制电路中，它实际上是用小电流去控制大电流运作的一种"自动开关"。故在电路中起着自动调节、安全保护、转换电路等作用。

（一）风冷控制箱继电器运行规定

在运行过程中，应着重对一下进行重点维护：

（1）适当的电源电压：继电器的电源电压应与实际供电电压匹配，过高或过低的电压都会对继电器的正常工作产生不利影响。同时，要注意电源电压的稳定性，以避免电压波动引起继电器的误操作。

（2）防止过电流和过压：继电器在使用过程中，遇到过电流和过压会造成触点的烧毁。因此，应采取相应的过电流和过压保护措施，如使用保险丝或过电压保护器来限制和保护继电器。

（3）适当的环境温度：继电器的工作环境温度应保持在允许范围内，过高或过低的温度都会影响继电器的性能和寿命。在高温环境中使用继电器时，可以采取散热措施，如加装散热片或风扇来降低温度。

（二）风冷控制箱继电器发热烧燃失压故障现象

（1）风冷控制箱有灼烧的味道，继电器烧毁变形。

（2）失去该继电器所在回路功能。

（3）监控系统报出风冷系统故障。

（三）风冷控制箱继电器发热烧燃失压故障处理过程

（1）断开该继电器电源上级空开，防止继续燃烧。

（2）将烧毁继电器取下更换。

六、案例分析：220kV 强油风冷变压器冷却器故障

（一）检查情况

某 220kV 变电站监控机，监控机报：5 号变压器“冷控失电”信号，现场检查，变压器四组冷却器中，1 号冷却器跳闸，风扇、潜油泵均已停转，1 号风扇电机的热偶继电器烧坏，A 相引线烧断，检查风扇电机、潜油泵电机、交流接触器、空气开关、电源均正常，冷却器整体情况，如图 93 所示，1 号风扇烧坏的热偶继电器，如图 3－3－4、图 3－3－5 所示。

图 3－3－4　冷却器整体

图 3－3－5　风扇热偶继电器烧坏

（二）分析处理

（1）检查变压器风控箱，1 号冷却器电源跳闸，打开 1 号本体冷却器端子箱，风扇交流接触器至热偶继电器间，A 相引线发热烧断，热偶继电器已损坏。

（2）检查潜油泵、风扇电机、交流接触器均正常，因运行时风扇振动较大，连续运行，交流接触器至热偶继电器间引线松动发热，未及时发现，造成热偶继电器发热、引线烧断，1 号冷却器跳闸。

（3）更换新的热偶继电器及引线后，送上 1 号冷却器电源，风扇、潜油泵均运转正常，如图 3－3－6 所示，“冷控失电”信号消失。

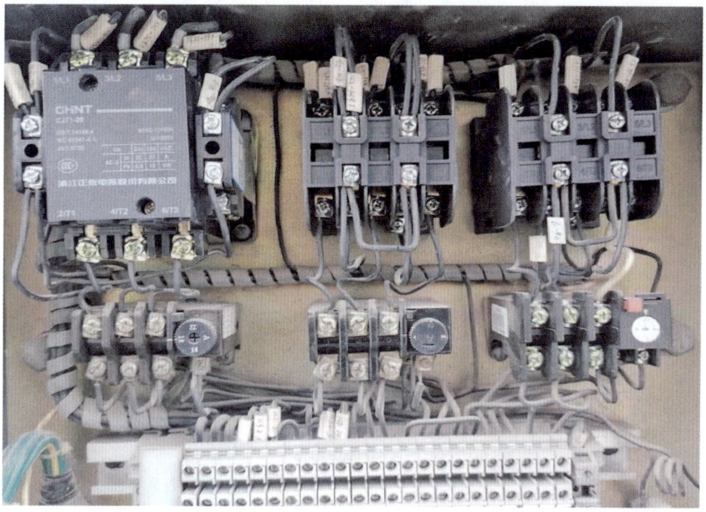

图 3－3－6　更换后的热偶继电器

（三）整改措施

加强变压器的二次设备红外测温和巡视工作，发现风扇电机运转噪声过大时，可能为轴承损坏、风叶损坏或螺丝松动，需及时汇报处理，防止主变压器油温过热。

七、检修电源箱汇流排发热变形短路事故

检修电源箱是专为电力系统维护和检修而设计的设备，其主要功能是提供临时的电源支持。检修电源箱的主要功能是为维修人员提供临时的电力支持。它不仅可以为设备提供稳定的电源，还可以根据需要进行电压和电流的调节，以适应不同的维修和检测需求。在电力设备进行维修或检测时，往往需要接入额外的电源以确保设备的正常运行和测试。此时，检修电源箱便起到关键作用，为维修人员提供必要的电力支持，确保电力系统的稳定运行。检修电源箱在保障电力系统的稳定运行中起着至关重要的作用。图 3－3－7 所示为某变电站检修电源箱。

（一）检修电源箱运行规定

钥匙管理规定：

（1）检修电源箱的钥匙统一由相关运行部门进行管理，并按规定进行登记管理，检

修班组不得存有或私自配用检修电源箱钥匙。

图 3-3-7　检修箱

（2）需要在检修电源箱拆、接线时，有具备接线资格的班组到运行部门借用钥匙。

接线要求：

（1）检修、施工用临时电缆一律使用胶皮电缆线，禁止使用花线和塑料线。临时电缆应架空布置。

（2）在金属容器汽包、凝汽器、槽箱、加热器、蒸发器、除氧器工作时必须使用 24V 以下的电气工具。

（3）在金属谷器、炉膛、煤仓、电除尘、沟道、锅炉烟风道、空预器、磨煤机罐体内部及发电机小间、发电机内部等区域工作必须使用行灯照明，行灯电压不准超过 36V，并加装合格的漏电保安器，否则应制定相关安全措施，经安监部审核、分管副总或厂长助理批准后，方可使用。

（4）特别潮湿或周围均为金属导体的地方工作时，如汽包、凝汽器、加热器、蒸发器、除氧器、水箱、油槽、油箱以及其他金属器等内部，行灯的电压不准超过 12V，并加装合格的漏电保安器。

（5）行灯变压器外壳应有接地线，并放在容器外面。

（6）电气工具用变压器、电焊变压器漏电保安器必须放在容器、锅炉、电除尘、沟道外面。

（7）使用 220V 照明灯时，应用木杆做支架、固定牢固，并没有触及的危险。在脚手架上装临时照明时，竹木脚手架上应加绝缘子，金属管脚手架应装木横担加绝缘子。

（8）临时电缆必须远离电焊、气焊作业点的热体，禁止放在湿地上。临时电源使用部门应提供符合规定、合格的工器具，如不符合规定，接线人员可拒绝接线。

（9）临时电源接好后，应要求接线人员贴接线合格证。如无合格证，则视为私自接线。

检修维护要求：

（1）检修电源箱内的开关应带有漏电保安器。

（2）检修箱所属部门定期对检修箱内元器件进行绝缘电阻、有无发热等的检查。

（3）每年一月份、七月份由检修箱所属部门和安监部对漏电保安器进行检验并张贴合格证。

巡检要求：

（1）运行部门要对检修箱进行巡视，发现门锁损坏、门子关不上等现象要及时进行处理。

（2）检修部门要定期对检修箱进行巡视和缺陷处理。

（二）检修电源箱汇流排发热变形短路故障现象

（1）监控系统报出交流馈线支路跳闸。

（2）交流盘上检修电源箱电源空开跳闸。

（3）检修电源箱失电。

（三）检修电源箱汇流排发热变形短路故障处理过程

（1）检查交流盘上检修电源箱电源空开跳闸。

（2）检查检修电源箱汇流排发热变形。

（3）通知检修人员进行维修更换。

八、风冷设备全停事故

变压器的冷却装置是将变压器在运行中由损耗所产生的热量散发出去，以保证变压器可以安全正常的运行。本文所进行的主要核心部分就是对控制模块进行的设计，其中包括了可以对主变压器风扇投入与切除的温度范围进行自行设定，也可以按照用户的要求而变化。变压器冷却系统应配置两个相互独立的电源，并具备自动切换功能。图 3－3－8 所示为变压器风冷设备。

图 3－3－8　变电站风冷装置

（一）风冷设备运行规定

（1）冷却装置投入运行时应检查变压器风扇的运转情况，检查其转向是否正确，有无明显的振动和杂音，以及叶轮有无碰擦风筒现象，如有上述现象应联系检修部门进行调整。

（2）冷却器应对称开启运行，以满足油的均匀循环和冷却。

（3）油浸风冷装置的投切应采用自动控制。油浸风冷变压器必须满足当上层油温达到厂家规定的风扇启动温度时或运行电流达到规定值时，自动投入风扇。当油温降低至厂家规定的备用风扇退出温度，且运行电流降到规定值时，备用风扇退出运行。控制冷却系统启停的油温和负荷电流整定值由变压器制造厂提供。非电量保护的油面温度、绕组温度保护应投报警信号。

1）油面温度整定原则：强油循环风冷变压器 75℃，自然油循环风冷/自冷变压器 85℃。

2）绕组温度整定原则：强油循环风冷变压器 85℃，自然油循环风冷/自冷变压器 95℃。

（4）强油风冷装置应有两组独立工作电源，并能自动切换。当工作电源发生故障时，应自动投入备用电源并发出音响及灯光信号。

（5）强油风冷变压器充电前，应首先启动冷却器，空载或轻载时不应投入过多的冷却器。停运后，冷却器应继续运行半小时后再退出运行。

（6）强油风冷变压器的潜油泵启动应逐台启用，延时间隔应在 30s 以上，以防止气体继电器误动。

（7）强油风冷变压器单个风扇故障引起该组冷却器跳闸后，备用冷却器能自动投入。对故障冷却器应将其停用，查明原因并进行处理。

（8）强油风冷变压器在运行中，如冷却装置全停（系指停止油泵及风扇），应按厂家要求进行处理，如厂家无明确要求，通用原则为：在额定负荷下允许的运行时间为 20min，如油面温度尚未达到 75℃时，允许上升到 75℃，但在这种状态下运行的最长时间不得超过 1h。

（9）强油风冷变压器按厂家规定不得同时将全部冷却器投入运行。

（10）有人值班变电站强油风冷变压器的冷却装置全停投信号，具体投信号还是跳闸根据定值和调度命令。

（11）当发现变压器（高压电抗器）温度达到整定值而“辅助”冷却器未自动投入时，应及时手动将其投入。

（二）风冷全停故障现象

（1）变压器油油温上升温度迅速。

（2）监视变压器风扇运行的指示灯熄灭。

（3）伴随有“动力电源消失”“冷却器故障”等信号。

（三）风冷全停故障处理过程

（1）密切监视变压器绕组和上层油温温度情况。

（2）如一组电源消失或故障，另一组备用电源自投不成功，则应检查备用电源是否正常，如正常，应立即手动将备用电源开关合上。

（3）若两组电源均消失或故障、则应立即设法恢复电源供电。如站用电源屏熔断器熔断引起冷却器全停，应先检查冷却器控制箱内电源进线部分是否存在故障，及时排除故障。故障排除后，将各冷却器选择开关置于“停止”位置，再强送动力电源。若成功，再逐路恢复冷却器运行；若不成功，应仔细检查站用电电源是否正常，以及站用电至冷却器控制箱内电缆是否完好。

（4）若冷却器全停故障短时间内无法排除，应立即汇报调度，申请调度转移负荷或做其他处理。

九、高压室事故通风全停事故

变电站通风系统可分为正常工作下的排热通风和事故状态下的通风两种。其中事故通风又分为 SF_6 气体绝缘电气设备间的事故通风和火灾后的排烟两种。河南地区采用自然通风和机械排风相结合的通风方式。图 3－3－9 所示为高压室事故通风装置。

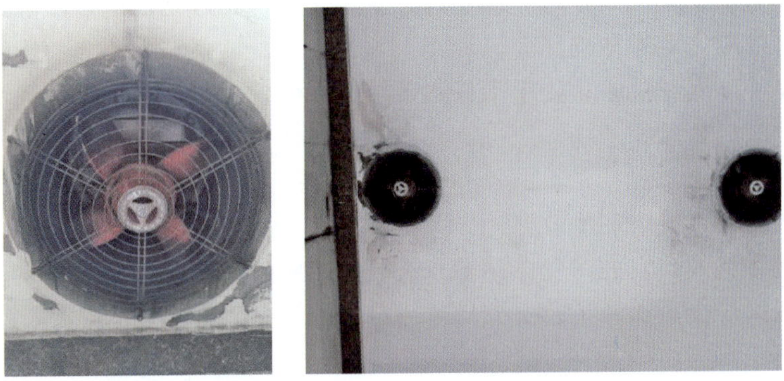

图 3－3－9　高压室通风风扇

（一）高压室事故通风装置的运行规定

运行中的事故通风装置的运行规定：

（1）通风设施参数设置应满足设备对运行环境的要求。

（2）根据季节天气的特点，调整通风设施运行方式。

（3）定期检查通风设施是否正常。

（4）蓄电池室采用的采暖、制冷设备的电源开关、插座应设在室外。

（5）室内设备着火，在未熄灭前严禁开启通风设施。

（6）本站高压室、电容器室采用自然通风和机械排风相结合的通风方式。

高压室事故通风装置日常巡视检查项目：

（1）定期检查站内通风设备运转良好。

（2）定期检查室内空调系统运转良好。

（3）检查无动物巢穴等异物堵塞通风道。

（4）检查自然通风在达不到换气量的情况下，为避免将变电所内的气体排入室内或人员密集区或工作区而采取的独立排风系统正常。

（5）高压室通风设备完好，室内空调工况正常，无易燃、易爆物品。

（6）每月进行一次站内通风系统的检查维护，检查风机运转正常、无异常声响，空调开启正常、排水通畅、滤网无堵塞。

风机的检查项目：

（1）进出风口无杂物，外观正常。

（2）电动机电源、控制回路完好。

（3）风机叶片无裂纹或断裂现象，无擦刮现象。

（4）运行中无异常振动和响声，轴承温度正常，旋转方向正确。

（二）高压室事故通风全停事故障现象

高压室事故通风装置不运转。

（三）高压室事故通风全停故障处理过程

（1）若风机发生故障，判断是否是电源故障，或是电机本身发生故障，应该对故障的部分进行更换。

（2）若是上级空开跳闸，则立即试送一次；若试送不成功，则对事故通风所有设备进行检查，对故障设备进行维修。

（3）若是控制系统故障，则手动投入事故通风装置，对控制系统进行维修。

十、变电站防汛水泵全停事故

变电站的排水系统由下水设施、排水设施、变电压器事故油池、控制装置、集水井、排水管网护坡等组成，目的将变电站雨水及时排出站外。保证保证在雨雪天气下站内设备场区及生活区等排水通畅，无积水，对站内设备的安全运行关系重大。图 3－3－10 所示为变电站防汛水泵。

正常水泵运行状态下，水泵排水应畅通无阻，图 3－3－11 所示为变电站防汛水泵正常排水。

图 3－3－10　防汛水泵设备

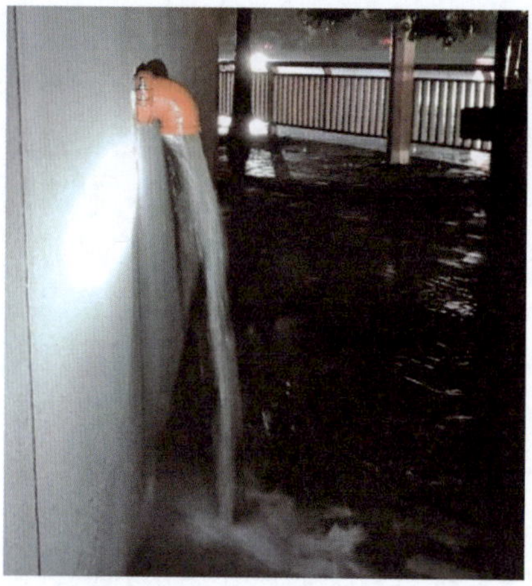

图 3－3－11　防汛水泵工作状态

（一）变电站防汛运行规定

变电站防汛水泵在运行时应定期进行巡视维护，项目如下：

（1）水泵能正常运转，手动、自动切换正常。

（2）水位感应装置反应灵敏、正确，水泵自动启动、停止正常。

（3）水泵控制箱关闭严密，表计或指示灯显示正确；电源开关、继电器正常，接线无过热现象。图 3－3－12 所示为水泵控制箱。

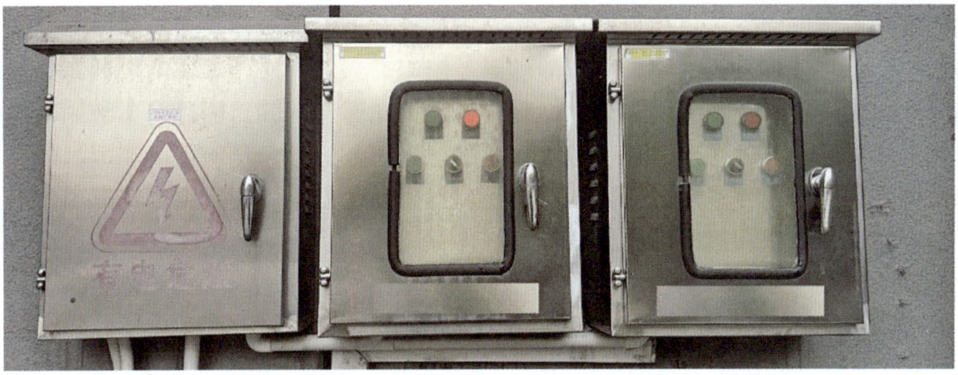

图 3－3－12　防汛水泵控制箱

（4）潜水泵绝缘良好，运行工况正常。

（5）运维班应定期检查断路器（开关）、瓦斯继电器等设备的防雨罩应扣好，端子箱、机构箱等室外设备箱门应关闭，密封良好。

（二）变电站防汛水泵故障原因

（1）电源电压不稳定：电源电压不稳定是引起防汛水泵电源异常的常见原因之一。电压过低或过高都可能导致水泵电机无法正常运行。特别是在电网负荷高峰期，电源电压可能会出现波动，影响设备的正常运行。

（2）电源线路故障：电源线路故障包括线路短路、断路、接触不良等问题。这些故障可能会导致水泵无法获得稳定的电源供应，从而影响其正常运行。

（3）水泵电机故障：水泵电机是消防水泵的核心部件，其故障可能会导致整个水泵系统瘫痪。常见的电机故障包括绕组烧毁、轴承损坏、转子卡滞等。

（4）控制系统故障：控制系统故障也可能导致消防水泵无法正常启动。例如，控制开关故障、传感器失效等问题都可能影响水泵的启动和运行。

（三）变电站防汛水泵故障现象

（1）变电站故障防汛水泵不运转。

（2）变电站排水变慢，站内积水不能及时排出。

（四）变电站防汛水泵故障处理过程

排水泵不能正常工作时，应及时排除故障。

（1）控制装置故障：检查控制开关、联锁开关位置是否正确，水位感应装置是否正常，接线是否松动等，如不能恢复报维护人员处理。

（2）动力电源故障：检查动力电源是否正常，如电源不能恢复，报维护人员处理。

（3）水泵故障：及时通知维护人员处理。

本 章 小 结

变电站低压交流负荷事故的处理对于保障站内设备正常运行至关重要。低压交流系统为变电站提供电力支持，任何负荷事故都可能导致设备停运，进而影响整个站区的安全与稳定。及时处理这些故障，不仅能够避免照明、通风等应急系统的失效，确保操作人员的安全，还能防止故障的蔓延，减少设备损坏和停运时间。通过对事故的快速诊断和修复，能够恢复电力供应，确保各类设备按计划正常运行，从而保证变电站的高效运作和电力系统的稳定性。及时有效的事故处理，提高了变电站应对突发状况的能力，确保了电力的可靠供应和系统的持续安全运行。

第四章　站用低压交流设备验收

本章描述

站用低压交流系统是指从站用变压器低压出线套管开始的低压接线系统，包括站用电母线及其母线上连接的各回路。站用低压交流系统为主变压器提供冷却、调压电源及消防水喷淋电源，为断路器提供储能、加热、驱潮电源，为隔离开关提供操作电源，为直流系统提供变换用电源，还提供站内的照明、检修电源及生活用电，对变电站的安全运行起着很重要的作用。通过对站用低压交流设备的验收，确保了变电站站用低压交流系统的安全性和可靠性，为电力系统的稳定供电提供了保障。本章包含站用低压交流电源系统可研初设审查、厂内验收、到货验收、竣工（预）验收等四个小节。

第一节　可研初设审查

一、参加人员

站用交流电源系统可研初设审查由所属管辖单位运检部选派相关专业技术人员参与。

站用交流电源系统可研初设审查参加人员应为技术专责或在本专业工作满 3 年以上的人员。

二、验收要求

站用交流电源系统可研初设审查验收需由站用交流电源系统专业技术人员提前对可研报告、初设资料等文件进行审查，并提出相关意见。

可研初设审查阶段主要对站用交流电源系统站用交流电源配置、站用电接线方式、供电方式、站用交流不间断电源系统（UPS）配置及站用交流电源配置进行审查、验收。

审查时应审核站用交流电源系统设计是否满足电网运行、设备运维、反措等各项要求。

审查时应按站用交流电源系统可研初设审查验收要求执行。

应做好评审记录，报送运检部门。

三、站用交流电源系统可研初设审查验收

（一）站用交流电源配置

（1）装有两台及以上主变压器的 330kV 及以上变电站和地下 220kV 变电站，应配置三路站用电源，其中两路分别取自本站不同主变压器，另一路取自站外电源。

（2）装有两台及以上主变压器的 220kV 及以下变电站，应至少配置两路电源，可分别取自本站不同主变压器；或一路取自本站主变压器，另一路取自站外可靠电源。该站外电源应与本站提供站用电源的主变压器独立，提供站用电源的主变压器停电时站外电源仍能可靠供电。

（3）装有一台主变压器的变电站，应配置两路电源，其中一路取自本站主变压器，另一路取自站外可靠电源。

（4）不装设变压器的开关站，应配置两路电源，分别取自不同的站外可靠电源。两路站用电源不得取自同一个上级变电站。

（5）330kV 及以上变电站和地下 220kV 变电站的站外电源应独立可靠，不应取自本站作为唯一供电电源的变电站，本站全停时站外电源仍能可靠供电。

（6）330kV 及以上变电站应安装应急电源接入箱，220kV 及以下变电站应预留应急电源接入点。

（二）站用电接线方式

（1）220kV 及以上变电站站用电接线应采用单母线单分段方式，110kV 及以下宜采用单母线接线方式。

（2）站用交流电低压系统应采用三相四线制，系统的中性点直接接地。

（3）当任一台站用变失电时，备用站用变应能自动切换至失电的工作母线段继续供电。

（三）供电方式要求

（1）站用电负荷应分配合理，确保系统三相电流平衡。

1）站用电负荷按停电影响可分为下列三类：

① Ⅰ类负荷：短时停电可能影响人身或设备安全，使生产运行停顿或主变压器减载的负荷。

② Ⅱ类负荷：允许短时停电，但停电时间过长，有可能影响正常生产运行的负荷。

③ Ⅲ类负荷：长时间停电不会直接影响生产运行的负荷。

2）常用站用电负荷特性。

常用站用电负荷特性如表 4－1－1 所示。

表 4－1－1　　常用站用电负荷特性

序号	名称	负荷类型	运行方式
1	充电装置	Ⅱ	不经常、连续
2	浮充电装置	Ⅱ	经常、连续
3	变压器强油风（水）冷却装置	Ⅰ	经常、连续
4	变压器有载调压装置	Ⅱ	经常、断续

续表

序号	名称	负荷类型	运行方式
5	有载调压装置的带电滤油装置	Ⅱ	经常、连续
6	断路器、隔离开关操作电源	Ⅱ	经常、断续
7	断路磊、隔离开关、端子箱加热	Ⅱ	经常、连续
8	通风机	Ⅲ	经常、连续
9	事故通风机	Ⅱ	不经常、连续
10	空调机、电热锅炉	Ⅲ	经常、连续
11	载波、微波通信电源	Ⅱ	经常、连续
12	远动装置	Ⅰ	经常、连续
13	微机监控系统	Ⅰ	经常、连续
14	微机保护、检测装置电源	Ⅰ	经常、连续
15	空压机	Ⅱ	经常、短时
16	深井水泵或给水泵	Ⅱ	经常、短时
17	生活水泵	Ⅱ	经常、短时
18	雨水泵	Ⅱ	不经常、短时
19	消防水泵、变压器水喷雾装置	Ⅰ	不经常、短时
20	配电装置检修电源	Ⅲ	不经常、短时
21	电气检修间（行车、电动门等）	Ⅲ	不经常、短时
22	所区生活用电	Ⅲ	经常、连续

① 负荷特性系指一般情况，工程设计中由逆变器或不停电电源装置供电的通信、远动、微机监控系统，交流事故照明等负荷也可计入相应的充电负荷中。

② 运行方式栏中“经常”与“不经常"系区别该类负荷的使用机会，“连续”“短活时”“断续”系区别每次使用时间的长短。即：

a. 连续——每次连续带负荷运转 2h 以上。

b. 短时——每次连续带负荷运转 2h 以内，10min 以上。

c. 断续——每次使用从带负荷到空装或停止，反复周期地工作，每个工作周期不超过 10min。

d. 经常——与正常生产过程有关的，一般每天都要使用。

e. 不经常——正常不用，只在检修，事故或者特定情况下使用。

（2）站用电负荷宜由站用配电屏柜直配供电，对重要负荷（如主变压器冷却器、低压直流系统充电机、不间断电源、消防水泵）应采用双回路供电，且接于不同的站用电母线段上，并能实现自动切换。

（3）变电站远动装置、计算机监控系统及其测控单元、变送器等自动化设备应采用冗余配置的不间断电源或站内直流电源供电。

（4）断路器、隔离开关的操作及加热负荷，可采用双回路供电方式。

（5）检修电源网络宜采用按配电装置区域划分的单回路分支供电方式。

（四）站用交流不间断电源系统配置

（1）110kV 及以下电压等级变电站，宜配置 1 套站用交流不间断电源装置。220kV 及以上电压等级变电站应配置 2 套站用交流不间断电源装置，特高压变电站、换流站每个区域宜配置 2 套站用交流不间断电源装置。

（2）提供交流不间断电源（UPS）的负荷统计报告，确定交流不间断电源（UPS）容量。交流不间断电源（UPS）用蓄电池容量选择还应满足：当交流供电中断时，不间断电源系统应能保证 2 小时事故供电。

（3）具备防浪涌保护功能。

（五）站用交流电源柜配置

各级开关动、热稳定、开断容量和级差配合应配置合理。

第二节　出厂验收审查

一、参加人员

站用交流电源系统出厂验收由所属管辖单位运检部选派相关专业技术人员参与。

站用交流电源系统验收人员应为技术专责，或具备班组工作负责人及以上资格，或在本专业工作满 3 年以上的人员。

二、验收要求

运检部门认为有必要时参加验收。

出厂验收内容包括站用交流电源系统设备外观、出厂试验过程和结果。

物资部门应提前 15 日，将出厂试验方案和计划提交运检部门。

运检部门审核出厂试验方案，检查试验项目及试验顺序是否符合相应的试验标准和合同要求。

设备投标技术规范书保证值高于本书验收标准要求的，按照技术规范书保证值执行。

试验应在相关的组、部件组装完毕后进行。

出厂验收时应按站用交流电源系统出厂验收（站用交流电源柜）、站用交流电源系统出厂验收（站用交流不间断电源系统 UPS）要求执行。

三、站用交流电源系统出厂验收（站用交流电源柜）标准

（一）站用交流电源柜验收

1. 铭牌标志

每套屏柜应配置铭牌，铭牌上至少应包括：

（1）屏柜设备制造厂家的名称。

（2）型号、编号。

（3）生产日期。

2. 屏柜结构

（1）柜体应设有保护接地，接地处应有防锈措施和明显标志。门应开闭灵活，开启角不小于 90°，门锁可靠。

（2）紧固连接应牢固、可靠，所有紧固件均具有防腐镀层或涂层，紧固连接应有防松动措施。

（3）元件和端子应排列整齐、层次分明、不重叠，便于维护拆装。

（4）屏柜所使用的材料机械强度、防腐蚀性、热稳定、绝缘及耐着火性能等均通过型式试验验证。

（5）一次绝缘导线不应贴近裸露带电部件或带尖角的边缘敷设，应使用线夹固定在骨架上或支架上。

3. 开关元器件

（1）柜内安装的元器件均应有产品合格证或证明质量合格的文件，且同类元器件的接插件应具有通用性和互换性。

（2）发热元件宜安装在散热良好的地方，两个发热元件之间的连线应采用耐热导线。

（3）导线、导线颜色、指示灯、按钮、行线槽等标志清晰。

（4）表计量程应在测量范围内，最大值应在满量程 85%以上。指针式仪表精度不应低于 1.5 级，数字表应采用四位半表。

（5）欠压脱扣应设置一定延时，防止因站用电系统一次侧电压瞬时跌落造成脱扣。

4. 布线安装工艺

屏柜内的开关元器件的安装和布线应使其本身的功能不致由于正常工作中出现相互作用，如热、开合操作、振动、电磁场而受到损害。

5. 母线安装

（1）母线的布置应使其不会发生内部短路，能够承受安装处的最大短路应力及短路耐受强度。

（2）母线应采用阻燃热缩绝缘护套绝缘化处理。

（3）支持母线的金属构件、螺栓等均应镀锌，母线安装时接触面应保持洁净，螺栓紧固后接触面紧密，各螺栓受力均匀。

（4）在一个柜架单元内，主母线与其他元件之间的导体布置应采取避免相间或相对地短路的措施。

6. 外接导线端子

（1）端子连接应保证维持适合于相关元件和电路的负荷电流和短路强度所需要的接触压力，流过最大负荷电流时不应由于接触压力不够而发热。现场验收问题如图 4-2-1 所示。

图 4-2-1　现场验收问题（主进电缆接触面积小，存在发热风险）

（2）端子应能连接铜、铝导线，若仅适用于其中一种材质的导线，则应在端子中通过标志指出是适合于连接铜导线或适合连接铝导线。

7. 电磁兼容性

设备电磁兼容性应满足设计要求。

8. 短路保护和短路耐受强度

设备应能耐受不超过额定值的短路电流所产生的热应力和电动力，应通过保护电路试验验证。

9. 电气间隙爬电距离间隔距的检查

柜内两带电导体之间、带电导体与裸露的不带电导体之间的最小的电气间隙和爬电距离，均应符合表 4－2－1 规定。

表 4－2－1　站用交流电源柜最小电气间隙和爬电距离

额定工作电压（V）	额定电流≤63（A）		额定电流＞63（A）	
	电气间隙（mm）	爬电距离（mm）	电气间隙（mm）	爬电距离（mm）
$60<U_i\leq300$	5.0	6.0	6.0	8.0
$300<U_i\leq600$	8.0	12.0	10.0	12.0

注：小线汇流排或不同极的裸露带电的导体之间，以及裸露带电导体与未绝缘的不带电导体之间的电气间隙不小于 12mm，爬电距离不小于 20mm。

（二）站用交流电源柜出厂试验

1. 绝缘电阻试验

测量低压电器连同所连接电缆及二次回路的绝缘电阻值，不应小于 1MΩ；配电装置及馈电线路的绝缘电阻值不应小于 0.5MΩ。

2. 交流耐压试验

配电装置、低压电器连同所连接电缆及二次回路的交流耐压试验，应符合下述规定：试验电压为 1000V（当回路的绝缘电阻值在 10MΩ以上时，可使用 2500V 兆欧表代替），试验持续时间为 1min，无击穿放电现象。

3. 过载和接地故障保护继电器动作试验

当过载和接地故障保护继电器通以规定的电流值时，继电器应能可靠动作。

四、站用交流电源系统出厂验收（站用交流不间断电源系统 UPS）标准

（一）站用交流不间断电源系统（UPS）检查验收

1. 铭牌标志

（1）UPS 屏正面应有符合实际的接线图。

（2）每套设备必须有铭牌，应安装在设备的明显位置，铭牌上应至少标明以下内容：设备名称、型号、额定输入电压、直流额定电压、直流标称电压、交流额定输出电压、交流额定输出容量、出厂编号、制造日期、制造厂家名称。

2. 屏柜结构

（1）柜体应设有保护接地，接地处应有防锈措施和明显标志。门应开闭灵活，开启

角不小于 90°，门锁可靠。

（2）紧固连接应牢固、可靠，所有紧固件均具有防腐镀层或涂层，紧固连接应有防松动措施。

（3）元件和端子应排列整齐、层次分明、不重叠，便于维护拆装。长期带电发热元件的安装位置应在柜内上方。

（4）屏柜所使用的材料机械强度、防腐蚀性、热稳定、绝缘及耐着火性能等均通过型式试验验证。

3. 屏柜接地

（1）柜体应设有保护接地，接地处应有防锈措施和明显标志。

（2）柜体底部应装有截面积不小于 $100mm^2$ 的接地铜排，并采用截面积不小于 $50mm^2$ 的铜缆连接到二次等电位地网。

4. 元器件

（1）柜内安装的元器件均应有产品合格证或证明质量合格的文件，且同类元器件的接插件应具有通用性和互换性。

（2）导线、导线颜色、指示灯、按钮、行线槽等标志清晰。

（3）表计量程应在测量范围内，最大值应在满量程 85%以上。指针式仪表精度不应低于 1.5 级，数字表应采用四位半表。

（4）直流回路严禁采用交流空气断路器，应采用具有自动脱扣功能的直流断路器。

（5）直流空气断路器、熔断器应具有安—秒特性曲线，上下级应大于 2 级的配合级差。

5. 电气间隙和爬电距离检查

柜内两带电导体之间、带电导体与裸露的不带电导体之间的最小的电气间隙和爬电距离，均应符合表 4-2-2 规定。

表 4-2-2　　站用交流不间断电源系统 UPS 最小电气间隙和爬电距离

额定工作电压（V）（直流或交流）	额定电流≤63（A）		额定电流＞63（A）	
	电气间隙（mm）	爬电距离（mm）	电气间隙（mm）	爬电距离（mm）
$60<U_i\leqslant300$	5.0	6.0	6.0	8.0
$300<U_i\leqslant600$	8.0	12.0	10.0	12.0

注：小母线汇流排或不同极的裸露带电的导体之间，以及裸露带电导体与未绝缘的不带电导体之间的电气间隙不小于 12mm，爬电距离不小于 20mm。

6. 防护等级

柜体外壳防护等级应不低于 IP20。

（二）站用交流不间断电源系统（UPS）出厂试验

1. 噪声

在正常运行时，自冷式设备的噪声最大值应不大于 55dB（A），风冷式设备的噪声最大值应不大于 60dB（A）。

2. 效率及功率因数

UPS 的效率及 UPS 输入功率因数应符合表 4－2－3 要求。

表 4－2－3　站用交流不间断电源系统 UPS 效率及功率因数

额定输出功率	UPS 的变换效率%		UPS 输入功率因数
	高频机	工频机	
	交流输入逆变输出	交流输入逆变输出	
3kVA 以上	≥90	≥80	≥0.9
3kVA 及以下	≥85	≥75	≥0.9

3. 电气绝缘性能试验

绝缘试验的试验电压等级及绝缘电阻应符合表 4－2－4 的要求。

表 4－2－4　站用交流不间断电源系统 UPS 电气绝缘性能

额定电压 U_N（V）	绝缘电阻测试仪器的电压等级（kV）	绝缘电阻（MΩ）	工频电压（kV）	冲击电压（kV）
$60<U_i\leqslant 300$	1	≥10	2.0	5
$300<U_i\leqslant 500$	1	≥10	2.5	12.0

4. 并机均流性能

具有并机功能的 UPS 在额定负载电流的 50%～100%范围内，其均流不平衡度应不超过±5%。

5. 电磁兼容性

设备电磁兼容性应满足设计要求。

6. 过电压和欠电压保护

（1）当输入过电压时，装置应具有过电压关机保护功能或输入自动切换功能，输入恢复正常后，应能自动恢复原工作状态。

（2）当输入欠电压时，装置应具有欠电压保护功能或输入自动切换功能，输入恢复正常后，应能自动恢复原工作状态。

7. 过载和短路保护

（1）输出功率在额定值的 105%～125%范围时，运行时间大于或等于 10min 后自动转旁路，故障排除后，应能自动恢复工作。

（2）输出功率在额定值的 125%～150%范围时，运行时间大于或等于 1min 后自动转旁路，故障排除后，应能自动恢复工作。

（3）输出功率超过额定值的 150%或短路时，应立刻转旁路。旁路开关要有足够的过载能力使配电开关脱扣，故障排除后，应能自动恢复工作。原则上配电开关的脱扣电流应不大于装置额定输出电流的 50%。

8. 谐波电流

在设备的交流输入端，第 2 次～第 19 次各次谐波电流含有率均应不大于 30%。

9. 动态电压瞬变范围

输入电压不变、负载突变时和输出为额定负载不变、输入电压突变时，输出电压的变化量范围为±10%。

10. 瞬变响应恢复时间

从输出电压突变到恢复至输出稳压精度范围内所需的时间≤20ms。

11. 性能试验

（1）当输入电压和负载电流（线性负载）在允许的变化范围内，稳压精度应不大于±3%。

（2）同步精度范围为±2%。

（3）当输入电压和负载电流（线性负载）为额定值时，断开旁路输入，输出频率应不超过（50±0.2）Hz。

（4）电压不平衡度（适用于三相输出 UPS）≤5%。

（5）电压相位偏差（适用于三相输出 UPS）≤3°。

（6）电压波形失真度≤3%。

12. 总切换时间试验

在额定输入和额定阻性负载（平衡负载）时，人为模拟各种切换条件，其切换时间应满足表 4－2－5 的规定。

表 4－2－5　　站用交流不间断电源系统 UPS 总切换时间

总切换时间	冷备用模式	旁路输出 = = >逆变输出	≤10ms
		逆变输出 = = >旁路输出	≤4ms
	双变换模式	交流供电< = = >直流供电	0
		旁路输出< = = >逆变输出	≤4ms
	冗余备份模式	串联备份，主机< = = >从机	≤4ms
		并联备份，双机相互切换	

13. 交流旁路输入试验

交流旁路输入试验应满足表 4－2－6 的规定。

表 4－2－6　　站用交流不间断电源系统 UPS 总切换时间

交流旁路输入	隔离变压器	绝缘电阻	≥10MΩ
		工频耐压（1min）	3kV
		冲击耐压	5kV
	稳压器	调压范围	±10%
		稳压精度	≤3%
	过载能力		150%/30min

五、异常处置

验收发现质量问题时，验收人员应及时告知物资部门、制造厂家，提出整改意见，报送运检部门。

第三节 到 货 验 收

一、参加人员

站用交流电源系统设备到货验收由所属管辖单位运检部选派相关专业技术人员参与。

二、验收要求

（1）运检部门认为有必要时参加验收。

（2）到货验收应进行货物清点、运输情况检查、包装及外观检查。

（3）到货验收工作按站用交流电源系统到货验收要求执行。

三、站用交流电源系统到货验收标准

（一）站用交流电源柜到货验收

1. 外观检查

（1）包装及密封应良好。

（2）开箱检查铭牌，型号、规格应符合技术协议要求，设备应无损伤、附件、备件应齐全。

（3）外观清洁，外壳无磨损、脱漆、修饰，装置接线连接可靠。

2. 出厂资料

（1）装箱清单。

（2）出厂试验报告。

（3）安装使用说明书。

（4）屏柜一次系统图、仪表接线图、控制回路二次接线图及相对应的端子编号图。

（5）屏柜装设的电器元件表，表内应注明制造厂家、型号规格及合格证。

（6）附件及备件清单。

（二）站用交流不间断电源系统（UPS）到货验收

1. 外观检查

（1）包装及密封应良好。

（2）开箱检查铭牌，型号、规格应符合技术协议要求，设备应无损伤、附件、备件应齐全。

（3）外观清洁，外壳无磨损、脱漆、修饰，装置接线连接可靠。

2. 出厂资料

（1）装箱清单。

（2）出厂试验报告。

（3）安装使用说明书。

（4）UPS 接线图及相对应的端子编号图。

（5）UPS 屏柜装设的电器元件表，表内应注明制造厂家、型号规格及合格证。

（6）附件及备件清单。

四、异常处置

验收发现质量问题时，验收人员应及时告知物资部门、制造厂家，提出整改意见，报送运检部门。

第四节　竣工（预）验收

一、参加人员

（1）站用交流电源系统竣工（预）验收由所属管辖单位运检部选派相关专业技术人员参与。

（2）站用交流电源系统竣工（预）验收负责人员应为技术专责或具备班组工作负责人及以上资格。

二、验收要求

（1）竣工（预）验收应对外观、内部元器件及接线、通电情况、信号等进行检查核对。

（2）竣工（预）验收应核查站用交流电源系统验收交接试验报告。

（3）竣工（预）验收应检查、核对站用交流电源系统相关的文件资料是否齐全，是否符合验收规范、技术合同等要求。

（4）交接试验验收要保证所有试验项目齐全、合格，并与出厂试验数值无明显差异。

（5）竣工（预）验收工作按站用交流电源系统竣工（预）验收（站用交流电源柜）、站用交流电源系统竣工（预）验收（站用交流不间断电源系统 UPS）、站用交流电源系统资料及文件验收要求执行。

三、站用交流电源系统竣工（预）验收（站用交流电源柜）标准

（一）站用交流电源柜竣工（预）验收

1. 外观检查

（1）设备铭牌齐全、清晰可识别、不易脱色。现场验收问题如图 4－4－1 所示。

（2）运行编号标志清晰可识别、不易脱色。现场验收问题如图 4－4－2 所示。

图 4-4-1　现场验收问题（交流屏备用开关未做标识）

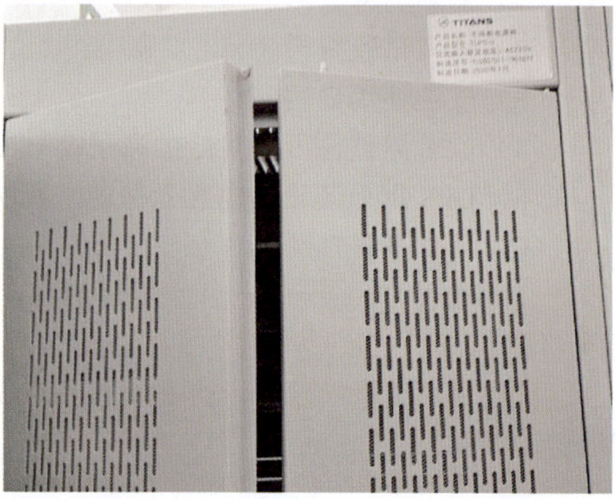

图 4-4-2　现场验收问题（屏柜无屏头名称）

（3）相序标志清晰可识别、不易脱色。

（4）设备外观完好、无损伤，屏柜漆层应完好、清洁整齐。

（5）分、合闸位置指示清晰正确，计数器（如有）清晰正常。

（6）各开关、熔断器等电器元件应有标志，标志清晰。

（7）配电柜无异常声响。

（8）站用低压交流系统应设有专供连接临时接地线使用的接线板和螺栓。

2. 环境检查

（1）交流配电室环境温度不超过+40℃，且在 24h 一个周期的平均温度不超过+35℃，下限为-5℃；最高温度为+40℃时的相对湿度不超过 50%，配置温湿度计。

（2）交流配电室应有温度控制措施，应配备通风、除湿防潮设备，防止凝露导致绝缘事故。

3. 屏柜安装

（1）屏柜上的设备与各构件间连接应牢固，在振动场所，应按设计要求采取防振措施，且屏柜安装的偏差应在允许范围内。

（2）紧固件表面应镀锌或其他防腐蚀材料处理。

4. 成套柜安装

（1）机械闭锁、电气闭锁应动作准确、可靠。

（2）动触头与静触头的中心线应一致，触头接触紧密。

（3）二次回路辅助开关的切换接点应动作准确，接触可靠。

5. 抽屉式配电柜安装

（1）接插件应接触良好，抽屉推拉应灵活轻便，无卡阻、碰撞现象，同型号、同规格的抽屉应能互换。

（2）抽屉的机械联锁或电气联锁装置应动作正确可靠。

（3）抽屉与柜体间的二次回路连接可靠。

6. 屏柜接地

（1）屏柜的接地母线应与主接地网连接可靠。

（2）屏柜基础型钢应有明显且不少于两点的可靠接地。

（3）装有电器的可开启门应采用截面不小于 $4mm^2$ 且端部压接有终端附件的多股软铜线与接地的金属构架可靠连接。

7. 防火封堵

（1）电缆进出屏柜的底部或顶部以及电缆管口处应进行防火封堵，封堵应严密。现场验收问题如图 4－4－3 所示。

（2）屏柜间隔板应密封严密。

8. 清洁检查

装置内应无灰尘、铁屑、线头等杂物。

9. 屏柜电击防护

（1）每套屏柜应有防止直接与危险带电部分接触的基本防护措施，如绝缘材料提供基本绝缘、挡板或外壳。现场验收问题如图 4－4－4 所示。

图 4－4－3　现场验收问题（电缆进口未进行防火封堵）

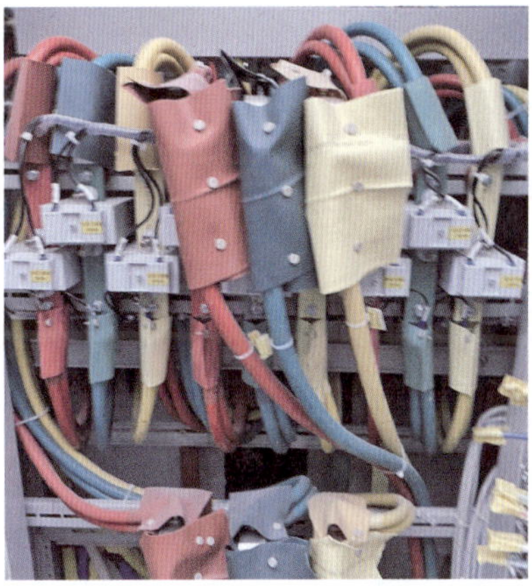

图 4－4－4　现场验收问题（屏柜部分热缩套管覆盖不严密，交流屏后无挡板）

（2）每套屏柜都应有保护导体，便于电源自动断开，防止屏柜设备内部故障引起的后果，防止由设备供电的外部电路故障引起的后果。

（3）是否按设计要求采用电气隔离和全绝缘防护。

10. 开关及元器件

（1）开关及元器件质量应良好，型号、规格应符合设计要求，外观应完好，且附件齐全，排列整齐，固定牢固，密封良好。

（2）各器件应能单独拆装更换而不应影响其他电器及导线束的固定。

（3）发热元件宜安装在散热良好的地方；两个发热元件之间的连线应采用耐热导线。

（4）熔断器的规格、断路器的参数应符合设计及极差配合要求。

（5）带有照明的屏柜，照明应完好。

11. 二次回路接线

（1）应按设计图纸施工，接线应正确。

（2）导线与元件间采用螺栓连接、插接、焊接或压接等，均应牢固可靠，盘、柜内的导线不应有接头，导线芯线应无损伤。

（3）电缆芯线和所配导线的端部均应标明其回路编号、起点、终点以及电缆类型，编号应正确，字迹清晰且不易脱色。

（4）配线应整齐、清晰、美观，导线绝缘层应良好，无损伤。

（5）每个接线端子的每侧接线宜为 1 根，不得超过 2 根。对于插接式端子，不同截面的两根导线不得接在同一端子上；对于螺栓连接端子，当接两根导线时，中间应加平垫片。导线的旋转方向应为顺时针方向。

（6）二次回路的线径应满足最大工作电流下的安全通流要求。

12. 图实相符

检查现场是否严格按照设计要求施工，确保图纸与实际相符。

13. 备自投功能

备自投装置闭锁功能应完善，确保不发生备用电源自投到故障元件上、造成事故扩大；备自投功能正常，实现自动切换功能；ATS 切换正确动作，装置故障信号可靠上传。

14. 欠压脱扣功能

需装设低压脱扣装置时，应将低压脱扣装置更换为具备延时整定和面板显示功能的低压脱扣装置。延时时间应与系统保护和重合闸时间配合，躲过系统瞬时故障。

15. 低压并列

禁止低压并列运行，具备完好的闭锁逻辑。

16. 通电检查

（1）分合闸时对应的指示回路指示正确，储能机构运行正常，储能状态指示正常，输出端输出电压正常，合闸过程无跳跃。现场验收问题如图 4－4－5 所示。

图 4－4－5 现场验收问题（交流电源反相序）

（2）电压表、电流表、电能表及功率表指示应正确，其中交流电源相间电压值应不超过 420V、不低于 380V，三相不平衡值应小于 10V。

（3）屏前模拟线应简单清晰，便于识别。

（4）开关、动力电缆接头处等无异常温升、温差，所有元器件工作正常。

（5）手动开关挡板的设计应使开合操作对操作者不产生危险。

（6）机械、电气联锁装置动作可靠。

（7）220kV 及以上变电站站用变高低压侧开关、低压母线分段开关以及站用变有载调压开关等元件，应能由站用电监控系统进行控制。

（二）站用交流电源柜交接试验

1. 绝缘电阻试验

测量低压电器连同所连接电缆及二次回路的绝缘电阻值，不应小于 1MΩ；配电装置及馈电线路的绝缘电阻值不应小于 0.5MΩ。

2. 过载和接地故障保护继电器动作试验

过载和接地故障保护继电器通以规定的电流值，继电器应能可靠动作。

（三）试验数据分析验收

试验数据的分析：试验数据应通过显著性差异分析法和横纵比分析法进行分析，并提出意见。

四、站用交流电源系统竣工（预）验收（站用交流不间断电源系统 UPS）标准

（一）站用交流不间断电源系统（UPS）竣工（预）验收

1. 外观及功能检查

（1）设备铭牌齐全、清晰可识别、不易脱色。

（2）负荷开关位置正确，指示灯正常。

（3）不间断电源装置风扇运行正常。

（4）屏柜内各切换把手位置正确。

2. 屏柜安装

（1）屏柜上的设备与各构件间连接应牢固，在振动场所，应按设计要求采取防振措施，且屏柜安装的偏差应在允许范围内。

（2）紧固件表面应镀锌或其他防腐蚀材料处理。

3. 标志检查

设备内的各种开关、仪表、信号灯、光字牌、母线等，应有相应的文字符号作为标志，并与接线图上的文字符号一致，要求字迹清晰易辨、不褪色、不脱落、布置均匀、便于观察。

4. 指示仪表

输出电压、电流正常，装置面板指示正常，无电压、绝缘异常告警。

5. 直流输入参数

直流电压应满足现场需求，电压范围不超过直流电源标称电压的 80%～130%，特殊要求的电压范围：上限值为蓄电池组充电浮充电装置的上限，下限值为单个蓄电池额定电压值与蓄电池个数乘积的 85%。

6. 运行方式

（1）检修旁路功能不间断电源系统正常运行时由站用交流电源供电，当交流输入电源中断或整流器故障时，由站内直流电源系统供电。

（2）不间断电源系统交流供电电源应采用两路电源点供电。

（3）不间断电源系统应具备运行旁路和独立旁路。

7. 报警及保护功能要求

当发生下列情况时，设备应能发出报警信号：

（1）交流输入过电压、欠电压、缺相。

（2）交流输出过电压、欠电压。

（3）UPS 装置故障。

8. 隔直措施

装置应采用有效隔直措施。

9. 装置防雷及接地

应加装防雷（强）电击装置，柜机及柜间电缆屏蔽层应可靠接地。

10. 防火封堵

（1）电缆进出屏柜的底部或顶部以及电缆管口处应进行防火封堵，封堵应严密。

（2）屏柜间隔板应密封严密。

11. 图实相符

检查现场是否严格按照设计要求施工，确保图纸与实际相符。

（二）站用交流不间断电源系统（UPS）交接试验

1. 并机均流性能

具有并机功能的 UPS 在额定负载电流的 50%～100%范围内，其均流不平衡度应不超过±5%。

2. 过电压和欠电压保护

（1）当输入过电压时，装置应具有过电压关机保护功能或输入自动切换功能，输入恢复正常后，应能自动恢复原工作状态。

（2）当输入欠电压时，装置应具有欠电压保护功能或输入自动切换功能，输入恢复正常后，应能自动恢复原工作状态。

3. 性能试验

（1）当输入电压和负载电流（线性负载）在允许的变化范围内，稳压精度应不大于±3%。

（2）同步精度范围为±2%。

（3）当输入电压和负载电流（线性负载）为额定值时，断开旁路输入，输出频率应不超过（50±0.2）Hz。

（4）电压不平衡度（适用于三相输出 UPS）≤5%。

（5）电压相位偏差（适用于三相输出 UPS）≤3°。

（6）电压波形失真度≤3%。

4. 总切换时间试验

在额定输入和额定阻性负载（平衡负载）时，人为模拟各种切换条件，其切换时间应满足表 4－4－1 的规定。

表 4－4－1　站用交流不间断电源系统（UPS）切换时间

总切换时间	冷备用模式	旁路输出＝＝＞逆变输出	≤10ms
		逆变输出＝＝＞旁路输出	≤4ms

续表

总切换时间	双变换模式	交流供电＜＝＝＞直流供电	0
		旁路输出＜＝＝＞逆变输出	≤4ms
	冗余备份模式	串联备份，主机＜＝＝＞从机	≤4ms
		并联备份，双机相互切换	

5. 通信接口试验

试验与变电站监控系统通信接口连接正常，设备运行状况、异常报警、负荷切换及电源切换等遥测、遥信信息能正确传输至监控系统中。

6. 持续运行试验

持续运行 72h，装置运行正常，无中断供电、元件及端子发热等异常情况。

（三）试验数据分析验收

试验数据的分析：试验数据应通过显著性差异分析法和横纵比分析法进行分析，并提出意见。

五、站用交流电源系统资料及文件验收标准

站用交流电源系统资料及文件验收主要包括以下种类。

（1）订货合同、技术协议。

（2）安装使用说明书，图纸、维护手册等技术文件。

（3）重要附件的工厂检验报告和出厂试验报告。

（4）安装检查及安装过程记录。

（5）安装过程中设备缺陷通知单、设备缺陷处理记录。

（6）交接试验报告。

（7）安装质量检验及评定报告。

（8）根据合同提供的备品备件及清单。

六、异常处置

验收发现质量问题时，验收人员应及时告知项目管理单位、施工单位，提出整改意见，报送运检部门。

本 章 小 结

本章重点介绍了站用低压交流电源系统可研初设审查、厂内验收、到货验收、竣工（预）验收的标准，聚焦接线方式、技术参数以及试验项目等方面，确保站用低压交流电源系统的顺利交付与后续安全运行，保障电网系统的安全性和可靠性。

第五章　低压交流系统设备技改大修

本章描述

变电站的站用交流系统是保证变电站安全可靠运行的重要环节。站用电主要作用是给变电站内的一、二次设备及生产活动，提供持续可靠的操作或动力电源。随着低压交流系统设备运行时间的增加，部分设备或元件会出现绝缘破损、老化、功能异常、故障频发等现象，为保障电力系统安全、稳定运行，需要对低压交流系统设备进行技改大修。

本章节主要对几个典型的低压交流系统设备的技改大修工作的全流程进行介绍，包含低压交流柜更换、交流母线排更换、安装低压断路器备自投、UPS 更换等 4 个任务，为低压交流系统设备的技改大修工作提供参考。

第一节　技改大修作业流程

一、作业流程概述

进行技改大修作业首先需要进行现场勘察，根据勘察情况制定当次作业风险，以勘察结果和作业风险等级为依据编辑技改大修作业的施工方案及相关措施。方案及措施审批合格后，进行作业计划申报，再按照现场组织措施、技术措施、安全措施和保障措施等要求实施技改大修作业，作业完成后对技改大修作业进行验收。

二、前期勘查

（一）现场勘察

Ⅰ～Ⅲ级检修必须开展现场勘察，Ⅳ级、Ⅴ级检修根据作业内容必要时开展现场勘察。作业环境复杂、高风险工序多的检修，还应在项目立项、检修计划申报前开展前期勘察，确保项目内容、停电范围和停电时间的准确性。Ⅰ级、Ⅱ级检修现场勘察由地市级单位设备管理部门组织开展，Ⅲ级检修现场勘察由县公司级单位组织开展，Ⅳ级、Ⅴ级检修由工作负责人或工作票签发人组织开展，运维单位和作业单位相关人员参加。

现场勘察时，应仔细核对技改大修作业涉及直流屏台账，核查设备运行状况及存在缺陷，涉及特种车辆作业时，还应明确车辆行驶路线、作业位置、作业边界等内容。现场勘查应填写现场勘查记录，现场勘查记录内无法登记的可以建立附件进行登记，确保勘查时将作业期间的方方面面都排查到位。

（二）作业风险定级

现场勘察时应梳理改造作业的任务要求，分析现场作业风险及预控措施，并对作业风险分级的准确性进行复核。按照设备电压等级、作业范围、作业内容对检修作业进行分类，突出人身风险，综合考虑设备重要程度、运维操作风险、作业管控难度、工艺技术难度，确定各类作业的风险等级（Ⅰ～Ⅴ级，分别对应高风险、中高风险、中风险、中低风险、低风险），形成“作业风险分级表”，用于指导作业全流程差异化管控措施的制定。

各单位可根据作业环境、作业内容、气象条件等实际情况，对可能造成人身、电网、设备事故的现场作业进行提级。同类作业对应的故障抢修，其风险等级提级。按照《国家电网有限公司作业安全风险管控工作规定》附录 5 典型生产作业风险定级库要求，现场作业风险对照表 5－1－1。

表 5－1－1　　现场作业风险定级表

作业内容	风险定级类型	风险因素	分类风险定级	综合风险定级
×××	人身风险分级	机械伤害、触电	Ⅰ～Ⅴ级	Ⅰ～Ⅴ级
	设备重要程度分级	66kV 及以下	Ⅰ～Ⅴ级	
	运维操作风险分级	66kV 及以下单线路间隔停电	Ⅰ～Ⅴ级	
	作业管控难度分级	单一班组、单一专业、或作业人员不超过 30 人的检修作业	Ⅰ～Ⅴ级	
	工艺技术难度分级	66kV 以下除开关柜外的设备其工艺难度降级	Ⅰ～Ⅴ级	

三、申报作业计划

根据国网公司作业要求，所有的现场作业都应上报计划，必须按照无计划不作业的要求进行计划的申报。本例中相关作业应申报月计划，并提前一周通过 PMS3.0 系统上填报计划申报流程，待计划审批后，根据作业内容准备工作票并送至相关运维班审核，计划工作时间内按票开展作业。

四、组织措施

施工作业现场人员的组织非常重要，是安全顺利开展工作的重要保障，作业前要编制组织措施，组织措施内应包括本次作业的小组成员情况和成员负责工作内容情况，并根据作业风险等级确定到岗到位人员。按照《国家电网有限公司作业安全风险管控实施细则》有关要求：

Ⅰ级检修：省公司分管领导或设备部负责人，超高压公司分管领导、设备管理部门负责人应到岗到位。

Ⅱ级检修：省公司设备部变电处负责人或管理人员，地市级单位分管领导或设备管理部门负责人应到岗到位。

Ⅲ级检修中涉及 220kV 及以上设备 A 类、B 类的检修：地市级单位设备管理部门负责人或管理人员，县公司级单位负责人或管理人员应到岗到位，省公司设备部管理人员必要时到岗到位。

其他Ⅲ级检修：县公司级单位负责人或管理人员应到岗到位，地市级单位设备管理部门管理人员必要时到岗到位。

Ⅳ级检修：县公司级单位负责人、管理人员必要时到岗到位。

Ⅴ级检修：县公司级单位管理人员必要时到岗到位。

管理人员应选择复杂运维操作、作业内容调整引起安全措施变更及Ⅰ级、Ⅱ级检修送电等关键环节到岗到位。高风险工序实施期间管理人员必须到岗到位。

下面以某Ⅴ级风险技改大修作业为例说明组织措施的相关内容。

（一）机构组织成员组成

技改大修作业综合定级为Ⅴ级风险，县公司级单位管理人员必要时到岗到位。

工作小组

组长：×××（主管专责）

成员：×××××××××××××××（工作班成员）

职责：

（1）总体协调施工组织、人员调配；

（2）全面负责施工安全、质量、进度、文明施工管理和后勤保障；

（3）审定现场各工作组负责人员；

（4）组织召开施工工作部署会；

（5）施工中重大问题决策。

（二）现场人员具体分工

低压直流班：负责编制施工方案和施工措施、图纸资料准备、现场监督、实施作业。

工作负责人、专责监护人：现场负责人，负责现场安全监督、技术指导。

工作人员：负责技改大修作业实施。

运维班：负责站用直流系统的负荷倒换、检修设备停电、工作现场安全措施、验收。

五、安全措施及危险点分析

（一）现场勘察阶段危险点分析

在变电站现场勘察工作期间，因全站设备带电运行存在触电危险点。应采取如下措施防止人身和设备伤害。

（1）现场作业时，人身和仪器注意与带电设备保持足够的安全距离：110kV 不小于 1.5m，10kV 不小于 0.7m。

（2）在带电设备周围严禁使用钢卷尺、皮卷尺和线尺（夹有金属丝者）进行测量工作。

（3）不得随意碰触、攀登设备。

（4）禁止使用破损电源线。

（5）不作与现场勘察无关的工作。

（二）人员、材料进场阶段危险点分析

作业人员、材料在变电站进场期间，存在如下危险点。

（1）因全站设备带电运行，存在触电危险点。在人员进场前，对施工单位人员应进行安全知识培训，应交代清楚安全措施及允许的工作范围，应明确站内带电设备及危险点。现场作业时，人身和仪器注意与带电设备保持足够的安全距离：110kV 不小于 1.5m，10kV 不小于 0.7m。

（2）材料运输、装卸作业危险点。检查车况良好，司机精神状态良好，在变电站内规范行驶，装卸作业过程中有专人指挥，搬运时工器具应平放，必要时多人抬运，严禁肩扛，不得碰撞运行设备，同时工具、材料高度不得超过设备金属底座；特别注意当对长度超过 4m 的材料进行搬运时，应多人搬运，搬运过程中材料严禁上肩，搬运时握拿位置要适当，两端长度不得超过 1m。

（3）禁止在设备区堆放易燃材料。

（三）设备安装阶段危险点分析

（1）人员砸伤，挤伤危险点：在搬运设备时，应提前查看好搬运路线，多人搬运，并设专人统一指挥。设备就位时防止挤伤人，在运行的盘柜上振动较大的工作时，应采取防止运行中的设备掉闸的措施，及防止金属物掉入运行设备的措施。

（2）低压触电危险点：在使用电动工具时，电动工具外壳及电源线有可能带电，要防止低压触电，使用的电动工具及电源箱外壳必须接地，接地应可靠良好，使用前要检查电动工具电源线无破损，检查电动工具合格。施工电源必须经工作许可人同意并按指定位置接入，不得任意拉用电源，接取电源时应两人进行。电源线接头处必须用绝缘胶布包好，电源线必须接入带漏电保护器的低压开关上。所用电源应设有漏电保护器，接拆电源时监护人一定在场，认真监护。

1）工作时应使用带有绝缘柄的工具，严禁使用易导电的物品直接触及导体，防止接地短路。

2）在全部或部分带电的盘上进行工作时，应将检修设备与运行设备前后以明显的标志隔开（如盘后用红布帘，盘前用“在此工作”标示牌等）。

3）停电工作时将检修设备的各方面电源断开，取下熔断器（保险）。

4）工作前必须验电。

（3）机械伤害危险点：在安装施工时，应避免因操作不当、工器具不合格等因素造成机械对人身的伤害。机械设备的安全防护装置及操作规程应齐全。针对特殊工种和各种机械操作，组织人员内部培训工作及对专职或兼职安全人员的安全技术教育。

（4）施工孔洞危险点：室内、室外连接处应封好孔洞封堵（以防小动物进入室内）。当日施工完毕，应将现场清理整齐，临时打开的电缆沟盖板应盖好，孔洞封好（以防小动物进入室内），以免影响变电站正常运行操作。

（四）事故异常、恶劣天气危险点分析

出现事故异常、恶劣天气（雨天、大雾天、大风天）时，应停止施工，人员撤离工作现场。

（五）其他未列事项

其他未列事项按安全规定执行。

六、技术措施

（一）施工技术要求

1. 编制依据

技术措施应依据国家电网公司及省市公司相关安全规定进行编制，例如：

《电力工程直流电源系统设计技术规程》（DL/T 5044—2014）

《电力工程直流电源设备通用技术条件及安全要求》（GB/T 19826—2014）

《国家电气设备安全技术规范》（GB 19517—2004）

《建筑工程施工质量验收统一标准》（GB 50300—2001）

《国家电网公司电力安全工作规程（变电部分）》（Q/GDW 1799.1—2013）

《国家电网有限公司十八项电网重大反事故措施》（2018 年 11 月修订版）

《国家电网公司变电五项通用管理规定及相关细则》[国网（运检/3）831—2017]

《国网河南省电力公司关于加强近期安生产秩序管控工作的通知》（豫电调〔2021〕368 号）

《变电专业复工五项基本条件》

《国网郑州供电公司安全生产反违章工作实施方案》（郑电安〔2021〕115 号）

《国网郑州供电公司关于落实国网河南省电力公司开展“大学习、大反思、大整顿、保安全”专项行动工作的实施方案》（郑电安〔2021〕112 号）

《作业现场防人身伤害 60 项重点措施》

2. 编制原则

总的原则是：创优质文明样板工程，为达到此目的采取以下几方面措施，保证施工组织设计按计划分步实施。

（1）挑选素质高且熟悉工作的人员组成施工队伍。

（2）施工管理人员自始至终监管工程进度及质量，中途不得另行兼职。

（3）制订成熟先进的施工工艺和方法，提供完备的检测设备。

（4）借鉴以往施工经验，制订出应对突发事件的方法和措施。

（5）针对本工程的特点，提出难点、疑点的解决方案，并切实可行。

3. 施工技术要求

执行技术标准，关键环节的施工工艺、重要技术指标。

（1）严格按照交流设备相关规程、规定及调试大纲要求进行施工；

（2）工作前拆卸设备时认真按装箱单核对设备及附件数量，如有不符，及时反映；

（3）施工前新旧设备实际图纸、产品说明书具备，对工作中所需应用的工器具进行检查，保证可以正常使用；

（4）施工过程加强设备标示、标签的管理，重点关注电缆牌、线号管、各把手的名称是否对，功能是否表述清晰；

（5）施工过程中应详细检查反措执行情况，对不满足反措要求的地方应及时更改；

（6）施工过程中，应注意及时收集资料。工程完工后，应及时将本专业有关资料、记录、报告整理齐全；

（7）新设备调试过程应注意监控定值、台账、运行规程的核对及修编，防止误整定现象；

（8）对工作所需应用的试验仪器，试验线及试验工具进行检查，保证试验仪器可以正常工作，试验线的外部绝缘及其内部导通性良好以保证实验工具的完备良好；

（9）安装、拆除电缆时不要用力过猛，防止将电缆芯线划伤；

（10）现场各项工作的进行注意与项目管理部门、调度中心、运行部门等保持沟通；

（11）各施工工序在施工技术上应注意的事项和质量管理点，特殊地形，特殊场所，新设备、新工艺的施工方法。

（二）施工详细步骤

在进行现场勘查后，应根据现场勘查结果制定具体技改大修作业的施工详细步骤，并在作业前进行相关工作准备。

（1）开工前作业人员应认真学习制定的相关措施和电业安全规程有关部分相关设备安装使用说明书。

（2）针对具体工作的特点，按工程实际情况准备好工器具，并检查其状态、性能，保证其处于良好的工作状态。工作时工器具放置整齐有序，工具由专人管理。

（3）作业人员应熟悉现场作业地点、作业内容、危险点等。

（三）应急处置措施

（1）根据现场实际情况制定直流系统应急措施，如使用直流临时电源、直流回路打短接线等。

（2）运维专业需做好现场组织措施并加强变电站施工前后直流设备的巡视检查力度以确保其安全运行。

（3）低压直流班应加强现场作业管控并落实公司到岗制度和现场安全措施；严格执行标准化作业以确保现场作业安全并避免因检修工作影响运行设备的安全。

（4）施工车辆上应配备急救箱并存放急救用品；同时指定专人经常检查、补充或大修。

七、作业工器具

（一）典型风险防护安全工器具清单

防护分类	序号	名称	要求
一、基本防护	1	安全帽	必备，合格且在校验有效期内
	2	绝缘鞋	必备，合格且在校验有效期内
	3	全棉工作服	必备
二、触电防护	4	个人保安线	合格且在校验有效期内，要求有编号
	5	绝缘杆（棒）	合格且在校验有效期内
	6	绝缘绳	合格且在校验有效期内
	7	绝缘垫	合格且在校验有效期内
	8	验电器	合格且在校验有效期内

续表

防护分类	序号	名称	要求
二、触电防护	9	绝缘测量杆	合格且在校验有效期内
	10	绝缘手套	合格且在校验有效期内
	11	硬质围栏	
	12	遮栏	
	13	警示带、警示红布	
	14	安全措施标识牌	
三、登高防护	15	安全带（双背带式）	必备，合格且在校验有效期内
	16	绝缘梯（凳）	合格且在校验有效期内
	17	绝缘脚手架	合格且在校验有效期内

（二）现场工器具负面清单

序号	禁入变电站工器具清单
1	钢卷尺等金属尺
2	合金梯等金属梯
3	金属脚手架注 1
4	私自改装、安装载人吊篮的吊车
5	皮卷尺（夹有金属丝者）
6	线尺（夹有金属丝者）
7	无防护罩的砂轮机、切割机
8	无绝缘柄或绝缘破损的手钳（尖嘴钳、斜口钳、虎钳等）、剪线钳、铁锤等
9	有裂纹、变形、无防脱机构的吊环（钩）
10	带电作业的严禁使用钢丝绳、白棕绳、棉纱绳等非绝缘绳索
11	超期、不合格安全帽
12	超期、不合格安全带
13	超期、不合格绝缘梯（凳）
14	超期、不合格绝缘杆（棒）
15	超期、不合格吊带

注：1. 第 3 项金属脚手架，特殊情况下，在非近电区域，如因现场作业高度较高（超过 6m），绝缘脚手架机械强度不足，确需使用金属脚手架的，应制定专项风险预控措施，并经本单位安监部门同意后方可入场。近电区域，严禁使用。

2. 第 4 项私自改装、安装载人吊篮的吊车，特殊情况下，如因现场作业高度较高（超过 28m），普通升高车无法到达的，可使用经检验合格的带吊篮的吊车，应制定专项风险预控措施，并经本单位安监部门同意后方可入场。

（三）作业所需物资及工器具清单

根据具体技改大修作业所需物资及工器具编制清单。

八、文明施工及环境保护措施

要求检修现场整齐有序，各类标牌齐全醒目，施工操作规范，施工资料完整、整洁。机具、人员进出场规范、有序；施工人员着装整齐，严禁在生产区域抽烟，讲文明、讲礼貌，杜绝违法、违纪现象发生。

工具摆放要求定位管理，并悬挂分类标识牌。设备、材料在现场一定要摆放整齐成形，严禁乱摊乱放；机械、工具要求擦拭干净，停放安全位置。现场工具、材料应有专人保管，严禁随手丢弃。

在施工过程中，遵守国家现行的有关文明施工、环境保护的规定和《环境管理体系》。对于施工过程中产生的金属屑、固体废弃物等，在施工过程中进行分类有序收置，施工完成后100%处置，做到工完、料净、场地清（包括施工前遗留垃圾）。

技改大修工作完成后，工作负责人组织人员对现场进行彻底清扫，清理电缆沟内垃圾，并将盖板摆放整齐，上述工作完成后，方可开展验收工作。

现场卫生设施、保健设施、饮水设施要自觉保持清洁和卫生。

现场资料档案管理有序，相关施工措施、报告、验收标准等有关技术资料齐全、存放指定的资料柜内。各班组间应协调好工作，密切配合，工作班成员相互关心，注意施工安全，服从统一指挥。车辆进出现场应专人指挥，车辆需过电缆沟和绿化设施时，应采取相应的措施，防止轧坏站内窨井盖和损坏站内绿化设施。

九、作业验收

作业完成后，按有关规定进行现场验收与资料验收。

第二节　低压交流柜更换

一、作业概况

以 110kV ××变电站为例。××变电站主控室现有两段交流电源系统，包含两面交流进线屏、一面馈电屏共 3 面屏柜，生产厂家为郑州祥和集团电气设备厂。381、382 交流进线分别在 380V 1 号交流屏、380V 3 号交流屏两面交流进线屏上，380 母联断路器在 380V 2 号交流屏上。设备部分功能出现故障老化现象，已经不能满足现有用电设备的正常使用，需要对 3 面低压交流屏进行更换。

二、安全措施及危险点分析

危险点控制措施

工作地点	110kV××变电站
工作任务	××变电站低压交流柜更换
危险点分析	控制措施
1. 触电。 2. 材料、机械、工具伤人（电动、手动工具）。 3. 损伤运行设备。 4. 施工人员失去监护。 5. 无关人员进入变电站。 6. 严禁造成交流短路、接地。 7. 严禁交流母线失压，造成系统事故。 8. 使用绝缘工具，不能造成人身触电。 9. 严禁造成极性接错。	1. 现场作业时，人身和仪器注意与带电设备保持足够的安全距离：110kV 不小于 1.5m，10kV 不小于 0.7m。 2. 在带电设备周围严禁使用钢卷尺、皮卷尺和线尺（夹有金属丝者）进行测量工作。 3. 不得随意碰触、攀登设备。 4. 禁止使用裸露电源线。 5. 在使用电动工具时，电动工具外壳及电源线有可能带电，要防止低压触电，使用的电动工具及电源箱外壳必须接地，接地应可靠良好；使用前要检查电动工具电源线无破损，检查电动工具合格。施工电源必须经工作许可人同意并按指定位置接入，不得任意拉用电源，接取电源时应两人进行。电源线接头处必须用绝缘胶布包好，电源线必须接入带漏电保护器的低压开关上。所用电源应设有漏电保护器，接拆电源时监护人一定在场，认真监护。 6. 在搬运设备时，应提前查看好搬运路线，多人搬运，并设专人统一指挥。 7. 现场施工过程中，施工人员按照分组进行施工，监护人应做好现场监护，施工人员不得失去监护。 8. 无人变电站施工时，应做到随手关门，严禁无关人员进入变电站，如有特殊情况及时向运维人员汇报。 9. 对直流临时屏上的直流断路器使用要正确，确保安全供电。 10. 拆接各交流电缆，应认真核对并做好标记，恢复时相序不得接错。 11. 严禁交流屏倾斜压坏运行电缆。 12. 拖拽电缆时造成电缆外护层损伤和电缆过分弯曲会造成电缆内部损坏，电缆应固定牢固。 13. 电缆排列整齐，电缆放好后要悬挂标示牌。 14. 允许停电的支路，应停电转接。不允许停电的支路，应带电搭接。 15. 各交流断路器应及时作好标志。 16. 柜内母线、引线应采取硅橡胶热缩或其他防止短路的绝缘防护措施。

三、施工流程

（一）前期勘查

（1）作业前认真进行现场勘察，仔细勘查Ⅰ、Ⅱ段交流电源系统进线柜、馈电柜电缆走向，确定标识标牌是否正确，有无延伸支路，有无环路，有无接地现象，并做好记录。

（2）××变电站交流系统大修前交流运行方式为：交流进线柜两面分别是 380V 1 号交流屏、380V 3 号交流屏分别为 381、382，交流馈线柜一面是 380V 2 号交流屏，380 母联断路器在 380V 2 号交流屏。现运行方式为交流分段运行。改造完毕后交流系统为：交流进线柜两面、分别为 381、382、3811、3822，馈电柜一面。现运行方式为交流分段运行。大修后交流系统为分段接线方式。

（二）施工步骤

1. 第一步：待更换交流屏柜装卸到位变电站指定位置

本次作业需更换的新屏柜共三面，包括Ⅰ段交流进线屏一面、交流馈电屏一面、Ⅱ段交流进线屏一面。将新屏柜摆放至临时位置，并用遮挡护栏设置安全区域，以便进行更换安装。

（1）新柜体到现场，检查外包装应无损坏，打开包装箱检查柜体有无磕碰，柜体是否完好无损，检查充电柜铭牌与购置要求是否相符，检查说明书、出厂试验报告证件是否齐全，并妥善保管。

（2）新柜体搬移到相应的摆放位置，遮挡护栏设置安全区域，搬运屏柜时注意人员之间协调，防止砸伤手脚，不要扎伤人员。

（3）检查配（备）件是否齐全、完好。

2. 第二步：停 1 号站用变

1 号站用变停电前，需接入交流临时转接箱，并分清相序，作为临时电源使用。此举旨在防止更换交流屏时长时间停电，影响站内交流负荷。

（1）检查现交流系统运行正常，断开 1 号交流电源柜 1 号站用变进线断路器 381，将 2 号进线柜母联 380 断路器合上，让Ⅱ段带Ⅰ段负荷。

（2）停 1 号站用变，用万用表测量 1 号站用变进线端交流电压 A 相、B 相、C 相对零对地测量是否停电。

3. 第三步：将 1 号站用变电缆接入交流临时负荷转接箱作为临时电源

本次交流屏更换作业中，临时交流负荷转接箱起到关键作用。该转接箱包含 40 回路，主要用于交流系统改造或维护期间的临时负荷转接，确保电力系统不停电运行，提高转负荷工作的可靠性与安全性。拆除的电缆需做好绝缘处理，防止短路，并做好标识标签，防止电缆错误。

（1）将交流临时负荷转接箱安放到电缆夹层对应 1 号交流馈电柜 23P 位置下方，进入电缆夹层首先对电缆夹层进行通风，用测量仪进行测量空气是否达标。将交流临时负荷转接箱固定好，将交流临时负荷转接箱接地线接入夹层地网，用遮挡护栏设置安全区。

（2）将 1 号站用变电缆接入交流临时负荷转接箱作为临时电源，接入时防止交流相序错误。

（3）送 1 号站用变电源用万用表测量临时调试临时负荷转接箱进线开关端电压是否正常，测量正常将交流临时负荷转接箱总进线开关合上。进行调试，测量每支路馈出开关电压是否正常。

4. 第四步：转移负荷

将 1 号交流柜、2 号交流柜、3 号交流柜交流负荷不能长时间停电的负荷全部转入临时交流转接箱。交流负荷转移必须逐路进行，转移负荷时线头要做好绝缘措施，要防止接地或短路，做好每条负荷标识标签，防止标签脱落。每转移一路，均要检查相序正确后再进行下一路转移工作，应有专人监护。

（1）1 号交流柜转移参考（1 号交流屏交流负荷情况说明表），逐步将负荷转移到临时负荷转接箱，各交流断路器应及时做好标志。

1 号交流屏交流负荷情况说明表

序号	馈出支路具体名称	380V 1 号交流屏负荷情况说明
1	蓄电池通风电源（标称电流 C63）	断开开关指示不亮，用万用表测量确定不带电拆除电源线做好交流相序、做好绝缘，标注好电缆名称，接入临时负荷转接箱送电指示灯亮，做好开关名称。
2	主控楼照明电源（标称电流 C63）	断开开关指示不亮，用万用表测量确定不带电拆除电源线做好交流相序、做好绝缘，标注好电缆名称，接入临时负荷转接箱送电指示灯亮，做好开关名称。
3	地调第二接入网电源备（标称电流 C63）	需要提前申请断电大概停电 3 分钟，通知远动班以及调度同意，同意后断开开关指示不亮，用万用表测量确定不带电拆除电源线做好交流相序、做好绝缘，标注好电缆名称，接入临时负荷转接箱送电指示灯亮，做好开关名称。
4	至崔 61 照明（标称电流 C63）	断开开关指示不亮，用万用表测量确定不带电拆除电源线做好交流相序、做好绝缘，标注好电缆名称，接入临时负荷转接箱送电指示灯亮，做好开关名称。
5	至崔 2 板开关柜照明（标称电流 C63）	断开开关指示不亮，用万用表测量确定不带电拆除电源线做好交流相序、做好绝缘，标注好电缆名称，接入临时负荷转接箱送电指示灯亮，做好开关名称。
6	值班室照明电源（标称电流 C63）	断开开关指示不亮，用万用表测量确定不带电拆除电源线做好交流相序、做好绝缘，标注好电缆名称，接入临时负荷转接箱送电指示灯亮，做好开关名称。
7	值班室照明电源（标称电流 C63）	断开开关指示不亮，用万用表测量确定不带电拆除电源线做好交流相序、做好绝缘，标注好电缆名称，接入临时负荷转接箱送电指示灯亮，做好开关名称。

（2）2 号交流柜转移参考（2 号交流屏交流负荷情况说明表），逐步将负荷转移到临时负荷转接箱，各交流断路器应及时做好标志。

2 号交流屏交流负荷情况说明表

序号	馈出支路具体名称	380V 2 号交流屏负荷情况说明
1	2 号充电机电源（标称电流 C63）	断开开关指示不亮，用万用表测量确定不带电拆除电源线做好交流相序、做好绝缘，标注好电缆名称，接入临时负荷转接箱送电指示灯亮，做好开关名称。
2	1 号充电机电源（标称电流 C63）	断开开关指示不亮，用万用表测量确定不带电拆除电源线做好交流相序、做好绝缘，标注好电缆名称，接入临时负荷转接箱送电指示灯亮，做好开关名称。
3	公用测控屏电源（标称电流 C63）	需要提前申请断电大概停电 3 分钟，通知远动班以及调度同意，同意后断开开关指示不亮，用万用表测量确定不带电拆除电源线做好交流相序、做好绝缘，标注好电缆名称，接入临时负荷转接箱送电指示灯亮，做好开关名称。
4	地调第二接入网电源主（标称电流 C63）	需要提前申请断电大概停电 3 分钟，通知远动班以及调度同意，同意后断开开关指示不亮，用万用表测量确定不带电拆除电源线做好交流相序、做好绝缘，标注好电缆名称，接入临时负荷转接箱送电指示灯亮，做好开关名称。
5	至崔 33 板 6kV 开关柜照明（标称电流 C63）	断开开关指示不亮，用万用表测量确定不带电拆除电源线做好交流相序、做好绝缘，标注好电缆名称，接入临时负荷转接箱送电指示灯亮，做好开关名称。
6	室外 2 号动力箱（标称电流 C63）	断开开关指示不亮，用万用表测量确定不带电拆除电源线做好交流相序、做好绝缘，标注好电缆名称，接入临时负荷转接箱送电指示灯亮，做好开关名称。
7	主控室电源箱（标称电流 C63）	断开开关指示不亮，用万用表测量确定不带电拆除电源线做好交流相序、做好绝缘，标注好电缆名称，接入临时负荷转接箱送电指示灯亮，做好开关名称。
8	水泵电源（标称电流 C63）	断开开关指示不亮，用万用表测量确定不带电拆除电源线做好交流相序、做好绝缘，标注好电缆名称，接入临时负荷转接箱送电指示灯亮，做好开关名称。

（3）3 号交流柜转移参考（3 号交流屏交流负荷情况说明表），逐步将负荷转移到临时负荷转接箱，各交流断路器应及时做好标志。

3 号交流屏交流负荷情况说明表

序号	馈出支路具体名称	380V 3 号交流屏负荷情况说明
1	检修间电源（标称电流 C63）	断开开关指示不亮，用万用表测量确定不带电拆除电源线做好交流相序、做好绝缘，标注好电缆名称，接入临时负荷转接箱送电指示灯亮，做好开关名称。
2	控制室南空调（标称电流 C63）	断开开关指示不亮，用万用表测量确定不带电拆除电源线做好交流相序、做好绝缘，标注好电缆名称，接入临时负荷转接箱送电指示灯亮，做好开关名称。
3	室外 1 号动力箱（标称电流 C63）	断开开关指示不亮，用万用表测量确定不带电拆除电源线做好交流相序、做好绝缘，标注好电缆名称，接入临时负荷转接箱送电指示灯亮，做好开关名称。
4	载波电源（标称电流 C63）	断开开关指示不亮，用万用表测量确定不带电拆除电源线做好交流相序、做好绝缘，标注好电缆名称，接入临时负荷转接箱送电指示灯亮，做好开关名称。
5	遥视电源（标称电流 C63）	需要提前申请断电大概停电 3 分钟，通知远动班以及调度同意，同意后断开开关指示不亮，用万用表测量确定不带电拆除电源线做好交流相序、做好绝缘，标注好电缆名称，接入临时负荷转接箱送电指示灯亮，做好开关名称。
6	远动电源（标称电流 C63）	需要提前申请断电大概停电 3 分钟，通知远动班以及调度同意，同意后断开开关指示不亮，用万用表测量确定不带电拆除电源线做好交流相序、做好绝缘，标注好电缆名称，接入临时负荷转接箱送电指示灯亮，做好开关名称。

（4）检查柜内馈出电缆是否全部转移完成。

（5）将 3 号交流柜 382 进线断路器断开。交流柜两段母线都已不带电。

5. 第五步：停 2 号站用变

拆除 1 号交流屏、2 号交流屏、3 号交流屏，需要停电拆除 2 号站用变交流进线电缆，防止触电危险。

（1）停 2 号站用变，用万用表测量 3 号交流柜 2 号站用变进线端交流电压 A 相、B 相、C 相对零对地测量是否停电。

（2）除 3 号交流柜 2 号站用变进线电缆，做好绝缘防止短路。做好电缆标记，分清相序。放入电缆夹层，防止拖拽电缆时造成电缆外护层损伤和电缆过分弯曲会造成电缆内部损坏，电缆应固定牢固。

6. 第六步：拆除 1 号交流屏、2 号交流屏、3 号交流屏

1 号站用变停电前，需接入交流临时转接箱，并分清相序，作为临时电源使用。此举旨在防止更换交流屏时长时间停电，影响站内交流负荷。

（1）用万用表测量 1 号交流屏、2 号交流屏、3 号交流屏内部是否带电，拆除柜间连线，做好绝缘处理，防止短路。做好电缆标记，分清相序。

（2）检查 1 号交流屏、2 号交流屏、3 号交流屏内电缆全部拆除。

（3）拆除 1 号交流屏、2 号交流屏、3 号交流屏间连接螺钉，拆除固定屏位的地脚螺钉，将屏间所有连接电缆完善固定后退出屏柜。

（4）退出 1 号交流屏、2 号交流屏、3 号交流屏，防止退出过程中较大震动避免影响相邻运行设备。

（5）使用手持电动工具除去槽钢上焊点使之平整配（备）件是否齐全、完好。

7. 第七步：安装新柜体

旧 1 号交流屏、2 号交流屏、3 号交流屏全部退出后在原位置安装Ⅰ段交流进线屏、交流馈线屏及Ⅱ段交流进线屏。屏柜之间水平倾斜度、垂直倾斜度均应符合要求

（<1.5mm/m）屏柜可靠固定，不宜焊接。在安装过程中，需特别注意防止产生较大震动，以免对相邻的正在运行的设备造成不利影响。安装完成后，需依据施工图纸对屏内及外部的连线进行仔细核对，以确保与图纸一致。此外，还需对屏柜进行封堵处理，以防止杂物或小动物进入。同时，屏内的相关标示需完善清晰，电缆也应挂牌标识，以便于后续的管理和维护。

（1）在原位置上安装Ⅰ段交流进线柜、交流馈电柜、Ⅱ段交流进线柜，做好人员分配，防止柜体倾斜砸伤手脚，用燕尾丝固定3面柜子。

（2）连接Ⅰ段交流进线柜、交流馈电柜、Ⅱ段交流进线柜柜体内部连接线。

（3）用临时电源调式新安装的交流电源柜，调试正常断开调试临时电源拆除临时电缆。交流系统加入运行。

（4）将2号站用变电缆接入Ⅱ段交流进线柜，分清交流相序。用万用表测量进线端子是否有短路接地现象。

8. 第八步：送2号站用变电源

恢复2号站用变电源给新交流电源系统柜体供电Ⅱ段交流总电源，防止在送电过程中人员触碰设备。

（1）2号站用变送电，在Ⅱ段交流进线柜进线端子测量电压是否带电。

（2）分别把Ⅰ段交流进线柜3822备断路器送电，Ⅱ段交流进线柜382主断路器送电。

9. 第九步：转移临时转接箱负荷

新安装的3面交流电源调试正常加入交流电源系统运行，将临时转接箱负荷转移到Ⅰ段交流进线柜、交流馈电柜、Ⅱ段交流进线柜。交流负荷转移必须逐路进行，转移负荷时线头要做好绝缘措施，要防止接地或短路，做好每条负荷标识标签，防止标签脱落。每转移一路，均要检查相序正确后再进行下一路转移工作，应有专人监护。

（1）将Ⅰ段交流临时转接负荷转移到Ⅰ段交流进线柜一部分，在转移交流馈电柜一部分。转移负荷参考1号交流屏交流负荷情况说明表，2号交流屏交流负荷情况说明表，3号交流屏交流负荷情况说明表。

（2）针对每一路转过来的负荷做好标签名称粘贴，防止短路，做好绝缘处理。

（3）全部负荷电缆全部倒入交流电源系统，检查临时交流转接箱没有负荷。断开临时交流转接箱总开关。

10. 第十步：停1号站用变电源

停1号站用变，将电缆转移到交流电源系统Ⅰ段交流进线柜。具体步骤如下：

（1）停1号站用变电源，用万用表测量临时转接箱进线端是否停电。

（2）用万用表测量没电后，拆除直流临时负载转接箱进线将电缆头做好绝缘处理。

（3）将拆除的1号站用变电缆接到Ⅰ段交流进线柜，分清交流相序。

（4）分别把Ⅰ段交流进线柜3822备断路器送电，Ⅱ段交流进线柜382主断路器送电。

11. 第十一步：送1号站用变电源

恢复1号站用变，给新装交流电源屏提供Ⅰ段交流总电源。具体步骤如下：

（1）1号站用变送电，在Ⅰ段交流进线柜进线端子测量电压是否带电。

（2）分别把Ⅰ段交流进线柜381主断路器送电，Ⅱ段交流进线柜3811主断路器送电，全站交流分裂运行。

12. 第十二步：柜体孔洞封堵

对柜体内部孔洞进行封堵，以防小动物进入柜体造成损害。同时，清理工作现场，确保整洁有序。具体步骤如下：

（1）对Ⅰ段交流进线柜、交流馈电柜、Ⅱ段交流进线柜孔洞进线封堵防止小动物进入柜体。

（2）工作结束清理现场。

四、作业工器具

作业所需物资及工器具清单

序号	器件名称	型号规格	单位	数量	备注
1	交流负荷转接箱	BXSJL－40	台	1	
2	万用表	FLUKE117	块	2	
3	钳形表	FLUKE317	块	2	
4	十字绝缘螺丝批	61213	把	1	
5	一字绝缘螺丝批	61313	把	1	
6	双向快板 12MM	46605	把	1	
7	双向快板 13MM	46606	把	1	
8	双向快板 14MM	46607	把	1	
9	VDE 绝缘耐压活动扳手	47101	把	1	
10	斜嘴钳	70201A	把	1	
11	标签机	—	台	1	
12	手电钻	—	台	1	
13	压线钳	—	套	1	
14	综合工具箱	—	套	2	
15	线鼻、绝缘胶带、跨接电缆等安装零星材料	—	套	1	

五、作业验收

（一）现场验收

（1）站用交流电源柜各级开关动、热稳定、开断容量和级差配合配置合理。

（2）屏柜元件和端子排列整齐、层次分明、不重叠，便于维护拆装。

（3）导线与元件间采用螺栓连，柜内导线没有接头，导线芯线无损伤。

（4）导线、指示灯、按钮、行线槽等标志清晰，设备铭牌齐全，相序标志清晰可识别。

（5）电缆标牌齐全，电缆芯线和所配导线的端部均标明其回路编号、起点、终点以及电缆类型，编号正确，字迹清晰且不易脱色。

（6）屏柜上设备与各构件件连接牢固，紧固件表面进行防腐处理。

（7）站用交流电源柜无异常声响。

（8）电缆进出屏柜的底部或顶部以及电缆管口处进行防火封堵，封堵严密。

（二）资料验收

（1）交流电源柜安装使用说明书。

（2）屏柜一次系统图、仪表接线图、控制回路二次接线图及相对应的端子编号图。

（3）屏柜装设的电器元件表，表内应注明制造厂家、型号规格及合格证。

（4）附件及备件清单。

（5）出厂试验报告。

第三节　交流电源系统母线排更换

一、作业概况

以 110kV ××变电站为例。××变电站主控室现有两段交流电源系统，包含两面交流进线屏、一面馈电屏共 3 面屏柜，生产厂家为郑州祥和集团电气设备厂。正对屏柜自左向右依次为 380V 1 号交流屏、380V 2 号交流屏、380V 3 号交流屏。设备母线排严重老化，已经不能满足现有用电设备的正常使用，不能保障电力系统安全、稳定运行，需对母线排进行更换。工作的重点是短时停电更换母线排。

二、安全措施及危险点分析

危险点控制措施

工作地点	110kV××变电站
工作任务	××变电站站用交流母线排更换
危险点分析	控制措施
1. 触电。 2. 材料、机械、工具伤人（电动、手动工具）。 3. 损伤运行设备。 4. 施工人员失去监护。 5. 无关人员进入变电站。 6. 严禁造成交流短路、接地。 7. 严禁交流母线失压，造成系统事故。 8. 使用绝缘工具，不能造成人身触电。 9. 严禁造成极性接错。	1. 现场作业时，人身和仪器注意与带电设备保持足够的安全距离：110kV 不小于 1.5m，10kV 不小于 0.7m。 2. 在带电设备周围严禁使用钢卷尺、皮卷尺和线尺（夹有金属丝者）进行测量工作。 3. 不得随意碰触、攀登设备。 4. 禁止使用裸露电源线。 5. 在使用电动工具时，电动工具外壳及电源线有可能带电，要防止低压触电，使用的电动工具及电源箱外壳必须接地，接地应可靠良好；使用前要检查电动工具电源线无破损，检查电动工具合格。施工电源必须经工作许可人同意并按指定位置接入，不得任意拉用电源，接取电源时应两人进行。电源线接头处必须用绝缘胶布包好，电源线必须接入带漏电保护器的低压开关上。所用电源应设有漏电保护器，接拆电源时监护人一定在场，认真监护。 6. 在搬运设备时，应提前查看好搬运路线，多人搬运，并设专人统一指挥。 7. 现场施工过程中，施工人员按照分组进行施工，监护人应做好现场监护，施工人员不得失去监护。 8. 无人变电站施工时，应做到随手关门，严禁无关人员进入变电站，如有特殊情况及时向运维人员汇报。 9. 对直流临时屏上的直流断路器使用要正确，确保安全供电。 10. 拆接各交流电缆，应认真核对并做好标记，恢复时相序不得接错。 11. 严禁交流屏倾斜压坏运行电缆。 12. 拖拽电缆时造成电缆外护层损伤和电缆过分弯曲会造成电缆内部损坏，电缆应固定牢固。 13. 电缆排列整齐，电缆放好后要悬挂标示牌。 14. 允许停电的支路，应停电转接。不允许停电的支路，应带电搭接。 15. 各交流断路器应及时做好标志。 16. 柜内母线、引线应采取硅橡胶热缩或其他防止短路的绝缘防护措施。

三、施工流程

（一）前期勘查

（1）作业前对现场进行详尽勘查，具体包括Ⅰ、Ⅱ段交流电源系统馈电柜母线排的长度、相序以及母线夹的安装位置。勘查过程中，应详细记录各项数据，以备后续施工之需。

（2）××变电站交流系统大修前交流运行方式为：1 号交流屏与 4 号交流屏分别为 381、382 交流进线屏，而 2 号交流屏与 3 号交流屏则为两面交流馈线屏。其中，380 母联断路器位于 2 号交流屏上。当前，系统采用交流分段运行的方式。

（二）施工步骤

1. 第一步：断开 1 号交流屏 381 断路器

为更换 2 号交流屏Ⅰ段交流母线排，需进行停电准备，预计停电时间为 30min。此举旨在确保母线排不带电，防止在更换过程中 381 断路器意外合闸。施工人员需穿戴绝缘工具和绝缘手套等防护措施。

（1）检查 2 号交流屏 380 母联断路器已断开，并将 380 断路器拉至试验位置，以防止反送电。

（2）断开 1 号交流进线屏 381 断路器，并将其拉至试验位置。

（3）将Ⅰ段 2 号交流馈出负荷开关全部断开。

（4）使用万用表测量Ⅰ段母线电压，确认 A、B、C 三相电及对零线、对地均已停电。

2. 第二步：更换交流Ⅰ段 2 号交流屏母线排

由于Ⅰ段母线排长期氧化且缺乏绝缘套管，需进行更换。在更换过程中，需清点所需工器具，防止遗忘。同时，需确保铜排上无掉落螺丝及杂物，螺丝紧固可靠，并有专人监护。

（1）在 2 号交流屏前铺设绝缘垫，作业人员佩戴绝缘手套。

（2）再次验电，使用万用表测量Ⅰ段交流母线排是否停电。

（3）拆除 2 号交流屏Ⅰ段母线排 A 相、B 相、C 相，拆除过程中需防止螺丝脱落。连接母线排的电缆需做好标记，以分清相序。

（4）更换准备好的新母线排及绝缘护套。

（5）更换完成后，检查母线及螺丝的紧固情况。清点工器具，确保无遗留。使用万用表测量母线排，确认无短路现象。

（6）检查母线排均正常后，可将其加入Ⅰ段交流系统运行。

3. 第三步：合上 1 号交流屏 381 断路器

Ⅰ段 2 号交流屏母线排更换完毕且检查正常后，可将其加入运行。为防止 2 号馈电柜负荷遗漏，需进行以下操作：

（1）检查正常后，合上 1 号交流屏 381 断路器。

（2）Ⅰ段母线排带电后，使用万用表测量 A 相、B 相、C 相三相电压，确认正常后将 2 号交流屏馈出负荷开关恢复至更换前的运行状态。

（3）检查Ⅰ段交流负荷是否正常。

（4）清理 1 号交流屏、2 号交流屏现场，清点工器具。

4. 第四步：断开 4 号交流屏 382 断路器

为更换 3 号交流屏Ⅱ段交流母线排，需进行停电准备，预计停电时间为 30min。此举旨在确保母线排不带电，防止在更换过程中 382 断路器意外合闸。施工人员需穿戴绝缘手套并站在绝缘垫上开展工作。

（1）检查当前交流系统运行正常，2 号交流屏 380 母联断路器已拉至试验位置。断开 4 号交流进线屏 382 断路器，并将其拉至试验位置。

（2）将Ⅱ段 3 号交流馈出负荷开关全部断开。

（3）使用万用表测量Ⅱ段母线电压，确认三相电对零线、对地均已无电。

5. 第五步：更换交流Ⅱ段 3 号交流屏母线排

由于Ⅱ段母线排长期氧化且缺乏绝缘套管，需进行更换。更换后需清点所用工器具，防止遗忘。同时，需确保铜排上无掉落螺丝及杂物。

（1）在 3 号交流屏前铺设绝缘垫，作业人员佩戴绝缘手套。

（2）再次验电，使用万用表测量Ⅱ段交流母线排是否停电。

（3）拆除 3 号交流屏Ⅱ段母线排 A 相、B 相、C 相，拆除过程中需防止螺丝脱落。连接母线排的电缆需做好标记，以分清相序。

（4）更换准备好的新母线排及绝缘护套。

（5）更换完成后，检查母线及螺丝的紧固情况。清点工器具，确保无遗留。使用万用表测量母线排，确认无短路现象。

（6）检查母线排均正常后，Ⅱ段交流系统可恢复运行。

6. 第六步：合上 4 号交流屏 382 断路器

Ⅱ段 3 号交流屏母线排更换完毕且检查正常后，可将其加入运行。

（1）检查正常后，合上 4 号交流屏 382 断路器。

（2）Ⅱ段母线排带电后，使用万用表测量 A 相、B 相、C 相三相电压，确认正常后将 3 号交流屏馈出负荷开关恢复至更换前的运行状态。

（3）检查Ⅱ段交流负荷是否正常。

（4）将 2 号交流屏 380 母线断路器推至工作位置。

（5）清理 4 号交流屏、3 号交流屏现场，清点工器具。

（6）工作结束，清理现场。

四、作业工器具

作业所需物资及工器具清单

序号	器件名称	型号规格	单位	数量	备注
1	绝缘套管黄绿红	2－100mm	卷	3	
2	VDE 绝缘耐压活动套筒	47102	把	2	
3	斜嘴钳	70201A	把	1	
4	双向快板 12MM	46605	把	1	
5	双向快板 13MM	46606	把	1	

续表

序号	器件名称	型号规格	单位	数量	备注
6	万用表	FLUKE117	块	2	
7	综合工具箱	—	套	2	
8	线鼻、绝缘胶带、跨接电缆等安装零星材料	—	套	1	

五、作业验收

（一）现场验收

（1）母线采用阻燃热缩绝缘护套绝缘化处理。

（2）支持母线的金属构件、螺栓等均应镀锌，接触面应保持结洁净，螺栓紧固后接触面紧密，各螺栓受力均匀。

（3）在一个柜架单元内，主母线与其他元件之间的导体布置采取避免相间或相对地短路的措施。

（4）母线布置合理，能够承受安装处的最大短路硬力及短路耐受强度。

（二）资料验收

交流母线安装图纸。

第四节　UPS 设备更换

一、作业概况

以 220kV××变电站为例。××变继电室有一面交流不间断电源屏，生产厂家为许继，于 2010 年投运。由于运行年份过长，导致 UPS 的稳定性较低，已无法满足现有运行要求，考虑 UPS 的负荷重要性及维护成本的增加，需要更换一台 UPS，提升站内 UPS 电源的可靠性。新 UPS 的生产厂家仍为许继，UPS 的功率为 5kVA。由于 UPS 所带负荷均为站内重要负荷，需不停电进行更换。

二、安全措施及危险点分析

UPS 的负荷均为站内重要负荷，UPS 接线时应注意极性接反或短路的危险点，开关进行分合闸操作时，应认清并理顺开关的分合顺序后，按照规程逐步进行操作。操作过程中应两人一组，一人操作，另一人监督，避免出现开关误操作的情况。安装完成后，应对 UPS 的切换功能，通信功能，信号告警功能等进行测试。

（1）UPS 旁路输出和 UPS 逆变输出切换功能进行测试，避免在测试过程中误断开关。

（2）功能切换试验时，应时刻关注负荷开关的运行指示灯，避免造成负荷失压。

（3）通信功能测试，应在一体化监控装置内查看 UPS 运行状态及输入输出参数是否和现场保持一致。

（4）硬接点信号测试，应根据原有的硬接点信号图纸和新UPS信号接点进行逐一核对，避免实际信号与远方信号不一致的情况。

（5）测试完成后，应在维修旁路开关上安装闭锁装置，防止误操作导致的短路、失压风险。

危险点控制措施

工作地点	220kV××变电站
工作任务	××变电站站用UPS设备更换
危险点分析	控制措施
1. 触电。 2. 材料、机械、工具伤人（电动、手动工具）。 3. 损伤运行设备。 4. 施工人员失去监护。 5. 无关人员进入变电站。 6. 严禁造成交流短路、接地。 7. 严禁交流母线失压，造成系统事故。 8. 使用绝缘工具，不能造成人身触电。 9. 严禁造成极性接错。	1. 现场作业时，人身和仪器注意与带电设备保持足够的安全距离：110kV 不小于1.5m，10kV 不小于0.7m。 2. 在带电设备周围严禁使用钢卷尺、皮卷尺和线尺（夹有金属丝者）进行测量工作。 3. 不得随意碰触、攀登设备。 4. 禁止使用裸露电源线。 5. 在使用电动工具时，电动工具外壳及电源线有可能带电，要防止低压触电，使用的电动工具及电源箱外壳必须接地，接地应可靠良好；使用前要检查电动工具电源线无破损，检查电动工具合格。施工电源必须经工作许可人同意并按指定位置接入，不得任意拉用电源，接取电源时应两人进行。电源线接头处必须用绝缘胶布包好，电源线必须接入带漏电保护器的低压开关上。所用电源应设有漏电保护器，接拆电源时监护人一定在场，认真监护。 6. 在搬运设备时，应提前查看好搬运路线，多人搬运，并设专人统一指挥。 7. 现场施工过程中，施工人员按照分组进行施工，监护人应做好现场监护，施工人员不得失去监护。 8. 无人变电站施工时，应做到随手关门，严禁无关人员进入变电站，如有特殊情况及时向运维人员汇报。 9. 开关进行分合闸操作时，应两人一组，一人操作，另一人监督，避免出现开关误操作的情况。 10. 拆线时，对拆出的线头应注意做好标识，清楚正确，避免在接线时造成线缆接错的情况。 11. 所有拆出的线头无论是否带电，均应严格按要求做好绝缘处理。 12. 拖拽电缆时造成电缆外护层损伤和电缆过分弯曲会造成电缆内部损坏，电缆应固定牢固。 13. 电缆排列整齐，电缆放好后要悬挂标示牌。 14. 允许停电的支路，应停电转接。不允许停电的支路，应带电搭接。 15. 各交流断路器应及时做好标志。 16. 柜内母线、引线应采取硅橡胶热缩或其他防止短路的绝缘防护措施。 17. UPS的负荷均为站内重要负荷，应认清并理顺开关的分合顺序后，按照规程逐步进行操作。操作过程中应有一人实时监护，避免开关分合顺序错误导致的负荷失压。 18. 装卸UPS时，应注意屏柜上开关的防护，避免由于惯性或失误导致的误碰开关的情况。

三、施工流程

（一）前期勘查

作业前需认真勘查现场不间断电源系统（UPS）的直流进线、交流进线及旁路进线的确切位置。需在直流馈线屏与交流馈线屏上准确辨识并定位对应的开关，核实线缆无误后详细记录；同时，需现场评估并记录UPS所承载的负荷情况。

（二）施工步骤

1. 第一步：UPS主机更换准备

本次作业旨在更换电力不间断电源屏中的UPS主机一台。新UPS主机需被妥善安置于临时位置，并以遮挡护栏划定安全作业区域，便于后续的更换与安装工作。开箱作业期间，所有参与人员需紧密协作，严禁粗暴操作以防设备受损，且需及时清理包装材料，确保作业现场无安全隐患。

（1）UPS 主机到场后，首先检查外包装是否完好无损，继而开箱检验柜体是否存在损伤或磕碰痕迹，核对充电柜铭牌信息是否与采购要求一致，并确认说明书、出厂试验报告等文件齐全，妥善保管以备后用。

（2）将 UPS 主机搬运至指定位置，期间需设置安全区域并注重人员间的协调配合，以防发生人身伤害事故。

（3）全面检查随附配件是否齐全且完好无损。

2. 第二步：电力不间断电源屏 UPS 主机更换作业

在更换 UPS 主机时，作业人员需佩戴手套，并使用带有绝缘柄或经过绝缘处理的工具；作业期间需加强监护，严禁触碰带电导体。拆除与接驳的二次线均需进行绝缘包扎并标记清晰，以确保后续能正确恢复与接入。在退出不间断电源装置时，应遵循以下顺序：先断开交流输入空开与直流输入空开，再合上维修旁路空开，最后断开电子旁路空开。需注意的是，在交直流输入空开未断开前，严禁合维修旁路空开。而在投入不间断电源装置时，则应按相反顺序操作：先合上电子旁路空开，再断开维修旁路空开，最后合上交流输入空开与直流输入空开，严禁先断开维修旁路空开。

（1）断开电力不间断电源屏的交流输入空开与直流输入空开，使用万用表测量电子旁路空开与手动维修旁路空开进线交流电源的相序与电源来源是否一致。

（2）依序合上维修旁路空开、断开电子旁路空开、最后断开 UPS 输出开关，由维修旁路为 UPS 母线供电，此时 UPS 主机电源已全部断开。需注意的是，在交直流输入空开未断开前，严禁合维修旁路空开。

（3）使用万用表确认 UPS 主机交流进线、直流进线、电子旁路进线及 UPS 输出均无电后，方可拆除 UPS 主机的二次电线，并做好绝缘包扎与标记工作，以确保后续能正确恢复与接入。

（4）从电力不间断电源屏退出 UPS 主机。

（5）安装并固定新 UPS 主机。

（6）将交流输入线缆接入新 UPS 对应的接线端子，注意确保零火线连接正确无误。

（7）将直流输入线缆接入新 UPS 对应的接线端子，注意区分零正负极以避免接反。

（8）将旁路输入线缆接入新 UPS 对应的接线端子，注意确保零火线连接正确无误。

（9）将交流输出线缆接入新 UPS 对应的接线端子，注意确保零火线连接正确无误。

（10）将 UPS 通信线（RS485）接入新 UPS 对应的接线端子，注意正负极连接的正确性。

（11）将硬接点告警端子接入新 UPS 对应的接线端子，需仔细核对告警信号内容以避免接错。

（12）检查所有接入的二次线缆是否存在问题或短路现象，确认无误后方可进行调试工作。

（13）依次合上交流输入开关、直流输入开关及电子旁路开关，对 UPS 进行调试。

1）长按 UPS 开机键 5 秒，使 UPS 由旁路输出模式切换至逆变输出模式。

2）直流开关，观察 UPS 主机是否报出直流电压输入异常信号，并核对后台机信号是否一致；再合上直流输入开关，确认信号消失。

3）断开交流输入开关，检查 UPS 主机是否报出交流电压输入异常信号，并核对后台机信号是否一致；再合上交流输入开关，确认信号消失。

4）断开电子旁路开关，观察 UPS 主机是否报出旁路输入异常信号，并核对后台机信号是否一致；再合上电子旁路开关，确认信号消失。

5）断开直流与交流输出开关，使逆变输出状态切换为旁路输出状态。

（14）UPS 主机调试正常后方可投入运行。在 UPS 投入运行时，严禁先断开维修旁路空开。应先断开直流与交流输入开关，使 UPS 主机切换至旁路输出状态；再合上 UPS 输出开关并断开手动维修旁路开关；观察 UPS 主机的电压与电流情况；最后合上直流与交流输入开关，使 UPS 主机切换至逆变模式并确认其运行正常。

（15）作业结束后需清理现场并确认工作已全部完成。

四、作业工器具

作业所需物资及工器具清单

序号	器件名称	型号规格	单位	数量	备注
1	绝缘套管黄绿红	2－100mm	卷	3	
2	VDE 绝缘耐压活动套筒	47102	把	2	
3	斜嘴钳	70201A	把	1	
4	双向快板 12MM	46605	把	1	
5	双向快板 13MM	46606	把	1	
6	万用表	FLUKE117	块	2	
7	综合工具箱	—	套	2	
8	线鼻、绝缘胶带、跨接电缆等安装零星材料	—	套	1	

五、作业验收

（一）现场验收

（1）设备铭牌齐全、清晰，各开关、仪表、信号灯标志清晰、不脱落、便于观察。

（2）负荷开关位置正确，装置风扇运转正常。

（3）输出电压、电流正常，装置面板指示正常，无电压、绝缘异常告警。

（4）具备运行旁路和独立旁路，运行方式正确。

（5）UPS 性能试验合格，总切换时间符合要求。

（6）UPS 装置有有效隔直措施，有防雷装置。

（二）资料验收

（1）出厂试验报告。

（2）安装使用说明书。

（3）UPS 接线图及相对应的端子编号图。

（4）UPS 屏柜装设的电器元件表，表内应注明制造厂家、规格型号及合格证。

（5）附件及备品清单。

本 章 小 结

本章详细阐述了技改大修作业的完整流程，并交代了低压交流柜更换、交流电源系统母线排更换、UPS 设备更换的施工步骤，同时在技改大修项目中要做好安全措施并进行危险点分析，组织好前期勘察与后期资料验收工作。后续章节在讨论具体低压交流与直流系统设备的技改大修作业时，将遵循此流程进行，对于已述内容不再重复，仅针对不同作业的关键点进行深入探讨。

第二部分

低压直流设备

第六章　低压直流设备巡视维护

本章描述

变电站直流系统是电力系统中的重要组成部分，它主要用于提供直流电力，以支持电力系统的控制、保护和运行。直流系统是给信号及远动设备、保护及自动装置、事故照明、断路器（开关）分合闸操作提供直流电源的电源设备。直流系统是一个独立的电源，在外部交流电中断的情况下，由蓄电池组继续提供直流电源，保障系统设备正常运行。直流系统的用电负荷极为重要，对供电的可靠性要求很高，直流系统的可靠性是保障变电站安全运行的决定性条件之一。在系统发生故障，站用电中断的情况下，如果直流电源系统不能可靠地为工作设备提供直流工作电源，将会产生不可估计的损失。

由于变电站直流系统在保障变电站安全、可靠运行中的重要作用，低压直流系统的巡视维护是变电运行的一项重要环节，通过运行人员的周期性巡视维护及时发现低压直流系统存在的隐患和缺陷，并做出相应的处理，可以有效避免故障发生，减小影响和损失。

第一节　低压直流运行规定

一、基本介绍

直流电源成套装置（completeset of DC powersupply）由组柜安装的蓄电池组、充电装置、直流进线断路器、馈线断路器组合构成若干直流电源装置柜，可与其他电气设备一起布置在继电器室或配电间内。

变电站内的直流系统是独立的操作电源，为变电站内的控制系统、继电保护、信号装置、自动装置提供电源；同时作为独立的电源在站用电失去后，直流电源还可以作为应急的备用电源，保证继电保护装置、自动装置、控制及信号装置和断路器的可靠工作，同时提供事故照明用电。站内直流电源系统一般由蓄电池、充电设备、直流负荷三大部分组成。

二、常见名词

（1）电池组。装配有使用所必需的装置（如外壳、端子、标示及保护装置）的一个或多个单体电池。

（2）正常充电。蓄电池正常的充电过程，即由均充电转到浮充电的过程。

（3）定时均充。为了防止电池处于长期浮充电状态可能导致电池单体容量不平衡，而周期性地以较高的电压对电池进行均衡充电。

（4）限流均充。以不超过电流充电限流点的恒定电流对电池充电。

（5）恒流限压充电。是先以恒流方式进行充电，当蓄电池组电压上升到限压值时，充电装置自动转换为限压充电，直到充电完毕。

（6）恒压限流充电。采用限制电流的恒压电源充电的一种方式。

（7）恒压均充。以恒压的均充电压对电池充电。

（8）直流母线。直流电源屏内的正、负极主母线。

（9）合闸母线。直流电源屏内供电断路器电磁合闸机构等动力负荷的直流母线。

（10）直流馈线。直流馈线屏至直流小母线和直流分电屏的直流电源电缆。

（11）均衡充电。用于均衡单体电池容量的充电方式，一般充电电压较高，常用作快速恢复电池容量。

（12）浮充电。保持电池容量的一种充电方法，一般电压较低，常用来平衡电池自放电导致的容量损失，也可用来恢复电池容量。

三、组成及功能

（一）系统构成

站用直流电源系统主要由交流配电单元、集中监控单元、充电模块、蓄电池组、直流馈电单元、绝缘监测仪、调压硅链单元、电池监测仪、防交流窜入装置构成，如图 6－1－1 所示。

1. 蓄电池

蓄电池是能将获得的电能以化学能的形式贮存并将化学能转变为电能的一种电化学装置。蓄电池组是用电气方式连接起来的两个或多个单体蓄电池。图 6－1－2 为某变电站内蓄电池组。

（1）常用的蓄电池主要有阀控式铅酸蓄电池（以下简称阀控蓄电池）、镍蓄电池。

新安装的阀控密封蓄电池组，应进行全核对性放电试验。以后每隔两年进行一次核对性放电试验。运行了四年以后的蓄电池组，每年做一次核对性放电试验。

阀控蓄电池组正常应以浮充电方式运行，浮充电压值应控制为（2.23～2.28）V×N，一般宜控制在 2.25V×N（25℃时）；均衡充电电压宜控制为（2.30～2.35）V×N。运行中的阀控蓄电池组主要监视蓄电池组的端电压值、浮充电流值、每只单体蓄电池的电压值、运行环境温度、蓄电池组及直流母线的对地电阻值和绝缘状态等。在巡视中应检查蓄电池的单体电压值，连接片有无松动和腐蚀现象，壳体有无渗漏和变形，极柱与安全阀周围是否有酸雾溢出，绝缘电阻是否下降，蓄电池通风散热是否良好，温度是否过高等。

注 1)：镉镍蓄电池在国内电力系统装运量已非常少，且运行维护参数和方法获取困难，故本书中予以保留，但不推荐使用。镉镍蓄电池组正常应以浮充电方式运行，高倍率镉镍蓄电池浮充电压值宜取（1.36～1.39）V×N，均衡充电宜取（1.47～1.48）V×N；中倍率镉镍蓄电池浮充电压值宜取（1.42～1.45）V×N，均衡充电宜取（1.52～1.55）V×N，

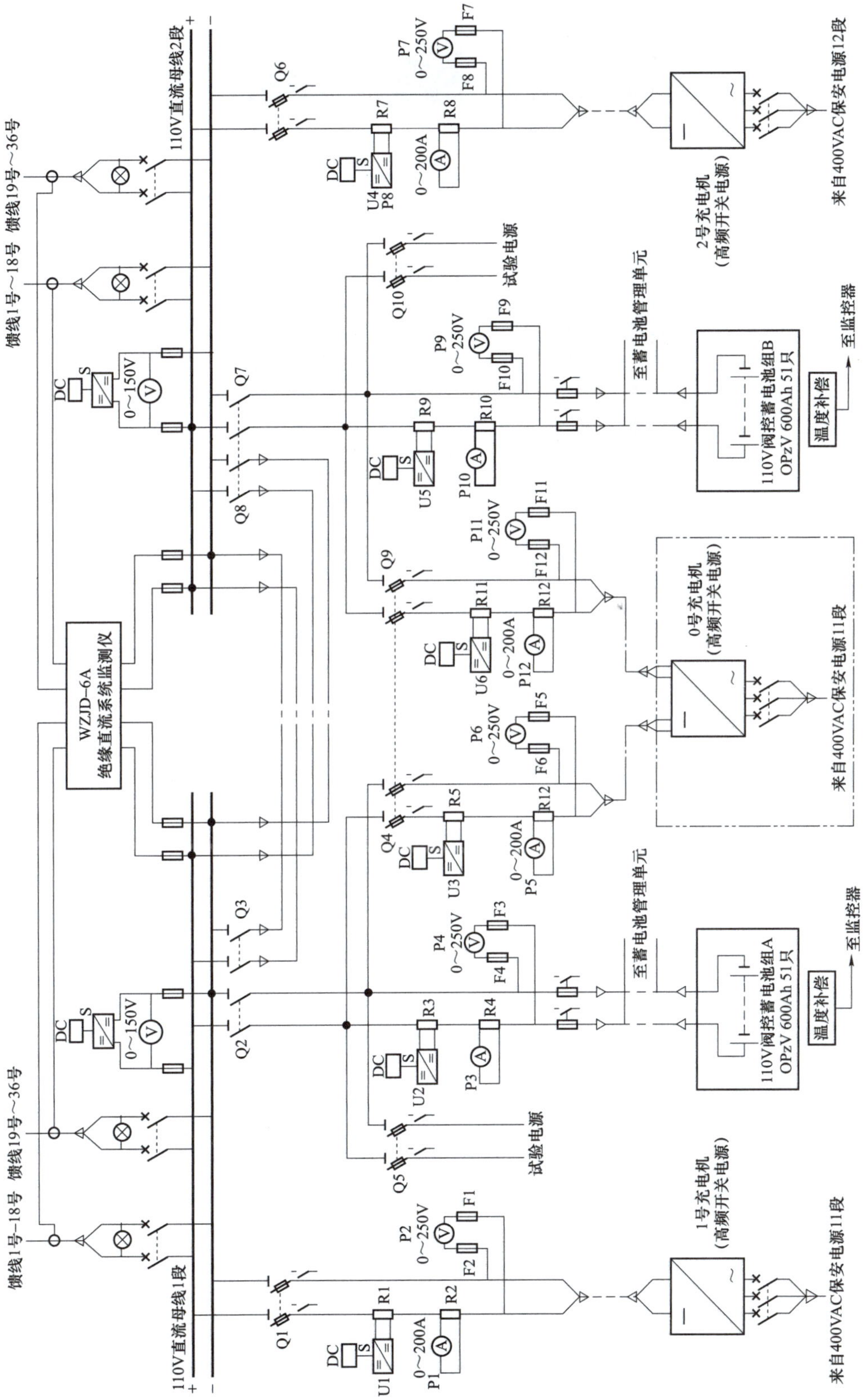
110V直流母线1段
110V直流母线2段
馈线1号-18号
馈线19号~36号
馈线1号~18号
馈线19号~36号
WZJD-6A
绝缘直流系统监测仪
Q1
Q2
Q3
Q4
Q5
Q6
Q7
Q8
Q9
Q10
R1
R2
R3
R4
R5
R7
R8
R9
R10
R11
R12
R12
F1
F2
F3
F4
F5
F6
F7
F8
F9
F10
F11
F12
P1
P2
P3
P4
P5
P6
P7
P8
P9
P10
P11
P12
U1
U2
U3
U4
U5
U6
DC
S
0~200A
0~250V
0~150V
试验电源
试验电源
至蓄电池管理单元
至蓄电池管理单元
110V阀控蓄电池组A
OPzV 600Ah 51只
110V阀控蓄电池组B
OPzV 600Ah 51只
温度补偿
温度补偿
至监控器
至监控器
1号充电机
（高频开关电源）
0号充电机
（高频开关电源）
2号充电机
（高频开关电源）
来自400VAC保安电源11段
来自400VAC保安电源11段
来自400VAC保安电源12段

图6-1-1　站用直流电源系统组成

备注：双点划线内正常运行中为备用

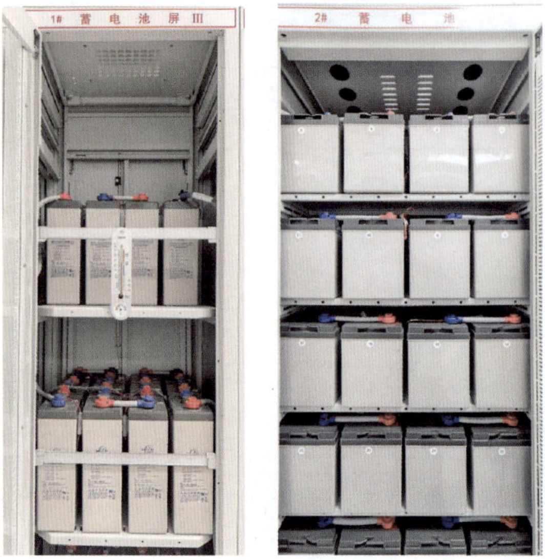

图 6-1-2　变电站蓄电池组

浮充电流值宜取（2～5）mA × Ah。镉镍蓄电池组在运行中，主要监视蓄电池组端电压值、浮充电流值，每只单体蓄电池的电压值、电解液液面的高度、电解液的密度、电解液的温度、壳体是否有爬碱、运行环境温度是否超过允许范围等。无论在何种运行方式下，电解液的温度都不得超过 35℃。

注 2)：防酸隔爆铅酸蓄电池在国内电力系统装运量已非常少，运行维护参数和方法获取方便。防酸蓄电池组正常应以浮充电方式运行，使蓄电池组处于额定容量状态。浮充电流的大小应根据所使用蓄电池的说明书确定。浮充电压值一般应控制为（2.15～2.17）V × *N*（*N* 为电池个数）。GFD 防酸蓄电池组浮充电压值应控制在 2.23V × *N*。防酸蓄电池组在正常运行中主要监视端电压值、单体蓄电池电压值、电解液液面高度、电解液密度、电解液温度、蓄电池室温度、浮充电流值等。

注 3)：新型蓄电池（如磷酸铁锂电池、钛酸锂电池等）需积累运行维护经验，故本书暂未涉及。

（2）蓄电池室（柜）内应设置温度测量显示装置。蓄电池室的温度宜保持在（5～30）℃，最高不应超过 35℃，并应通风良好。

（3）蓄电池不宜受到阳光直射。

（4）蓄电池室（柜）内的蓄电池应按由正极引线开始顺序编号，依次编至最末一只蓄电池。

（5）常用的充电装置主要有高频开关型和相控型。

（6）当两套绝缘监测装置在直流母线并联或其他运行方式下不能协调工作时，应选择退出一套绝缘监测装置或其他方式，以保证有正确的绝缘监测能力。

（7）蓄电池室内禁止点火、吸烟，并在门上贴有“严禁烟火”警示牌，严禁明火靠近蓄电池。

（8）测量电池电压时应使用四位半精度万用表。

2. 充电装置

充电模块是将交流电整流成直流电的一种换流设备，其主要功能是实现正常负荷供电及蓄电池的均/浮充功能。图 6－1－3 为某变电站直流充电模块。

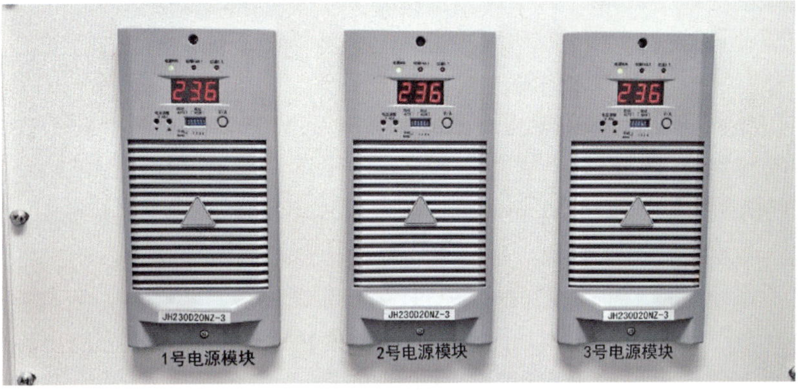

图 6－1－3　变电站直流充电模块

（1）充电装置在检修结束恢复运行时，应先合交流侧断路器，再带直流负荷。

（2）对交流切换装置模拟自动切换，重点检查交流接触器是否正常、切换回路是否完好。

（3）运行中直流电源装置的微机监控装置，应通过操作按钮切换检查有关功能和参数，其各项参数的整定应有权限设置。

（4）当微机监控装置故障时，若有备用充电装置，应先投入备用充电装置，并将故障装置退出运行。

3. 绝缘监测装置

直流绝缘监测装置分为信号、测量两部分，均按直流电桥的原理进行工作。它能够在任一极的绝缘电阻降低时，自动发出灯光和音响信号，并可以利用它判断出接地极和正、负极的绝缘电阻值。该装置在直流系统正常或接地故障时，均能准确的检测出各极母线对地绝缘电阻，以利于检测直流系统的运行情况。图 6－1－4 为某变电站内绝缘监测装置。

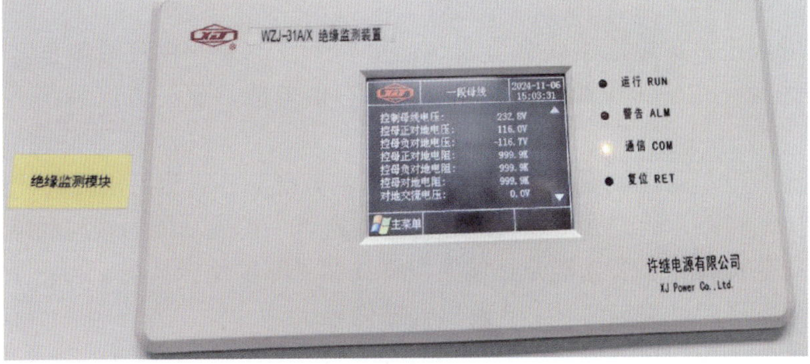

图 6－1－4　变电站绝缘监测装置

（1）装置运行期间周围环境温度不高于+45℃，不低于−10℃。

（2）空气相对湿度：日平均相对湿度不大于95%，月平均相对湿度不大于90%，且表面无凝露。

（3）海拔不超过2000m，大气压力范围为80～110kPa。

（4）安装使用地点无强烈振动和冲击，无强烈电磁干扰，空气中无爆炸危险及导电介质，不含有腐蚀金属和破坏绝缘的有害气体。

（5）直流系统绝缘监测装置应具有较高的绝缘故障监测灵敏度和绝缘阻值测量精度，应能连续长期运行，必须具有防止直流系统一点接地引起保护误动的功能。

（6）直流系统绝缘监测装置应采用直流电压检测法原理，直流系统支路绝缘监测装置宜采用直流漏电流检测法原理，也可采用低频信号注入法原理。

（7）直流系统绝缘监测装置主机应安装在直流馈线屏（柜）内，应具有系统绝缘及馈线屏（柜）馈出支路绝缘监测功能，并配置平衡桥、检测桥及相应的电流传感器。

（8）面板上的元器件应采用以下方式合理布局：

1）产品正面应朝向巡视和操作者，面板上的按钮、开关、连接片等操作器件，以及各类声、光信号等指示器件应排列整齐、端正美观。

2）产品背面的电源、通信、输入、输出、接地等端子的布置应便于接线、行线和试验。

3）用以说明面板上元器件功能的文字、符号、标志应正确、清晰、端正、耐久。

（二）各组件功能

（1）交流配电单元。将交流电源引入分配给各个充电模块，扩展功能为实现两路交流输入的自动切换，以提高直流系统供电的可靠性。为防止过电压损坏充电模块，交流配电设有防雷装置。

（2）集中监控单元。负责实现直流电源系统的监测、控制和管理的功能模块。集中监控单元是电源系统的控制、管理核心，具有四遥功能，可使电源系统达到无人值守。采用以微处理器为核心的集散模式对充电模块、馈电回路、电池组、直流母线对地绝缘情况实施全方位监视、测量、控制，完全不需人工干预。

（3）充电模块。提供电池所需电压输出的AC/DC智能高频开关变换器，其输出连接在电池母线上。基本功能是完成AC/DC变换，以输出稳定的直流电源实现系统最为基本的功能。

（4）蓄电池组。蓄电池组是直流系统的重要组成部分，直流系统正常工作时存储能量，主要作用是在交流电源停电时释放自身存储电能，保证直流系统不间断地向负荷供电。

（5）直流馈电单元。将直流电源经直流断路器分配到各直流用电设备。包括合闸（动力）回路、控制回路、闪光回路以及绝缘监测装置等，扩展功能为馈线故障跳闸报警。

（6）绝缘监测仪。主要功能是在线监测母线和支路的绝缘情况。当测量出有绝缘支路的绝缘电阻下降超过整定值时，会发出告警信号。

（7）电池监测仪（电池巡检仪）。主要功能是实现单体或成组（3只或6只为1组）电池电压、温度的监测。

四、一般规定

（1）330kV 及以上电压等级变电站及重要的 220kV 变电站应采用三台充电装置，两组蓄电池组的供电方式。每组蓄电池和充电装置应分别接于一段直流母线上，第三台充电装置（备用充电装置）可在两段母线之间切换，任一工作充电装置退出运行时，手动投入第三台充电装置。

（2）每台充电装置两路交流输入（分别来自不同站用电源）互为备用，当运行的交流输入失去时能自动切换到备用交流输入供电。

（3）两组蓄电池组的直流系统，应满足在运行中二段母线切换时不中断供电的要求，切换过程中允许两组蓄电池短时并联运行，禁止在两系统都存在接地故障情况下进行切换。

（4）直流母线在正常运行和改变运行方式的操作中，严禁发生直流母线无蓄电池组的运行方式。

（5）查找和处理直流接地时，应使用内阻大于 2000Ω/V 的高内阻电压表，工具应绝缘良好。

（6）使用拉路法查找直流接地时，至少应由两人进行，断开直流时间不得超过 3s，并做好防止保护装置误动作的措施。

（7）直流电源系统同一条支路中熔断器与直流断路器不应混用，尤其不应在直流断路器的下级使用熔断器，防止在回路故障时失去动作选择性。严禁直流回路使用交流断路器。直流断路器配置应符合级差配合要求。

（8）蓄电池室应使用防爆型照明、排风机及空调，开关、熔断器和插座等应装在室外。门窗完好，窗户应有防止阳光直射的措施。

第二节　低压直流设备巡视

一、设备巡视

设备的巡视检查是变电站很重要的一项日常工作，是发现事故隐患和设备缺陷的主要方法。设备巡视应严格按照《国家电网公司电力安全工作规程（变电部分）》中的要求，做好安全防护措施。巡视时应严格按照巡视路线和巡视项目对一、二次设备逐台认真进行巡视，严禁走过场。每次的巡视情况应进行记录并签名，新发现的设备缺陷要记录在“设备缺陷记录本”内。

运维班负责所辖变电站的现场设备巡视工作，应结合每月停电检修计划、带电检测、设备消缺维护等工作统筹组织实施，提高运维质量和效率。巡视人员应注意人身安全，针对运行异常且可能造成人身伤害的设备应开展远方巡视应尽量缩短在瓷质、充油设备附近的滞留时间。巡视应执行标准化作业，保证巡视质量。运维班班长、副班长和专业工程师应每月至少参加一次巡视，监督、考核巡视检查质量。对于不具备可靠的自动监视和告警系统的设备，应适当增加巡视次数。巡视设备时运维人员应着工作服，正确佩戴安全帽。雷雨天气必须巡视时应穿绝缘靴、着雨衣，不得靠近避雷器和避雷针，不得触碰设备、架构。为确保夜间巡视安全，变电站应具备完善的照明。现场巡视工器具应合格、齐备。备用设备应按照运行设备的要求进行巡视。

巡视是以运行人员的眼观、耳听、鼻嗅等感官及仪器为主要检查手段，发现运行中设备的缺陷及隐患。常用的巡视检查方法有以下五方面。

（一）目测法

值班人员用肉眼对运行设备可见部位的外观变化进行观察来发现设备的异常现象。目测法是巡视检查最常用的方法之一。通过目测可以发现的异常现象有破裂、断线；变形（膨胀、收缩、弯曲）；松动；漏油、漏水、漏气；污秽；腐蚀；磨损；变色（烧焦、硅胶变色、油变黑）；冒烟；产生火花；有杂质异物；不正常的动作等。

（二）耳听法

运行中的电气设备由于交流电的作用产生振动并发出各种声音，如果仔细注意听这种声音，并熟练掌握声音特点，就能通过它的高低节奏、音色的变化、音量的强弱、是否伴有杂音等，来判断设备是否运行正常。例如变电站的一、二次电磁式设备（如变压器、互感器、继电器、接触器等）正常运行通过交流电后，其绕组铁芯会发出均匀节律和一定响度的“嗡、嗡”声，运行值班人员应该熟悉掌握声音的特点，当设备出现故障时，会夹着杂音，甚至有“劈啪”的放电声，可以通过正常时和异常时的音律、音量的变化来判断设备故障的发生和性质。

（三）鼻嗅法

人类嗅觉对气味的感觉因人而异，但电气设备的绝缘材料过热产生的气味能被大多数人嗅到并辨别。如果值班人员和其他人员进入配电室检查电气设备，嗅到设备绝缘材料被烧焦产生的气味时，值班人员应着手进行深入检查。

（四）仪器检测法

用仪器检测的方法，如红外线测温仪等。红外线测温仪是一种利用高灵敏度的热敏感应辐射元件，检测由被测物发射出来的红外线而进行测温的仪表。能正确地测出运行设备的发热部位及发热程度。当经过测温得到设备实际温度后，必须了解设备在测温时所带负荷情况，与该设备历年的温度记录资料及同等条件下同类设备温度做比较，并与各类电气设备的最高允许温度比较，然后进行综合分析。

二、巡视周期

变电站的设备巡视检查，分为例行巡视，全面巡视，专业巡视，熄灯巡视和特殊巡视。

（一）例行巡视

例行巡视是指对站内设备及设施外观、异常声响、设备渗漏、监控系统、二次装置及辅助设施异常告警、消防安防系统完好性、变电站运行环境、缺陷和隐患跟踪检查等方面的常规性巡查，具体巡视项目按照现场运行通用规程和专用规程执行。一类变电站每 2 天不少于 1 次；二类变电站每 3 天不少于 1 次；三类变电站每周不少于 1 次；四类变电站每 2 周不少于 1 次。配置机器人巡检系统的变电站，机器人可巡视的设备可由机器人巡视代替人工例行巡视。

（二）全面巡视

全面巡视是指在例行巡视项目基础上，对站内设备开启箱门检查，记录设备运行数据，检查设备污秽情况，检查防火、防小动物、防误闭锁等有无漏洞，检查接地引下线是否完好，检查变电站设备厂房等方面的详细巡查。全面巡视和例行巡视可一并进行。一类变电站每周不少于 1 次；二类变电站每 15 天不少于 1 次；三类变电站每月不少于 1 次；四类变电站每 2 月不少于 1 次。需要解除防误闭锁装置才能进行巡视的，巡视周期由各运维单位根据变电站运行环境及设备情况在现场运行专用规程中明确。

（三）熄灯巡视

熄灯巡视指夜间熄灯开展的巡视，重点检查设备有无电晕、放电，接头有无过热现象。熄灯巡视每月不少于 1 次。

（四）专业巡视

专业巡视指为深入掌握设备状态，由运维、检修、设备状态评价人员联合开展对设备的集中巡查和检测。一类变电站每月不少于 1 次；二类变电站每季不少于 1 次；三类变电站每半年不少于 1 次；四类变电站每年不少于 1 次。

（五）特殊巡视

特殊巡视指因设备运行环境、方式变化而开展的巡视。遇有以下情况，应进行特殊巡视：

（1）大风后；

（2）雷雨后；

（3）冰雪、冰雹后、雾霾过程中；

（4）新设备投入运行后；

（5）设备经过检修、改造或长期停运后重新投入系统运行后；

（6）设备缺陷有发展时；

（7）设备发生过负载或负载剧增、超温、发热、系统冲击、跳闸等异常情况；

（8）法定节假日、上级通知有重要保供电任务时；

（9）电网供电可靠性下降或存在发生较大电网事故（事件）风险时段。

三、例行巡视

站用直流系统巡视检查项目主要包括以下内容：

检查直流室内空调运行是否正常；

检查充电机、蓄电池运行显示正常；

检查母线电压，充电机电压、电流，蓄电池柜总电压是否正常；

检查直流主屏、直流分屏各开关、刀闸是否正确投退；

检查是否有报警信号及其他异常情况；

检查直流分屏上各直流接地巡检装置显示的直流电压、正极/地电压、负极/地电压。正极对地电压不超过额定电压的 50%，负极对地电压不超过额定电压的 65%，整组电压与母线额定电压低差不应大于±5%。

检查下列电压或电流正常：各充电模块输出电压、电流；直流母线电压、直流母线电流、蓄电池组（或合闸母线）电压、充电电流；

各负荷开关、切换开关的位置、信号灯指示应符合运行要求；

各充电模块的信号灯亮灭正常，装置内部无异常响声，手感无过热现象，通风孔不受封堵；

绝缘监测仪运行灯应亮，告警灯应灭，面板显示无告警信息；

直流系统集中监控器的运行灯应亮，告警灯应灭，面板显示的直流设备运行参数符合实际运行状态，无告警信息，各告警光字牌应灭；

柜内应无异常响声、无异味；

电池外壳无损伤、裂纹。

站用直流系统例行巡视具体内容如下：

（一）直流室、蓄电池室巡视

（1）门窗关闭严密，玻璃完整，房屋无渗、漏水现象，室内照明完好；

（2）室温应保持在 10～30℃之间；

（3）室内通风装置开启运转正常，室内无异味；

（4）防鼠挡板完好，粘鼠板完备；

（5）室内防火设施齐全，符合要求，蓄电池室的窗户玻璃应采取措施，以免阳光直射在电池上；

（6）蓄电池室内无可能产生明火的设施。

（二）蓄电池巡视

（1）蓄电池组外观清洁，无短路、接地。蓄电池外壳应清洁、完好，无渗液；极柱无氧化、生盐现象；呼吸装置完好，通气正常。

（2）蓄电池组总熔断器运行正常。

（3）蓄电池壳体无渗漏、变形，连接条无腐蚀、松动，构架、护管接地良好。蓄电池支架接地完好，接地连接线截面积不小于 16mm^2。

（4）蓄电池电压在合格范围内。

（5）蓄电池编号完整。蓄电池应逐个编号，由正极按顺序排列整齐，极性标志清晰、正确。

（6）蓄电池巡检采集单元运行正常。

（7）蓄电池室温度、湿度、通风正常，照明及消防设备完好，无易燃、易爆物品。蓄电池测温装置工作正常，蓄电池温升正常，不发烫，环境温度不应超过 30℃。蓄电池室照明灯具完整。

（8）蓄电池室门窗严密，房屋无渗、漏水。蓄电池室的窗户应有防止阳光直射的措施。

在巡视过程中还要检查蓄电池组连接是否紧固，有无发热；防震架完好无损；I_{ON}、极柱、安全阀周围无渗液和酸雾；蓄电池组的电压应保持在 2.25（1+1%）×104V，也即电压保持在 231.66～236.34V 之间。单体蓄电池电压保持在 2.25（1±1%）V。

（三）直流充电屏巡视

1. 充电装置屏外观、面板元件检查

（1）充电模块运行正常，“运行”灯亮，面板工作正常，无告警信号。

（2）充电装置交流输入电压、直流输出电压、电流正常。交流输入电压值、直流输出电压值、直流输出电流值显示正确，与屏上表计指示一致并符合表 6－2－1 要求。

表 6－2－1 蓄电池充电屏参数要求

蓄电池充电屏参数	取值要求
交流输入电压（V）	380±10%
蓄电池组电压（V）	$2.25\times N$
直流动力母线电压（V）	220～242
直流控制母线电压（V）	当 U_n=220V 时，母线电压为 215～226 当 U_n=110V 时，母线电压为 107～113
蓄电池浮充电流（A）	＜2mA×Ah
输出电流（A）	小于或等于各充电模块输出总和

注：N 表示每组蓄电池个数；U_n 表示额定电压；Ah 表示蓄电池组容量数。

（3）风扇正常运转，无明显噪音或异常发热。

（4）直流控制母线、动力（合闸）母线电压、蓄电池组浮充电压值在规定范围内，浮充电流值符合规定。

（5）各元件标志正确，断路器、操作把手位置正确。

（6）具备两组蓄电池的系统，正常运行时两段母线分列运行，每段母线分别采用独立的蓄电池组供电，直流母线之间的联络开关或隔离开关应处于断开位置。

（7）蓄电池组输出熔断器配置合理且运行正常、辅助报警触点工作正常。

（8）装置监控器菜单操作响应正常。

（9）充电模块风扇装置运行正常，滤网无明显积灰。

（10）装置面板能正常唤醒，无花屏、死机现象。

（11）根据投入运行时间推算，确认蓄电池组的充电状态为“浮充或均充”，如果有异常应立即汇报运维部门，进行及时处理。

（12）调压功能检查，调整面板上调压转换开关，母线电压应逐档升高，并能听到继电器吸合声响。否则应立即汇报运维部门，进行及时处理。

（13）检查高频充电模块，输出电压或输出电流显示正常；进风口清洁无堵塞，风扇正常运转；无报警，模块无明显噪声或异响。

（14）在巡视过程中还要检查交直流电压表、电流表指示正确，浮充电压电流正常，指针稳定不抖动；充电模块电源指示灯正常，充电电流在正常值，散热通风良好。

2. 监控装置参数检查

（1）“运行”灯亮，面板工作正常，无告警信号。

（2）交流输入电压值、直流输出电压值、直流输出电流值显示正确，与屏上表计指示一致。

（3）菜单操作响应正常。

（4）充电模块风扇装置运行正常，滤网无明显积灰。

（5）控制母线调压硅链工作正常，有“手动/自动”切换时，正常运行时转换开关置于“自动”位置，装置处于自动调压状态。

（四）直流馈电屏巡视

（1）绝缘监测装置运行正常，直流系统的绝缘状况良好。

（2）各支路直流断路器位置正确、指示正常，监视信号完好。

（3）各元件标志正确，直流断路器、操作把手位置正确。

（4）屏柜（前、后）门接地可靠。

（5）绝缘监察装置巡检正常，无接地报警；检查正对地和负对地绝缘状态良好。

（6）检查所有“合位”的快分开关所对应的指示灯应该为亮。

（7）直流电源设备标识清晰，无脱落。

（8）在绝缘监测仪菜单中检查直流正、负母线对地的绝缘状况，要求正、负母线对地电阻应符合表6-2-2的要求。

表6-2-2　　蓄电池绝缘监测仪参数要求

标称电压等级（V）	正、负母线对地电阻值（kΩ）	检查正、负母线对地电压差值（V）
220	≥25	记录数值
110	≥7	记录数值
48	≥1.7	记录数值

在巡视过程中还要检查设备编号标示齐全清晰、无损坏；屏体固定牢固、接地良好；屏体表面整洁、无异常气味；屏门开、合自如，屏内清洁；屏内各馈线开关位置正确，开关接触良好，无异常声音及发热现象；各元件良好，无异常；电缆外观完好，无发热，电缆孔洞封堵严密；接线端子无松脱、发热现象。

四、全面巡视

全面巡视在例行巡视的基础上增加以下检查项目：

（1）仪表在检验周期内。

（2）屏内清洁，屏体外观完好，屏门开、合自如。

（3）防火、防小动物及封堵措施完善。

（4）直流屏内通风散热系统完好。

（5）抄录蓄电池检测数据。

（一）蓄电池室（或蓄电池柜）及蓄电池巡视

与例行巡视的内容相同。

（二）直流充电屏巡视

1. 充电装置屏外观、面板元件检查

与例行巡视内容相比，增加如下内容：

（1）屏柜（前、后）门接地可靠。

（2）柜体上各元件标识正确可靠。

2. 监控装置参数检查

与例行巡视的内容相同，增加如下内容：检查监控装置各项整定值设置与表 6－2－3 相符。

表 6－2－3　　蓄电池充电监控装置参数要求

整定项目	整定值	说明
浮充电压	$2.25\times N$V	N 为电池个数；阀控蓄电池应控制为（2.23～2.28）V×N，一般宜控制在 2.25V×N（25℃时）修正值为±1℃时 3mV，即当温度每升高 1℃，单体电压为 2V 的阀控蓄电池浮充电电压值应降低 3mV，反之应提高 3mV
恒流（限流）	I_{10}A	100Ah 的蓄电池为 10A；200Ah 的蓄电池为 20A；300Ah 的蓄电池为 30A；400Ah 的蓄电池为 40A；500Ah 的蓄电池为 50A
恒压（限压）	（2.3～2.35）×NV	环温为 25℃及以上时为 2.3V，环温低于 25℃，可适当提高，最高不得超过 2.35V；同时应注意动力母线应不高于交、直流一体化系统标称电压 112.5%；控制母线应不高于交、直流一体化系统标称电压 110%
恒压倒计时启动电流	$0.1I_{10}$A	100Ah 的蓄电池为 1A；200Ah 的蓄电池为 2A；300Ah 的蓄电池为 3A；400Ah 的蓄电池为 4A；500Ah 的蓄电池为 5A
恒压倒计时间	3h	
补充充电周期	3 或 6 个月	当装置设置最大数值能达到 6 个月时建议设为 6 个月
温度补偿系数	3mV×N/℃	装置有此功能时设置：基准温度为 25℃；额定电压为 220V 的直流系统为 0.3V/℃；额定电压为 110V 的直流系统为 0.15V/℃；额定电压为 48V 的直流系统为 0.07V/℃
浮充转均充电压	2.0～2.05×NV	装置有此功能时设置：210V
最大均充时限	12h	装置有此功能时设置：12h
交流输入上限报警	110%U_n	额定电压为 380V 的交流系统设为 418V；额定电压为 220V 的交流系统设为 242V
交流输入下限报警	90%U_n	额定电压为 380V 的交流系统设为 342V；额定电压为 220V 的交流系统设为 198V
直流母线上限报警	112.5%U_n	额定电压为 220V 的交直流一体化系统设为 247V
直流母线下限报警	90%U_n	额定电压为 220V 的交直流一体化系统设为 198V
直流控制母线上限报警	110%U_n	额定电压为 220V 的交直流一体化系统设为 242V；额定电压为 110V 的交直流一体化系统设为 121V；额定电压为 48V 的交直流一体化系统设为 53V
直流控制母线下限报警	90%U_n	额定电压为 220V 的交直流一体化系统设为 198V；额定电压为 110V 的交直流一体化系统设为 99V；额定电压为 48V 的交直流一体化系统设为 43V
充电模块控制方式	开机浮充	
充电模块限流	额定电流	如额定电流为 10A 的充电模块设置为 10A
控制母线自动调压下限	97.5%U_n	额定电压为 220V 的交直流一体化系统设为 215V；额定电压为 110V 的交直流一体化系统设为 107V
控制母线自动调压上限	102.5%U_n	额定电压为 220V 的交直流一体化系统设为 226V；额定电压为 110V 的交直流一体化系统设为 113V

（三）直流馈电屏巡视

与例行巡视的内容相同。

五、特殊巡视

新安装、检修、改造后的直流系统投运后，参照本节例行巡视内容及要求进行。

（一）变电站所用电停电或全站交流电源失电，直流电源蓄电池带全站直流电源负载期间特殊巡视检查

（1）蓄电池带负载时间严格控制在规程要求的时间范围内。

（2）直流控制母线、动力母线电压、蓄电池组电压值在规定范围内。

（3）各支路直流断路器位置正确。

（4）各支路的运行监视信号完好、指示正常。

（5）交流电源恢复后，应检查直流电源运行工况，直到直流电源恢复到浮充方式运行，方可结束特巡工作。

（二）出现直流断路器脱扣、熔断器熔断等异常现象后，应巡视保护范围内各直流回路元件有无过热、损坏和明显故障现象

（三）蓄电池核对性充放电期间

（1）检查蓄电池温升正常，不发烫。

（2）检查蓄电池连接条不发热。

（3）蓄电池充电屏巡视。

1）充电装置屏外观、面板元件检查。

①“运行”灯亮，面板工作正常，无告警信号。

② 交流输入电压值、直流输出电压值、直流输出电流值显示正确，与屏上表计指示一并符合表 6-2-4 要求。

表 6-2-4　　蓄电池充电屏参数要求

蓄电池充电屏参数	取值要求
交流输入电压（V）	380±10%
蓄电池组电压（V）	$2.25 \times N$
直流动力母线电压（V）	220～242
直流控制母线电压（V）	当 U_n=220V 时，母线电压为 215～226 当 U_n=110V 时，母线电压为 107～113
蓄电池浮充电流（A）	＜2mA×Ah
输出电流（A）	小于或等于各充电模块输出总和

注：N 表示每组蓄电池个数；U_n 表示额定电压；Ah 表示蓄电池组容量数。

③ 具备两组蓄电池的系统，正常运行时两段母线分列运行，每段母线分别采用独立的蓄电池组供电，直流母线之间的联络开关或隔离开关应处于断开位置。

④ 蓄电池织输出熔断器配置合理且运行正常、辅助报警触点工作正常。

⑤ 装置监控器菜单操作响应正常。

⑥ 充电机风扇模块运行正常，滤网无明显积灰。

⑦ 装置面板能正常唤醒，无花屏、死机现象。

⑧ 根据投入运行时间推算，确认蓄电池组的充电状态为“浮充或均充”，如果有异常现象即汇报运维部门，进行及时处理。

⑨ 调压功能检查，调整面板上调压转换开关，母线电压应逐档升高，并能听到继电器吸合声响。否则应立即汇报运维部门，进行及时处理。

⑩ 检查高频充电模块，输出电压或输出电流显示正常；进风口清洁无堵塞，风扇正常运转；无报警，模块无明显噪声或异响。

2）监控装置参数检查。

①“运行”灯亮，面板工作正常，无告警信号。

② 交流输入电压值、直流输出电压值、直流输出电流值显示正确，与屏上表计指示一致。

③ 菜单操作响应正常。

④ 充电机风扇模块运行正常，滤网无明显积灰。

第三节　低压直流设备维护

一、蓄电池核对性充放电

蓄电池是在站用电失电后用来保障站内直流供电的重要设备。蓄电池在变电站、配电站直流系统中提供能源，相当于变电站、配电站整个二次系统的心脏，为二次系统的正常运行提供动力。通过蓄电池核对性充放电，对蓄电池的性能和容量进行测量，才能发现蓄电池容量缺陷，使蓄电池得到活化，容量得到恢复，使用寿命延长。

站用直流电源系统运行时，禁止蓄电池组脱离直流母线。

（一）蓄电池核容性充放电有关的参数

1. 额定容量

额定容量也叫保证容量，是按国家或有关部门颁布的标准，保证电池在一定的放电条件下，应该放出的最低限度的容量值。一般常指在温度20～25℃时，充满其容量，并搁置24h后，以10h放电率或0.1C电流数值的电流放电至其终止电压（1.75～1.8V/单体，2V 蓄电池）时所输出的容量。当蓄电池以恒定电流放电时，它的容量（Ah）等于放电电流（A）与其持续时间（h）的乘积。

2. 放电率

放电率表示蓄电池放电电流大小，分为时间率和电流率，放电时间率指在一定放电量上蓄电池放电至放电终止电压的时间长短，例如在25℃环境下如果蓄电池以电流 I_t 放电至放电终止电压的时间为 t 这一放电过程称为 t 小时率，放电 I_t 称为 t 小时率放电电流，IEC 标准，放电时间率有20、10、5、3、1、0.5小时率及分钟率，放电电流率是为了比较额定容量不同的蓄电池电流大小而设立的，t 小时率放电电流以 I_t 表示，通常以 10 小时率电流为标准 I_{10} 表示。

核容试验容量计算公式：　　　　　　$C=I_f\times t$（Ah）

式中　C——蓄电池组容量，单位：Ah（安时）；

I_f——恒定放电电流，A（安培）；

t——放电时间，h（小时）。

一般地，以 10 小时率放电电流恒流放电，$I_{10}=C_{10}/10$。

（二）蓄电池核容性充放电试验介绍

1. 蓄电池充放电周期

新安装或大修后的阀控蓄电池组，应进行全核容性放电试验，以后每隔 2～3 年进行一次核对性试验，运行 4 年以后的阀控蓄电池，应每年作一次核容性放电试验。

2. 充放电标准

新安装验收，在三次充放电循环之内，若达不到额定容量值的 100%，此组蓄电池为不合格。已投运的蓄电池若经过三次全核对性放充电，蓄电池组容量均达不到其额定容量的 80%以上，则应安排更换。

3. 检验方式

（1）一组阀控蓄电池组。

1）全站仅有一组蓄电池时，不应退出运行，也不应进行全核对性放电，只允许用 I_{10} 电流放出其额定容量的 50%。

2）在放电过程中，蓄电池组的端电压不应低于 2V × N。

3）放电后，应立即用 I10 电流进行限压充电—恒压充电—浮充电。反复放充 2～3 次，蓄电池容量可以得到恢复。

4）若有备用蓄电池组替换时，该组蓄电池可进行全核对性放电。

（2）两组阀控蓄电池组。

1）全站若具有两组蓄电池时，则一组运行，另一组退出运行进行全容量核对性放电。

2）放电用 I10 恒流，当蓄电池组电压下降到 1.8V × N 或单体蓄电池电压下降到 1.8V 时，停止放电。

3）隔 1～2h 后，再用 I_{10} 电流进行恒流限压充电－恒压充电–浮充电。反复放充 2～3 次，蓄电池容量可以得到恢复。

4）若经过三次全容量核对性放充电，蓄电池组容量均达不到其额定容量的 80%以上，则应安排更换。

阀控蓄电池在运行中电压偏差值及放电终止电压值的规定见表 6－3－1。

表 6－3－1　　阀控蓄电池在运行中电压偏差值及放电终止电压值的规定

阀控密封铅酸蓄电池	标称电压（V）		
	2	6	12
运行中的电压偏差值	±0.05	±0.15	±0.3
开路电压最大最小电压差值	0.03	0.04	0.06
放电终止电压值	1.80	5.25（1.75 × 3）	10.5（1.75 × 6）

（三）接线方式

1. 一组蓄电池的直流电源系统接线方式

（1）一组蓄电池配置一套充电装置时，宜采用单母线接线。

（2）一组蓄电池配置二套充电装置时，宜采用单母线分段接线，二套充电装置应接入不同母线段，蓄电池组应跨接在两段母线上。

2. 二组蓄电池的直流电源系统接线方式

（1）直流电源系统应采用两段单母线接线，两段直流母线之间应设联络电器。正常运行时，两段直流母线应分别独立运行。

（2）二组蓄电池配置二套充电装置时，每组蓄电池及其充电装置应分别接人相应母线段。

（3）二组蓄电池配置三套充电装置时，每组蓄电池及其充电装置应分别接人相应母线段。第三套充电装置可在两段母线之间切换。

（4）二组蓄电池的直流电源系统应满足在正常运行中两段母线切换时不中断供电的要求。在切换过程中，二组蓄电池应满足标称电压相同，电压差小于规定值，且直流电源系统均处于正常运行状态，允许短时并联运行。

（四）蓄电池充放电步骤

1. 作业前准备工作

（1）准备工作安排。

1）查看设备状态评价报告，明确检修类别及检修内容。

2）班组明确检修类别及工作内容，分析设备现状，了解图纸及上次试验报告。

3）全体人员熟悉作业内容、进度、作业标准、案例注意事项。

4）开工前一天，准备好作业所需仪器仪表、工器具，以及变电站直流系统图、充电装置使用说明书、充电装置图纸、上次试验报告等。

5）填写工作票。

（2）作业人员要求。

1）工作负责人与工作班成员精神状态良好。

2）作业人员应为专业从事直流电源系统检修人员。

3）作业人员知道作业地点、作业任务、邻近带电部位。

4）备品备件。

5）工器具。

蓄电池容量放电测试仪、高内阻数字万用表、电源盘（带剩余电流动作保护装置）、温度计、绝缘手套、试验接线、图纸、上次例行试验报告、仪器说明书。

6）材料。

绝缘胶布、小毛巾、记号笔。

7）危险点分析。

a. 直流系统图纸如有错误，操作直流开关时，可能造成直流母线、负荷开关短路或失压。

b. 在充电设备及直流母线工作时，易造成人员触电和短路、接地事故。

c. 有可能误操作重要直流负荷开关，造成直流回路失压。

d. 作业时有可能造成直流电压回路短路中多点接地，可能造成保护装置误动作。

e. 蓄电池组退出运行前，应将两段直流母线进行并列，避免造成母线失去蓄电池组。

f. 试验仪器设备误操作、误接线，可能损害设备。

g. 将蓄电池接入放电设备时，“+”“-”极性接反，易造成设备和蓄电池损坏。

h. 勿使蓄电池短路，造成蓄电池损坏。

8）安全措施。

a. 工作中应使用绝缘工具并戴手套，加强监护，特别是在直流母线上工作时，做好母线绝缘处理。

b. 对直流负荷屏上的重要负荷开关要做醒目标记和防误碰措施。

c. 在直流回路上作业，与带电部位保持足够安全距离，严防直流回路短路、接地、误碰等。

d. 严格履行安全技术措施，加强监护。

e. 操作试验仪器时，按仪器操作步骤进行试验操作。

f. 将蓄电池接入放电设备时，注意防止“+”“-”极性接反。

2. 作业程序及作业标准

（1）检修电源的使用。

1）试验电源接取。从就近检修电源箱接取有剩余电流动作的保护装置。

2）接取电源注意内容。接取电源前应先验电，用万用表确认电源电压等级和电源类型无误后，先接隔离开关侧，后接电源侧。

（2）检修内容和标准要求。

1）蓄电池核对性充放电试验。

蓄电池外观检查。检测蓄电池外壳有无破裂、损坏，是否有漏液现象，极盖密封是否良好，蓄电池温度是否过高；检测正、负极端柱的极性是否正确，有无变形；检查安全阀是否正常、有无损伤；检查连接板、螺栓及螺帽、检测线有无松动和腐蚀现象。

电池巡检功能测试。浮充状态下测量记录电池组各电池的端电压，与微机监控装置显示的单体电池巡检数据进行比较，计算其电压测量精度不超过±0.5%；在电池巡检测量单元模块上，断开任一相邻的两根电池采样接线，把其中一根悬空，另一根接到悬空线对应的端子上，电池巡检模块能发出单体过电压和欠电压的报警信号，同时在微机监控装置上能查询到报警电池的序号和电压，电池采样接线恢复后，告警解除。

蓄电池电压检查。测量蓄电池总电压、单只蓄电池电压是否达到要求的浮充电压值（考虑温度补偿）；如果浮充电压一直偏低，在放电前应考虑补充充电。

调整运行方式。

a. 装设 2 组充电装置、2 组蓄电池系统。将试验的一组蓄电池退出运行，进行蓄电池组全容量核对性充放电；检查两套直流系统的电压是否一致，如果压差过大，应调整一致，压差不应超过 5V。两段直流母线并列运行；将试验的一组充电机、蓄电池停止运行，退出直流系统；检查运行直流系统是否正常。

b. 装设 1 组充电装置、1 组蓄电池系统。由蓄电池组向站内直流负荷和放电测试仪供电，进行蓄电池组 50%容量核对性充放电；退出充电机运行，由蓄电池组向站内直流负荷和放电测试仪供电。

试验接线。

放电仪参数设置。设置放电电流值为 $0.1C_{10}$；2 组蓄电池系统设置放电终止电压（$1.80N$）V，1 组蓄电池系统放电终止电压（$2.00N$）V（N 为蓄电池单体数）；2 组蓄电池系统设置放时间 10h，1 组蓄电池系统设置放电时间 5h。

蓄电池放电。合上放电开关，开始放电；放电过程中保持放电电流恒定；每小时记录 1 次蓄电池组端电压和单只蓄电池电压及温度；使用巡检仪的应该核对测量电压；任一单只电池电压降到规定值时应停止放电；计算蓄电池容量（考虑温度补偿）[$C=I_t$（I 为电流；t 为充电时间）]。

蓄电池充电。蓄电池放电终止后，应静置 1～2h 后再进行充电，合上充电开关，充电装置应进入均充状态；充电过程中注意蓄电池温度情况，超过 40℃时，此组蓄电池为不合格；每 2h 记录 1 次蓄电池组端电压和单只蓄电池电压，观察温度是否正常；蓄电池充电完成后应检查充电装置已经进入浮充状态。

循环充放电。

a. 新安装。容量达到额定容量的 100%充放电结束；在 3 次充放电循环之内，若达不到额定容量的 100%，此组蓄电池为不合格。

b. 定期检验。容量达到额定容量的 80%，充放电结束；在 3 次充放电循环之内，若达不到额定容量的 80%，此组蓄电池为不合格。

2）恢复正常运行方式，进行验收工作。

恢复试验前状态。

核对定值。

检查直流系统是否运行正常。

（3）验收记录。

1）自验收过程。

2）由专业人员进行验收后，填写相关记录。

（4）作业执行情况评估。

1）评价内容。

符合性、可操作性、在生产管理系统中进行设备评价。

2）存在问题和改进意见。

（五）工作内容

图 6－3－1 为蓄电池放电单元。本节以 2V，300Ah，104 节蓄电池，双电双充直流系统为例介绍步骤。

1. 检查

开始前，检查直流充电屏充电模块电流电压，蓄电池温度，直流馈线屏运行状况，确认没问题后，打开直流电源远程监控系统，选择电池组数据，选择要进行放电操作的电池组，查看电池组每节蓄电池的单体电压及内阻，是否处在正常区间内且数值接近，此处内阻为上一次测试数据，可选择底部内阻测试，选择对应蓄电池组进行内阻测试，对 104 节蓄电池进行内阻测试，耗时大约 10 分钟。若出现某一节蓄电池内阻偏高，可去蓄电池屏查看此节蓄电池是否为层间或者屏间连线位置，内阻测试包含连接线电阻，属于正常情况。

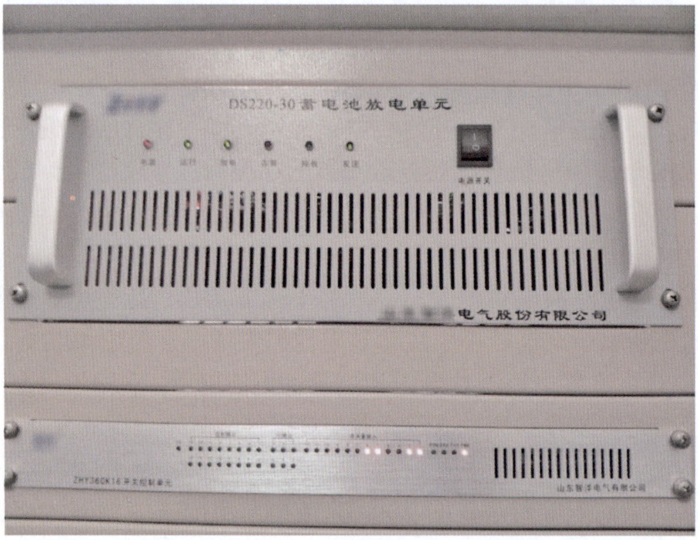

图 6-3-1　蓄电池放电单元

2. 放电

（1）进行检查。

确保运行情况没问题后进行放电操作，首先查看直流电源远程监控系统运行页面，如图 6-3-2 所示。

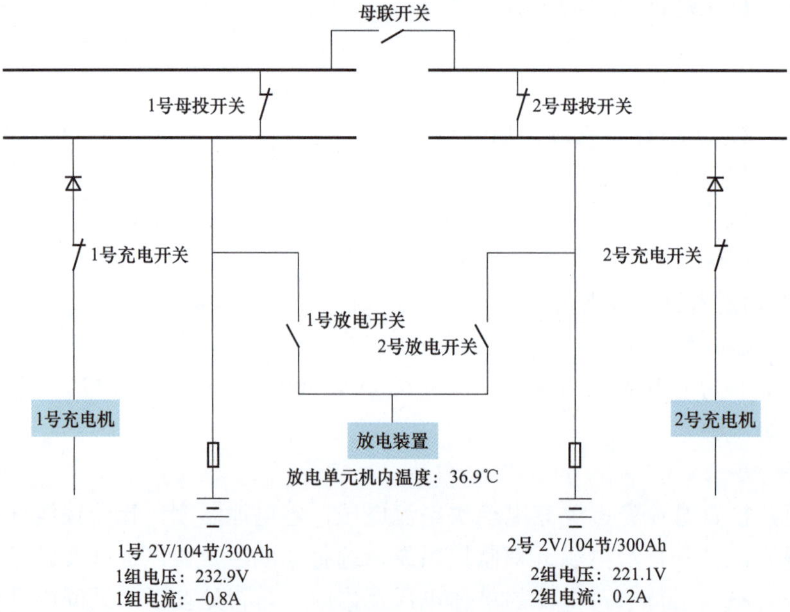

图 6-3-2　直流电源远程监控系统运行页面

此时，我们可见直流两段母线分列运行，直流充电机对蓄电池和直流母线进行供电，母联开关断开，1 号充电开关闭合，1 号放电开关断开，2 号充电开关闭合，2 号放电开关断开。

（2）进行开关操作。

以对第一组蓄电池进行放电为例，由运行图得到 1 组充电机同时对Ⅰ段直流母线和 1 组蓄电池供电，为将 1 组蓄电池与直流母线与充电机断开连接，又保证Ⅰ直流母线不失电：

1）将母联开关合上，保证Ⅰ直流母线不失电。

2）断开 1 号充电开关，1 号母投开关，断开与蓄电池连接（断开开关后到Ⅰ直流母线馈线屏检查所带负荷是否正常，到直流充电屏检查直流Ⅰ段控制母线负荷已转移到直流Ⅱ段控制母线，即 2 号直流充电屏电流是否与Ⅰ段母线电流和Ⅱ段母线电流之和相等）。

3）合上 1 号放电开关，此时已具备放电条件。

（3）在直流电源监控系统里进行操作。

1）点击放电装置，依次选择电池组，电池数量，蓄电池参数，放电时间，放电电流，蓄电池组截止电压，单节电池截止电压等参数。

2）输入后点击设置，再点击读取，重复几次，保证输入数据的准确无误，此时宜一人操作，一人监护，保证正确。

3）点击放电，进去放电页面，再点击开始放电，等蓄电池放电单元开始运行后放电开始。此时蓄电池显示电流应为－30A。

（4）放电过程中。

放电过程中的蓄电池参数包含蓄电池组电压，单节蓄电池电压，放电电流会实时更新，需要一直关注。

至少每半小时查看蓄电池放电数据一次，并进行记录，检查有无异样。

（5）查看实验报告。

放电时间到后，查看最终数据，检查有无电压低于合理区间的蓄电池。点击生成报告，导出放电记录，查看每节蓄电池电压随时间降低数据查看直流充电屏所带负荷情况，放电的蓄电池组蓄电池温度。

（6）恢复运行方式。

对于结束放电的直流电源系统，根据运行图可知要想通过 1 号充电机给第一组蓄电池进行充电。

恢复原先运行状态。

1）断开 1 号放电开关。

2）合上 1 号充电开关，合上 1 号母投开关，看Ⅰ段直流馈线屏正常，迅速断开母联开关。（迅速原因：防止另一组运行中的蓄电池给放电结束的蓄电池进行过大电流的充电。）

3）观察运行情况，待充电正常运行观察半小时无异常情况（直流充电屏输出电流，蓄电池组温度，直流馈线屏所带负荷）。

对进行了蓄电池充放电工作的单体蓄电池每小时电压数据导出，做好数据总结，便于以后工作开展。

二、蓄电池内阻测试

电池内阻是指电池内部的电阻，由欧姆电阻和电化学极化内阻构成。内阻大小受化学反应，电解质浓度，内部材料等多种因素影响。当电池充电或放电时，电流通过电池内阻会产生一定的压降，从而影响电池的实际输出电压，减弱对外部电路的供电能力。除此之外，电池内阻还会使电池放电速度变慢，工作温度升高，能量损耗增加，可用容量降低有研究表明，当内阻超过正常值的25%，则蓄电池容量降低到其标称容量的80%左右；若超过正常值50%，则蓄电池容量降低到其标称容量的80%以下。基于上述的负面因素，对电池内阻的动态持续监测，在实际的生产场景中变得十分重要。

（一）基本要求

（1）测试工作至少两人进行，防止直流短路、接地、断路。

（2）蓄电池内阻在生产厂家规定的范围内。

（3）蓄电池内阻无明显异常变化，单只蓄电池内阻偏离值应不大于出厂值10%。

（4）测试时连接测试电缆应正确，按顺序逐一进行蓄电池内阻测试。

（5）单体蓄电池电压测量应每月至少1次，蓄电池内阻测试应每年至少1次。

（二）蓄电池单体电压（内阻）测量

1. 作业前准备工作

（1）准备工作安装。

1）本次为蓄电池单体电池电压（内阻）测试工作。

2）作业负责人检查并落实所需材料、工器具、劳动防护用品等是否齐全合格。

3）查阅历史数据，调查周围设备带电及安全情况。

4）开工前作业班办理第二种工作票，并将材料、工器具、仪器运至作业地点。

（2）作业人员要求。

1）现场作业人员身体状况、精神状态良好。

2）现场所有作业人员须具备必要的直流检修知识和技能。

3）进入作业现场，穿合格作业服、作业鞋、戴好安全帽。

（3）危险点分析。

1）作业人员进入作业现场不戴安全帽、不穿绝缘鞋可能会发生人员伤害事故。

2）在确定试验线夹夹紧后再进行测试，测试时禁止用手触碰测试钳。

（4）安全措施。

1）现场工作必须执行工作票制度，工作许可制度，工作监护制度，工作间断、转移和终结制度。

2）在进行测试过程中，必须有专人在工作现场进行监护，禁止试验人员在测试时用手触摸试验线夹。

3）开始工作前，负责人应对全体试验人员详细说明工作区域范围和安全注意事项。

2. 作业前安全交底

（1）工作负责人全面检查现场安全措施是否与工作票一致，是否与现场设备相符。

（2）工作负责人向工作人员交代工作任务、安全措施和注意事项，明确作业范围。

3. 分项作业内容

（1）使用蓄电池电压（内阻）测试仪，将测试夹连接到测试仪，红色夹子夹到被测试电池的正极，黑色夹子夹在被测电池负极。检查端子是否牢固，并将单体电池极柱表面防氧化层清理干净。

（2）打开测试仪，设定测量参数，选择测量内容；连接好被测试单体电池，按相关测试按键进入测试。

（3）开机后，等待自检完成后，自动进入主菜单。

（4）测量单体数据，检查测试仪记录数据正确，如不稳定或不准确，应复测。

（5）测试过程应由两人进行，同时检查测试仪记录的数值有效（重点检查异常数据）。

（6）比对本次数据找出电压（内阻）较大的单体，与上次电压（内阻）数据对比找出增幅较大单体，下次重点检测。

（7）分析数据，从电压（内阻）测试结果中，找出最大值与最小值，压差范围见表 6-3-1。

4. 作业执行情况评估

（1）评价内容。

1）符合性。

2）可操作性。

3）在生产管理系统中进行设备评价。

（2）存在问题和改进意见。

三、直流接地查找

站用直流电源系统是不接地系统，正极或负极不允许接地长期运行。当直流系统出现接地时，应立即采取措施消除，避免造成继电保护、断路器误动或拒动故障。两点接地包括同极两点接地和异极两点接地。直流接地查找有传统式人工拉路法、便携式查找仪查找法、绝缘监察装置监测法。

（一）作业前准备工作

变电运维人员进行直流系统接地检除时应至少由两人进行，必须与带电设备保持足够的安全距离［500kV 5.00m、330kV 4.00m、220kV 3.00m、110kV（66kV）1.50m、10kV 0.70m，详见表 6-3-2 设备不停电时的安全距离］，操作人员必须着工作服、戴线手套、穿绝缘鞋、戴安全帽。

表 6-3-2　　设备不停电时的安全距离

电压等级（kV）	安全距离（m）	电压等级（kV）	安全距离（m）
10 及以下（13.8）	0.70	1000	8.70
20、35	1.00	±50 及以下	1.50
66、110	1.50	±400	5.90
220	3.00	±500	6.00
330	4.00	±660	8.40
500	5.00	±800	9.30
750	7.20		

注：1. 表中未列电压等级按高一档电压等级安全距离。

2. ±400kV 数据是按海拔 3000m 校正的，海拔 4000m 时安全距离为 6.00m。750kV 数据是按海拔 2000m 校正的，其他等级数据按海拔 1000m 校正。

（二）查找步骤

（1）停止直流回路所有作业。

（2）通过直流绝缘监察系统检查是正极接地还是负极接地。

（3）对所有作业回路进行检查。

（4）根据天气等实际情况对变电站有关直流回路进行巡视检查。

（5）凡能将直流系统分割成两部分运行的应首先分开。

（6）依照本变电站直流回路接地检除顺序进行检查和接地选择并确定接地支路。

（三）确认接地支路

（1）将被确认的接地支路，做好必要的安全措施，拆除查找仪器仪表并恢复原状。

（2）通知相关人员处理。

四、更换元件

（一）指示灯更换

（1）指示灯带电更换时，拆除二次线要用绝缘胶布粘好并做好标记，防止触电、短路、误搭临近带电设备，防止恢复时错接线。

（2）应更换为同型号的指示灯。

（3）更换完毕后应检查接线牢固、正确。

（二）蓄电池熔断器更换

（1）蓄电池熔断器损坏应查明原因并处理后方可更换。

（2）检查熔断器是否完好、有无灼烧痕迹，使用万用表测量蓄电池熔断器两端电压，电压不一致，表明熔断器损坏。

（3）应更换为同型号的熔断器，再次熔断不得试送，联系检修人员处理。

（三）采集单元熔丝更换

（1）应使用绝缘工具，工作中防止人身触电，直流短路、接地，蓄电池开路。

（2）更换熔丝前，应使用万用表对更换熔丝的蓄电池单体电压测试，确认蓄电池电压正常。

（3）更换的熔丝应与原熔丝型号、参数一致。

（4）旋开熔丝管时不得过度旋转。

（5）熔丝取出后，应测试熔丝是否良好，判断是否由于连接弹簧或垫片接触不良造成电压无法采集。

五、红外检测

（一）检测重点

（1）检测范围包括蓄电池组、充电装置、馈电屏及事故照明屏。

（2）重点检测蓄电池及连接片、充电模块、各屏引线接头，各负载断路器的上、下两级的连接处。

（二）检测准备

1. 安全要求

（1）应严格执行国家电网公司《电力安全工作规程（变电部分）》《电力安全工作规

程（配电部分）》及《电力安全工作规程（线路部分）》的相关要求；

（2）检测时应与设备带电部位保持相应的安全距离；

（3）进行检测时，要防止误碰误动设备；

（4）行走中注意脚下，防止踩踏设备管道；

（5）应有专人监护，监护人在检测期间应始终行使监护职责，不得擅离岗位或兼任其他工作。

2. 环境要求

（1）一般检测环境要求。

被检测设备处于带电运行或通电状态，或可能引起设备表面温度分布特点的状态。

尽量避开视线中的封闭遮挡物，如门和盖板等。

环境温度宜不低于0℃，相对湿度一般不大于85%。

室外或白天检测时，要避开阳光直接照射或被摄物反射进入仪器镜头，在室内或晚上检测应避开灯光的直射，宜闭灯检测。

（2）精确检测环境要求。

除满足一般检测的环境要求外，还满足以下要求：

检测期间天气为阴天、夜间或晴天日落2h后；

被检测设备周围应具有均衡的背景辐射，应尽量避开附近热辐射源的干扰，某些设备被检测时还应避开人体热源等的红外辐射；

避开强电磁场，防止强电磁场影响红外热像仪的正常工作。

3. 待测设备要求

（1）待测设备处于运行状态；

（2）精确测温时，待测设备连续通电时间不小于6h，最好在24h以上；

（3）待测设备上无其他外部作业。

4. 仪器要求

红外热像仪一般由光学系统、光电探测器、信号放大及处理系统、显示和输出、存储单元等组成。红外热像仪应经具有资质的相关部门校验合格，并按规定粘贴合格标志。

5. 人员要求

进行电力设备红外热像检测的人员应具备如下条件：

（1）熟悉红外诊断技术的基本原理和诊断程序；

（2）了解红外热像仪的工作原理、技术参数和性能；

（3）掌握热像仪的操作程序和使用方法；

（4）了解被测设备的结构特点、工作原理、运行状况和导致设备故障的基本因素；

（5）具有一定的现场工作经验，熟悉并能严格遵守电力生产和工作现场的相关安全管理规定；

（6）应经过上岗培训并考试合格。

（三）现场勘察

应根据作业内容确定是否开展现场勘查，确认工作任务是否全面，并根据现场环境开展安全风险辨识、制定预控措施，如表6-3-3所示。

表 6-3-3　　红外热成像带电风险辨识卡

序号	危险因素	防范措施	责任人
1	误碰带电部位	检测至少由两人进行，并严格执行保证安全的组织措施和技术措施；应确保检测人员及检测仪器与带电设备保持足够的安全距离	工作负责人
2	作业人员安全防护措施不到位造成伤害	现场测试人员须身着工作服、戴安全帽、穿绝缘鞋	工作负责人
3	工作期间监护不到位造成伤害	应设专人监护，监护人在检测期间应始终行使监护职责，不得擅离岗位或兼职其他工作	工作负责人
4	发生摔伤、误碰设备造成伤害	在夜间检测时，应保证检测人员熟悉工作现场情况、移动时照明充足，避免摔伤、误碰设备。禁止检测人员随走随测，防止人员绊倒	工作负责人
5	设备异常导致人身伤害	实训过程中如设备出现明显异常情况时（如异音、电压波动、接地等），应立即停止检测工作并撤离现场	工作负责人

（四）标准化作业卡

1. 编制标准化作业卡

（1）标准作业卡的编制原则为任务单一、步骤清晰、语句简练，可并行开展的任务或不是由同一小组人员完成的任务不宜编制为一张作业卡，避免标准作业卡繁杂冗长、不易执行。

（2）标准作业卡由工作负责人按模板编制，班长或副班长（专业工程师）负责审核。

（3）标准作业卡正文分为基本作业信息、工序要求（含风险辨识与预控措施）两部分。

（4）编制标准作业卡前，应根据作业内容确定是否开展现场查勘，确认工作任务是否全面，并根据现场环境开展安全风险辨识、制定预控措施。

（5）作业工序存在不可逆性时，应在工序序号上标注*，如*2。

（6）工艺标准及要求应具体、详细，有数据控制要求的应标明。

（7）标准作业卡编号应在本单位内具有唯一性。按照“变电站名称＋工作类别＋年月日＋序号”规则进行编号，其中工作类别为带电检测、停电试验。

（8）标准作业卡的编审工作应在开工前 1 天完成，突发情况可在当日开工前完成。

2. 编制检测记录卡

编制设备精确测温检测记录卡，如表 6-3-4 所示，记录卡中应包含变电站名称、检测日期、人员、环境、图谱编号、负荷电流等信息。标准作业卡的编审工作应在开工前 1 天完成，突发情况可在当日开工前完成。

表 6-3-4　　红外热成像带电检测记录卡

<table>
<tr><td colspan="2">变电站名称</td><td colspan="2"></td><td>检测日期</td><td></td></tr>
<tr><td colspan="2">检测人员</td><td colspan="2"></td><td>仪器名称</td><td></td></tr>
<tr><td colspan="2">仪器型号</td><td colspan="2"></td><td>相对湿度（%）</td><td></td></tr>
<tr><td colspan="2">大气温度（℃）</td><td colspan="2"></td><td>风速（m/s）</td><td></td></tr>
<tr><td>序号</td><td>检测位置</td><td>红外成像图谱编号</td><td>负荷电流（A）</td><td>测试距离（m）</td><td>备注</td></tr>
<tr><td>1</td><td></td><td></td><td></td><td></td><td></td></tr>
<tr><td>2</td><td></td><td></td><td></td><td></td><td></td></tr>
<tr><td>3</td><td></td><td></td><td></td><td></td><td></td></tr>
</table>

（五）工器具、材料准备

开工前根据检修工作的需要，准备好所需材料、工器具，对进场的工器具、材料进行检查，确保能够正常使用，并整齐摆放于工具架上。实训所用仪器仪表、工器具必须在校验合格周期内。

红外热成像带电检测实训所需的仪器和工器具清单如表表 6-3-5 所示。

表 6-3-5　　实训工器具表

序号	名称	规格	单位	数量	备注
1	红外热成像检测仪		套	1	
2	强光手电/头灯		套	2	
3	温湿度计		台	1	
4	激光测距仪		台	1	
5	风速仪		台	1	
6	笔记本电脑		台	1	
7	照相机（闪光灯）		台	1	
8	急救箱		箱	1	应急物品

（六）工作现场检查

（1）保证安全的技术措施已做好；

（2）检查仪器及工器具齐备、完好；

（3）检查电池电量充足，存储卡容量充足；

（4）被测设备满足检测条件；

（5）工器具、材料、仪器仪表齐全；理顺摆放整齐。

（七）检测流程

使用红外热成像检测仪对带电设备进行检测，检测步骤主要包括检查仪器工况、设置仪器参数、调整焦距、调整温标及温标跨度、检测带电设备、检测数据保存、异常分析判断等。

以 FlukeTi32 测温仪为例见图 6-3-3。

检测流程中仪器操作部分：

1. 仪器开机、校准

打开红外热像仪电源，待仪器内部温度校准完毕，图像稳定后可以工作。检查电池、存储卡容量充足，仪器显示、操作、存储等各项功能正常。

2. 仪器参数设置

（1）仪器稳定后，进行仪器参数设置。

（2）检查仪器日期、时间正确。

（3）普测时被测设备的辐射率可设置为 0.90；进行精确测温时，合理设置被测目标发射率，同时还应考虑环境温度、湿度、风速、风向、热反射源等因素对测温结果的影响，并做好记录。

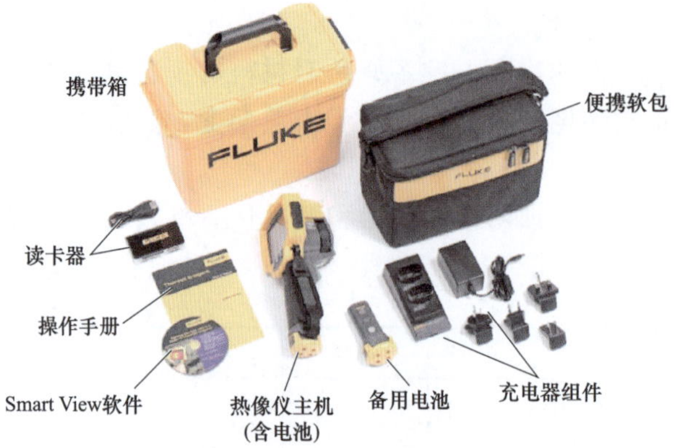

FlukeTi32标准配置

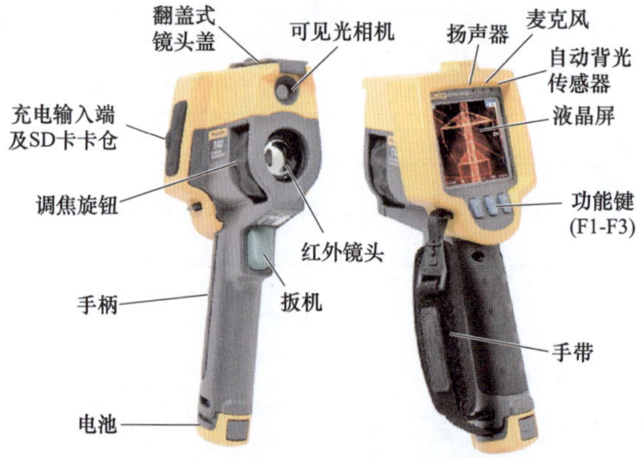

FlukeTi32主机

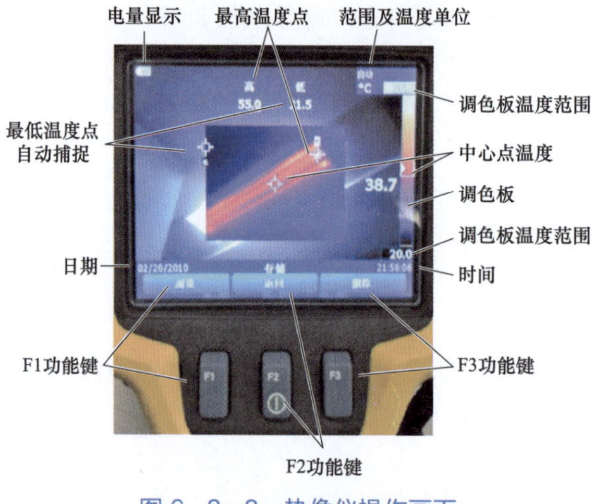

图 6-3-3　热像仪操作画面

（4）设置大气温度、相对湿度，并根据测量点位置设置目标距离。

（5）了解现场被测目标的温度范围，设置正确的温度档位，当测试过程中发现测量点温度超出量程范围时，将量程调整至适当范围。

（6）调色板设置为铁红模式。

（7）如被测设备周围无明显热源，将反射温度设为大气温度。

（8）合理设置区域、点温度测量，热点温度跟踪功能，以达到最佳检测效果。

（9）调整焦距。

红外图像存储后可以对图像参数进行调整，但是无法在图像存储后改变焦距。在一张已经保存了的图像上，焦距是不能改变的参数之一。当聚焦被测物体时，调节焦距至被测物件图像边缘非常清晰且轮廓分明，以确保温度测量精度。有些设备具有放大/缩小功能，可以更好的观测被测设备细节，如图 6－3－4 为对焦效果对比。

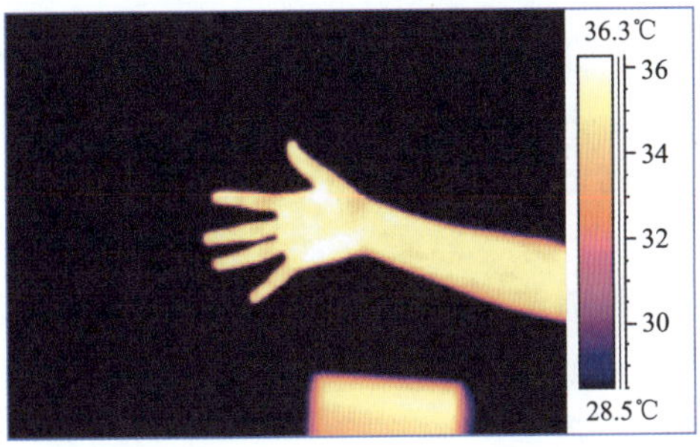

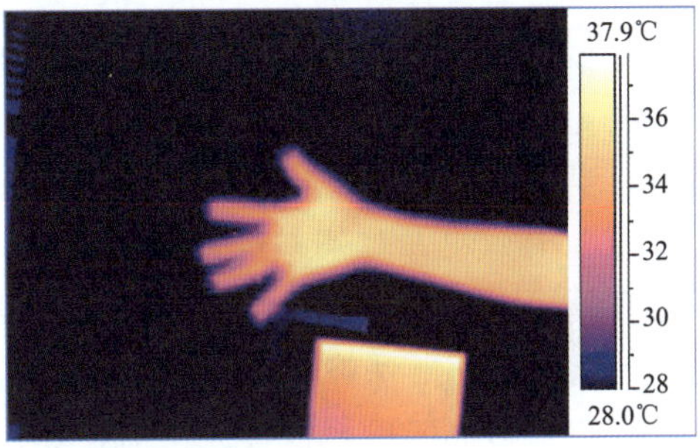

图 6－3－4　对焦效果对比

1）自动对焦。

短按自动对焦键实现自动对焦，对焦区域为屏幕中间区域。

2）手动对焦。

远焦，顺时针转动聚焦环；近焦，逆时针转动聚焦环。保证被测设备清晰即可。

（10）调整温标（电平）及温标跨度（温宽）。

观察目标时，合理调整温标及温标跨度，使被测设备图像明亮度、对比度达到最佳，得到最佳的红外成像图像质量；精确测温时需手动调整温标及温标跨度，确保能够准确发现较小温差的缺陷。

（11）检测与诊断。

检测注意事项：

1）一般先远距离对被测设备进行全面扫描（至少选择 3 个不同方位对设备进行检测），发现异常后再近距离有针对性的对异常部位和重点设备进行精确检测，保存图像并记录温度、温差、图像编号等信息。

2）检测时尽量避免阳光及附近热源对检测结果的影响；对于被遮挡设备进行近距离多角度检测，保证测点无遗漏。

3）在保证人员、仪器与带电设备保持安全距离的条件下，仪器宜尽量靠近被测设备，使被测设备尽量充满整个仪器的视场；最好保持测试角在 30° 之内，不宜超过 45°。

4）检测中如发现异常，应多角度进行局部检测，并拍摄对应异常部位可见光图片，根据测量温度及图像特征，并记录实时负荷电流，结合运行信息，判断被测设备有无缺陷，确定缺陷类型，提出检修建议。

5）冻结和记录图像的时候，应尽可能保持仪器平稳。即使轻微的仪器晃动，也可能会导致图像不清晰。当按下存储按钮时，应轻缓和平滑。

六、故障处理

（一）直流系统的一般故障及处理

1. 可控硅整流装置故障处理

（1）检查交流电源、空气开关、交流接触器、热元件、控制开关是否良好。故障处理后，将直流输出调到最小位置，可试送一次。

（2）检查直流母线电压是否过高，若过高，可降低后试送。

（3）如故障时过流保护动作，可按复归按钮解除报警，将电流调节旋钮逆时针回零，再缓缓恢复正常值。

（4）当浮充机故障退出时，应改用主充机代替其运行。

2. 直流母线电压过高或过低处理

直流母线电压过高，会使长期带电的设备过热损坏或继电保护自动装置误动作；电压过低会造成断路器保护动作不可靠及自动装置动作不可靠。

（1）电压过高时应降低浮充电流，使母线电压正常；

（2）电压过低时应检查浮充电流并进行调节，使母线电压正常。

3. 铅酸蓄电池故障处理

（1）绝缘降低可能为支架潮湿或绝缘处积有导电性灰尘，应进行清洗。

（2）极板短路可能为极板上活性物质脱落及沉淀物质过多积在极板间，或极板弯曲使隔离板破损。应更换隔离板，清除沉淀物。

（3）极板硫化可能为电解液有问题，或充电方式有问题，应调整电解液密度和充电方法。

（4）容器破损原因为容器质量差，或安装不正确，应短接掉故障电池或更换容器。

4. 充电装置的故障处理

（1）交流电源中断，若无自动调压装置，应进行手动调压，确保直流母线电压的稳定。交流电源恢复，应立即手动启动或自动启动充电装置，对蓄电池进行恒流限压充电一恒压充电一浮充电。

（2）充电装置控制板工作不正常，应在停机更换备用板后，启动充电装置，调整运行参数，投入运行。

（3）自动调压装置失灵时，应启动手动调压装置，退出自动调压装置，通知专业人员处理。

（4）充电装置内部故障跳闸，应及时启动备用充电装置，并及时调整好运行参数。

5. 整流装置中主整流元件及高频开关功率模块过热

（1）环境温度过高。改善环境条件。

（2）冷却系统故障。检修冷却系统。

（3）长期过负荷。检查调整负荷。

（4）整流主元件或高频开关功率模块老化。更换整流主元件或高频开关功率模块。

（5）散热片上灰尘太多。清扫散热片。

（6）主元件与散热片接触不良。紧固主元件。

6. 交流侧开关跳闸或熔断器熔断

（1）输出过载或短路。减轻负载或处理短路。

（2）整流元件或高频开关功率模块损坏或短路修理或更换整流元件或高频开关功率模块。

（3）滤波元件损坏或短路。更换或处理滤波元件。

（4）续流管短路或击穿。更换续流管。

（5）设备内有其他短路点。排除短路点。

7. 电子元件过热变色

（1）电路中有短路点。排除短路点。

（2）电子元件本身老化。更换老化的电子元件。

8. 整流变压器过热

（1）绕组内部短路。检修或更换整流变压器。

（2）过负荷或负荷侧短路。检查处理负荷回路。

（3）环境温度过高。改善环境条件。

9. 整流输出电压调节范围窄，且手动不能从零逐渐升高

（1）触发脉冲幅值小或脉冲宽度太窄，不能触发可控硅导通或高频开关触发脉冲占空比变小。调整触发回路使脉冲合格。

（2）整流元件部分损坏。更换损坏的整流元件。

（3）电源或触发脉冲缺相。检查、处理交流电源或控制回路。

（4）电源相序不对。调整电源相序。

10. 输出电压突然降低

（1）整流元件或高频开关功率模块损坏。查明损坏原因，更换元器件。

（2）电源缺相。检查、处理电源。

（3）快速熔断器熔断。查明原因，更换熔断器。

（4）连接导线松动。紧固连接导线。

11. 整流电压不平衡，且调解范围窄

（1）同步变压器的极性与主回路不对应。校正同步变压器的极性。

（2）整流变压器的原副边极性不对应。校正整流变压器的原副边极性。

（二）接地故障处理

（1）直流接地时，应禁止在直流回路上工作。

（2）有直流接地选检装置的变电站，直流接地必须进行复验，确定接地回路，再进行重点查找。

（3）直流系统接地处理的一般原则：

1）确定接地性质，是正接地还是负接地，以及是哪段母线接地。

2）采取按路寻找、分段处理的办法。

本章小结

变电站低压直流系统主要由蓄电池、充电机、直流母线、绝缘监察装置、馈出负荷等部分组成，直流系统在变电站中为控制、信号、保护、自动装置及事故照明等提供可靠的直流电源，对变电站的安全运行起着至关重要的作用。本章首先介绍了低压直流系统的组成及功能、常见名词及一般规定；其次介绍了低压直流设备例行巡视、全面巡视、特殊巡视及专业巡视过程中的要点，对低压直流系统开展巡视检查，及时发现隐患和缺陷，避免故障发生。最后介绍了低压直流设备的维护项目和要点，包括蓄电池内阻测试、充放电试验及红外测温，这些维护项目对运维人员掌握蓄电池组中的每个单体蓄电池的性能状态、蓄电池的实际容量、发现蓄电池的隐形缺陷和直流系统的潜在隐患具有重要意义。变电设备巡视工作中若发现直流设备运行状况不佳，存在隐患和缺陷，应能根据具体情况正确处理，确保安全运行。

第七章　站用低压直流系统异常处理

本章描述

变电站的站用直流系统由充电装置、蓄电池组、直流母线、馈线网络、监控系统和绝缘监测装置等组成，各设备紧密配合，形成一个高效可靠的直流供电体系，为变电站的正常运行提供支撑。系统中，充电装置负责将交流电转化为稳定的直流电，用于蓄电池充电并直接供电给负载设备；蓄电池组则作为备用电源，在交流电源中断时为保护装置和断路器提供持续电力。直流母线起到汇集和分配电能的作用，通常采用分段设计以提高系统的可靠性。馈线网络将直流电能传输至保护装置、控制设备及断路器操作机构等各类负载。监控系统实时采集运行数据并提供告警与控制功能，而绝缘监测装置负责检测母线及支路的绝缘状态，及时发现隐患，避免故障扩散。

站用直流系统在电力系统中占据举足轻重的地位。其提供的稳定直流电源不仅保障了控制设备和保护装置在各种运行状态下的可靠性，还确保了在故障发生时设备能够迅速响应，有效防止事故进一步扩大，维护电网的安全稳定运行。由于直流系统电压不受交流波动影响，其提供的高质量电能显著提升了设备的运行性能。同时，系统的监控与检测功能大幅提高了维护效率，为电力系统的长效稳定运行奠定了坚实基础。

第一节　充电装置类异常

一、充电装置设备介绍

变电站中的充电装置主要承担为蓄电池组充电的任务，并为直流系统提供稳定的电源支持。其中，充电模块是整个装置的核心组件，其主要功能包括：

（一）为蓄电池组充电

在变电站中，蓄电池作为直流电源的重要备用电源，在交流电中断等情况下，可为控制、信号、保护等关键设备提供电力保障。充电装置能够将交流电转换为直流电，并根据设定的充电特性曲线，对蓄电池进行有效充电，确保其始终处于良好的待命状态。例如，当蓄电池电压偏低时，系统可采用恒流充电模式，迅速恢复电池容量。

（二）提供稳定的直流电源

变电站内的继电保护装置、自动化系统、通信设备等均依赖直流供电。充电装置可

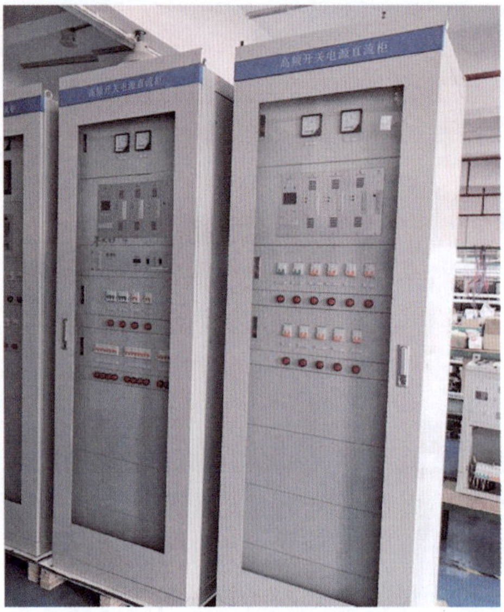

图 7－1－1　变电站直流充电屏

输出稳定的直流电压，保障相关设备的正常运行，防止因电源波动对系统造成不良影响。变电站直流充电屏见图 7－1－1。

二、充电模块的主要功能与作用

（一）交流电转直流电

充电模块的基本功能是将输入的交流电通过整流、滤波等处理环节，转换为稳定的直流电源，为蓄电池充电及直流系统供电提供必要的电力保障。

（二）调节输出参数

充电模块能够根据蓄电池的实际状态和负载需求，自动调节输出电压和电流。例如，在蓄电池即将充满时，系统会自动降低充电电流，进入浮充模式，维持电池电量稳定，同时防止因过度充电导致的损耗或损坏。

（三）均流控制功能（适用于并联运行）

当系统配置有多个充电模块（见图 7－1－2）并联运行时，模块间具备均流控制能力，能根据运行状况自动分配负载电流，避免个别模块超负荷运行，提升整体系统的运行效率和可靠性。

图 7－1－2　充电模块示意图

三、充电装置交流电源故障

在变电站中，低压充电装置的交流电源一旦出现问题，可能影响直流系统的正常供电。常见异常情况包括：电压过高或过低、缺相、频率波动等。

(一)故障原因分析

1. 外部电网异常

如电网故障、线路雷击、相邻支路短路等，可能引发变电站进线电压波动，影响充电装置交流输入的稳定性。

2. 电源切换过程异常

在主备电源切换过程中，若切换装置出现控制逻辑故障、触点接触不良或响应延迟，可能导致短时交流供电异常。

3. 供电线路故障

如交流输入电缆老化、端子接触不牢或线路存在破损、烧蚀等问题，会造成电压下降或断路，影响正常供电。

(二)异常产生的现象

1. 装置报警

充电装置配备的声光报警系统将发出告警，提醒运维人员检查交流输入状态。

2. 直流输出异常

因交流输入异常，模块输出的直流电压可能波动，造成电压过高、过低，影响电池充电效果及下游负载设备的稳定运行。

3. 模块运行不稳定

部分模块可能出现重启、运行异常，或因过压、欠压保护动作自动停机。此时可观查模块指示灯是否出现闪烁异常、熄灭等情况。

(三)异常导致的后果

1. 电池组充电中断

长期无法正常充电会导致蓄电池组容量下降，影响后备供电能力，甚至造成电池损坏。

2. 低压设备运行异常

依赖直流供电的继电保护、测控、通信等设备可能因电源波动出现误动作、拒动等现象，威胁系统安全稳定运行。

(四)检查和预防的方法

1. 检查方法

(1) 查看设备报警信息，判断具体故障类型；

(2) 使用万用表测量交流输入电压是否正常；

(3) 检查交流电缆连接部位是否存在松动、烧损、老化现象。

2. 预防措施

(1) 安装交流电源实时监测装置，监控电压、频率等关键参数；

(2) 定期对供电线路开展检查、维护，防止绝缘老化或机械损伤；

(3) 增设稳压器或 UPS，提高对电源波动的适应能力。

四、充电装置交流电源自动切换故障

(一)设备介绍

变电站内的充电装置通常配备主、备两路交流电源，以确保当主电源故障或停运时，

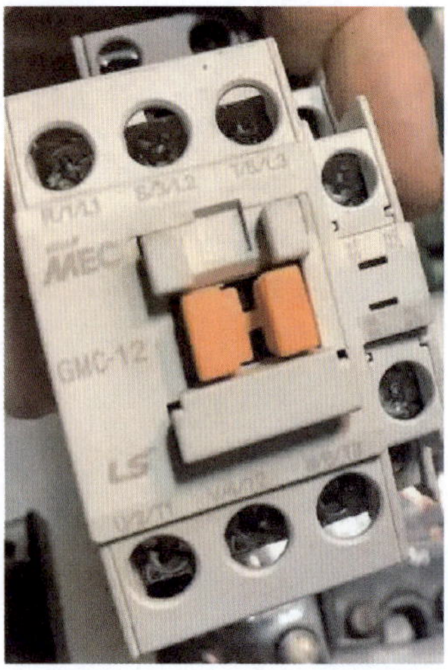

图 7－1－3　损坏的切换装置继电器

备用电源能够无缝接入，维持直流供电的稳定。自动切换装置的核心是继电器和接触器，它们通过接受来自检测模块的信号，判断主电源的工作状态，并在必要时切换至备用电源，见图 7－1－3。

切换装置通常包括以下几个关键部件：

继电器：用于检测和执行电源切换命令。

检测模块：用于监测主、备电源的电压和电流参数，判断电源状态。

控制模块：根据检测模块的反馈，发出切换指令。

（二）交流电源自动切换故障的成因

在自动切换装置的运行过程中，可能会因为设备故障或操作失误导致切换失败，具体成因包括：

继电器或接触器故障：这些元件内部的机械或电气问题可能导致信号传递失败。

主、备电源配置不合理：电压等级、相序不匹配可能导致切换失败。

检测系统故障：检测模块失效可能导致无法及时检测到主电源故障。

外部干扰：如环境温度过高或电磁干扰可能影响切换装置的正常工作。

操作不当：不正确的操作或维护会影响切换装置的正常运行。

（三）交流电源自动切换故障的故障现象

1. 监控系统报警

变电站监控系统会发出“低压充电装置交流电源自动切换装置异常”报警，提示操作人员注意系统异常。这是对交流电源切换装置故障的第一指示，表明切换功能未按预期运作。

2. 充电装置状态异常

故障可能导致充电装置工作异常，如停止工作、输出电压不稳定，甚至出现频繁切换的现象。这种状态将直接影响蓄电池的正常充电过程。

3. 指示灯异常

充电装置自动切换装置的指示灯可能显示异常状态，例如不亮、闪烁或显示错误代码，这进一步提示装置可能存在切换或回路故障。

（四）交流电源自动切换故障可能造成的后果

1. 充电装置供电不稳定

充电装置的供电不稳定会导致蓄电池无法正常充电，影响直流系统的稳定性。对于电力系统的关键设备，如保护装置和控制回路来说，稳定的直流电源至关重要，供电中断会增加设备误动或拒动的风险。

2. 设备损坏风险

频繁电源切换或不稳定的供电可能损害充电装置、蓄电池及其他相关设备，导致设备使用寿命缩短，甚至产生更大的系统性问题。

3. 对电力系统安全的影响

若直流系统未能正常工作，则在电力系统发生故障时，可能无法及时动作清除故障，进而影响电力系统的整体安全性和稳定性。

（五）预防与解决措施

为了减少类似故障发生，应采取以下措施。

1. 定期维护与检测

自动切换装置中的核心部件如继电器、检测模块等应定期进行维护和检测，确保其功能正常，及时更换有老化迹象的部件。

2. 冗余设计

通过增加冗余模块，确保单个设备的故障不会导致整个切换系统失效。如在检测模块中配置多个检测点，增加系统的可靠性。

3. 环境优化

自动切换装置应避免在高温、高湿等不利环境中运行，必要时可为设备增加散热或防护设施。

4. 人员培训与应急预案

定期对运维人员进行培训，使其熟悉各种故障处理流程，同时制定详细的应急预案，确保在设备故障时能够快速恢复系统运行。

（六）充电装置交流电源自动切换的优化建议

通过对多个实际案例的分析，可以对自动切换装置提出以下优化建议。

（1）引入智能监测系统，实时监控主、备电源状态，确保故障发生时能够快速响应。

（2）在自动切换装置中加入远程控制和监控功能，便于运维人员及时掌握设备运行状态。

（3）定期更新设备技术手册，根据设备运行情况不断优化操作流程，减少故障发生概率。

五、充电模块发热异常

（一）充电模块发热异常的常见成因

1. 散热系统故障

充电模块内部常配备散热风扇或散热片用于降温。如果散热风扇损坏、散热片导热不良或风道被堵塞，散热系统将失效，导致模块温度上升。

2. 环境温度过高

当设备室内通风条件差或温度较高时，模块内的热量难以散发，容易引发发热异常。

3. 负载过大

模块长期满载或超载运行时，内部电子元器件的发热量会显著增加，导致温度上升。

4. 电源电压波动

电源电压波动剧烈时，模块的功率器件承受较大的应力，增加损耗，导致发热量上升。

5. 元器件老化

功率半导体器件、滤波电容等在长期使用后会老化，老化元器件运行时功耗增加，导致温度异常升高。

学员需掌握这些成因，理解其对设备运行的影响，以便在实际工作中进行有效的故障排查。

（二）产生的现象

1. 温度升高

充电模块内部或周围环境的温度明显升高，可能会导致设备表面烫手或热量可见。

2. 报警提示

大多数现代充电模块都配备了温度监测和报警系统。一旦温度超过设定阈值，系统会发出报警信号，提示操作人员温度异常。

3. 设备运行不稳定

温度过高可能导致充电模块的输出电压和电流不稳定，影响系统的正常运行。

4. 热损伤

在温度异常情况下，充电模块内部组件可能出现热损伤，导致元器件故障，例如电解电容过热膨胀、焊接点松动或电路板烧毁等。

5. 电池充电效率下降

高温可能使得充电模块的电池充电效率降低，增加充电时间或减少电池充电容量。

（三）造成的后果

1. 设备损坏

长期或严重的温度异常可能导致充电模块内部关键元器件烧毁或老化，甚至造成模块完全损坏，可能需要更换设备。

2. 火灾风险

温度过高可能引起电气短路、元器件过热或漏电现象，甚至可能引发火灾，尤其是在老化的绝缘材料或电缆附近。

3. 电池损伤

充电模块发热过多可能导致连接的电池温度过高，影响电池寿命，甚至引起电池膨胀、漏液或爆炸。

4. 系统可靠性下降

充电模块发热异常可能导致系统整体的电力供应不稳定，影响变电站内其他设备的正常运行，降低供电可靠性。

5. 维护成本增加

发热异常会增加维护频次和成本，可能需要频繁检查、修复或者更换设备，增加停机时间和相关费用。

（四）预防与应对措施

1. 温度监测与报警系统

定期检查充电模块温度，确保温控系统正常工作，避免高温异常发生。

2. 散热设计优化

定期检查模块散热器、风扇或其他散热设备的工作状态，确保设备散热良好。

3. 定期维护

对充电模块进行定期的检修，清洁散热部件，并检查电气连接是否完好。

4. 负载管理

避免过载运行，合理分配充电任务，防止过度负载引发发热异常。

六、充电模块无法限流

（一）简介

充电模块通过交流电转直流电，为变电站提供稳定的直流电力供应。限流功能是模块的重要保护机制之一，当负载电流超出设定值时，限流保护机制启动，限制电流在安全范围内，防止设备损坏。理解充电模块的工作原理和限流机制的关键是掌握模块的控制电路、检测电路以及功率半导体器件的工作特性。

（二）限流功能失效的成因分析

充电模块无法限流的故障主要分为以下几类：

1. 控制电路故障

充电模块内的控制电路负责检测并调节电流输出，任何电流检测电路、放大电路或限流控制芯片的损坏都会导致限流功能失效。控制芯片失效可能无法及时感知负载电流的变化，从而无法启动限流功能。

2. 限流参数设置不当

如果限流阈值设定不合理，例如设定值过高或过低，会影响限流功能的及时性和有效性。错误的设置会导致模块在超载时无法正确触发限流保护。

3. 电源滤波器故障

电源滤波器通过滤除高频干扰保证电流信号的稳定性，若滤波器失效，会导致限流控制电路无法正确检测负载电流，进而影响限流功能。

4. 负载突变引起的电流冲击

在系统负载突变或短路时，充电模块可能会面临电流突发冲击。如果限流保护响应速度不足，模块输出电流可能会超出安全范围，导致故障扩展。

5. 功率元器件损坏

充电模块中的功率半导体器件（如 IGBT 或 MOSFET）是实现限流功能的核心元件，损坏会导致输出电流失控，影响整个系统的稳定性。

（三）出现的现象

1. 过电流

由于限流功能失效，充电模块可能无法限制输出电流，从而出现过电流现象，导致系统电流超过设计值。

2. 设备发热

无法限流时，电流过大会导致充电模块及其相关电气设备过度发热，温度持续升高。

3. 电池充电过快或过慢

充电模块无法有效控制充电电流时，可能会导致电池充电速度过快或过慢，从而影响充电效率和电池健康。

4. 电压波动

过高的电流会导致充电模块的电压输出不稳定，可能表现为电压过高或过低，从而影响到电池充电的稳定性。

5. 报警或保护系统激活

虽然充电模块无法限流，但一些系统可能仍有报警或保护机制，这时可能会触发保护装置或报警信号，提示操作人员出现问题。

（四）造成的后果

1. 电池损伤

无法限流会导致电池充电过程中电流过大，可能会引起电池内部过热、膨胀、漏液，甚至发生短路或爆炸等严重事故。

（1）过电流会导致电池电解液发生化学反应，损伤电池内部结构，缩短电池寿命。

（2）电池过充或充电不均：长时间过电流充电可能导致电池过充，从而导致容量衰减甚至电池内部故障。

2. 设备损坏

充电模块内部电流无法被限制时，过流可能导致模块内的元件（如电容、晶体管等）过热损坏，甚至烧毁。

3. 功率模块损坏

电流过大会使功率半导体元件（如 IGBT、MOSFET）承受过大的热应力，导致这些关键元件的失效。

4. 电气火灾

过流会导致电气线路、接线端子、开关等设备过热，极端情况下可能会引发火灾，尤其是在接触不良或绝缘老化的情况下。

5. 电缆过热

过大的电流会使电缆导体温度过高，增加着火的风险。

6. 低压直流系统不稳定

充电模块无法限流时，系统的电流控制失衡可能影响整个站内低压直流系统的稳定运行，严重时可能引起测控装置和保护装置的误动或拒动，导致电网电压和频率波动，影响其他设备的正常运行。

7. 维护成本增加

由于设备损坏或电池失效，可能需要频繁的维护和更换部件，增加了维修成本和停机时间。

8. 频繁检修

充电模块和电池需要频繁检修、测试和更换，增加了运维的复杂度和费用。

（五）预防与解决措施

1. 定期检测控制电路

控制电路的工作状态直接影响限流功能，特别是电流检测电路和控制芯片应定期进行检测，以避免因电路问题导致限流功能失效。

2. 合理设置限流参数

在设备安装或重新配置时，确保限流参数根据现场负载需求进行合理设置，避免因参数不当引发的限流异常。

3. 电源滤波器维护

电源滤波器状态直接影响电流检测的准确性，定期维护电源滤波器以确保电流信号的稳定性，防止误检测导致限流失效。

4. 功率元器件的维护

定期检测并更换充电模块中的功率半导体器件，避免因器件损坏导致的限流失效问题。

5. 智能监控系统的引入

通过智能监控系统对充电模块的运行状态进行实时监测，当电流超出限值时，系统可及时报警并记录故障信息，便于维护人员迅速采取措施。

七、充电模块通讯故障异常

（一）充电模块及其通信系统的作用

充电模块是变电站中为蓄电池和直流负载提供稳定电源的重要设备，其通信系统的正常运行至关重要。通过通信系统，充电模块能够与监控系统、保护系统等其他设备进行信息交换，确保整个变电站的稳定和安全运行。通信故障可能影响监控系统获取充电模块的运行状态，甚至影响设备的正常控制，因此通信系统的维护和故障处理尤为关键。

（二）出现的现象

1. 通信中断或失败

（1）充电机与监控系统、远程操作中心或其他相关设备之间的通讯可能完全中断，导致充电模块无法与其他系统交换信息。

（2）通信不稳定或丢包，导致信息传输延迟或数据丢失，可能影响系统的实时监控。

2. 设备状态无法远程监控

（1）无法通过监控系统获取充电模块的实时状态（如电流、电压、温度等参数），操作人员无法及时了解设备运行情况。

（2）监控界面显示数据异常，无法更新设备的实际状态或显示故障信息。

3. 报警信息无法传送

（1）如果充电模块出现故障（如过温、过电流、过压等），报警信息无法传送到控制中心或监控系统，导致无法及时响应故障。

（2）现场充电机可能自行发出报警音，但无法实现自动通知或远程诊断。

4. 控制系统的反馈延迟或错误

（1）控制系统无法及时接收或响应充电模块的反馈，导致对设备状态的控制出现延迟或错误。

（2）系统对充电过程的监控和调整失灵，导致充电过程中的异常无法及时修正。

（三）造成的后果

1. 设备运行不稳定或失控

（1）无法实时监控和调整充电模块的工作状态，可能导致电流、电压等参数不在正常范围内，从而影响充电效果或设备的安全运行。

（2）充电模块可能无法根据设定的策略进行调整，导致充电过程中的异常（如过充、欠充等）未能及时纠正。

2. 电池损伤

（1）由于无法远程监控和调整充电参数，电池可能因充电电流过大或过小，充电时间过长或过短，导致电池损伤或性能衰减。

（2）长期未能修正的异常充电条件可能导致电池的温度过高、膨胀、漏液，甚至发生热失控或爆炸。

3. 延误故障响应和维修

（1）由于通信故障，无法及时识别和响应充电模块的故障，导致问题积累，可能加重设备损坏。

（2）故障修复的响应时间增加，设备可能长期处于不正常工作状态，导致更大的维修和替换成本。

4. 系统安全风险增加

（1）由于充电模块无法及时与监控系统通讯，可能会错过一些潜在的危险情况（如过电流、过温等），导致安全隐患加剧。

（2）充电模块故障未能及时被发现和处理，可能导致电气火灾或其他安全事故。

5. 运维成本增加

（1）通信故障可能导致操作人员无法通过远程方式进行故障诊断和调整，只能依赖现场检测和排查，增加了运维的工作量和难度。

（2）故障修复需要更多时间和资源，增加了停机时间和维护成本。

6. 信息不对称与决策延误

（1）在通信故障的情况下，监控人员无法获取完整的设备状态信息，可能会错失一些关键数据，从而影响决策的及时性和准确性。

（2）缺乏实时反馈的决策可能导致操作延迟或错误，从而影响变电站的整体运行效率和可靠性。

（四）故障处理流程与应急预案

当发生通信故障时，技术人员应遵循以下处理流程：

1. 初步检查

首先检查通信接口和数据传输线的物理状态，确保无明显损坏。

2. 信号测试

通过信号测试设备，检查通信信号的传输情况，排除电缆故障的可能性。

3. 参数检查

核对监控软件的配置参数，确保各项设置符合要求。

4. 硬件检查

如果以上检查未发现问题，则需要检查充电模块内部硬件，确保处理单元和控制电路正常工作。

（五）预防与解决措施

1. 定期检查通讯接口和数据线

通过定期检查通信接口和数据传输线，可以及时发现损坏和接触不良问题，确保信号传输的可靠性。尤其是在恶劣环境中运行的设备，应更加频繁地进行检查。

2. 加强软件配置管理

确保通信系统的各项参数配置正确，定期审核和优化配置，避免因配置错误导致的通信故障。同时，要对设备的配置文件进行备份，以便在必要时恢复。

3. 抗干扰措施的实施

为了减少电磁干扰对通信信号的影响，变电站应考虑使用屏蔽电缆，并增加线缆的隔离距离。同时，可以采用抗干扰滤波器等技术手段，减少电磁干扰对信号传输的干扰。

八、充电模块并机不均流异常的故障分析

（一）并机不均流异常的成因分析

在充电模块并机运行时，各模块之间应通过均流控制技术实现电流的均衡分配。然而，出现不均流现象可能由以下几种原因引起：

1. 模块参数不匹配

不同充电模块之间的输出电压、额定电流和控制特性不一致，会导致在并联运行时电流分配不均。例如，如果某一模块的输出电压高于其他模块，则该模块在并机运行中将承担过多的负载电流。

2. 控制系统故障

充电模块的均流控制系统若发生故障，可能导致模块无法准确调节输出电流，从而造成不均流现象。控制系统的任何通信中断或故障都可能导致信息传递不准确，使各模块输出电流不平衡。

3. 负载变化不均

在实际应用中，负载的变化常常是动态的。如果负载出现不均衡，部分充电模块可能承受过大的电流，而其他模块则处于低负荷状态，从而导致不均流的发生。

4. 环境因素影响

温度、湿度和灰尘等环境因素对充电模块的性能有重要影响。在不同环境条件下，模块可能出现性能差异，导致并机运行时的不均流。例如，高温环境可能导致某一模块的散热能力下降，从而影响其输出电流。

5. 线路阻抗不均

连接充电模块的电缆和接线端子存在不同的电阻，这可能导致各模块输出电流不均匀。例如，如果某一条电缆的阻抗较高，则该模块的输出电流可能会低于其他模块。

（二）异常产生的现象

1. 电流分配不均

当多个充电模块并联时，每个模块应分担相等的电流负荷，但由于模块之间的电压差异或性能差异，可能出现电流分配不均的现象。一部分模块承载较大电流，而另一部分模块承载较小电流，甚至有些模块可能几乎没有负载。

2. 模块过热

由于部分模块承载了过多的电流负荷，这些模块可能会出现过热现象，导致温度升高，甚至可能损坏模块内的元件。

3. 模块效率降低

不均流导致的模块负荷不平衡会影响模块的工作效率，尤其是负荷较小的模块可能会因过低的工作状态导致效率降低，而负荷过重的模块则可能因为过载而降低输出功率。

4. 输出电压不稳定

充电模块并机不均流会导致各模块输出电压不一致，从而影响整个充电系统的稳定性和电池充电的质量。

（三）异常产生的后果

- 设备损坏：长期的不均流现象可能导致过载模块内部部件（如电容、电感、半导体开关等）过早老化或损坏，最终可能导致整个充电模块无法正常工作或完全失效。
- 充电效率下降：由于模块效率不均衡，整体系统的充电效率降低，可能导致电池充电时间延长，甚至可能影响电池的充电深度和使用寿命。
- 电池损害：不均流会使得部分电池单元受到过度充电或不足充电，可能导致电池容量衰减、过热、膨胀或严重的电池故障。
- 系统不稳定：如果充电模块并机不均流严重，可能导致整个电源系统输出不稳定，影响负载设备的正常运行，尤其是对电力设备对电压和电流有严格要求的场合，可能引起设备的停运或故障。
- 安全风险：过热、过载的充电模块不仅可能导致设备损坏，还可能引发火灾或电气安全事故，构成较大的安全隐患。

（四）预防与解决措施

为了有效防止充电模块并机不均流异常的发生，建议采取以下预防与解决措施：

1. 模块参数匹配

在充电模块的选择和安装过程中，确保各模块的输出电压、额定电流和其他技术参数一致。为此，变电站在选择设备时需进行详细的技术评估，并在安装时仔细检查各模块的参数。

2. 定期检测控制系统

定期检测和维护充电模块的控制系统，确保控制信号的正常传递，避免因通信故障导致的均流问题。这包括对通信线路的检查、控制器的状态监测等。

3. 优化负载管理

合理配置负载，避免出现负载不均的情况，必要时可引入负载均衡装置。通过智能负载管理系统，可以动态调整负载分配，提高系统的整体效率。

4. 环境监测与管理

定期监测变电站内的环境条件，如温度、湿度等，确保充电模块在适宜的环境中工作，减少因环境因素导致的性能差异。变电站应建立环境监测系统，实时监控各项环境指标。

5. 完善监测系统

引入智能监测系统，实时监测充电模块的工作状态和电流分配情况，及时发现并处理不均流现象。该系统应具备报警功能，确保在出现不均流时，能够迅速采取措施。

第二节　直流屏异常分析

直流监控系统主要功能是对直流屏的运行状态进行实时监测和控制。可以监测直流电压、电流、电池组的状态（包括单节电池电压、内阻等），一旦这些参数出现异常，能够及时发出报警信号，提醒工作人员进行维护。出厂测试中的变电站直流屏见图 7-2-1。

图 7-2-1　出厂测试中的变电站直流屏

一、直流监控装置设定参数无法保存

（一）设定参数无法保存的成因分析

直流监控装置（见图 7-2-2）设定参数无法保存的原因多种多样，以下是主要成因分析。

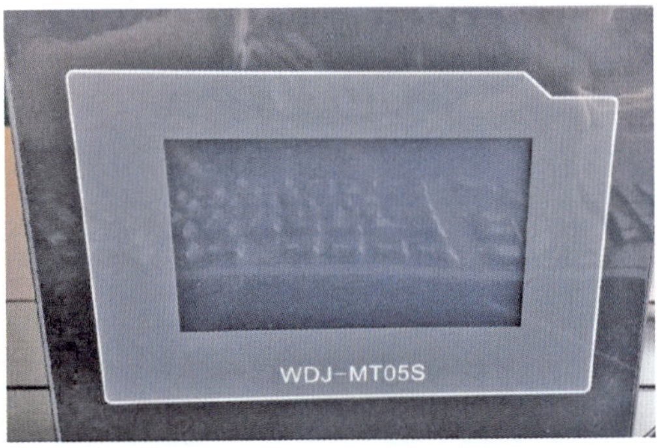

图 7-2-2　直流监控装置

1. 电源问题

在某些变电站，电源波动会导致监控装置内部存储器无法正常工作。电压不稳定可能造成存储器无法写入或读取设定参数。

2. 硬件故障

硬件故障是另一个常见原因，包括存储器故障和相关电路问题。若存储器发生故障，则无法有效保存设定参数。

3. 软件故障

软件系统中的 bug 或操作系统崩溃可能导致设定参数无法保存。软件问题会影响到设备的正常运行。

4. 操作错误

操作人员在设定参数时的误操作，可能导致参数未能正确保存。因此，操作人员的培训显得尤为重要。

5. 环境因素

高温、湿度等环境因素可能影响监控装置的存储器，导致其无法保存数据。因此，良好的环境管理是必要的。

（二）异常现象

（1）设备在设定后无法正确记录或保留参数配置；

（2）设定值丢失或恢复到默认值；

（3）系统报警提示设置失败。

（三）产生的后果包括

（1）设备无法按照新的配置运行，导致监控和保护功能失效；

（2）系统可能无法及时反映设备状态变化，影响电网安全运行；

（3）增加维护成本和时间，可能导致设备停运或无法完成正常的监控任务。

（四）预防与解决措施

为有效防止直流监控装置设定参数无法保存的情况，建议采取以下措施：

1. 电源管理

定期检查电源系统，确保电压稳定。必要时增加不间断电源（UPS）系统，以保证电源波动时设备正常运行。

2. 定期设备维护

对直流监控装置进行定期维护，包括对硬件部分进行检查和清洁，特别是存储器和电路连接部分。

3. 软件升级

定期检查和升级监控装置的软件系统，修复Bug，确保设备能够适应变化的操作需求。

二、软报文与表计信息无法上传

在变电站内，直流屏软报文与表计信息无法上传是指变电站直流屏设备与监控系统之间的数据通信出现故障，导致无法将直流屏的状态信息或表计（如电压、电流、电池状态等）数据上传到监控平台。这个问题可能由多种因素引起，如通讯设备故障、网络中断、配置错误等。

（一）信息无法上传的成因分析

直流监控装置软报文与通信表计不能上传的原因主要包括以下几个方面。

1. 通信故障

通信链路的故障是导致信息上传失败的重要原因之一。变电站内部网络连接不良或线路损坏，均可能导致数据无法顺利上传至监控中心。定期对通信线路进行维护和检测至关重要。

2. 配置错误

在设备配置过程中，如果未能准确设置监控装置的参数，尤其是通信协议和数据上传参数，将导致软报文与表计信息无法按预定方式生成和传输。确保参数设置的标准化和一致性，能够有效避免此类问题，见图 7－2－3。

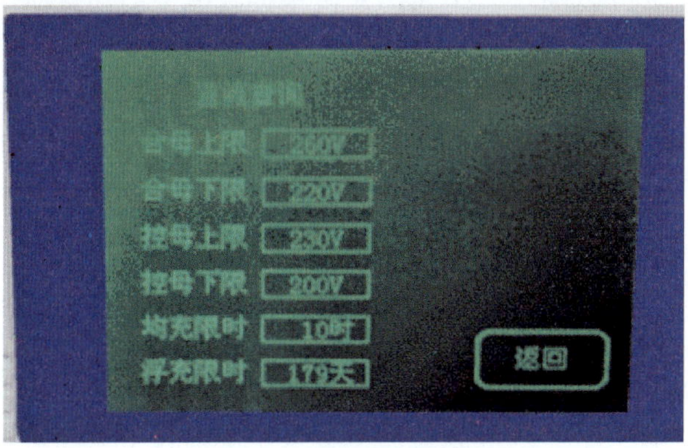

图 7－2－3　直流屏监控信息

3. 硬件故障

直流监控装置内部的硬件故障，如通信模块损坏，将直接影响信息的生成和上传功能。对设备进行定期检修和故障排查，有助于及时发现并修复硬件问题。

4. 软件故障

操作系统或应用程序中的错误可能导致监控装置的正常运行受限，进而造成信息上传失败。定期更新和维护软件系统，可以有效提高设备的稳定性和可靠性。

5. 外部环境因素

外部环境对数据上传的影响不可忽视，如电磁干扰、网络攻击等因素可能导致上传过程中的异常情况。建立环境监测机制，确保设备在良好的环境条件下运行。

（二）异常现象

1. 监控系统显示数据缺失或异常

监控平台上无法显示或接收到直流屏的实时数据，表计信息不更新，导致变电站运维人员无法实时监控直流电源的状态，无法获取准确的电池电压、电流、充电状态、故障信息等。

2. 设备报警无法触发

由于软报文无法上传，直流屏发生故障或异常（如电池电压过低、电池组温度过高等）时，相关报警信息无法及时传递到监控系统，可能导致现场人员未能及时发现问题。

3. 通信链路中断

可能出现通信链路故障，如通信接口损坏、网络连接中断、协议不匹配等，导致软报文和表计数据上传失败。通常，现场设备会显示通讯错误或掉线状态。

4. 历史数据丢失

如果无法上传数据，系统可能无法记录历史数据，这使得后期无法查看或分析直流屏设备的长期运行情况。对于故障追溯和系统性能评估造成困难。

（三）产生的后果

1. 影响故障诊断与维护

无法上传表计信息导致运维人员无法实时掌握直流屏的运行状态，如电池电压、电流变化、充电状态等。这使得故障诊断困难，特别是当系统出现电池损坏、充电不正常或电源故障时，无法准确定位问题并及时采取措施，可能导致问题蔓延。

2. 延误故障响应

直流屏是变电站关键的备用电源设备，一旦发生故障或异常，可能影响到整个电力系统的稳定运行。由于无法及时上传报文信息，可能延误对电池故障的发现和修复，增加了停电或其他安全隐患的风险。

3. 安全隐患增加

直流屏在变电站中通常用于维持控制系统和保护装置的正常运行。如果直流电源异常，可能导致保护装置失效、控制系统断电，甚至导致设备无法进行正常切换或操作，从而引发系统级故障或安全事故。

4. 数据丢失与历史追溯困难

如果数据无法上传，不仅会影响实时监控，还可能导致数据丢失，后期缺少直流屏的历史运行数据。这对于长期设备管理、性能评估以及故障分析与排查都带来很大困难。

5. 影响设备维修与保养决策

定期的数据上传有助于设备的生命周期管理和预防性维护。如果没有准确的设备运行数据，运维团队可能错过最佳维护时机，导致设备故障频发，维修成本上升。

（四）预防与处理措施

定期检查与维护：定期检查直流屏的硬件设备、通信线路及其接口，确保通信模块和电池监控设备处于良好的工作状态。定期进行设备校验，确保表计信息的准确性。

加强网络监控：通过安装网络监控工具，实时监测与控制系统的通信链路状态，发现通信问题时及时处理。

冗余备份设计：在设计时考虑冗余通信线路或备用数据传输通道，以避免单一通信故障导致信息无法上传。

故障排查流程：一旦发生数据上传异常，及时排查可能的故障源，如硬件损坏、线路问题或软件故障，并快速恢复系统正常运行。

配置与协议管理：确保设备与监控系统之间的通讯协议和配置一致，定期检查和更新设备的固件和软件版本，确保兼容性。

数据存储与备份：在设备无法上传数据时，确保设备能够暂时存储数据，并在网络恢复后进行批量上传，避免数据丢失。

三、直流屏馈线断路器异常

变电站内的直流屏馈线断路器主要功能是控制和保护直流馈线。正常运行时，它能接通或断开直流支路，实现对负载（如控制回路、信号回路等）的供电控制。该类型断路器起到短路保护和过载保护的作用，当馈线发生短路或过载情况时，能快速切断电路，保护直流系统和负载设备安全。

（一）故障原因

（1）长时间过载运行，导致断路器内部元件过热损坏。

（2）直流系统的操作过电压或雷击等引起的过电压冲击。

（3）断路器本身质量问题，如部件老化、接触不良等。

（二）故障现象

（1）馈线断路器频繁跳闸，导致其所带负载失电。

（2）断路器合闸后无法正常保持在合闸状态，出现自行分断情况。

（3）故障可能导致发热、冒烟甚至烧焦的现象。

（三）故障后果

（1）其所带的直流负载（如保护装置、控制设备等）失去电源，会使保护装置不能正常工作，在系统故障时无法及时动作。

（2）造成控制回路失去电源，使得变电站内部分设备无法进行正常的控制操作。

（四）检查与预防方法

1. 检查方法

（1）查看断路器外观，检查是否有过热变色、烧焦、冒烟痕迹等。

（2）检查断路器的接线端子是否牢固，有无松动、氧化现象。

（3）查看断路器的动作记录，包括跳闸次数、时间等信息，判断是否存在异常跳闸。

2. 预防方法

（1）合理配置馈线断路器的容量，避免过载运行。

（2）定期进行维护检查，包括清洁、紧固接线端子等。

（3）安装过电压保护装置，减少过电压对断路器的冲击。

四、直流母线调压装置异常

变电站直流系统母线电压正常运行范围一般为110V（波动范围是105～115V）或者220V（波动范围是210～230V），具体电压等级要看变电站直流系统的设计要求。

（一）简要介绍

1. 直流母线电压的意义

（1）保障设备正常运行：变电站内的控制、信号、保护及自动装置等设备通常依赖直流电源工作。稳定的直流母线电压能确保这些设备正常运行，防止因电压异常导致设备故障或误动作。

（2）电池组寿命影响：合适的直流母线电压对蓄电池组的寿命也很重要。例如，过高的电压会加速电池极板的腐蚀，而过低的电压可能导致电池无法充足电。

2. 直流母线调压设备介绍及意义

（1）调压设备介绍。

1）硅链调压装置：这是一种常用的调压设备。它由多个硅二极管串联组成硅链，通过改变硅链的接入级数来调整电压。比如，在电压偏高时增加硅链级数，降低电压；反之则减少级数升高电压。

2）DC－DC 变换器：可以将输入的直流电压进行变换输出。它通过高频开关技术，根据控制信号改变输出电压，能实现较精准的电压调节。

（2）调压设备意义。

1）稳定电压输出：能够补偿直流系统中因各种因素（如蓄电池充放电过程、负载变化等）引起的电压波动，保证直流母线电压在合格范围内。

2）提高系统可靠性：确保直流母线电压稳定，有助于提高整个变电站直流系统供电的可靠性，降低设备因电压问题出现故障的概率。

（二）故障原因

1. 过电压冲击

雷电或操作过电压可能会损坏调压设备内部的电子元件。如雷击产生的浪涌电压可能超出调压设备的耐压范围，造成元件击穿。

2. 长期过载运行

如果流经调压设备的电流长期超过额定值，会使设备内部的发热元件（如电阻等）过热损坏，导致调压功能失常。

3. 自然老化

设备使用年限长，内部的电子元件、绝缘材料等会自然老化，例如电容的电解液干涸、绝缘层老化等情况，影响设备性能。

4. 环境因素

恶劣的环境条件，如潮湿、灰尘多、温度过高或过低，都可能影响调压设备的正常运行。潮湿环境可能会导致短路，灰尘积累可能会影响散热。

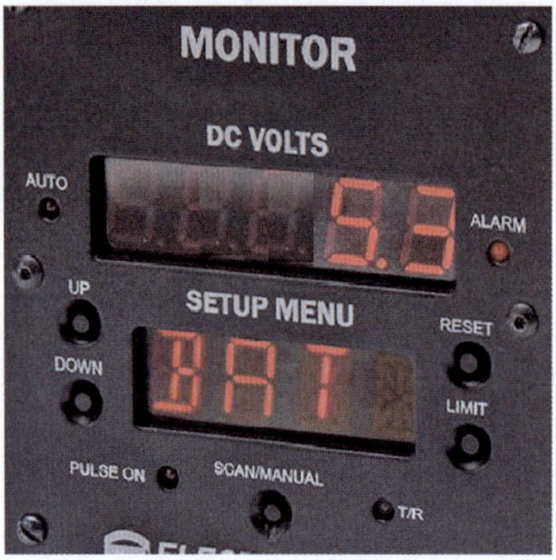

图 7－2－4　直流母线正极性端电压异常无法调压案例图

（三）异常现象

1. 电压异常

直流母线电压超出正常范围，出现过高或过低的情况。例如，调压设备无法正常升压或降压，使得母线电压偏离规定区间，见图 7－2－4。

2. 设备发热

调压设备可能会出现局部过热的现象，甚至能观察到设备外壳发烫，这可能是内部元件损坏导致的异常发热。

3. 噪声异常

设备运行过程中可能产生异常的噪声，如变压器发出嗡嗡声变大或者出现新的振动噪声，这可能表示内部有元件松动或者电磁特性改变。

（四）事故后果

1. 设备损坏

直流母线电压失控可能会对连接到直流母线上的设备（如保护装置、控制设备等）造成过电压或欠电压损坏，影响这些设备的正常运行。

2. 保护误动或拒动

变电站内的继电保护装置依赖稳定的直流电源。母线电压异常可能导致保护装置误动作，将正常运行的设备断开；或者在系统出现故障时，由于电源问题而无法正常动作，造成事故扩大。

3. 变电站故障

严重情况下，可能导致整个变电站的运行出现故障，如保护装置不能正确动作，引起电力系统事故扩大。

（五）检查与预防方法

1. 检查方法

外观检查：查看调压设备的外观是否有烧焦、变形、冒烟、漏液（针对有电解液的元件）等明显的损坏迹象。

电压测量：使用电压表测量直流母线电压和调压设备的输入、输出电压，判断调压功能是否正常。

温度检查：通过红外热成像仪等设备检查调压设备的温度分布，找出可能存在的过热部位。

声音检查：在设备运行时仔细听是否有异常声音，判断是否存在内部松动等问题。

2. 预防方法

过电压保护：在直流系统中安装合适的避雷器或过电压保护装置，以减少雷电或操作过电压对调压设备的冲击。

负载管理：合理规划直流系统负载，避免调压设备长期过载运行。可以通过负载均衡等措施来实现。

定期维护：定期对调压设备进行维护保养，包括清洁、紧固内部元件、检查绝缘等。

环境控制：保持调压设备运行环境的干燥、清洁和适宜的温度。可以通过安装空调、除湿器等设备来改善环境条件。

五、直流系统方式切换开关异常

（一）简要介绍

变电站直流系统方式切换开关主要用于改变直流系统的运行方式。

运行方式调整：可以将直流系统在不同的运行模式之间进行切换，如在单母线运行和双母线运行方式之间转换。

电源选择切换：能够选择不同的直流电源，像主、备用蓄电池组之间的切换，或者整流装置之间的切换，确保直流母线始终有可靠的供电电源。

提高供电可靠性：当一个电源（如一组蓄电池或者一台整流器）出现故障时，通过切换开关快速切换到其他正常电源，维持直流母线供电，保障变电站内控制、保护、信号等重要设备的正常运行。

便于系统检修和维护：在对直流系统的某一部分（如某组蓄电池或某个整流模块）进行检修时，可以利用切换开关将其隔离，使直流系统能够在不停电的情况下进行维护工作，减少因维护对变电站运行的影响。

（二）设备异常原因

1. 频繁操作

方式切换开关如果频繁地进行切换操作，其内部的机械部件和触点容易磨损，导致接触不良或损坏。

2. 电气过载

当流经开关的电流超过其额定电流时，会引起过热，可能损坏开关的绝缘部分或使触点粘连。

3. 环境因素

如果运行环境潮湿、灰尘多或者温度过高、过低，可能会影响开关的性能。例如，潮湿环境可能导致短路，灰尘可能会妨碍触点的良好接触。

4. 质量问题

开关本身的质量不佳，如材料缺陷、制造工艺差等，也会使其在正常使用过程中容易损坏。

（三）异常现象

1. 无法正常切换

当需要切换直流系统运行方式时，切换开关不能有效动作，导致运行方式无法改变。

2. 接触不良

表现为连接部位发热，可能会有冒烟或者烧焦的气味，同时系统电压可能出现波动，因为接触不良会导致电阻增大，从而影响电压。

3. 误动作

在没有操作指令的情况下，切换开关自行改变运行方式，这可能会引起直流系统供电混乱。

（四）事故后果

（1）直流电源中断：如果切换开关不能正确切换到有效电源，可能会导致直流母线失电，进而使变电站内的控制、保护和信号设备等失去电源而无法正常工作。

（2）设备损坏：由于运行方式混乱或电压异常，可能会对直流系统中的设备（如蓄电池、整流器和负载设备等）造成损坏，例如过电压或过电流导致设备烧毁。

（3）变电站故障：严重情况下，可能导致整个变电站的运行出现故障，如保护装置不能正确动作，引起电力系统事故扩大。

（五）检查与预防方法

1. 检查方法

外观检查：查看切换开关的外观是否有烧焦、变形、变色等异常情况，检查连接部位是否松动。

功能测试：在确保安全的情况下，对切换开关进行操作测试，检查其是否能够正常切换运行方式，观察相关的指示灯和仪表显示是否正确。

电阻测量：使用万用表测量开关的接触电阻，判断是否存在接触不良的情况。如果接触电阻过大，则可能存在问题。

温度检查：通过红外热成像仪等设备检查切换开关及其连接部位的温度，若温度异常高，则可能是接触不良或者过载。

2. 预防方法

规范操作：严格按照操作规程进行切换操作，避免不必要的频繁切换。

负载监控：监控直流系统的负载情况，确保切换开关所承受的电流不超过额定值，避免过载。

环境改善：保持切换开关的运行环境干燥、清洁，并控制环境温度在合适的范围内，可以通过安装空调、除湿器等设备来实现。

质量把关：在采购时，选择质量可靠、符合标准的切换开关，并且对新设备进行严格的验收检查。

六、直流馈线电缆异常

（一）异常产生原因

1. 机械损伤

电缆敷设过程中受到外力挤压、拉扯，如施工时被工具误碰、被重物压到。

长期受到振动，如靠近大型运转设备，使电缆外皮和内部芯线磨损。

2. 电气原因

短路故障产生的大电流可能会烧损电缆。短路可能是由于电缆绝缘损坏，导致芯线之间或芯线与外皮接触。

雷击过电压或操作过电压使电缆绝缘被击穿。

3. 环境因素

电缆长期处于潮湿、腐蚀性环境，如在有积水或化学腐蚀气体的地方，会腐蚀电缆外皮和绝缘层。

温度过高或过低，会使电缆外皮老化、变脆，导致绝缘性能下降。

运行中的低压直流屏馈线及电缆见图 7－2－5。

图 7－2－5　运行中的低压直流屏馈线及电缆

（二）异常现象

1. 发热

受损部位电阻增大，电流通过时产生热量，可通过触摸或红外热成像仪发现电缆局部温度过高。

2. 绝缘下降

用绝缘电阻表测量时，发现绝缘电阻值低于正常范围，可能出现漏电现象，表现为电缆外皮有麻电感。

3. 电压降异常

在带负载运行时，电缆两端的电压降明显增大，导致负载端电压不足。

（三）事故后果

1. 馈线停电

电缆受损严重时会直接中断供电，使所连

接的直流负载（如保护装置、控制设备等）失电。

2. 短路故障扩大

如果电缆绝缘损坏导致短路，可能会引起上级断路器跳闸，影响其他正常馈线的供电，甚至可能引发火灾。

3. 设备损坏

由于电压异常或停电，可能会造成所连接的直流设备损坏，如继电保护装置、自动化设备不能正常工作。

（四）检查与预防方法

1. 检查方法

（1）外观检查：查看电缆外皮是否有破损、鼓包、烧焦、变形等迹象，检查电缆终端头和中间接头是否有松动、渗液等情况。

（2）绝缘电阻测试：定期使用绝缘电阻表测量电缆的绝缘电阻，对比正常范围判断绝缘是否良好。

（3）温度检测：利用红外热成像设备检查电缆是否存在局部过热现象。

（4）电压降测试：在电缆带负载运行时，测量电缆两端的电压，计算电压降是否在正常范围内。

2. 预防方法

（1）合理敷设：按照规范敷设电缆，避免机械损伤，如预留足够的弯曲半径，设置电缆桥架、保护管等。

（2）防雷和过电压保护：安装避雷器等过电压保护装置，减少雷击和操作过电压对电缆的伤害。

（3）环境控制：改善电缆运行环境，避免电缆处于积水、腐蚀性气体环境，控制环境温度。

（4）定期检查维护：定期对电缆进行外观、绝缘、温度等方面的检查，及时发现并处理潜在问题。

第三节　蓄电池组异常分析

本节旨在全面研究变电站内蓄电池组设备的异常情况，分析其故障特征、成因以及相应的处理措施。

一、蓄电池外壳变形

（一）故障成因分析

蓄电池外壳变形（见图 7-3-1）的原因主要包括以下几个方面：

1. 温度影响

蓄电池在高负荷运行或充电状态下会产生热量，导致外壳材料热膨胀，从而出现变形。

2. 内部压力增大

蓄电池内部发生化学反应时，可能会产生气体，若内部压力过高，可能导致外壳变形，甚至破裂。

3. 生产质量问题

部分蓄电池因在生产过程中使用了不合格材料或工艺问题，导致外壳强度不足，容易在正常使用条件下变形。

4. 长期使用与老化

蓄电池在长期使用过程中，材料老化、机械性能下降，可能导致外壳变形。

图 7－3－1　国外变电站蓄电池变形图

5. 外部物理冲击

在搬运或安装过程中，若蓄电池受到外部物理冲击，可能会导致外壳变形。

（二）异常现象

监测系统显示该锂离子蓄电池组的电压和电流不稳，经过检查发现多个电池外壳发生了明显的鼓胀现象。

（三）异常后果

（1）短路风险增加：如果电池外壳变形导致正负极板之间的距离缩短，有可能会造成极板间短路。短路会使电池快速放电，并且产生大量热量，进一步损坏电池。

（2）电池容量下降：变形可能会对电池内部的极板和隔膜结构产生影响，使得电池的活性物质利用效率降低，从而导致电池容量下降，影响其供电时长和性能。

（3）安全隐患：电池外壳变形引发的电解液泄漏是一个安全隐患。电解液通常具有腐蚀性，可能会腐蚀周围的设备和设施；而且泄漏的电解液如果接触到导电体，还可能引发短路，甚至造成电气火灾。

（4）影响整组电池性能：在变电站的直流系统中，蓄电池组是串联或并联工作的。个别电池外壳变形会影响整组电池的性能，导致直流母线电压出现波动，对变电站内依赖直流电源的设备（如控制、信号和保护设备）的正常运行产生不利影响。

（四）预防与解决措施

为了有效预防蓄电池外壳变形异常的发生，建议采取以下措施：

1. 温度控制

（1）加强对蓄电池环境温度的监测，确保其工作在适宜的温度范围内。必要时可采用空调或通风设备调节室内温度。

（2）在蓄电池房间内安装温湿度监测设备，实时监控并调整环境条件。

2. 定期维护

（1）建立定期维护制度，对蓄电池进行全面检查，重点关注电池外壳、连接处及密封性能。

（2）及时更换老化的密封材料和附件，确保电池的正常使用。

3. 合理配置蓄电池

（1）选择合适类型的蓄电池，确保其外壳材料具有足够的强度和耐压性能。

（2）在设计蓄电池房间时，考虑蓄电池的负荷特性，合理配置电池组，避免因负荷过大导致的变形。

4. 监测与报警系统

（1）在蓄电池系统中引入在线监测系统，实时监测电池的工作状态，及时发现异常情况。

（2）设置报警装置，当电池外壳温度、压力超过设定值时，自动发出警报，提醒技术人员及时处理。

二、蓄电池内阻值与极柱变形异常（见图 7－3－2）

图 7－3－2　蓄电池极柱损坏

（一）异常产生原因

1. 电池老化

长时间使用，蓄电池极板的活性物质会逐渐脱落、收缩或膨胀，导致极板与电解液的接触面积改变，使内阻增大，也可能使极柱变形。

2. 电解液问题

电解液干涸、密度异常或杂质过多，会影响离子的传导，从而增加内阻。例如，温度过高可能加速电解液蒸发，使内阻升高。

3. 极板硫化

如果蓄电池长期处于充电不足或过放电状态，极板表面会形成硫酸铅晶体，这种硫化现象会增大电池内阻。

4. 连接部件问题

电池极柱与连接条之间的接触不良，如松动、氧化或腐蚀，会额外增加连接电阻，导致整组电池内阻升高或极柱变形。

5. 外部冲击

蓄电池在运输、安装或使用过程中，受到的外力冲击可能导致极柱变形，影响电池的正常运行。保护措施不足可能会在搬运过程中造成严重的损坏。

6. 腐蚀现象

蓄电池极柱在电解液的浸泡下，可能出现腐蚀，导致材料强度降低，从而引发变形。电解液的质量和维护对于防止腐蚀至关重要。

（二）异常产生现象

1. 充电异常

充电时，电池电压上升过快，充电电流过早下降，难以达到额定容量。例如，正常充电时电流稳定下降，但内阻异常的电池充电电流会快速减小。

2. 放电异常

在放电过程中，电池端电压下降速度比正常电池快，导致放电时间缩短。比如，相同负载下，正常电池能持续放电数小时，内阻异常电池可能很快就达到终止电压。

3. 发热现象

内阻增大，在充放电过程中电池内部损耗增加，产生热量，可观察到电池外壳温度升高。

（三）异常产生危害

1. 电池性能下降

内阻异常会使蓄电池的容量难以充分发挥，缩短其有效工作时间，无法为变电站设备提供足够的电力支持。

2. 加速电池老化

内阻导致的发热和电池性能下降会形成恶性循环，进一步加速电池老化，缩短电池使用寿命。

3. 直流系统故障风险

在变电站直流系统中，蓄电池组是重要的备用电源。内阻异常可能导致蓄电池组在需要时无法提供足够的直流电压，使得保护装置、控制设备等失去电源，引发变电站事故。

（四）检查与预防方法

1. 检查方法

使用专业仪表：如采用蓄电池内阻测试仪定期测量电池内阻，通过对比标准值判断内阻是否异常。

电压电流监测：在充放电过程中，监测电池的电压和电流变化曲线，分析是否有异常的上升或下降情况，以此推断内阻是否正常。

外观检查：查看电池极柱和连接部件是否有松动、腐蚀等迹象，因为这些情况可能导致连接电阻增大，间接反映内阻问题。

2. 预防方法

合理充放电：确保蓄电池按照规定的充电制度充电，避免过充电和过放电。可以通过安装智能充电设备实现精确控制。

温度控制：保持蓄电池运行环境温度适宜，避免温度过高或过低。可安装空调或温控设备来调节环境温度。

定期维护：定期检查电池的连接部件，确保极柱与连接条接触良好，清洁并涂抹防护油脂，防止氧化和腐蚀。

容量监测和均衡充电：定期监测电池容量，对容量偏低的电池进行均衡充电，防止极板硫化，减少内阻异常的情况。

（五）案例分析：直流电源失效 110kV 主变压器越级跳闸

1. 检查情况

（1）2024 年 11 月 26 日，18:31，某 110kV 变电站，10kV 母线发生 C 相接地故障，420 毫秒后发展为三相短路，10kV Ⅰ、Ⅱ母失压，故障持续 7 分钟后，上一级某 110kV 变电站线路保护动作跳闸，切除故障。

（2）一次设备检查，10kV 101 开关柜完全烧毁，相邻设备受热冲击变形，如图 7－3－3 所示。变压器低压侧过桥母线熔断，A 相调压绕组存在匝间放电痕迹，如图 7－3－4 所示。

图 7－3－3　高压室设备受损

图 7－3－4　本体瓦斯继电器有大量气体

（3）保护分析，故障期间变压器保护压板频繁跳变（1→0/0→1），保护装置最低工作电压降至 152V，导致复压过流保护未动作，如图 7－3－5 所示。

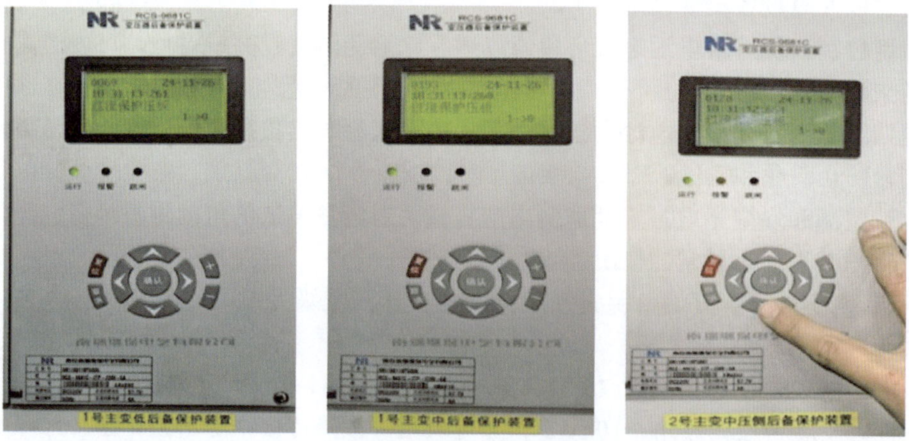

图 7－3－5　保护功能压板跳变

（4）油色谱分析，故障后变压器油中乙炔含量骤升至 22951.02μL/L，总烃 52081.8μL/L，符合电弧放电特征。

（5）直流系统测试，蓄电池组容量劣化至 80.4%，70 号单体电池内阻达 12.4mΩ（标准≤0.75mΩ），放电时电压骤降至 1.52V。

2. 分析处理

（1）氢气，故障前含量为 25.82μL/L，属正常范围（标准值通常＜100μL/L），故障后骤增 354057.20μL/L，表明绝缘材料，如油纸在高温电弧下剧烈裂解，产生大量氢气。

（2）乙炔，故障前未检出（标准限值＜5μL/L），故障后飙升至 22951.02μL/L，直接指向电弧放电故障，乙炔是电弧放电的特征气体，其激增说明短路瞬间能量极高。

（3）总烃，故障前为 19.16μL/L（标准限值＜150μL/L），故障后增至 52081.80μL/L，反映绝缘油在电弧高温下热解，生成大量烃类气体，进一步验证故障严重性。

（4）蓄电池容量，实测值 80.4%略高于更换阈值（标准要求，容量＜80%需更换），但蓄电池组已运行 10 年，且容量年均劣化 5%，表明长期老化导致带载能力不足。

（5）51 号电池内阻：实测内阻 12.4mΩ，内阻增加 1672%，电池内部极板硫化、电解质干涸，导致瞬时放电时电压骤降，无法为保护装置供电。70 号电池电压，放电时电压降至 1.602V，进一步验证单体电池劣化，串联结构下整组电压被拖累，造成直流系统崩溃。

（6）未按反措要求开展内阻测试与定期核容，导致劣化电池未被及时更换，是保护拒动的关键间接原因。

3. 整改措施

（1）解体检查发现 51、70 号蓄电池内部电解质干涸，极板硫化严重，如图 7-3-6 所示，导致瞬时放电时电压骤降。

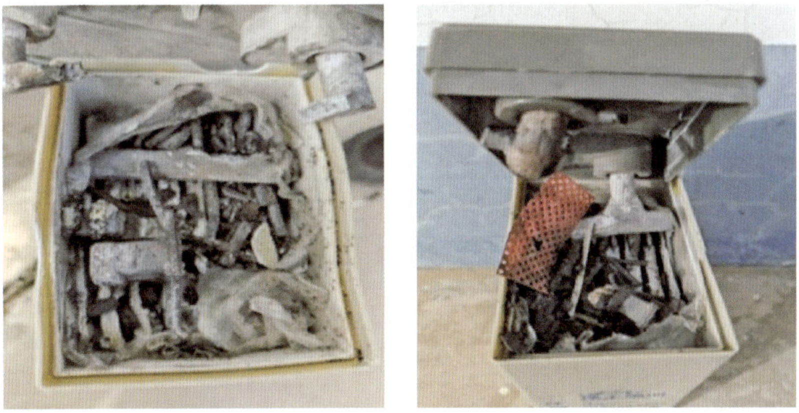

图 7-3-6　故障后 51、70 号蓄电池解体

（2）保护装置电源测试表明，直流电压低于 152V 时功能压板自动退出，故障期间电压波动导致保护逻辑失效。

（3）10kV 开关柜绝缘件存在老化裂纹，单相接地后电弧发展至三相短路，因保护拒动未能及时隔离故障。

（4）直接原因为 10kV 开关柜绝缘劣化引发短路，叠加站用蓄电池组容量不足、内阻异常，导致直流系统崩溃及保护拒动。

（5）未按反措要求开展蓄电池内阻测试、未及时更换劣化设备，暴露出直流系统全寿命周期管控缺失。强化老旧设备改造，完善直流系统监测，严格执行蓄电池定期核容试验。

三、蓄电池巡检装置异常

（一）异常产生原因

蓄电池巡检装置（见图 7－3－7）异常的成因主要包括以下几个方面。

1. 设备老化

随着时间的推移，巡检装置中的传感器和电路元件会发生老化，导致故障信号的产生。巡检装置连接线松动、断裂等。

2. 通信故障

巡检装置与主控系统之间的通信线路可能出现断路、短路或电磁干扰，造成信息传输失败。

3. 软件故障

巡检装置的控制软件可能存在 Bug 或未及时更新，导致系统无法正常运行。

4. 电源问题

巡检装置的电源供应不稳定或发生故障，可能导致其无法正常工作。

5. 环境影响

高温、低温、高湿或灰尘等环境因素都可能对设备的性能产生负面影响，导致异常。

图 7－3－7　蓄电池巡检装置

（二）异常现象

1. 数据显示异常

电压、电流、温度等监测数据不准确或不更新。例如，显示的电池电压与实际测量值相差较大，或者数据长时间停留在一个数值上。

报警信息错误，可能在电池正常状态下发出报警，或者电池出现问题时没有报警。

2. 通信故障

巡检装置与上位机或监控系统之间无法正常通信。表现为数据无法上传，监控系统接收不到蓄电池组的实时状态信息。

3. 装置自身故障迹象

巡检装置的指示灯异常，如运行指示灯不亮、报警指示灯常亮或闪烁频率异常。

出现异味、冒烟或有烧焦的痕迹，这可能是装置内部元件损坏导致的。

（三）异常产生危害

1. 无法及时发现电池问题

不能准确监测蓄电池组的状态，导致电池过充、过放、温度过高等问题不能被及时发现，加速电池老化，缩短电池使用寿命。

2. 增加直流系统故障风险

在变电站直流系统中，蓄电池组作为备用电源至关重要。巡检装置异常可能使运维人对蓄电池组的健康状况产生误判，一旦直流系统主电源故障，蓄电池组无法正常提供备用电源，会导致变电站内控制、保护和信号设备等失去电力支持，存在引发变电站事故的可能性。

3. 影响运维决策

错误的监测数据和报警信息会干扰运维人员的正常工作，导致错误的维护和检修决策，浪费人力、物力资源。

（四）检查及预防方法

1. 检查方法

（1）外观检查。

查看巡检装置的外观是否有损坏，如外壳是否有裂缝、烧焦的痕迹，检查连接线是否松动、脱落。

检查装置的指示灯状态，对照说明书判断其是否正常。

（2）功能测试。

用标准的电压表、电流表和温度计等工具，对蓄电池组的电压、电流和温度等参数进行现场测量，并与巡检装置显示的数据进行对比，检查数据的准确性。

检查装置的通信功能，尝试从上位机或监控系统向巡检装置发送指令，看是否能够正常接收和执行，同时检查数据上传是否正常。

（3）数据记录分析。

查看巡检装置的数据记录历史，分析是否存在数据突变、长时间不更新或者不符合逻辑的数据变化情况。

2. 预防方法

（1）定期检查维护。

（2）制定严格的巡检装置检查计划，定期对装置进行外观检查、功能测试和数据记录检查。

（3）定期清洁装置外壳和内部电路板，防止灰尘积累影响散热和电气性能。

（4）安装备份和冗余系统。

（5）对于重要的变电站，可以考虑安装备份的巡检装置或者采用冗余的通信方式，以降低装置异常对蓄电池组监测的影响。

（6）质量控制和更新换代。

（7）在采购巡检装置时，选择质量可靠、经过验证的产品，并且关注产品的技术更新，及时对老化或性能不佳的装置进行更新换代。

第四节　绝缘监察装置异常

一、绝缘监察装置（见图 7－4－1）巡检异常

（一）异常成因分析

（1）元件故障：装置内部的电子元件（如电压互感器、电阻、电容等）老化、损坏或质量不佳，可能导致测量不准确或功能失效。

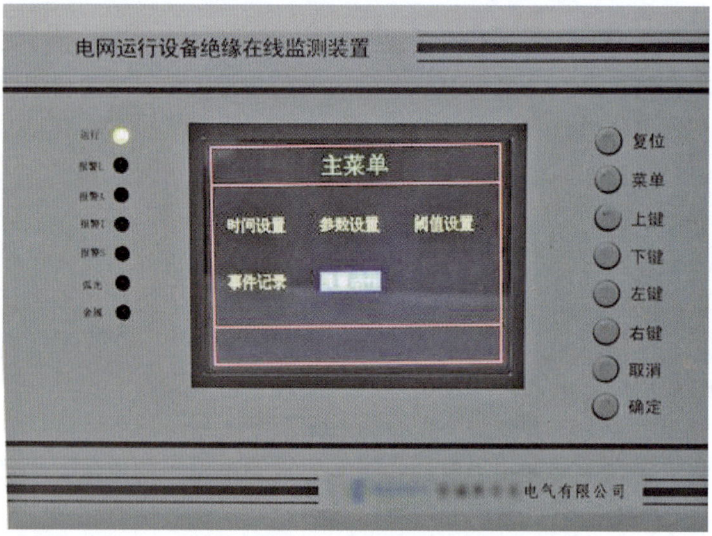

图 7－4－1　变电站绝缘监察装置

（2）电源问题：绝缘监察装置的工作电源不稳定或出现故障，会影响其正常运行，例如电源模块损坏、电源线松动等。

（3）电磁干扰：变电站内存在大量的电磁场，可能会干扰绝缘监察装置的正常信号检测和传输，如附近的高压设备操作产生的电磁脉冲。

（4）软件故障：如果装置带有软件控制部分，软件出现漏洞、错误或数据溢出等情况，会导致功能异常。

（二）异常产生现象

（1）监测数据错误：显示的母线对地电压、绝缘电阻等数据与实际情况不符，可能出现数据波动过大、固定不变或明显偏离正常范围的情况。

（2）报警异常：在系统绝缘正常时发出报警，或者在绝缘出现问题时没有报警。报警信号可能包括声光报警的误触发或不触发。

（3）支路巡检失效：当启动支路巡检功能时，无法正确定位故障支路，或者在无故障情况下误报支路异常。

（4）通信中断：装置与上位机或其他监控系统之间无法正常通信，导致数据无法传输，运维人员无法远程获取装置的监测信息。

（三）异常产生危害

（1）无法及时发现绝缘故障：不能有效监测直流系统的绝缘状况，使得系统可能在绝缘损坏的情况下继续运行，增加设备损坏和保护装置误动作的风险。

（2）故障范围扩大：由于不能及时报警和定位故障，可能导致绝缘故障进一步发展，如从一点接地发展为两点接地，引发直流系统短路，造成更严重的设备损坏和停电事故。

（3）运维决策失误：错误的监测数据和报警信息会误导运维人员，使其做出错误的检修和维护决策，浪费人力和时间，同时也可能忽视真正的安全隐患。

（四）检查与预防方法

1. 检查方法

外观检查：查看装置的外观是否有损坏，如外壳是否有裂缝、烧焦的痕迹，检查连接线是否松动、脱落，检查装置的指示灯状态是否正常。

功能测试：使用标准的电压表、绝缘电阻表等工具，对直流母线的对地电压和绝缘电阻进行现场测量，并与装置显示的数据进行对比，检查数据的准确性。

模拟绝缘故障，例如在安全的情况下，通过临时接入合适的电阻模拟接地故障，检查装置是否能正确报警和定位故障支路。

检查装置的通信功能，尝试从上位机或监控系统向装置发送指令，看是否能够正常接收和执行，同时检查数据上传是否正常。

数据分析：查看装置的数据记录历史，分析是否存在数据突变、长时间不更新或者不符合逻辑的数据变化情况，检查报警记录是否与实际情况相符。

2. 预防方法

（1）定期维护：

定期对绝缘监察装置进行外观检查、功能测试和数据记录检查，确保装置的正常运行。

定期清洁装置外壳和内部电路板，防止灰尘积累影响散热和电气性能。

（2）电磁防护：在装置的安装和布线过程中，采取电磁屏蔽措施，如使用屏蔽电缆、将装置安装在电磁干扰较小的位置，减少电磁干扰对装置的影响。

（3）电源管理：确保装置的工作电源稳定可靠，采用独立的、经过稳压的电源为装置供电，定期检查电源线路和电源模块。

（4）软件更新与备份：如果装置有软件控制部分，定期进行软件更新，修复可能存在的漏洞和错误。同时，对装置的重要数据和参数进行备份，防止数据丢失。

二、监察装置平衡桥异常

（一）设备简介

变电站绝缘监察装置中的平衡桥是一个重要的组成部分。

从结构上看，它主要由高精度的电阻构成，连接在直流系统的正母线和负母线之间，并且分别与地形成回路。平衡桥示意图见图 7–4–2。

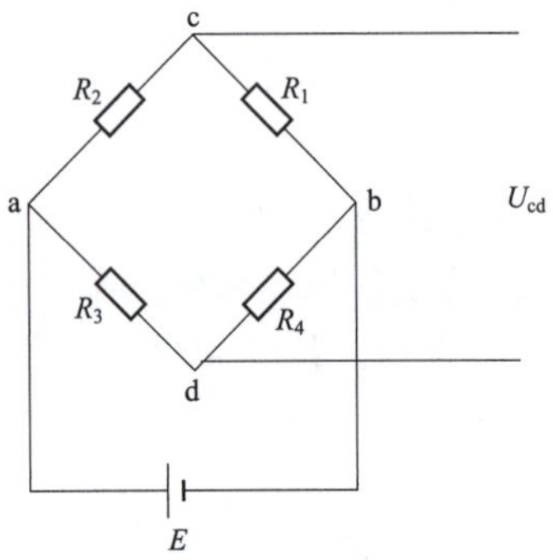

图 7–4–2　平衡桥示意图

其主要功能是为直流系统的绝缘监察提供一个参考基准。正常情况下，平衡桥可以使直流系统正、负母线对地的绝缘电阻在检测时能够有一个相对稳定的状态。当系统绝缘状况发生变化时，通过与平衡桥正常状态下的电压对比，绝缘监察装置就能快速发现异常，从而起到保障直流系统安全稳定运行的作用。

（二）异常产生原因

（1）元件损坏：平衡桥中的电阻、电容等元件老化、过热或受到过电压冲击而损坏。例如，长期运行导致电阻阻值改变，或者电容出现漏电、击穿等情况。

（2）连接松动：平衡桥的连接线在长期运行中，可能因振动、腐蚀等因素而松动、脱落，影响平衡桥的正常连接。

（3）设计缺陷或参数错误：在平衡桥设计或安装时，如果参数计算错误或选用的元件参数不符合要求，也会导致平衡桥工作异常。

（三）异常产生现象

（1）电压测量偏差：正、负母线对地电压测量值出现偏差。正常情况下，平衡桥可以使正负母线对地电压保持相对平衡，异常时可能导致一侧电压升高，另一侧电压降低。

（2）绝缘电阻计算错误：由于电压测量不准，进而导致绝缘电阻计算出现较大误差，使装置显示的绝缘电阻值与实际值不符。

（3）报警误触发或不触发：因为绝缘电阻计算错误，当系统实际绝缘正常时可能触发绝缘下降报警，或者在绝缘下降时却没有报警。

（四）异常产生危害

（1）无法准确监测绝缘状态：不能正确判断直流系统的绝缘情况，使得运维人员难以了解系统是否存在绝缘故障隐患。

（2）故障不能及时发现：可能导致绝缘故障（如接地故障）不能及时被发现和处理，增加直流系统发生短路等严重事故的风险。

（五）检查与预防方法

1. 检查方法

（1）外观检查：查看平衡桥的电阻、电容等元件是否有烧焦、开裂、漏液等损坏迹象，检查连接线是否牢固。

（2）电压测量对比：使用高精度电压表分别测量正、负母线对地电压，与绝缘监察装置显示的电压值进行对比，若差值过大，则可能存在平衡桥异常。

（3）元件参数测试：在设备停电情况下，使用万用表等工具测量平衡桥中电阻的阻值、电容的容值等参数，检查是否符合设计要求。

2. 预防方法

（1）定期检查维护：定期对平衡桥的元件和连接进行检查，及时发现并更换老化或损坏的元件，紧固松动的连接线。

（2）元件质量把控：在平衡桥的设计和安装阶段，选用质量可靠、符合参数要求的元件，确保平衡桥的性能稳定。

（3）运行环境优化：保持平衡桥运行环境的温度、湿度适宜，避免因环境因素导致元件损坏。

三、绝缘监察装置对地电压或绝缘电阻异常

（一）异常产生原因

1. 绝缘老化或损坏

直流系统中的电缆、设备长期运行，其绝缘材料会自然老化，出现龟裂、破损，导致绝缘性能下降。

频繁的过电压冲击（如雷击、操作过电压）使绝缘被击穿。

2. 受潮或污染

环境潮湿使电气设备、电缆等受潮，降低绝缘电阻。例如，在雨季或者地下室等潮湿环境中，水分渗入设备内部。

灰尘、油污等污染物附着在绝缘表面，形成导电通道，导致绝缘电阻减小。

3. 设备故障

蓄电池漏液，电解液具有导电性，会导致绝缘下降。

电气设备内部短路故障，使绝缘电阻急剧下降。

（二）异常产生现象

1. 对地电压异常

正、负母线对地电压不平衡，与正常电压（如 220V 直流系统中，正常正、负母线对地电压约 110V）相比，差值增大。

母线对地电压波动明显，不是稳定在正常范围。

2. 绝缘电阻异常

绝缘监察装置显示绝缘电阻值低于正常范围，甚至趋近于零。

绝缘电阻下降可能伴随报警信号触发，装置发出声光报警。

（三）异常产生危害

1. 设备损坏

（1）绝缘性能差易造成电气设备短路，过大的短路电流会损坏设备的绕组、铁芯等部件。

（2）长期的绝缘不良可能导致设备过热，加速设备老化。

（3）保护装置误动或拒动。

（4）绝缘下降可能使直流系统的控制、保护设备电源异常，造成保护装置误动作，

将正常运行的设备切断。

（5）可能在系统真正出现故障时，因电源问题而无法正常动作，导致事故扩大。

2. 系统故障

可能引发直流系统接地故障，严重时会导致整个变电站直流供电系统瘫痪，影响通信、信号指示等，使变电站不能正常运行。

（四）检查与预防方法

1. 检查方法

（1）外观检查。

查看电气设备、电缆的绝缘外皮是否有破损、鼓包、变色、潮湿或有油污、灰尘附着等情况。

检查蓄电池是否有漏液现象。

（2）电压测量。

用电压表测量正、负母线对地电压，对比正常电压范围，确定是否异常。

测量支路电压，判断是否存在接地故障支路。

（3）绝缘电阻测量。

使用绝缘电阻表测量电气设备、电缆等的绝缘电阻，与规定的绝缘电阻值进行比较。

对支路进行绝缘电阻测量，查找绝缘薄弱环节。

2. 预防方法

（1）设备维护。

定期对电气设备和电缆进行清扫，清除灰尘、油污等污染物。

对老化的绝缘材料及时更换，如更换老化的电缆、设备的绝缘部件。

（2）环境控制。

保持变电站内干燥、通风良好，可通过安装除湿设备、空调等来控制环境湿度和温度。

避免在恶劣环境下敷设电缆和安装设备，防止受潮和腐蚀。

（3）监测系统完善。

安装性能良好的绝缘监察装置，实时监测绝缘状态。

定期对绝缘监察装置进行校验和维护，确保其准确性。

四、绝缘监察装置（见图 7－4－3）回路电流互感器异常

（一）异常产生原因

（1）长期过载：当流经回路电流互感器的电流长时间超过其额定电流，会导致互感器过热，使绕组绝缘老化、损坏。例如，在直流系统发生短路故障时，短路电流可能远超互感器的承受能力。

（2）绝缘损坏：互感器的绝缘材料可能因自然老化、受潮、受到化学腐蚀或者遭受过电压冲击而损坏，导致绝缘性能下降。

（3）二次回路开路：电流互感器二次侧回路开路，会在二次绕组两端产生很高的感应电动势，可能损坏互感器的绝缘和绕组。

（4）制造质量问题：互感器本身在制造过程中可能存在质量缺陷，如绕组绕制不紧

密、铁芯质量差等，这些问题会在运行过程中逐渐显现出来。

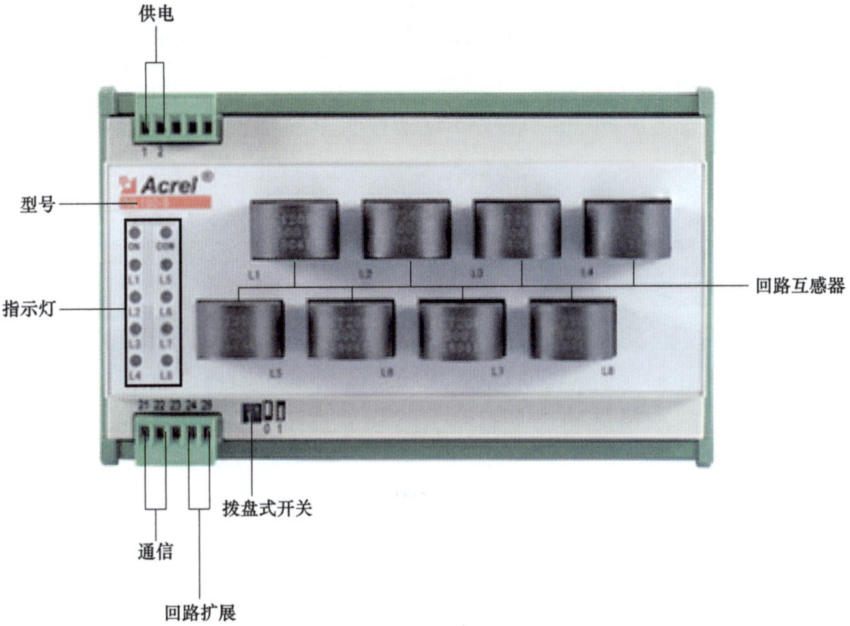

图 7-4-3　绝缘监察结构装置示意图

（二）异常产生现象

（1）测量误差增大：互感器输出的电流信号与实际电流不符，导致绝缘监察装置测量的绝缘电阻、接地电流等参数出现较大偏差，影响对直流系统绝缘状态的准确判断。

（2）发热异常：互感器出现局部过热现象，通过触摸或使用红外热成像仪可以检测到其外壳温度明显升高。

（3）噪声或振动：内部绕组或铁芯可能因异常电流产生振动，发出异常的嗡嗡声或抖动。

（4）二次侧开路相关现象：如果二次侧开路，可能会看到互感器二次接线端子处有放电火花、烧焦的迹象，同时绝缘监察装置可能出现异常报警或者显示异常数据。

（三）异常产生危害

（1）绝缘监测失效：由于测量误差增大，无法正确监测直流系统的绝缘状况，可能会使绝缘故障不能被及时发现，增加系统发生短路、接地等故障的风险。

（2）设备损坏：异常的高感应电动势或过热可能会损坏互感器自身，还可能影响与之相连的绝缘监察装置和其他二次设备，如烧损电路板、损坏电子元件等。

（3）安全风险：在互感器损坏过程中，可能会出现冒烟、起火等情况，对变电站的安全运行构成威胁。

（四）检查与预防方法

1. 检查方法

（1）外观检查：查看互感器的外观是否有烧焦、变形、冒烟等损坏迹象，检查接线端子是否松动、氧化，二次回路是否有开路或短路的情况。

（2）电流测量对比：使用高精度电流表在互感器的一次侧和二次侧分别测量电流，对比互感器的变比，检查测量结果是否符合要求，判断互感器是否正常工作。

（3）绝缘电阻测试：使用绝缘电阻表测量互感器一次侧与二次侧之间以及它们对地的绝缘电阻，检查绝缘是否良好。

（4）温度检查：通过红外热成像仪等设备检查互感器的温度分布，查看是否有局部过热现象。

2. 预防方法

（1）合理选型和配置：根据直流系统的最大工作电流，选择合适额定电流的互感器，并合理配置保护装置，防止互感器长期过载。

（2）二次回路维护：定期检查互感器二次回路，确保其连接牢固，避免开路或短路情况的发生。

（3）绝缘保护：采取措施防止互感器受潮和受到化学腐蚀，如对互感器进行密封处理、安装在干燥通风的环境中。

（4）运行监测：在运行过程中，通过在线监测系统实时监测互感器的温度、电流等参数，及时发现异常情况。

五、案例分析：直流绝缘检查装置未及时告警造成220kV变压器跳闸

（一）检查情况

（1）某220kV变电站，变压器221断路器跳闸，因端子箱内二次电缆绝缘降低引起，跳闸时无直流接地，1号变压器无保护启动及故障录波信息。断路器型号：西开LW25A－252，保护型号：南瑞RCS－978E。

图7－4－4　端子箱电缆绝缘破损短路

（2）检修人员对221断路器气室、机构状态等进行检查正常。对装置、跳合闸回路进行检查，重点对221断路器跳闸回路进行绝缘检查，保护屏至户外端子箱221控制电缆各芯间绝缘，221第一组操作回路绝缘良好。

（3）221第二组操作回路电缆绝缘良好，但电缆1201（操作电源正极）和1237（保护至跳闸线圈）之间绝缘阻值为零。端子箱内电缆剥皮加工处外皮破损，破损电缆回路编号分别为1201和1237，与绝缘电阻测试结果相符，如图7－4－4所示。

（二）分析处理

（1）在基建施工阶段，1号变压器A屏至221端子箱，第二组操作回路电缆根部存在误割伤，随着运行年限的增长，电缆绝缘老化，出现鼓包、粉化现象，导线氧化、霉变，导致操作回路与跳闸回路间绝缘击穿，接通跳闸回路，造成221断路器跳闸。

（2）立即启用1号变压器A屏至端子箱间电缆备用芯，对发生缺陷的电缆芯进行了更换，绝缘恢复正常，传动正确，恢复送电正常。

（3）经检查，站内绝缘监察装置损坏，直流绝缘降低未及时告警，引发故障范围扩大，最终倒至跳闸。

（三）整改措施

（1）基建施工工艺存在缺陷，误伤电缆芯最后一层绝缘，为后期事故的发生埋下隐患。现有的技术手段存在一定的局限性，检查主要通过摇测绝缘和外观检查，对初始的绝缘割伤发现能力不足，需要改进制作工艺。

（2）设备定检过程不细致，对外观质量的检查重视不够，未对二次电缆进行逐个排查，造成隐患并持续发展，酿成跳闸事故。

（3）加强对二次设备进行通风清扫，开启机构箱驱潮装置，室外电缆孔洞使用水泥和防水材料封堵，发现问题及时处理，避免类似事故发生。电缆更换封堵后的情况，如图 7-4-5 所示，未再发生二次绝缘接地、短路情况。

图 7-4-5　端子箱电缆更换封堵

本 章 小 结

变电站的低压直流系统对于变电站的正常运行至关重要，任何切换故障都会影响整个系统的安全性和稳定性。本章分四部分，分别对充电装置类、直流屏、蓄电池组、绝缘监察系统的异常现象及故障成因进行深入分析，总结出异常发生的可能因素，进而建立定期维护机制、改善环境条件，预防和解决异常问题，确保低压直流系统的正常运行和变电站的安全稳定运行。

第八章　低压直流系统事故处理

本章描述

变电站站用直流系统由充电机、蓄电池组、直流母线、直流馈线网络、监控系统、绝缘监察装置等设备组成。这些设备协同工作，构成可靠的直流供电系统，为变电站的正常运行提供保障。各设备在系统中各司其职。充电设备将交流电转为稳定的直流电，为蓄电池充电并供给直流负载。蓄电池组是关键的后备电源，能在交流电源中断时提供持续供电，保障保护装置和断路器等设备正常运行。直流母线用于汇集和分配电能，多采用分段接线以提升可靠性。直流馈线网络则负责将电能输送至保护装置、控制设备及断路器操作机构等负载设备。监控系统是直流系统的核心，实时监测系统运行参数并提供告警和控制功能。绝缘监察装置检测直流母线和支路的绝缘状态，防止故障扩大。

站用直流系统对电力系统至关重要。它为保护和控制设备提供稳定电源，确保在故障时能快速响应，避免事故扩大，保障电网安全稳定运行。直流电源电压稳定，不受交流系统波动影响，为设备提供高质量电能。同时，监控和检测功能提高了系统的维护效率，为电力系统的可靠运行提供重要支撑。

第一节　充电机故障现象与处理

一、直流充电机失电

在变电站实际运行过程中，直流充电机失电故障可能会导致控制、保护设备失去动力源，进而影响电力系统的正常运行。有效地掌握直流充电机失电事故的分析和处理方法，对于提高供电系统的可靠性具有重要意义。

（一）故障原因

1. 交流电源故障

如站用变故障、交流进线开关跳闸或熔断器熔断，使充电机失去交流输入。

2. 充电机内部故障

像整流模块损坏、控制电路板故障等会导致设备不能正常工作。

3. 外部连接线路问题

包括直流输出线路短路，触发保护装置动作切断电源，或者连接充电机的交流、直流电缆破损、接触不良等情况。

图 8-1-1　欧美国家变电站直流充电机失电示意图

（二）产生的现象

1. 监控系统报警

变电站的监控系统会发出直流充电机失电报警信号。

2. 直流母线电压降低

如果没有备用充电设备及时投入，直流母线电压会逐渐下降。

3. 蓄电池组放电

在充电机失电后，蓄电池组开始向直流负载供电，若失电时间长，蓄电池电压也会持续下降。

（三）产生的危害

1. 保护装置拒动或误动

直流系统为继电保护和自动装置提供电源，电压不足可能使保护装置不能正常工作，导致电力设备故障时无法及时动作或误动作，扩大事故范围。

2. 通信设备故障

会影响变电站内通信设备的正常运行，造成通信中断，影响调度指挥。

3. 设备损坏

对一些需要稳定直流电源的设备，如变电站的自动化设备等，可能会因为电源异常而损坏。

（四）检查方法和预防方法

1. 检查方法

（1）外观检查。查看充电机的指示灯状态、连接线路是否有冒烟、烧焦等异常情况。

（2）电源检查。使用万用表检查交流输入电压是否正常，检查熔断器是否熔断。

（3）内部检查。如果有必要，在确保安全的情况下打开充电机外壳，检查整流模块、控制电路板等关键部件有无明显损坏迹象。

2. 应急处理方法

（1）投入备用充电机：若有备用充电机，立即将其投入运行，确保直流系统的正常供电。投入前要检查备用充电机的各项参数设置是否正确，与直流母线连接是否可靠。

（2）调整直流系统运行方式：根据实际情况，可适当调整直流系统的运行方式，如将部分不重要的直流负载暂时切除，以减轻直流母线的负荷，维持母线电压稳定。

3. 故障排查与修复

（1）检查充电机内部：在确保安全的前提下，对失电的充电机进行内部检查，查看是否有元件损坏、过热、短路等明显故障迹象，使用专业工具检测电路的通断、元件的性能等。

（2）检查电源输入回路：检查从上级电源到充电机的输入回路，包括电缆、接线端子等，确保无松动、接触不良或断路等问题。

（3）联系专业维修人员：若无法自行排查出故障原因或修复充电机，应及时联系专业的电气维修人员或厂家技术支持人员进行处理。在等待维修人员期间，要做好现场的安全防护和故障记录工作。

4. 预防方法

（1）加强设备维护。定期对充电机进行维护保养，检查内部元件的性能和连接情况。

（2）安装监测装置。安装完善的直流系统监测装置，实时监测充电机运行状态和直流母线电压等参数。

（3）配置备用电源。设置备用充电机或采用冗余设计，在主充电机失电时能及时切换，保证直流供电的连续性。

二、直流充电机短路事故

（一）短路原因

1. 绝缘损坏

充电机内部的电子元件（如电容、二极管等）绝缘性能下降，长期运行、老化或受到过电压冲击等都可能导致绝缘被破坏，引发短路。

2. 线路故障

连接充电机的直流输出线路，由于长期受到震动、受潮、磨损等因素影响，可能会使导线之间的绝缘层破损，造成线路短路。

3. 异物导电

如果有金属异物进入充电机内部，或者在电气连接部位形成导电通道，也会引发短路。

（二）产生的现象

1. 熔断器熔断

短路瞬间电流急剧增大，充电机的熔断器会因过电流而熔断，导致设备停止工作。

2. 设备冒烟或有烧焦味

短路产生的大电流会使充电机内部的元件发热，可能出现冒烟现象，并且能闻到烧焦气味。

3. 监控系统报警

变电站的监控系统会发出直流充电机故障报警信号，提示短路故障。

（三）产生的危害

1. 设备损坏

充电机内部的整流模块、控制电路板等关键部件可能因短路电流的热效应和电动力作用而损坏，需要更换部件甚至整个充电机。

2. 影响直流系统供电

会导致直流母线电压瞬间下降，若蓄电池不能及时提供稳定的直流电源，会使直流负载（如继电保护装置、自动化设备等）失电，可能引发保护装置误动或拒动，扩大事故范围。

（四）检查与预防方法

1. 检查方法

（1）外观检查。查看充电机外壳是否有冒烟、变色、烧焦痕迹，检查连接线路是否有明显的破损、短路迹象。

（2）绝缘检测。使用绝缘电阻表检测充电机内部元件及连接线路的绝缘电阻，判断绝缘是否损坏。

（3）熔断器检查。查看熔断器是否熔断，根据熔断情况初步判断短路的严重程度。

2. 紧急处理方法

（1）切断电源：一旦发现充电机短路，应立即切断充电机的输入电源，如断开其上级的断路器或熔断器，防止故障扩大，避免对其他设备和人员造成危害。

（2）发出告警信号：及时通过变电站的告警系统发出信号，通知相关人员，以便组织抢修，同时做好现场的安全防护措施，防止无关人员靠近。

3. 故障排除方法

（1）更换损坏元件：对于检查出的损坏元件，应使用同规格、同型号的元件进行更换，确保元件的质量和性能符合要求。

（2）修复线路：对于破损、短路的线路，应进行修复或更换，确保线路的绝缘良好，连接可靠。

（3）性能测试：在修复完成后，对充电机进行性能测试，包括空载测试和带载测试，检查充电机的输出电压、电流是否正常，是否能够稳定运行，各项保护功能是否正常。

（4）投入运行：经过测试确认充电机无问题后，将其重新投入直流系统运行，在投入过程中要密切观察直流系统的运行情况，确保整个系统稳定运行。

4. 预防方法

（1）定期维护检查。对充电机进行定期巡检，检查设备的运行状态、绝缘性能、连接线路的牢固程度等。

（2）保持设备清洁干燥。确保充电机运行环境清洁、干燥，避免灰尘、水分等影响设备绝缘性能。

（3）安装保护装置。合理配置熔断器、断路器等保护装置，并定期检查其性能，确保在短路发生时能及时切断电路。

第二节　直流接地故障现象与处理

本章节旨在通过对变电站内直流接地故障对保护系统影响的学习，使学员掌握接地故障引起保护误动的原因、分析方法以及处理步骤。学员将在实践中学会如何识别和分析保护误动的原因，正确应对直流系统接地故障，并制定有效的预防和监控措施以降低此类故障的发生率，见图 8－2－1。

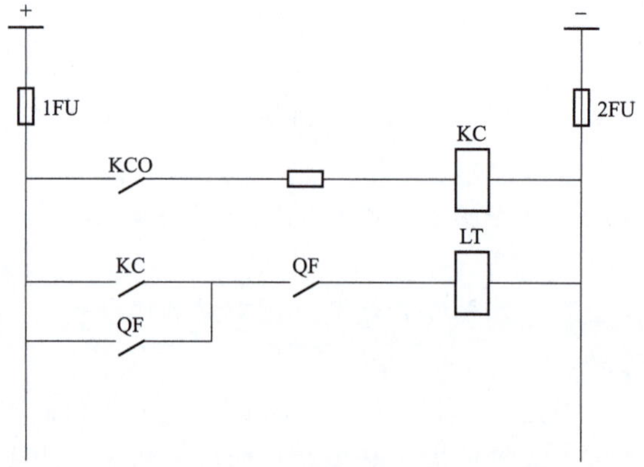

图 8－2－1　直流系统接线示意图

KCO—出口继电器动合触点；KC—跳闸中间继电器；QF—开关辅助触点；
LT—开关跳闸线圈；1FU/2FU—熔断器

一、直流系统的结构与接地原理

（一）直流系统组成

1. 电源部分

蓄电池和充电设备提供恒定的直流电源，确保控制和保护设备正常运行。

2. 配电部分

将直流电力分配给不同的控制设备和负载设备。

3. 监控部分

通过绝缘监测设备实时检测系统绝缘状态，及早发现接地故障。

（二）接地保护原理

1. 单点接地保护

直流系统通常采用单点接地保护，保证绝缘监测系统能够发现并告警接地故障。

2. 直流接地的危害

当直流系统中发生两点或更多点接地时，电流形成闭合回路，可能引起短路，导致电气设备故障，严重时还会损害设备。

3. 接地保护设备的设置

直流系统通常设置绝缘监测装置，以保证一旦发生接地故障，能及时发出警报。

二、直流接地的成因分析

（一）绝缘老化

1. 绝缘层退化

长期运行后，绝缘层因热老化或机械损伤退化，电阻降低，可能形成接地点。

2. 环境恶劣

湿气、污染和腐蚀等环境因素会加速绝缘材料的老化，增加两点接地的风险。

（二）设备故障

1. 设备部件老化或损坏

设备内部绝缘不良或故障引起直流接地故障，导致形成回路。

2. 接触不良

线路中的接头、连接处出现松动或接触不良时容易产生间歇性直流接地。

（三）人为因素

1. 操作失误

维护或检修中，操作人员在接地端接触到不同地电位的设备，导致意外接地。

2. 接线错误

系统维护时错误的接线或未复位接地装置可能导致故障。

（四）外部干扰

电磁干扰。在系统中较大电流的电磁干扰会影响设备的正常绝缘性，可能引发接地点形成。

三、产生现象

当变电站出现直流接地时，通常会有以下表现。

绝缘监测装置发出接地告警信号。绝缘监测装置会持续监测直流系统的绝缘情况，一旦发现接地，便会立即发出声光告警，提醒运维人员进行处理。

可能出现某些保护装置或自动装置异常动作。例如，某些继电器可能会误动或拒动，影响电力系统的正常运行。

直流系统的电压可能会出现异常波动。接地会导致直流系统的正负极对地电压不平衡，从而影响到各个设备的正常工作电压。

四、产生危害

变电站直流接地的危害主要体现在以下几个方面。

影响保护装置的正确动作。如果直流系统正极接地，可能会导致保护误动；如果负极接地，可能会导致保护拒动。这将严重威胁电力系统的安全稳定运行，甚至可能引发大面积停电事故。

可能损坏设备。直流接地可能会形成局部短路，产生较大的短路电流，对直流系统中的设备造成损坏。特别是对于一些精密的电子设备，如继电保护装置、自动控制装置等，可能会因接地故障而损坏，影响其正常使用寿命。

危及人身安全。在直流接地故障情况下，若有人接触到接地的设备或导体，可能会遭受电击，对人身安全造成威胁。

增加故障排查难度。直流接地故障往往比较隐蔽，需要运维人员通过复杂的检测手段和方法来确定接地位置，这不仅耗费时间和精力，还可能在排查过程中引发新的故障，见图 8-2-2。

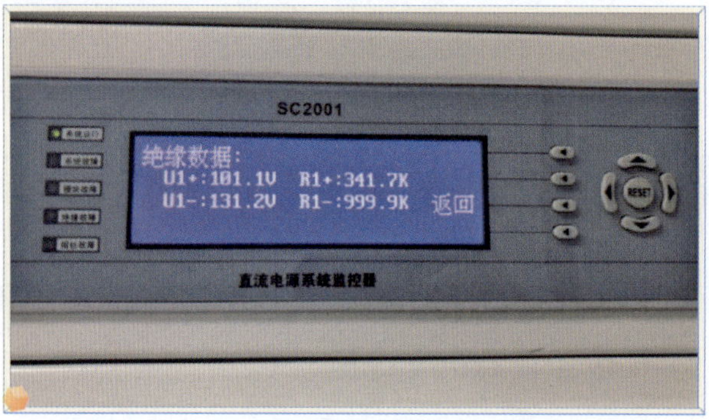

图 8-2-2　监控器显示直流正极性绝缘降低

五、不同类型直流接地情况分析

（一）场景一：直流系统一点接地

一般情况下，单点接地可能不会立即引发严重后果，但存在潜在风险。它可能会使保护装置误动作或拒动作的概率增加，因为接地会影响直流系统的绝缘监测和信号回路。同时，单点接地可能会干扰测量和控制设备的正常工作，导致数据不准确或设备异常。

在特殊情况下，变电站直流单点接地有可能引发保护误动或者拒动。一方面，当发生直流单点正极接地时，可能会引起保护误动。因为一些保护装置可能会由于接地使得回路中某些元件的电位发生变化，触发误动作信号。例如，可能会使跳闸线圈等元件在不应动作的时候得电，从而导致保护装置误跳闸。另一方面，当发生直流单点负极接地时，可能会引起保护拒动。这是因为负极接地可能会造成保护回路的电流无法正常流通，使得保护装置在应该动作的时候无法启动。例如，可能会使继电器无法正常励磁，导致保护装置不能及时切断故障电流。

虽然大多数情况下单点接地时不会立即引发严重后果，但它存在潜在风险，一旦系统中出现其他异常情况，就有可能导致保护误动或拒动，影响变电站的安全稳定运行，见图 8-2-3、图 8-2-4。

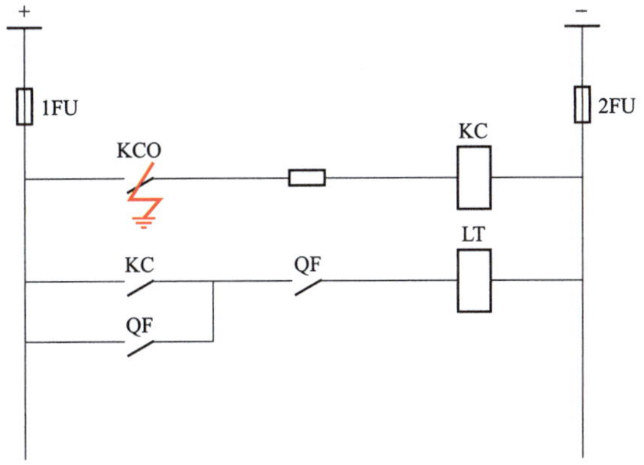

图 8-2-3　单点接地有可能处罚保护误动的情况

KCO—出口继电器动合触点；KC—跳闸中间继电器；QF—开关辅助触点；
LT—开关跳闸线圈；1FU/2FU—熔断器

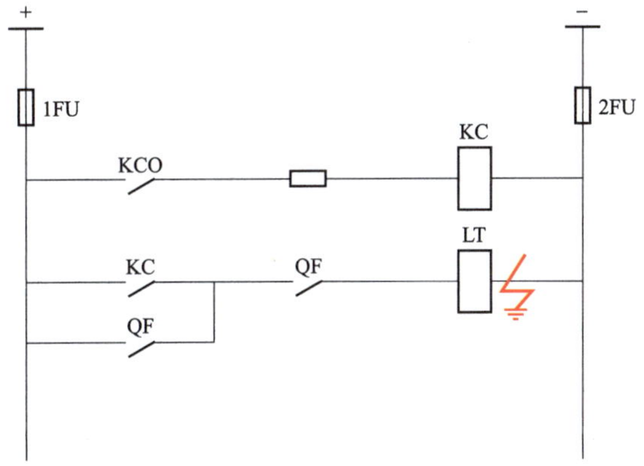

图 8-2-4　单点接地有可能处罚保护拒动的情况

KCO—出口继电器动合触点；KC—跳闸中间继电器；QF—开关辅助触点；
LT—开关跳闸线圈；1FU/2FU—熔断器

检查方法如下：

（1）绝缘监察装置判断法。变电站直流系统通常配备绝缘监察装置，当发生单点接地时，该装置会发出接地告警信号，并显示接地的极性和大致的接地电阻值。运行人员可根据这些信息初步判断接地的位置。

（2）拉路法。依次断开直流系统中的各个支路，观察绝缘监察装置的告警信号是否消失。当断开某一支路时，告警信号消失，则说明该支路存在接地故障。但拉路法需要谨慎操作，避免影响重要设备的正常运行。

（二）场景二：直流系统同极性多点接地

在变电站内，直流系统同一极性多点接地可能出现以下情况。

1. 现象

（1）直流绝缘监测装置发出接地告警信号，显示同一极性存在多个接地故障点。

（2）可能会出现部分继电保护装置或自动装置异常报警，如误动或拒动告警等。

（3）运行人员在进行日常巡检时，可能会发现直流系统相关设备有异常发热、异味等现象。

2. 危害

相对于直流系统单点接地情况，同一极性多点接地情况相对更为复杂，带来的危害有可能更大。同一极性多点接地故障对变电站设备存在以下潜在危害：

（1）对继电保护装置的危害。

1）可能引起保护误动。多点接地会导致一些保护装置感受到异常电流，当接地电流达到保护整定值时，可能会使保护装置错误动作，造成不必要的停电，影响电网的稳定运行，见图 8-2-5。

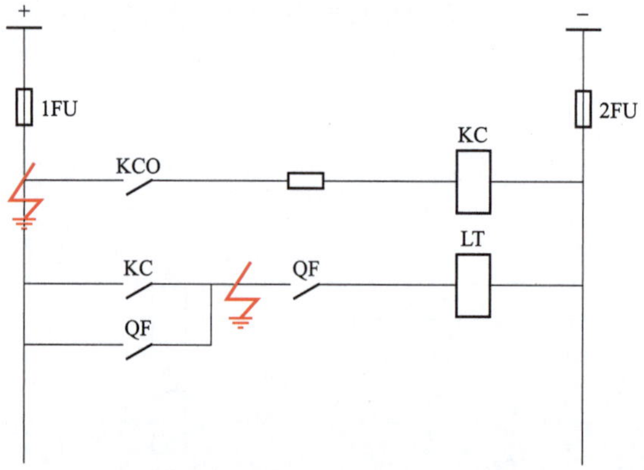

图 8-2-5　直流系统同极性两点接地引发保护误动的情况

KCO—出口继电器动合触点；KC—跳闸中间继电器；QF—开关辅助触点；LT—开关跳闸线圈；1FU/2FU—熔断器

2）可能造成保护拒动。如果接地位置影响了保护装置的电源回路或信号回路，会使保护装置无法正常工作，在故障发生时不能及时动作，从而扩大事故范围，见图 8-2-6。

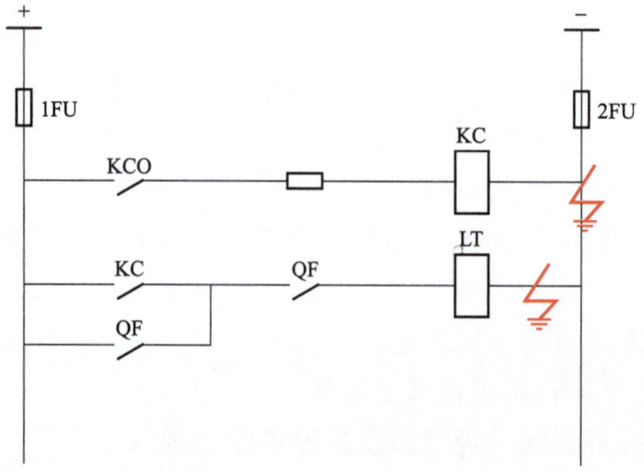

图 8-2-6　直流系统同极性两点接地引发保护拒动的情况

KCO—出口继电器动合触点；KC—跳闸中间继电器；QF—开关辅助触点；LT—开关跳闸线圈；1FU/2FU—熔断器

（2）对自动装置的危害。

1）干扰自动装置的正常运行。多点接地可能会使自动装置接收到错误的信号，导致自动装置误调节或误控制，影响变电站的自动化水平。

2）降低自动装置的可靠性。长期的接地故障可能会损坏自动装置的电子元件，降低其可靠性和使用寿命。

（3）对测量仪表的危害。

1）影响测量准确性。接地故障会使测量回路中的电流或电压发生变化，导致测量仪表显示不准确，给运行人员提供错误的信息，影响对变电站运行状态的判断。

2）损坏测量仪表。严重的接地故障可能会产生过电流或过电压，损坏测量仪表。

（4）对通信系统的危害。

1）干扰通信信号。接地故障可能会产生电磁干扰，影响变电站内通信系统的正常工作，导致通信信号中断或失真。

2）损坏通信设备。如果接地电流较大，可能会通过通信电缆传导到通信设备，损坏通信设备的电子元件。

（5）对一次设备的危害。

1）可能引发一次设备故障。如果接地故障导致直流系统电压异常，可能会影响一次设备的控制回路和操作机构，使一次设备误动作或无法正常操作，甚至引发一次设备故障。

2）加速一次设备老化。长期的接地故障可能会使一次设备处于异常工作状态，加速设备的老化和损坏。

3. 检查方法

（1）同样可先利用绝缘监察装置判断接地的极性和大致范围。

（2）采用便携式接地检测仪：这种仪器可以在不断开支路的情况下，对直流系统进行在线检测，通过检测直流系统中的漏电流和接地电阻，确定接地的位置。

（3）对比分析法：对比不同时间段直流系统的绝缘电阻值、接地电流等参数，分析接地故障的发展趋势和可能的接地位置。如果多个同极性接地故障点的参数变化具有相似性，可初步判断为同极性多点接地。

（三）场景三：直流系统不同极性接地

变电站直流系统不同极性同时接地（见图 8－2－7）会引发一系列现象和带来极其严重的危害，起危害程度远超单点接地及同极性多点接地造成的一般损害。

1. 现象

（1）接地告警信号频繁触发。

1）直流系统绝缘监察装置会持续发出强烈的接地告警信号。由于不同极性同时接地属于较为严重的故障情况，告警信号通常会比单一极性接地时更加频繁和急促，以引起运维人员的高度警觉。

2）可能会伴有声光报警，在主控室等场所形成明显的警示效果。

（2）设备异常表现多样化。

1）继电保护装置可能出现误动或拒动的前兆现象，如指示灯异常闪烁、状态显示混乱等。部分保护装置可能会频繁发出自检故障信号，或者出现保护定值异常变动的情况。

2）自动装置可能出现动作不稳定，例如自动重合闸装置可能在无故障情况下误动作，或者在有故障时无法正常启动。

3）测量仪表显示数据不准确，电压、电流等参数可能出现大幅波动或显示异常值，给运行人员对系统运行状态的判断带来极大困难。

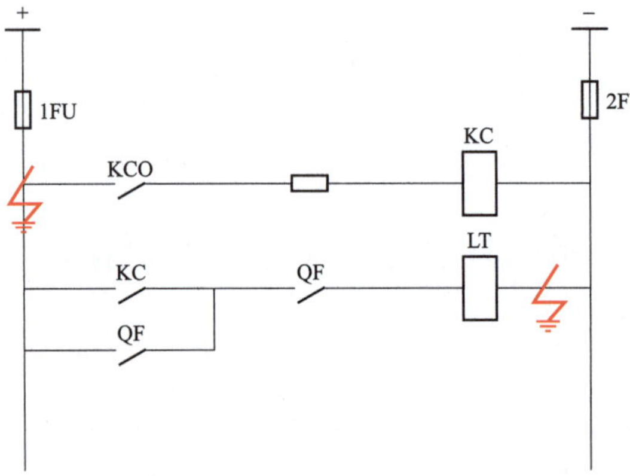

图 8-2-7　直流不同极性同时接地示意图

KCO—出口继电器动合触点；KC—跳闸中间继电器；
QF—开关辅助触点；LT—开关跳闸线圈；1FU/2FU—熔断器

2. 危害

（1）短路风险急剧上升。

1）不同极性同时接地会迅速形成短路回路，短路电流可能在瞬间达到较高值。这将对直流系统中的熔断器造成巨大冲击，极有可能使熔断器快速熔断。一旦熔断器熔断，众多保护装置、控制回路以及自动化设备等将失去直流电源，变电站的正常运行将受到严重干扰。

2）较大的短路电流还可能烧毁直流系统中的电缆。电缆的绝缘层可能在短路电流的热效应作用下迅速损坏，引发火灾风险。同时，设备之间的连接电缆被烧毁后，会导致设备之间的通信和控制中断，进一步加剧系统的混乱。

3）直流系统中的设备也可能因短路电流而受损。例如，充电装置、蓄电池等可能因过电流而损坏内部元件，降低设备的使用寿命甚至直接报废。

（2）保护误动拒动后果严重。

1）继电保护装置误动作会导致断路器无故障跳闸，造成大面积停电。这不仅会影响工业生产、居民生活等正常用电需求，还可能对一些重要的用电设备造成损坏。例如，对一些连续生产的企业来说，突然的停电可能导致生产中断，造成巨大的经济损失。

2）保护装置拒动则会使故障在电力系统中持续存在并扩大。当真正发生故障时，保护装置无法及时切除故障，故障电流将持续冲击电力设备，可能导致设备烧毁、爆炸等严重后果。同时，故障范围的扩大还可能影响到上级电网的稳定运行，引发连锁反应，对整个电力系统的安全构成巨大威胁。

（3）影响自动化系统功能发挥。

1）变电站自动化系统高度依赖直流电源进行数据采集、传输和处理。不同极性同时接地会使自动化系统工作异常，数据采集出现错误或中断。这将导致运行人员无法准确获取变电站的实时运行状态信息，难以对系统进行有效的监控和管理。

2）自动化系统的控制功能也可能受到影响。例如，远程控制断路器分合闸的功能可能失效，使得运行人员在紧急情况下无法及时对设备进行操作，延长了事故处理时间。

3）自动化系统的通信功能也可能受到干扰，导致与上级调度中心的通信中断。这将使上级调度无法及时了解变电站的情况，无法做出正确的决策和指挥，进一步加大了事故处理的难度。

3. 检查方法

（1）绝缘监察装置会发出强烈的接地告警信号，显示接地的复杂情况。

（2）采用高精度的接地检测仪：这种仪器能够检测不同极性接地时的复杂接地回路，通过分析接地电流的流向和大小，确定接地故障点的位置。

（3）逐段排查法：对直流系统的各个部分进行逐段排查，包括电缆、端子排、设备内部电路等。通过测量各段的绝缘电阻和接地电流，逐步缩小接地故障的范围。

六、直流接地故障的处理方法和预防措施

（一）直流接地故障处理

（1）直流接地时，应禁止在直流回路上工作，首先检查是否由于人员误碰造成接地。

（2）有直流接地选检装置的变电站，直流接地必须进行复验，确定接地回路，再进行重点查找。

（3）直流系统接地处理的一般原则：

1）确定接地性质，是正接地还是负接地，以及是哪段母线接地。

2）采取按路寻找、分段处理的办法。

先拉不重要电源，后拉重要电源；

先室外部分，后室内部分；

先对有缺陷的分路，后对一般分路；

先对新投运设备，后对投运已久的设备。

3）试拉各专用直流回路如继电保护、操作电源、自动装置电源等，应事先取得调度同意后进行，必要时应做好相应措施，切断时间不得超过3s。

4）处理直流接地，运行人员不得拆动任何直流回路或继保二次小线，只能操作电源小开关、熔断器或连接片。

（4）查找顺序：

1）在直流回路上操作的同时发生直流系统接地，应首先在该回路查找接地点；

2）先查找事故照明、信号回路、充电机回路，后查找其他回路；

3）对于操作和保护电源不分开的站，应首先查找主合闸，后查找操作回路，对于操作与保护电源分开的站，应先查找操作回路，后查找保护回路；

4）先查找室外回路，后查找室内回路；

5）按电压等级从低到高查找；

6）先查找一般回路，后查找重要回路；

7）寻找直流接地故障点应与专业人员协调进行。试停有关保护装置电源时，应征得调度同意，试停时间尽可能要短；

8）查找直流接地时，应断开直流熔断器或断丌由专用端子到直流熔断器的联络点。在操作前，先停用由该直流熔断器或该专用端子所控制的所有保护装置。在直流回路恢复良好后，再恢复有关保护装置的运行。

（5）查找接地点时的注意事项：

1）查找和处理需由两人进行。当直流系统发生接地时，应立即停止在二次回路上的工作。

2）查找直流系统接地点时应与调度取得联系。对保护回路的试拉，应在调度同意后进行，试拉前应做好防止保护装置误动的措施。

3）为防止保护误动作，在直流接地试拉中，当拉信号、闪光或控制开关、熔丝时，应正负极同时拉开，或先拉开正电源，再拉负电源；恢复时顺序相反。

4）两段母线同时发生接地时，严禁并列操作。

5）在处理直流系统接地故障时，不得造成直流短路和新的接地点。

（二）预防措施

1. 定期设备维护

（1）绝缘检查。定期检测系统绝缘电阻值，特别是易受潮、温度变化大的部位。

（2）老化检测。及时更换老化或退化的绝缘材料，使用耐高温、耐腐蚀的材料延长设备寿命。

2. 控制环境影响

（1）温湿度调控。通过空调、除湿设备控制设备环境温湿度，减少两点接地的环境因素风险。

（2）防腐蚀处理。在腐蚀性较强的环境中，采取表面涂层等措施防止设备因腐蚀发生接地故障。

3. 提高操作人员技能

（1）强化技术培训。定期开展两点接地故障的培训，提升操作人员识别和处理接地故障的能力。

（2）安全意识提升。通过演练和考核，强化操作人员的安全意识和团队协作能力。

七、案例分析

（一）直流两点接地 220kV 线路跳闸

1. 检查情况

（1）某 220kV 变电站，某 220kV 线路因汇控柜内出现凝露，造成柜内第二组操作直流回路发生两点接地，进而导致 A 相跳闸。GIS 型号：新东北 ZF6－252，保护型号：第一套国电南自 PSL－603GM，第二套长园深瑞 PRS－702S。

（2）1:20，某 220kV 线路“第一、二组控制回路断线，现场检查，发现 SF_6 压力正常，对汇控柜内进行通风，第一组操作回路恢复正常。10:30，发现直流有正极接地，第二组控制回路断线信号。由于信号间断发出，结合当时天气情况、汇控柜内已加装驱潮装置的情况，利用通风和新加装的驱潮装置消除潮气，密切观察该信号是否会再次报出。

（3）13:30，在汇控柜内轮流断开直流电源空开，接地信号未消失，检查过程中未在控制室断开间隔保护、测控、操作电源，未发现直流接地发生在第二组操作回路。14:30，发现第二组操作回路三相合闸位置指示灯不亮，再次检查，发现直流屏电压正极为0V，存在正极接地现象，利用吹风机对汇控柜进行吹风驱潮，接地信号未消失。

（4）17:35，断路器A相跳闸，重合后又跳闸，检查保护装置无故障报文，仅有双套保护重合闸动作，重合后三相电流均为负荷电流，无电流突变以及电压降低现象。汇控柜内湿度较大，有凝露现象，屏顶上有水珠，端子排二次接线上有水滴聚集，如图8－2－8所示。

（5）第二组操作回路正极绝缘电阻为0Ω，存在正极接地，第二组跳闸线圈至端子排处二次接线有受潮现象，如图8－2－9所示。

图8－2－8　汇控柜内有凝露

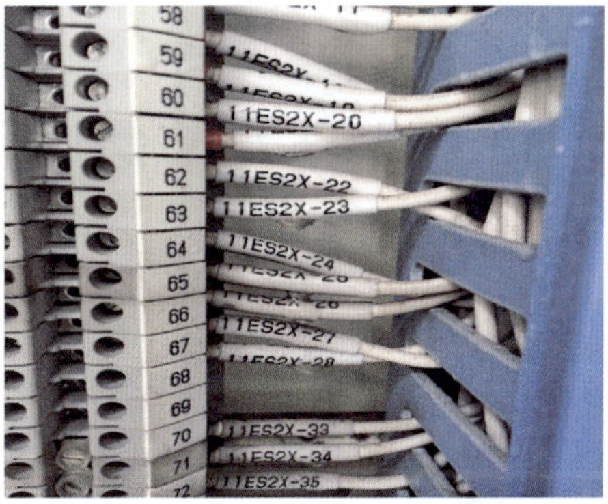

图8－2－9　跳闸回路端子排受潮

2. 分析处理

（1）将线路停电后，对汇控柜内的第二组操作回路正极，拆除接线并擦拭，绝缘有一定程度的恢复，测试电缆备用芯，其绝缘水平为无穷大，将备用芯替换原有电缆，消除正极接地。对汇控柜内第二组操作回路进行绝缘测试，消除二次接线受潮情况，对汇控柜进行通风、驱潮。

（2）跳闸时，由于汇控柜内外存在一定的温差，内部潮气造成汇控柜内凝露现象严重，柜顶及端子排上有水滴。首先发生了第二组操作回路正极接地，在一点接地情况下，汇控柜跳闸线圈至操作回路端子排间，又发生第二点接地，接通了跳闸回路，造成A相跳闸线圈启动，断路器A相跳闸，重合闸动作后，由于A相跳闸回路持续导通，再次造成断路器第二次跳闸。

3. 整改措施

（1）加快户外GIS汇控柜内加热器排查，全面排查其完好性，对存在不能正常工作的，加快更换，确保完好。

（2）在雨雪等恶劣天气下，加大户外设备的巡视次数和力度，发现隐患及时处理，确保电网安全稳定运行。

（二）220kV 线路液压机构控制回路断线

1. 检查情况

（1）某 220kV 变电站，某 220kV 线路光纤差动保护报：“第二组控制回路断线，低油压分闸闭锁 2”告警信号。检查监控主机，电流、电压、有功、无功、频率采集量均正常，告警信号，如图 8－2－10 所示。

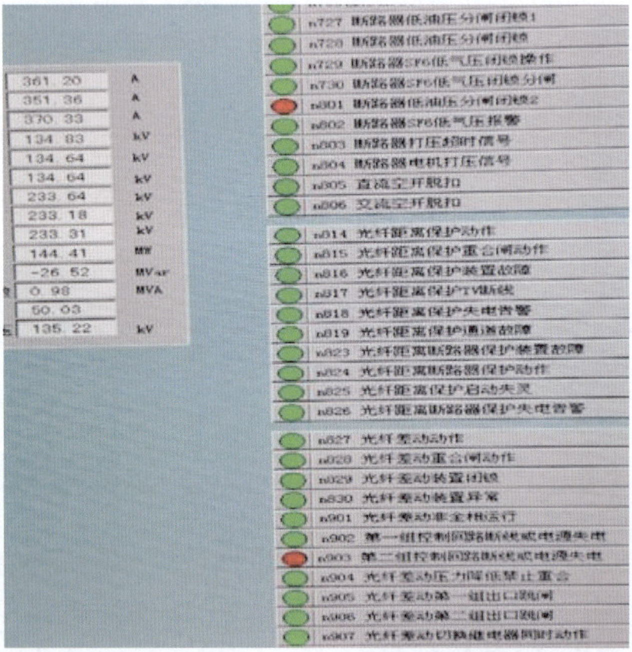

图 8－2－10　控制回路断线告警

（2）检查 B 相机构 KB4（低油压分闸闭锁继电器）励磁，如图 8－2－11 所示，A、C 相机构正常，断路器机构型号：平高 LW10B－252W/CYT－50。

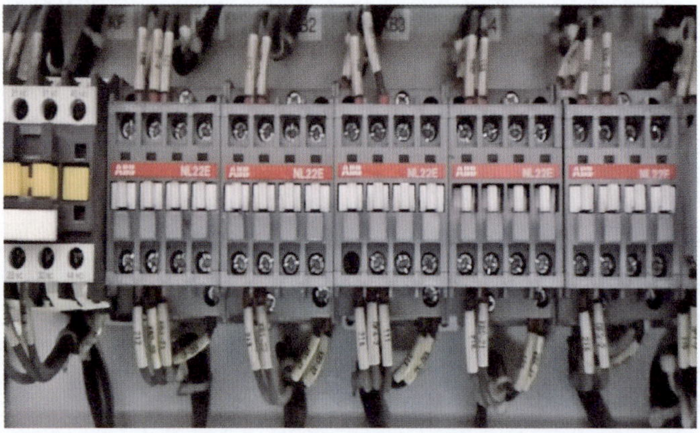

图 8－2－11　B 相机构 KB4 励磁告警

2. 分析处理

（1）检查保护测控装置电源正常，保护装置报出，第二组控制回路断线告警灯亮，操作箱电源指示灯正常，操作箱第二组合位监视灯不亮，排除第二组控制电源失电引起的告警，判断是机构出现低油压闭锁告警。对断路器三相机构进行检查，SF_6气体压力、密度继电器、液压压力均正常。

（2）保护人员检查端子箱、机构箱，发现 B 相断路器机构箱，KB4 中间继电器励磁，而 A 相、C 相断路器机构箱，KB4 中间继电器均未励磁，此 KB4 继电器正是低油压分闸闭锁 2 的告警信号继电器，断路器机构控制回路电路，如图 8－2－12 所示。

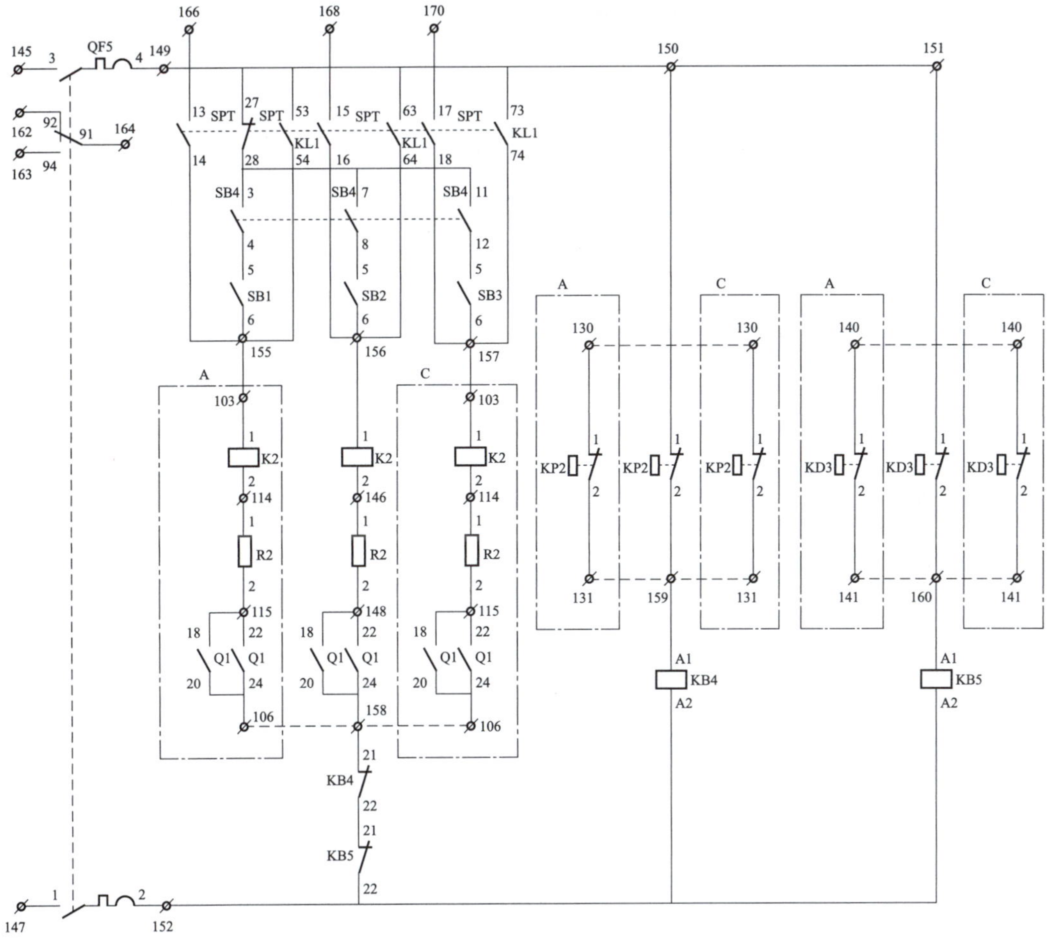

图 8－2－12　液压机构控制回路

（3）对 B 相机构控制回路进行检查，发现液压机构的压力开关，KP2 的 1－2 接点导通，导致 KB4 中间继电器励磁，引起低油压分闸闭锁 2 告警。检查机构箱内的控制电缆，有霉变老化现象，如图 8－2－13 所示。

图 8-2-13　B 相机构电缆霉变破损

（4）在控制电缆折弯处，有一束导线绝缘霉变破损，检查为 KP2 继电器的 1-2 接点导线连通，造成低油压分闸闭锁 2 告警。

（5）向调度申请停电，对控制电缆霉变破损处进行绝缘包扎，摇测绝缘正常，装置上电后，“低油压分闸闭锁 2”“控制回路断线”信号消失，对断路器传动跳合闸正常，恢复送电正常。

3. 整改措施

（1）根据《十八项电网重大反事故措施》要求，当断路器液压机构突然失压时，应申请停电处理，在设备停电前，禁止人为启动油泵，防止断路器慢分。

（2）针对户外断路器机构要加强巡视，发现霉变潮湿情况，及时开启加热器或通风清扫，底部封堵要严，防止潮气上返。防潮封堵处理后的情况，如图 8-2-14 所示。

图 8-2-14　机构电缆防潮封堵

（三）220kV 线路液压机构控制回路断线

1. 检查情况

（1）某 220kV 变电站，某 220kV 线路光纤差动保护报：“第二组控制回路断线，低油压分闸闭锁 2”告警信号。检查监控主机，电流、电压、有功、无功、频率采集量均正常，告警信号，如图 8-2-15 所示。

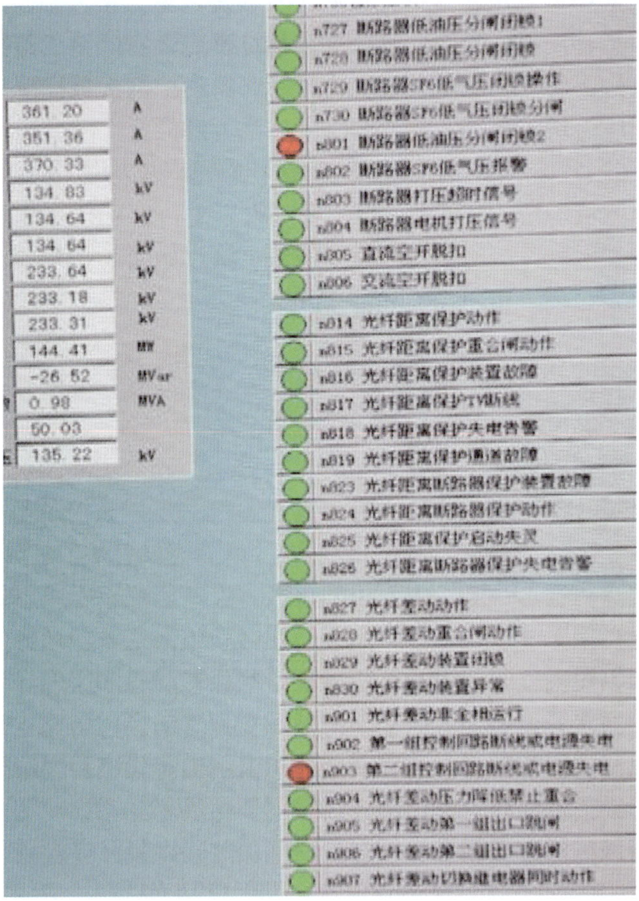

图 8-2-15 控制回路断线告警

（2）检查 B 相机构 KB4（低油压分闸闭锁继电器）励磁，如图 8-2-16 所示，A、C 相机构正常，断路器机构型号：平高 LW10B-252W/CYT-50。

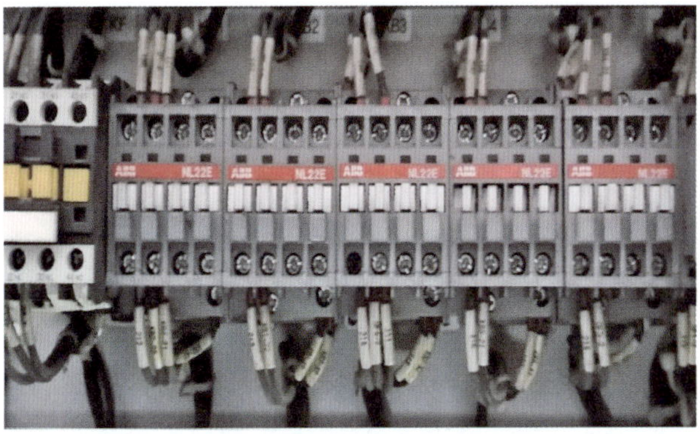

图 8-2-16 B 相机构 KB4 励磁告警

2. 分析处理

（1）检查保护测控装置电源正常，保护装置报出，第二组控制回路断线告警灯亮，操作箱电源指示灯正常，操作箱第二组合位监视灯不亮，排除第二组控制电源失电引起的告警，判断是机构出现低油压闭锁告警。对断路器三相机构进行检查，SF_6气体压力、密度继电器、液压压力均正常。

（2）保护人员检查端子箱、机构箱，发现 B 相断路器机构箱，KB4 中间继电器励磁，而 A 相、C 相断路器机构箱，KB4 中间继电器均未励磁，此 KB4 继电器正是低油压分闸闭锁 2 的告警信号继电器，断路器机构控制回路电路，如图 8－2－17 所示。

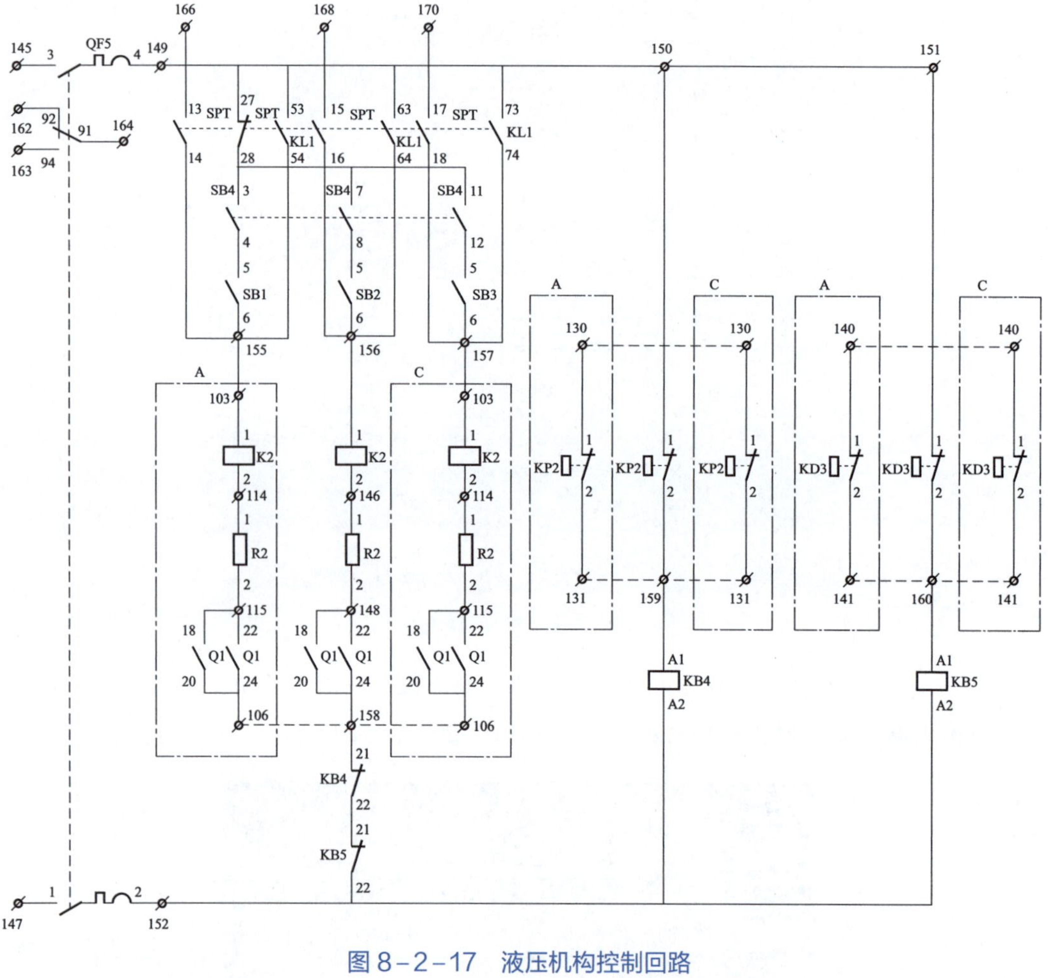

图 8－2－17　液压机构控制回路

（3）对 B 相机构控制回路进行检查，发现液压机构的压力开关，KP2 的 1－2 接点导通，导致 KB4 中间继电器励磁，引起低油压分闸闭锁 2 告警。检查机构箱内的控制电缆，有霉变老化现象，如图 8－2－18 所示。

（4）在控制电缆折弯处，有一束导线绝缘霉变破损，检查为 KP2 继电器的 1－2 接点导线连通，造成低油压分闸闭锁 2 告警。

图 8－2－18　B 相机构电缆霉变破损

（5）向调度申请停电，对控制电缆霉变破损处进行绝缘包扎，摇测绝缘正常，装置上电后，“低油压分闸闭锁 2”“控制回路断线”信号消失，对断路器传动跳合闸正常，恢复送电正常。

3. 整改措施

（1）根据《十八项电网重大反事故措施》要求，当断路器液压机构突然失压时，应申请停电处理，在设备停电前，禁止人为启动油泵，防止断路器慢分。

（2）针对户外断路器机构要加强巡视，发现霉变潮湿情况，及时开启加热器或通风清扫，底部封堵要严，防止潮气上返。防潮封堵处理后的情况，如图 8－2－19 所示。

图 8－2－19　机构电缆防潮封堵

第三节　蓄电池故障处理

一、蓄电池组基本介绍

（一）工作原理与电化学反应

蓄电池在充放电过程中发生着复杂的电化学反应，以铅酸电池为例，其充电反应为

$Pb + PbO_2 + 2H_2SO_4 \leftrightarrow 2PbSO_4 + 2H_2O$，而放电时的反应则为该过程的逆向反应。电池的电压和电流特性随着充放电状态的变化而有所不同，其工作模式也可分为浮充、均充和放电等不同模式。在实际应用中，蓄电池的电压和温度会随着充放电条件的变化而波动，不同的工作模式下，这些变化也会表现出特定的规律。了解这些特性和变化规律，有助于更有效地管理蓄电池的使用寿命和性能表现。

（二）功能与作用

变电站内一般都配有两组及以上蓄电池组装备（见图 8－3－1），蓄电池组主要有以下功能与作用：

1. 提供备用电源

当变电站的交流市电停电时，蓄电池能迅速为变电站内的重要设备（如监控系统、保护装置等）提供直流电源，确保这些设备在停电期间能继续正常运行，避免因断电导致设备故障、数据丢失以及影响电网的安全稳定运行。

2. 保证设备稳定运行

在变电站正常运行过程中，即使交流市电存在电压波动等情况，蓄电池也可起到一定的稳压作用，为对电源质量要求较高的设备提供相对稳定的直流电源，保障设备性能不受市电波动影响。

3. 满足特殊工况需求

在变电站进行一些特殊操作（如设备检修切换电源等）时，蓄电池可作为临时电源，维持相关设备的正常供电，确保操作过程中设备运行的连续性和可靠性。

图 8－3－1　变电站内蓄电池组

二、变电站内蓄电池经常出现的故障类型

（一）蓄电池组断格事故

蓄电池组断格故障指的是蓄电池内部单个电池格的电路出现断开的情况。蓄电池通常是由多个单格电池串联组成，每个单格有自己的极板等组件，当其中一个单格的连接部位断开（如极板间连接松动、断裂等），就形成了断格故障。

（二）蓄电池充电热失稳事故

蓄电池长期充放电循环使用、过充电或过放电、电池老化等都可能导致蓄电池容量逐渐降低。比如，频繁的停电事故使得蓄电池频繁放电又未能及时充足电，会加速容量损耗。

（三）短路故障

蓄电池组内部极板间可能因脱落的活性物质堆积、隔板损坏等原因造成短路。在变电站运行环境中，如果发生震动、碰撞等情况，有可能使极板上的活性物质脱落，引发短路。

（四）漏液

蓄电池外壳密封不良、电池过充导致内部压力过大、电池老化等都可能引起漏液。例如，一些老旧蓄电池的密封胶圈老化后，就容易出现漏液现象。

三、变电站内蓄电池经常出现的影响

（一）蓄电池组断格事故

变电站内的蓄电池组发生断格故障时，会影响变电站应急供电系统，有可能导致保护和控制装置误动或拒动，且加速蓄电池组损坏，并且影响系统稳定性和操作安全。

（二）蓄电池充电热失稳事故

蓄电池充电热失稳会导致蓄电池容量严重受损，并验证影响应急供电可靠性。当容量下降到一定程度，在市电停电时可能无法为设备提供足够长时间的备用电源，影响设备正常运行，甚至可能导致电网保护装置等关键设备因断电而误动作。

（三）短路故障

影响：一旦蓄电池内部短路，会使电池无法正常充放电，可能瞬间失去备用电源功能，对变电站内依赖其供电的设备造成严重影响，甚至可能引发电网安全事故。

（四）漏液故障

影响：漏液不仅会腐蚀周围的设备和电池架等设施，还可能导致电池内部干涸，进一步影响电池性能，降低其容量和使用寿命，同时也存在一定的安全隐患，如引发短路等。

四、不同类型事故分析

（一）场景一：蓄电池的断格事故

变电站蓄电池组断格故障指的是蓄电池内部单个电池格的电路出现断开的情况。蓄电池通常是由多个单格电池串联组成，每个单格有自己的极板等组件，当其中一个单格的连接部位断开（如极板间连接松动、断裂等），就形成了断格故障，见图 8－3－2。

图 8－3－2　蓄电池组断格故障实例

1. 蓄电池断格故障出现原因

（1）制造缺陷。蓄电池生产过程中，若极板焊接不牢固、连接片质量不佳或装配工艺存在问题，可能导致在使用初期就出现连接部位松动或断裂，从而引发断格故障。

（2）外力冲击。变电站环境中可能存在震动、碰撞等情况。例如，在设备检修、搬运过程中对蓄电池造成碰撞，或者附近有大型设备运行产生的持续震动传递给蓄电池，使得极板间连接受到外力冲击而断开，引发断格。

（3）过度充放电。长期过度充电或过度放电会使极板发生变形、膨胀等情况。过度充电可能导致极板活性物质脱落，过度放电则可能使极板弯曲，这些都可能造成极板间连接松动或断裂，进而导致断格故障。

（4）电池老化。随着蓄电池使用时间增长、充放电次数增多，极板等部件会逐渐老化。老化的极板可能出现腐蚀、开裂等问题，使得极板间的连接不再稳固，容易引发断格故障。

2. 蓄电池组断格故障发生现象

（1）电压异常。整组蓄电池的端电压会明显降低，达不到正常的标称电压值。比如常见的12V蓄电池组，出现断格故障后，实测电压可能远低于12V。测量单个电池格电压时，故障格的电压会显示为接近零伏或者极低的值，而正常格的电压相对在正常范围。

（2）充电异常。充电过程中，充电电流会比正常情况偏大，因为断格后电池内阻发生变化，使得充电电路的等效电阻变小，根据欧姆定律，在充电电压不变的情况下，电流就会增大。但电池的电量并不会随着充电时间正常增加，充电很长时间后，电池依然无法达到应有的充满电状态，表现为电量始终处于较低水平。

（3）放电异常。放电时，电池的放电电流不稳定，可能会出现忽大忽小的情况。而且放电时间会大幅缩短，原本能正常放电几个小时的蓄电池，出现断格故障后可能只能放电几分钟甚至更短时间就没电了。负载设备在使用该蓄电池供电时，会出现工作不正常的情况，比如灯光闪烁（若是给照明设备供电）、设备频繁重启（给电子设备供电时）等。

3. 蓄电池组断格故障造成危害

变电站内的蓄电池组发生断格故障时，会对电力系统的安全和稳定性带来多方面的危害。断格故障通常指蓄电池组中某一电池单元或多个电池单元因故障而无法正常工作，导致整个电池组的电压下降或不稳定。这种故障可能引发以下几方面的问题：

（1）影响应急供电系统。变电站蓄电池组的主要作用是为保护、控制、通信设备等提供应急电源。在断格故障发生时，电池组的供电电压会降低，甚至无法提供足够的电流，可能导致应急供电中断，影响保护设备的正常运作，进而危及电力系统的安全运行。

（2）导致保护和控制装置误动或拒动。蓄电池电压不足时，变电站内的保护装置、自动化控制系统可能会因电源不稳定而出现误动作或拒动作。这可能会导致系统无法在故障发生时自动切断故障电路，进一步扩大事故范围。

（3）加速蓄电池组损坏。断格故障会导致其他正常电池单元过度负荷，造成不均匀充放电，进一步加速蓄电池的老化和损坏，缩短电池组的整体寿命，增加维护和更换的成本。严重时，会由于充放电不均匀及瞬时电流过大将蓄电池或连接线彻底烧毁，从而引起火灾事故。

（4）影响系统稳定性和操作安全。当应急供电系统不可靠时，操作人员的安全性受到影响，变电站的控制和操作也可能因失去后备电源而受限，系统整体稳定性和可靠性大打折扣。

（二）场景二：蓄电池充电热失稳故障

变电站蓄电池组充电热失温（见图 8－3－3）事故，是指在对蓄电池组进行充电操作过程中，电池组出现温度异常升高，随后又快速失温（温度急剧下降）的异常状况。这一过程会对蓄电池组的性能及变电站的正常运行产生重大影响。

图 8－3－3　蓄电池组充电热失稳示意图

1. 蓄电池充电热失稳故障出现原因

（1）充电设备因素：

1）参数设置不当。充电机的充电电压、电流设置不合理。若充电电压过高，超出蓄电池额定值，会使电池过度充电，电能更多转化为热能；充电电流过大时，也会加速电池内部化学反应，产生过多热量。例如，将本应 2.3V/单体的充电电压误设为 2.5V/单体，就易引发过热。

2）设备故障。充电机内部元件如电路板、整流器等出现问题，可能导致输出电压或电流不稳定，使蓄电池充电过程紊乱，产生异常热量。比如整流器二极管损坏，会使电流波动，引发电池温度异常。

（2）电池自身因素：

1）质量问题。部分蓄电池存在极板短路、隔板质量差等质量缺陷，在充电时会因内部异常电流通路产生大量热量。比如一些工艺不佳的小厂生产的电池，易出现此类情况。

2）老化严重。随着使用年限增长，蓄电池极板硫化、活性物质脱落等，内阻增大。根据焦耳定律（$Q=I^2Rt$，Q 为热量，I 为电流，R 为电阻，t 为时间），充电时内阻大则产生热量多，导致温度升高。

（3）环境因素：

1）通风不良。蓄电池室通风设施不完善，如通风口堵塞、排风扇损坏等，充电时电池产生的热量无法及时散发出去，热量积聚导致温度升高。

2）温度过高。若蓄电池室空调系统故障，无法有效调节室内温度，在高温环境下充电，电池本身产生的热量加上外界高温，会使电池组温度快速上升。

2. 蓄电池组充电热失稳故障发生现象

（1）温度异常升高。

1）整体温度飙升。充电时蓄电池组整体温度远超正常范围，如从 20～30℃迅速升至 40～50℃以上，外壳发烫。

2）单体不均。各单体电池间温度差异大，有的烫手，有的也偏高，热状态失衡。

（2）外观变化

1）外壳鼓变。部分电池外壳因内部压力大而鼓包、变形，影响外形结构。

2）连接异常。电池连接部位如连接条、接线柱会松动、变色甚至有轻微融化迹象。

（3）性能表现

1）电压波动。充电电压不稳定，不再平稳上升或保持稳定，会大幅上下波动。

2）电流异常。充电电流或突然增大超正常范围，或时大时小不稳定，充电紊乱。

3）电解液问题。可能出现电解液溢出或干涸情况，影响充放电性能。

（4）气味散发

异味出现。能闻到刺鼻异味，是电池内部部件在高温下产生化学反应等散发出来的。

3. 造成后果

（1）电池性能受损。

1）容量降低。热失温过程会损伤蓄电池极板，使其与电解液接触面积减小，化学反应效率降低，导致电池容量下降。例如原本 100Ah 的电池，事故后可能降至 80Ah 以下。

2）内阻增大。过高温度及后续失温变化会影响电解液性质，使其分布不均匀，离子传输受阻，进而使电池内阻增大，进一步影响电池充放电性能。

寿命缩短：上述性能变化会加速电池老化，大大缩短电池的使用寿命，增加更换成本。

（2）供电可靠性受影响。

1）设备运行故障。变电站内保护装置、通信设备、自动化设备等多依靠蓄电池组提供的直流电源。电池组出现问题时，这些设备可能无法正常工作，如保护装置不能及时检测故障并动作，通信设备中断通信等。

2）电网运行风险。若在蓄电池组故障时交流电源也出现问题，变电站将失去电源保障，可能引发电网连锁反应，导致大面积停电，严重影响电网安全稳定运行。

4. 检查与预防方法

（1）检查方法

1）温度监测

① 实时监测。利用安装在蓄电池组各单体及整体上的温度传感器，通过监控系统实时掌握电池温度变化情况，设置合理报警阈值，一旦超过及时报警。

② 历史数据查看。查看温度监测系统记录的历史数据，分析电池组温度变化趋势，判断是否存在异常升温及失温情况。

③ 外观检查。定期查看蓄电池外观，检查是否有鼓包、变形、渗漏等情况，这些可能暗示电池内部存在过热等问题。

2）性能测试

① 充放电测试。定期进行蓄电池充放电试验，测量充放电过程中的电压、电流、容量等参数，通过对比正常情况判断电池性能是否正常，若充电时温度异常升高且容量下降明显，需进一步排查。

② 内阻测量。使用专业内阻测试仪测量电池内阻，内阻增大往往与电池老化、过热等问题相关，可据此判断电池健康状况。

（2）预防方法

1）充电设备管理

① 正确设置参数。严格按照蓄电池的额定参数设置充电机的充电电压、电流等，定期检查确认参数设置是否正确。

② 维护保养。定期对充电机进行维护保养，检查内部元件是否正常，及时更换损坏元件，确保输出稳定。

③ 备用设备准备。配备备用充电机，当主充电机出现故障时能及时切换，保证蓄电池充电的连续性。

2）电池管理

① 选用优质电池。选择质量可靠、工艺成熟的蓄电池产品，从源头上降低电池出现问题的可能性。

② 定期维护。建立完善的电池管理台账，记录电池型号、生产日期、投运时间、维护情况等信息，定期对电池进行外观检查、充放电测试等维护操作。

③ 均衡充电。定期对蓄电池进行均衡充电，避免部分电池过充或过放，延长电池寿命。

3）环境控制

① 改善通风。确保蓄电池室通风设施良好，定期清理通风口，维修排风扇等，保证空气流通顺畅，及时带走电池产生的热量。

② 温度调节。保证蓄电池室空调系统正常运行，根据环境温度合理设置空调温度，将蓄电池组放置在适宜的温度环境（一般 20～25℃）。

（三）场景三：蓄电池渗漏液严重事故

变电站蓄电池组渗漏液（见图 8－3－4）事故是指蓄电池在运行、充电或存放过程中，其内部的电解液从电池外壳的密封部位渗出或漏出的情况。这不仅影响蓄电池自身性能，还可能对变电站设备及环境造成危害。

1. 蓄电池渗漏液故障出现原因

（1）电池质量问题

1）部分蓄电池生产工艺不佳，外壳密封不严，如密封胶涂抹不均匀、密封胶圈质量差或安装不到位等，导致电解液容易渗出。

2）极板加工不合格，可能存在毛刺等情况，在电池使用过程中刺破隔板，使电解液通过破损处渗漏。

（2）使用年限与老化

1）随着使用时间增长，电池外壳及密封部件会逐渐老化、变形，密封性能下降，从而引发渗漏液现象。

图 8-3-4　蓄电池渗漏液示意图

2）长期充放电循环使极板硫化、活性物质脱落等，可能导致电池内部压力变化，促使电解液渗漏。

（3）环境因素

1）蓄电池室温度过高或过低，超出电池适宜的工作温度范围（一般为 20～25℃），会引起电池内部压力变化，导致电解液渗漏。

2）环境湿度大，电池外壳长期受潮，可能腐蚀密封部件，破坏密封效果，造成渗漏。

（4）过充过放及滥用

1）充电电压过高、电流过大，使电池过充，会产生过多气体，导致电池内部压力剧增，冲破密封，引起电解液渗漏。

2）频繁深度放电或过度使用，也会影响电池内部结构和压力平衡，增加渗漏风险。

2. 故障发生现象

（1）外观可见液体。在蓄电池外壳表面、底部或连接部位周围能看到有电解液渗出的痕迹，可能是湿漉漉的一小片，也可能形成明显的液滴，颜色一般为无色或略带淡黄色。

（2）电池外壳变化。电池外壳可能出现鼓包、变形等情况，尤其是在渗漏部位附近，这是因为内部压力变化以及电解液渗漏对外壳产生的影响。

（3）气味散发。渗漏出的电解液会散发特殊气味，一般是一种刺鼻、类似酸味的气味，在蓄电池室周围能明显闻到。

（4）连接部件腐蚀。渗漏的电解液若流到电池之间的连接条、接线柱等部件上，会对这些金属部件造成腐蚀，使其表面变色、生锈，影响电池组的电气连接性能。

3. 故障造成后果

（1）电池性能下降

1）电解液渗漏会导致电池内部电解液量减少，影响化学反应的正常进行，使电池容量降低，内阻增大，充放电性能变差。

2）可能造成极板部分暴露在空气中，发生氧化等反应，进一步损坏极板，加速电池老化。

（2）设备安全隐患

1）渗漏的电解液如果流到变电站内的其他设备上，如电气控制柜、通信设备等，可能会腐蚀这些设备的线路板、金属外壳等部件，引发设备故障，甚至造成短路，危及设备安全运行。

2）腐蚀电池组自身的连接部件，导致电气连接不良，影响电池组的正常输出，进而影响变电站内依靠直流电源运行的设备正常工作。

（3）环境隐患。电解液一般具有一定的腐蚀性和毒性，渗漏到地面或周围环境中，会腐蚀地面、污染土壤，若处理不当，还可能对操作人员的健康造成危害。

4. 检查与预防方法

（1）检查方法

1）外观检查。定期对蓄电池组进行全面的外观查看，重点检查电池外壳是否有潮湿、液滴、鼓包、变形等迹象，以及电池连接部件是否有被腐蚀的情况。

2）气味检测。在进入蓄电池室时，留意是否有刺鼻的特殊气味，若有则需进一步排查是否存在电解液渗漏问题。

3）湿度监测。在蓄电池室安装湿度传感器，监测室内湿度变化情况，若湿度异常升高且伴有上述外观或气味异常，可能提示有电解液渗漏导致环境湿度增大。

4）性能测试。定期进行蓄电池的充放电试验，通过测量充放电过程中的电压、电流、容量等参数，判断电池性能是否下降，若发现电池容量明显降低且伴有外观等异常，需考虑是否存在电解液渗漏影响。

测量电池内阻，内阻增大可能与电解液渗漏导致的电池内部结构变化有关，可作为辅助判断依据。

（2）预防方法

1）电池选购与安装。选择质量可靠、工艺成熟的蓄电池产品，查看产品的密封工艺、极板加工质量等方面的评价，确保电池初始质量良好。

严格按照厂家要求进行电池的安装，保证密封部件安装到位，如密封胶圈要安装正确且紧密贴合，避免因安装不当埋下渗漏隐患。

2）环境控制。确保蓄电池室的温度和湿度在适宜范围内，通过安装空调和通风设备，将温度控制在 20～25℃，湿度控制在合理水平（一般不超过 80%），减少环境因素对电池的影响。

定期清理蓄电池室，保持环境干燥、整洁，避免灰尘、水分等积聚对电池造成损害。

3）合理使用与维护。按照电池的额定参数设置充电电压、电流等，避免过充过放，定期对电池进行均衡充电，延长电池寿命，同时也可减少因过充过放导致的电解液渗漏风险。

定期对蓄电池组进行外观检查、性能测试等维护操作，及时发现并处理可能出现的问题，如发现电池外壳有轻微变形或密封部件有松动迹象，应及时修复或更换。

（四）场景四：蓄电池短路事故

变电站蓄电池组短路（见图 8－3－5）是指电池正负极之间直接连通，形成了异常的低电阻通路，导致电流不按正常路径流动。

1. 蓄电池短路出现原因

（1）电池内部故障。如果极板弯曲变形、活性物质脱落，可能使正负极板直接接触短路。

（2）电池内部故障。电池间的连接条松动、腐蚀，或者连接螺栓拧紧不当，可能造成局部过热进而引发短路。

（3）外部异物侵入。比如小动物进入电池室，咬坏电缆绝缘层，使电池正负极连通；或者有金属异物掉入电池组，横跨正负极。

（4）安装维护不当。在安装电池时操作不规范，损伤了电池外壳或内部结构；维护过程中误碰电池正负极线路等。

图 8－3－5　蓄电池严重短路示意图

2. 故障可能产生现象

（1）电池组发热。短路处电流极大，会导致电池组局部温度急剧升高，能明显感觉到电池外壳发烫。

（2）电压异常。蓄电池组电压会迅速下降，可能低于正常工作电压范围，影响对变电站设备的供电。

（3）电解液泄漏。严重短路可能造成电池外壳破裂，致使电解液泄漏出来，有刺鼻气味散发。

（4）熔断器熔断。如果配备了熔断器，短路电流会使其熔断，相应的熔断器指示灯会亮起。

3. 事故可能造成的后果

（1）供电中断。无法为变电站的控制、保护、通信等重要设备提供可靠直流电源，导致这些设备不能正常工作，严重时会引起变电站停电事故，影响电网的稳定运行。

（2）电池损坏。短路会对蓄电池本身造成不可逆的损坏，缩短电池使用寿命，甚至使整组电池报废，增加更换成本。

（3）火灾隐患。短路产生的高温可能引燃周围的易燃物，如电池室的电缆绝缘层、木质结构等，引发火灾，危及变电站安全。

4. 检查方法与预防方法

（1）检查方法

1）定期外观检查。查看电池外壳有无变形、破裂，连接条是否松动、腐蚀，有无异物存在等。

2）电压测量。定期测量蓄电池组各单体电池电压，对比正常电压值，发现电压异常偏低的电池要重点排查是否存在短路情况。

3）内阻测量。通过专业仪器测量电池内阻，内阻异常增大可能预示着电池内部存在短路故障隐患。

4）温度监测。利用温度传感器等设备监测电池组温度，发现局部温度过高要及时检查是否短路。

（2）预防方法

1）规范安装。严格按照安装说明书进行蓄电池组的安装，确保电池摆放整齐，连接牢固且正确。

2）电池室防护。保持电池室清洁，设置防护网、挡鼠板等防止小动物进入；对电池室环境温湿度进行控制。

3）定期维护。制定完善的维护计划，定期清洁电池表面、紧固连接部件、检查熔断器状态等。

4）培训教育。对涉及蓄电池组操作和维护的人员进行专业培训，提高其操作技能和安全意识，避免因人为失误引发短路事故。

第四节 直流环网不合格造成的事故

一、设备简介

变电站低压直流环网是指在变电站低压直流供电系统中，形成了环形网络结构。如果直流系统从直流母线出发，通过各支路、馈线柜等向各类直流负载（如控制、保护、通信设备等）呈辐射状供电，形成“点对点”状结构，如果出现环网时就存在的闭合回路，导致电流出现异常环流路径，在一个位置出现问题时，有可能整体回路不通，而导致断路器等相关设备无法正常工作。

二、变电站内环网的常见故障

（一）10kV 开关柜直流环网不合格

在变电站 10kV 开关柜中，设备电源和储能电源通常采用直流环网结构。直流环网是其中的重要组成部分，但由于设计、施工或设备质量等因素，可能导致环网不合格，进而引发安全事故。

（二）环网电缆接头造成的短路

在变电站直流环网中，由于接头不良、材料缺陷或维护不足等原因，可能导致电缆接头短路事故，影响电力系统的安全与稳定。

三、10kV 开关柜直流环网不合格事故

变电站低压馈线柜直流环网是指在变电站低压直流系统中，涉及低压馈线柜部分形成了穿越多个馈线柜或多个间隔设备的网络结构。当环网中有一个地方出现故障时，其他间隔有可能也存在开关无法通断的问题，见图 8－4－1。

图 8－4－1　国外变电站直流失去导致整段母线烧毁示意图

（一）10kV 开关柜直流环网故障出现原因

1. 设计失误

在变电站直流系统设计初期，未充分考虑系统布局及供电方式，错误规划线路走向，使得部分线路连接形成环网结构。

2. 施工错误

施工人员在敷设电缆、接线过程中未严格按照设计图纸施工，误将不同支路的电缆连接成环，如将不同直流屏的输出端直接相连等。

3. 后期改造不当

变电站进行设备升级、扩容等改造工作时，对直流系统的改动不合理，新增线路连接错误，从而产生环网。

4. 标识不清

直流系统各线路、设备标识不明晰，运维人员在进行检修、维护等操作后误接线路，也可能导致环网形成。

（二）事故可能产生的现象

1. 电压异常波动

环网内会出现环流，导致部分区域直流电压升高，部分区域电压降低，超出正常工作电压范围，影响相关设备正常运行。

2. 支路电流变化

某些支路电流会明显增大，可通过电流表监测到异常的高电流值，可能导致支路中熔断器熔断或断路器跳闸。

3. 设备发热

电流增大的支路中的设备，如电缆、熔断器、接线端子等，会因过电流而发热，可通过触摸或热成像仪检测到设备温度异常升高。

（三）事故可能造成的后果

1. 设备损坏

长期过电流运行会使电缆绝缘层加速老化、损坏，熔断器、断路器等保护设备频繁动作也易损坏，增加设备更换成本。

2. 供电中断

若熔断器熔断或断路器跳闸，会造成其下级直流负载失去供电，影响变电站内控制、保护、通信等重要设备的正常工作，严重时可能导致变电站运行故障。

3. 保护装置误动或拒动隐患

电压波动和电流异常可能使一些对电压、电流敏感的控制、保护设备出现误动作，也可能会因为环网中一处故障引起其他支路失去直流电源，从而无法隔离故障线路。继电保护装置误跳闸或不跳闸的情况均有可能出现，影响电网稳定运行。

（四）检查和预防的方法

1. 检查方法

（1）定期巡检。运维人员定期对直流系统进行巡视检查，通过查看电流表、电压表读数，以及观察设备外观是否有发热迹象等来排查环网隐患。

（2）电流路径分析。利用专业工具或软件对直流系统的电流路径进行分析，确定是否存在异常的环流路径，可结合变电站的接线图进行。

（3）热成像检测。采用热成像仪对直流系统设备进行扫描检测，发现温度异常升高的区域，进一步排查是否存在环网导致的过电流问题。

2. 预防方法

（1）规范设计与施工。在直流系统设计和施工阶段，严格按照相关标准和规范进行，确保线路布局合理，避免形成环网结构，施工过程中加强质量监督。

（2）清晰标识。对直流系统的每条线路、每个设备都进行清晰准确的标识，便于运维人员识别，降低误接线路的风险。

（3）培训与教育。对涉及直流系统运维的人员进行专业培训，提高其对直流环网危害的认识以及正确接线、操作的能力，防止因人为失误导致环网形成。

（4）改造审核。在变电站进行改造时，对涉及直流系统的改动方案进行严格审核，确保改造后不会产生新的环网问题。

四、直流环网电缆接头造成的短路事故

变电站低压馈线柜直流环网是指在变电站低压直流系统中，涉及低压馈线柜部分形成了穿越多个馈线柜或多个间隔设备的网络结构。当环网中有一个地方出现故障时，其

他间隔有可能也存在开关无法通断的问题，见图 8-4-2。

图 8-4-2　国外变电站低压直流电缆侧打火引发火灾示意图

（一）电缆接头短路的常见原因

1. 接头不良

电缆接头的质量直接影响电力系统的安全。如果接头焊接不良或连接方式不当，可能导致接触电阻增大，最终引发短路。

2. 材料缺陷

使用劣质或不合格的材料进行电缆接头，可能导致绝缘失效或导体老化，进而造成短路风险。例如，绝缘材料的耐压性能不足，无法承受正常的工作电压。

3. 维护不当

缺乏定期维护和检查会导致电缆接头隐患积累，最终导致短路。许多事故是由于未能及时发现接头的异常状态而导致的，例如电流不平衡、温度异常等。

（二）事故可能产生的现象

1. 电压异常波动

环网内会出现环流，导致部分区域直流电压升高，部分区域电压降低，超出正常工作电压范围，影响相关设备正常运行。

2. 支路电流变化

某些支路电流会明显增大，可通过电流表监测到异常的高电流值，可能导致支路中熔断器熔断或断路器跳闸。

3. 设备发热

电流增大的支路中的设备，如电缆、熔断器、接线端子等，会因过电流而发热，可通过触摸或热成像仪检测到设备温度异常升高。

（三）事故可能造成的后果

1. 设备损坏

长期过电流运行会使电缆绝缘层加速老化、损坏，熔断器、断路器等保护设备频繁动作也易损坏，增加设备更换成本。

2. 保护装置失去电源

如果电缆头处放电，会造成直流进线处电源开关跳闸，从而使下级保护装置或其他需要直流电源供电的设备失去电源，影响变电站内控制、保护、通信等重要设备的正常工作，严重时可能导致变电站运行故障。

（四）检查和预防的方法

1. 检查方法

（1）故障诊断流程。当发现电缆接头短路时，应迅速判断故障类型，评估是否与接头设计、施工或维护有关。通过数据分析和现场检查，确定故障原因。

（2）应急处理措施。在确认电缆接头故障时，应立即切断电源，防止进一步损害。在进行故障处理时，做好详细记录，并依据预定的应急处理流程进行后续修复。

2. 预防方法

（1）规范设计与施工。在直流系统设计和施工阶段，严格按照相关标准和规范进行，确保线路布局合理，避免形成环网结构，施工过程中加强质量监督。

（2）清晰标识。对直流系统的每条线路、每个设备都进行清晰准确的标识，便于运维人员识别，降低误接线路的风险。

（3）培训与教育。对涉及直流系统运维的人员进行专业培训，提高其对直流环网危害的认识以及正确接线、操作的能力，防止因人为失误导致环网形成。

（4）改造审核。在变电站进行改造时，对涉及直流系统的改动方案进行严格审核，确保改造后不会产生新的环网问题。

第五节　级差不合格造成事故

一、级差介绍

变电站直流系统级差主要是指在直流系统保护装置（如熔断器、直流断路器）之间的额定电流的差别设置。

按照其定义，是指按照从电源到负载的顺序，前一级保护装置的额定电流值比后一级保护装置的额定电流值要大。

直流系统的级差意义重大。首先，能够实现选择性保护。当电路出现故障时，靠近故障点的、额定电流小的下级保护装置先动作，切断故障支路，而上级保护装置不会动作，这样可以尽量缩小停电范围，保障其他无故障支路的正常供电。其次，通过合理的级差配置，可以有效避免越级跳闸现象，确保直流系统供电的可靠性和稳定性，这对变电站内的继电保护装置、通信设备等重要直流负载的稳定运行非常关键。

二、直流系统级差故障出现原因

（一）设备选型不当

各级保护装置的额定电流级差没有合理设置。例如，上下级熔断器的额定电流差值过小，当故障电流较大时，可能使上下级同时熔断。

（二）保护装置特性变化

长时间运行后，熔断器的熔体老化、直流断路器的脱扣特性发生变化等情况，可能会改变其动作电流，导致级差配合失效。

（三）短路电流计算不准确

在设计阶段，如果对直流系统可能出现的短路电流计算有误，使得所选保护装置的额定电流和动作电流不能有效匹配实际情况，也会引发级差事故。

三、事故产生现象

（一）越级跳闸

如在支路故障时，本应动作的下级直流断路器未动作或者动作不及时，导致上级直流断路器跳闸，使得故障影响范围扩大到上级支路所带的其他正常设备。

（二）保护装置失电导致多条支路停电

可能造成多个直流负载失去电源，致使变电站内的继电保护装置、自动化设备等不能正常工作。

四、事故可能造成的后果

（一）设备损坏

突然失去直流电源可能导致一些正在运行的设备（如保护装置的 CPU 插件等）出现故障，缩短设备使用寿命。

（二）电网运行风险增加

继电保护装置无法正常工作会使电网在发生故障时不能及时切除故障线路，可能会导致故障范围扩大，影响电网的安全稳定运行。

五、检查和预防方法

（一）检查方法

1. 定期核对参数

定期检查各级保护装置的额定电流、动作电流等参数，确保其符合设计要求。

2. 检查设备状态

查看熔断器的熔体是否有老化迹象，直流断路器的脱扣机构是否正常。

（二）预防方法

1. 合理选型

在设计阶段，精确计算短路电流，根据计算结果合理选择各级保护装置的额定电流，确保级差配合合理。

2. 定期维护和试验

对直流系统保护装置进行定期维护和特性试验，及时更换老化或不符合要求的保护装置。

变电站直流系统空开极差配置表见图 8-5-1。

直流系统空开极差配置表

分类及屏柜名称	开关编号	使用说明	开关型号	开关额定电流	开关厂家	分类及屏柜名称	使用说明	开关型号	开关额定电流	开关厂家
1 号直流馈电屏										
第一级（直流输出馈线开关）	101Z	Ⅰ区网关屏电源 1	GM5FB－63M C20A	20A	人民	第二级（直流开关）	Ⅰ区数据网关机柜	GSB 1－63HDC C3A	3A	天水
	102Z	Ⅱ区网关屏屏电源 1	GM5FB－63M C20A	20A	人民		Ⅰ区数据网关机柜	GSB1－63HDC C3A	3A	天水
	103Z	公用测控屏电源 1	GM5FB－63M C20A	20A	人民		公用测控柜	GSB1－63HDC C3A	3A	天水
	104Z	电度表屏电源	GM5FB－63M C20A	20A	人民		电度表柜	NDB2Z－63 C6A	6A	良信
	105Z	同步时钟屏电源 1	GM5FB－63M C20A	20A	人民		时间同步系统柜	GM32/23M C6A	6A	人民
	106Z	故障录波屏电源	GM5FB－63M C20A	20A	人民		智能化变电站故障录波装置	GM32/23M C6A	6A	人民
	107Z	消弧线圈控制屏电源	GM5FB－63M C20A	20A	人民		消弧线圈控制屏	NDB2Z－63 C2A	2A	良信
	108Z	1 号主变保护屏主变保护 A 套装置电源	GM5FB－63M C20A	20A	人民		变压器保护柜	GSB1－63HDC C3A	3A	天水
	109Z	1 号主变本体智能柜电源 1	GM5FB－63M C20A	20A	人民		主变本体智能控制柜	GM 32/23MN B4A	4A	人民
	110Z	1 号主变测控屏电源	GM5FB－63M C20A	20A	人民		主变测控柜	GSB1－63HDC C3A	3A	天水
	111Z	110kV 杏园 11 备 3 汇控柜装置电源	GM5FB－63M C20A	20A	人民		110kV 杏园Ⅱ备 3 汇控柜	GM32/23M C4A	4A	人民
	112Z	110kV 名都杏园 2 汇控柜装置电源	GM5FB－63M C20A	20A	人民		110kV 名都杏园汇控柜	GM32/23M C3A	3A	人民
	113Z	杏园 111 汇控柜合智一体 A 电源	GM5FB－63M C32A	20A	人民		110kV 主变汇控柜西母	GM32/23M C3A	3A	人民
	114Z	110kV 杏园 110 汇控柜装置电源	GM5FB－63M C32A	20A	人民		110kV 杏园 110 汇控柜	GM32/23M C4A	4A	人民
	115Z	110kV 杏园 11 西表汇控柜电源	GM5FB－63M C32A	20A	人民		110kV 杏园 11 西表汇控柜	GM32/23M C3A	3A	人民
	116Z	杏园 101 开关柜合智一体 A 电源	GM5FB－63M C32A	25A	人民		10kV 主进线柜装置电源	GM32/23M C4A	4A	人民
	117Z	110kV 杏园 11 备 1 汇控柜电源	GM5FB－63M C32A	25A	人民		110kV 杏园 11 备汇控柜	NDB2Z－63 C6A	6A	良信
	118Z	10kV 杏园 120 开关柜装置及操作电源	GM5FB－63M C32A	40A	人民		10kV 分段柜	GM32/23M C6A	6A	人民
	139Z	110kV 杏园 11 备 3 间隔直流环网信号电源	GM5FB－63M C32A	40A	人民		110kV 杏园 11 备 3 汇控柜	GM32/23M C4A	4A	人民
	140Z	10kV 杏园 1 板直流环网储能电源	GM5FB－63M C32A	40A	人民		10kV1 号馈线柜控制电源开关	GM32/23M C4A	4A	人民
	141Z	10kV 杏园 20 板直流环网控制电源	GM5FB－63M C32A	40A	人民		10kV 分段柜储能电源开关	GM32/23M C6A	6A	人民

图 8－5－1 变电站直流系统空开极差配置表（一）

分类及屏柜名称	开关编号	使用说明	开关型号	开关额定电流	开关厂家	分类及屏柜名称	使用说明	开关型号	开关额定电流	开关厂家
2 号直流馈电屏										
第一级（直流输出馈线开关）	201Z	Ⅰ区网关机屏电源 2	GM5FB－63M C20A	20A	人民	第二级（直流开关）	Ⅰ区数据网关机柜	GSB1－63HDC C3A	3A	天水
	202Z	Ⅱ区网关机屏电源 2	GM5FB－63M C20A	20A	人民		Ⅱ区数据网关机柜	GSB1－63HDC C3A	3A	天水
	203Z	公用测控屏电源 2	GM5FB－63M C20A	20A	人民		公用测控柜	GSB1－63HDC C3A	3A	天水
	204Z	电能量监测屏电源	GM5FB－63M C20A	20A	人民		电度表及电能质量监测柜	GSB1－63HDC C4A	4A	天水
	205Z	同步时钟屏电源 2	GM5FB－63M C20A	20A	人民		时间同步系统柜	GM32/23M C6A	6A	人民
	206Z	网络分析屏电源	GM5FB－63M C20A	20A	人民		网络分析仪柜	GSB1－63HDC C3A	3A	天水
	208Z	1 号主变保护屏主变保护 B 装置电源	GM5FB－63M C20A	20A	人民		变压器保护柜	GSB1－63HDC C3A	3A	天水
	209Z	1 号主变本体智能柜电源 2	GM5FB－63M C20A	20A	人民		主变本体智能汇控柜	GM 32/23MN B4A	4A	人民
	211Z	110kV 杏园Ⅱ备 3 汇控柜操作电源	GM5FB－63M C20A	20A	人民		110kV 杏园Ⅱ备 3 汇控柜	GM32/23M C4A	4A	人民
	212Z	110kV 名都杏园 2 汇控柜操作电源	GM5FB－63M C20A	20A	人民		110kV 名都杏园 2 汇控柜	GM32/23M C4A	4A	人民
	213Z	杏园 111 汇控柜合智一体 B 电源	GM5FB－63M C20A	20A	人民		110kV 主变汇控柜西母	GM32/23M C3A	3A	人民
	214Z	110kV 杏园 110 汇控柜操作电源	GM5FB－63M C20A	20A	人民		110kV 杏园 110 汇控柜	GM32/23M C4A	4A	人民
	215Z	110kV 杏园 11 东表汇控柜电源	GM5FB－63M C20A	20A	人民		110kV 杏园 11 东表汇控柜	GM32/23M C3A	3A	人民
	216Z	杏园 101 开关柜合智一体 B 电源	GM5FB－63M C25A	25A	人民		主进线柜	GM32/23M C4A	4A	人民
	239Z	110kV 杏园 11 西表间隔直流环网信号电源	GM5FB－63M C40A	40A	人民		110kV 杏园 11 西表汇控柜	GM32/23M C4A	4A	人民
	240Z	10kV 杏园 1 板直流环网操作电源	GM5FB－63M C40A	40A	人民		1 号馈线柜	GM32/23M C4A	4A	人民
	241Z	10kV 杏园 20 板直流环网储能电源	GM5FB－63M C40A	40A	人民		分段柜	GM32/23M C6A	6A	人民

试验结论

第 1 级断路器无跳闸、第 2 级断路器跳闸，正常跳闸，满足直流保护电器级差配合选择性要求。

试验结论及建议

本次试验为方法直流保护电器级差配合试验。受试直流断路器在本次试验中正常跳闸，满足直流保护电器级差配合选择性要求。

图 8－5－1　变电站直流系统空开极差配置表（二）

第六节　交流、直流混用混接类事故

本章节旨在深入探讨交流窜入直流及交流、直流开关混用导致的事故相关知识与技能。交流窜入直流是一种常见的电力系统故障，通常发生在直流电气设备中，因交流电流的意外侵入可能引发设备故障、系统不稳定及安全隐患；而交流和直流开关的混用则是一种常见错误，可能造成设备损坏、系统故障和人身安全风险。通过本节的学习，学员将了解这两类事故的成因、影响及预防措施，掌握交流和直流开关的基本原理和特性，并熟悉其在不同场合的应用要求，从而提升电力系统的安全性和可靠性，增强应急处理能力和安全管理水平。

一、交流窜入直流事故

（一）交流窜入直流事故的成因

1. 设计缺陷

电力设备的设计不合理，如绝缘不良、元件选择不当，可能导致交流电流窜入直流系统，增加设备故障的风险。

2. 设备老化

随着设备使用时间的增加，绝缘材料可能老化，导致电气性能下降，容易出现交流窜入现象。定期对设备进行检查和更换是防止窜入的有效措施。

3. 外部干扰

环境中存在的电磁干扰、雷电冲击等都可能导致交流电流意外窜入直流系统，从而引发故障。了解外部因素对电力系统的影响，能够帮助制定更有效的防护措施。

变电站内交流窜入直流监测装置见图 8－6－1。

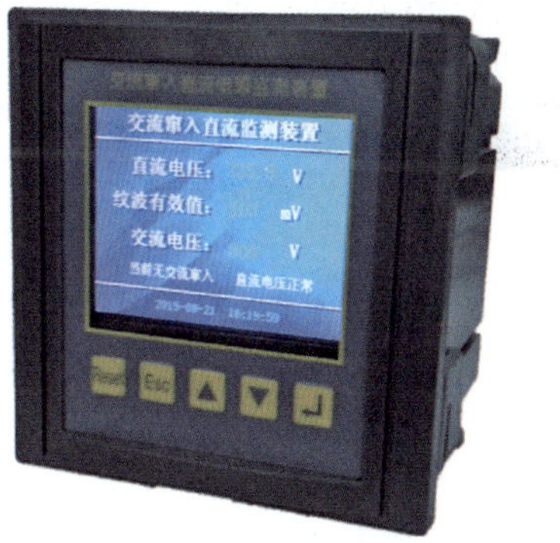

图 8－6－1　变电站内交流窜入直流监测装置

（二）事故现象

1. 直流系统绝缘监察装置报警

因为交流窜入直流后会使直流系统的绝缘情况发生变化，绝缘监察装置会检测到对地绝缘电阻降低而发出警报。

2. 相关保护装置异常

一些保护装置的电源是直流供电的，交流窜入后可能导致保护装置出现误动作或者拒动作。例如，保护装置可能会出现信号指示灯异常闪烁、错误的故障报告等现象。

3. 设备发热

交流电流进入直流系统后，会在直流系统的线路和设备中产生额外的热量，用手触摸相关设备外壳，可能会感觉到温度明显升高。

（三）事故后果

窜入事故可能导致直流设备的损坏、系统停机、数据丢失等，严重时可能造成电力供应中断和人身伤害。了解窜入事故的可能后果，有助于制定有效的预防措施。

（四）应急处理与预防方法

1. 应急处理方法

（1）事故现场评估。在窜入事故发生后，迅速对现场进行评估，判断窜入的严重程度，并确保现场安全。学员应学习如何评估现场情况，识别潜在风险。

（2）应急处理步骤。制定应急处理流程，包括快速断电、切换电源、疏散人员等。掌握使用个人防护装备（PPE）的必要性，以确保安全。

（3）事故记录与报告。记录事故发生的经过和处理结果，形成事故报告。这样的记录不仅能帮助改善未来的安全管理，还能为后续分析提供重要数据。

2. 预防方法

（1）定期检查与维护。制定定期检查和维护的计划，确保电力设备在最佳状态下运行。包括检查电缆连接、测量绝缘电阻、监测温度等。

（2）安全操作规程。建立并执行安全操作规程，确保所有操作人员都了解并遵循。定期对员工进行安全培训，强化安全意识。

（3）建立事故应急预案。制定详细的事故应急预案，包括窜入事故的处理程序，定期组织演练，提高员工的应急响应能力。演练后应总结经验，完善应急预案。

二、交流直流开关混用造成的事故

（一）异常现象

1. 异常发热

交流和直流空气开关混用后，由于它们灭弧原理的差异，在正常负载电流通过时，可能出现空气开关异常发热的情况。比如，直流空气开关用于交流电路时，其灭弧能力可能不足，导致开关触头在分断电流过程中产生过多热量。

2. 误跳闸或拒跳闸

交流空气开关的动作特性是基于交流电流的特性设计的，而直流电流不存在过零点。当用于直流电路时，可能出现不能及时切断故障电流（拒跳闸），或者在正常电流波动时误判断为故障而跳闸的情况。

（二）产生危害

1. 设备损坏

异常发热会加速空气开关触头的老化和损坏，缩短其使用寿命。如果长时间处于这种状态，可能导致触头烧蚀，甚至引发相间短路，进而损坏整个空气开关。对于连接的低压设备，由于不能得到有效的保护，可能因过载或短路而损坏。

2. 电力系统故障扩大

误跳闸会使正常运行的设备失去供电，影响电力系统的稳定性。而拒跳闸则会让故障持续存在，可能使故障范围扩大，如引起线路起火、设备爆炸等严重后果，威胁变电站的安全运行。

（三）检查方法与预防方法

1. 检查方法

（1）外观检查。查看空气开关的标识，确认其是交流专用还是直流专用，检查是否存在交流和直流空气开关混用的情况。同时，观察空气开关的外观是否有异常发热导致的变色、变形等迹象。

（2）运行参数监测。通过监测设备检测空气开关所在线路的电流、电压等参数，对比正常运行数据，查看是否存在异常波动或超出额定范围的情况。例如，检查空气开关在正常负载下的温度是否过高，可使用红外热成像仪进行检测。

（3）动作特性测试。对空气开关进行动作特性测试，包括脱扣特性、分合闸时间等。对于怀疑混用的空气开关，比较其实际动作特性与设计要求（交流或直流标准）是否相符，以判断是否存在误用情况。

2. 预防方法

（1）明确标识与规范安装。在空气开关的采购、安装和维护过程中，要确保空气开关上有清晰的交流或直流标识。同时，制定严格的安装规范，要求工作人员按照设备的类型（交流或直流）正确安装空气开关。

（2）人员培训与技能提升。加强对变电站运维人员的培训，使其充分了解交流和直流空气开关的工作原理、特性差异以及混用的危害。通过定期培训和考核，提高运维人员的专业技能和安全意识。

（3）定期巡检与设备管理。建立完善的设备巡检制度，定期对变电站内的低压设备和空气开关进行检查。在设备更新或改造时，严格审核设备选型，确保交流和直流空气开关的正确使用，避免混用情况的发生。

交直流开关混用后拒动烧毁见图 8－6－2。

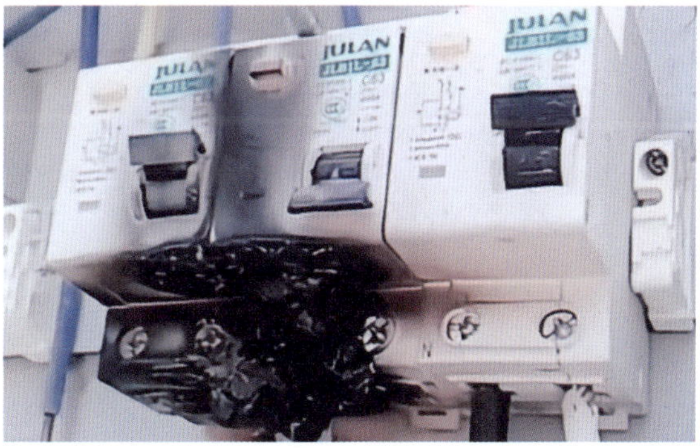

图 8－6－2　交直流开关混用后拒动烧毁

本 章 小 结

本章介绍了低压直流系统事故处理的相关内容，第一节介绍了直流充电机的结构与工作原理、充电机常见的失电与短路问题的原因及其处理流程。归纳了市电中断、设备老化、过载运行、短路故障和操作失误等主要原因，针对每种情况提供了相应的预防措施；第二节介绍了直流系统接地各种故障的产生原因、检测与处理方法，帮助识别接地故障的成因与表现，并按照标准流程有效处理故障；第三节全面介绍了蓄电池多类型严重事故的成因、影响及应对措施；第四节介绍了直流环网各种故障风险，描述了短路现象及其后果，给出了有效的预防和处理措施；第五节介绍了变电站级差配置的基本原理、设备构成、作用级差以及保护装置的调试和维护要点；第六节系统介绍了交流窜入直流和交流、直流开关混用导致事故的相关知识与技能。深入分析了这两类事故的成因及其对系统运行的影响，介绍了相关预防措施及应急处理方法。

第九章　站用低压直流设备验收

本章描述

站用低压直流系统在变电站中为控制信号、继电保护、自动装置及事故照明等提供可靠的直流电源，还为操作提供可靠的操作电源，直流系统的可靠与否，对变电站的安全运行起着至关重要的作用，是变电站安全运行的保证。因此，对低压直流设备的验收是一项关键步骤，通过多方面、多角度的对照检查，及时发现并督促解决低压直流设备潜在的问题，做好闭环管理，把好低压直流设备投运前的最后一道关卡。本章包含站用低压直流电源系统可研初设审查、厂内验收、到货验收、竣工（预）验收等四个小节。

第一节　可研初设审查

一、参加人员

站用直流电源系统可研初设审查由所属管辖单位运检部选派相关专业技术人员参与。

站用直流电源系统可研初设审查参加人员应为技术专责或本专业工作满 3 年以上的人员。

二、验收要求

站用直流电源系统可研初设审查验收需由直流系统专业技术人员提前对可研报告、初设资料等文件进行审查，并提出相关意见。

可研和初设审查阶段主要对直流电源系统设备的技术参数、接线方式进行审查、验收，并选择技术先进、性能稳定、可靠性高、符合环保和节能要求、型式试验合格且报告在有效期内的定型产品。

审查时应审核站用直流电源系统选型是否满足电网运行、设备运维、反措等各项要求。

审查时应按照站用直流电源系统可研初设审查验收标准要求执行。

应做好评审记录，报送运检部门。

三、站用直流电源系统可研初设审查验收标准

（一）直流系统配置

（1）330kV 及以上和重要的 220kV 电压等级变电站直流系统配置应满足以下要求：

1）采用三台充电装置，两组蓄电池组的供电方式。

2）采用两母线接线方式，两段直流母线之间应设专用联络电器。正常运行时，两段直流母线应分别独立运行。

3）每组蓄电池和充电装置应分别接于一段直流母线上，第三台充电装置（备用充电装置）可在两段母线之间切换。

（2）220kV 电压等级变电站直流系统配置至少应满足以下要求：

1）采用两台充电装置，两组蓄电池组的供电方式。

2）采用两母线接线方式，两段直流母线之间应设专用联络电器。正常运行时，两段直流母线应分别独立运行。每组蓄电池和充电装置应分别接于一段直流母线上。

（3）直流控制电压应由设计根据实际情况确定，全站应采用相同电压。扩建和改建工程，应与已有的直流电压一致。

（二）直流蓄电池组配置

（1）应采用阀控式密封铅酸蓄电池。

（2）蓄电池组容量为 200Ah 及以上时应选用单节电压为 2V 的蓄电池。

（3）容量 300Ah 及以上的阀控式蓄电池应安装在专用蓄电池室内。容量 300Ah 以下的阀控式蓄电池，可安装在电池柜内。

（4）蓄电池容量应按照确保全站交流电源事故停电后直流供电不小于 2h 配置。

（5）蓄电池组应具备自动巡检功能，自动监测全部单体蓄电池电压，以及蓄电池温度，并通过通信接口将监测信号上传至直流电源系统微机监控装置。

（三）充电装置配置

（1）充电装置型式应选用高频开关电源模块型充电装置。

（2）高频开关电源模块应采用 $N+1$ 配置，并联运行方式，模块总数不应小于 3 块。

（四）直流馈线网络配置

（1）两组蓄电池配置的变电站，当有集中负荷远离直流系统时，应设直流分电屏（柜）。

（2）直流分电屏（柜）应采用两段母线，每段母线的直流电源应来自不同蓄电池组，并防止两组蓄电池长期并列运行。

（3）电源进线应经隔离电器接至直流母线。

（4）直流系统对负载供电，应按电压等级设置分电屏供电方式，不应采用直流小母线供电方式。其中 35（10）kV 开关柜顶直流网络可采用环网供电方式，即在每段母线柜顶设置 1 组直流小母线，每组直流小母线由 1 路直流馈线供电，35（10）kV 开关柜配电装置由柜顶直流小母线供电。

（5）变电站直流系统的馈出网络宜采用集中辐射形供电方式或分层辐射形供电方式。

1）集中辐射形供电：由直流柜母线直接向负荷或设备终端供电。

下列回路应采用集中辐射形供电：直流应急照明、直流油泵电动机、交流不间断电源；DC/DC 变换器；热工总电源柜和直流分电柜电源。

下列回路宜采用集中辐射形供电：发电厂系统远动、系统保护等；发电厂主要电气设备的控制、信号、保护和自动装置等；发电厂热控控制负荷。

2）分层辐射形供电：由直流柜母线向直流分电柜供电，再由直流分电柜母线向设备终端供电。

分层辐射形供电网络应根据用电负荷和设备布置情况，合理设置直流分电柜，应符合下列要求。

① 直流分电柜每段母线宜由来自同一落电池组的 2 回直流电源供电。电源进线应经隔离电器接至直流分电柜母线。

② 对于要求双电源供电的负荷应设置两段母线，两段母线宜分别由不同蓄电池组供电，每段母线宜由来自同一蓄电池组的 2 回直流电源供电，母线之间不宜设联络电器。

③ 公用系统直流分电柜每段母线应由不同蓄电池组的 2 回直流电源供电，宜采用手动断电切换方式。

（6）直流负荷分类

1）直流负荷按功能可分为控制负荷和动力负荷，并应符合下列规定：

① 控制负荷包括下列负荷：

A. 电气控制、信号、测量负荷；

B. 热工控制、信号、测量负荷；

C. 继电保护、自动装置和监控系统负荷。

② 动力负荷包括下列负荷：

A. 各类直流电动机；

B. 高压断路器电磁操动合闸机构；

C. 交流不间断电源装置；

D. DC/DC 变换装置；

E. 直流应急照明负荷；

F. 热工动力负荷。

2）直流负荷按性质可分为经常负荷、事故负荷和冲击负荷并应符合下列规定：

① 经常负荷包括下列负荷：

A. 长明灯；

B. 连续运行的直流电动机；

C. 逆变器；

D. 电气控制、保护装置等；

E. DC/DC 变换装置；

F. 热工控制负荷。

② 事故负荷包括下列负荷：

A. 事故中需要运行的直流电动机；

B. 直流应急照明；

C. 交流不间断电源装置；

D. 热工动力负荷。

③ 冲击负荷包括下列负荷：

A. 高压断路器跳闸；

B. 热工冲击负荷；

C. 直流电动机启动电流。

（7）直流断路器的选择。变电站直流馈电屏和开关柜二次仓内都配有数量较多的空气开关，不同厂家的空气开关型号不同，以站内常用的 ABB 和施耐德空开为例来讲，ABB 空开型号多为 S200 系列，施耐德空开型号多为 C65 系列，虽然不同厂家的空开型号命名各不相同，但是其表述的意义都是一样的。空开上都会印有型号，表明交流/直流（AC/DC）、极数（1P、2P、3P、4P）、分断能力、脱扣特性（B、C、D、K、Z）、额定电压、额定电流等。空开的大小，指的是额定电流的大或小。

1）断路器额定电压。直流断路器额定电压应大于或等于回路的最高工作电压。

2）断路器额定短路分断电流。直流断路器额定短路分断电流及短时耐受电流，应大于通过断路器的最大短路电流。

3）断路器额定电流：

① 充电装置输出回路浙路器额定电流应按充电装置额定输出电流选择，并考虑一定的可靠系数，比如 1.2。

② 直流电动机回路断路器额定电流应大于或等于电动机额定电流。

③ 高压断路器电磁操动机构合闸回路断路器额定电流应按高压断路器电磁操动机构合闸电流选择，并考虑一定的配合系数，比如 0.3。

④ 控制、保护、监控回路断路器额定电流应按下列要求选择，并选取大值：

A. 断路器额定电流应按控制负荷电流、保护负荷电流、信号负荷电流之和选择，并考虑一定的同时系数，比如 0.8。

B. 上、下级断路器的额定电流应满足选择性配合要求。

C. 上、下级断路器选择性配合时应符合下列要求：

a. 对于集中辐射形供电的控制、保护、监控回路，直流柜母线馈线断路器额定电流不宜大于 63A；终端断路器宜选用 B 型脱扣器，额定电流不宜大于 10A；

b. 对于分层辐射形供电的控制、保护、监控电源回路，分电柜馈线断路器宜选用二段式微型断路器，当不满足选择性配合要求时，可采用带短延时保护的微型断路器；终端断路器选用 B 型脱扣器，额定电流不宜大于 6A；

c. 环形供电的控制、保护、监控回路断路器可按照集中辐射形供电方式选择；

d. 当断路器采用短路短延时保护实现选择性配合时，该断路器瞬时速断整定值的 0.8 倍应大于短延时保护电流整定值的 1.2 倍，并应校核断路器短时耐受电流值。

⑤ 直流分电柜电源回路断路器额定电流应按直流分电柜上全部用电回路的计算电流之和选择，并应符合下列规定：

A. 断路器额定电流应按控制负荷电流、保护负荷电流、信号负荷电流之和选择，并考虑一定的同时系数，比如 0.8。

B. 上一级直流母线馈线断路器额定电流应大于直流分电柜馈线断路器的额定电流，电流级差宜符合选择性规定。若不满足选择性要求，可采用带短路短延时特性直流断路器。

⑥ 蓄电池组出口回路熔断器或断路器额定电流应选取以下两种情况中电流较大者，并应满足蓄电池出口回路短路时灵敏系数的要求，同时还应按事故初期（1min）冲击放电电流校验保护动作时间。蓄电池组出口回路熔断器或断路器额定电流应按下列公式确定：

A. 按事故停电时间的蓄电池放电率电流选择，熔断器或断路器额定电流应大于或等于蓄电池 1h 或 2h 放电率电流，此数据可按照厂家资料选取。

按保护动作选择性条件选择，熔断器或断路器额定电流应大于直流母线馈线中最大断路器的额定电流，并考虑一定的配合系数，比如 2.0 或者 3.0。

B. 当采用环形网络供电时，环形网络应由 2 回直流电源供电，直流电源应经隔离电器接入，正常时为开环运行。当 2 回电源由不同蓄电池组供电时，宜采用手动断电切换方式。

（8）脱扣特性。脱扣特性有 B、C、D、K、Z，站内常用为 B、C 特性空开。B 特性：2～3 倍额定电流，一般用于变压器侧的二次回路保护；C 特性：5～10 倍额定电流，该特性是最常用的，一般用于建筑照明用电等；D 特性：10～20 倍额定电流，一般用于动力配电；K 特性：ABB 公司获取专利的 K 特性，它主要是用于额定电流 40A 以下的电动机系统。“B2A”即为 B 脱扣特性曲线，额定电流为 2A，流过的电流超过 2～3 倍额定电流，空开就会跳开。

（9）当采用环形网络供电时，环形网络应由 2 回直流电源供电，直流电源应经隔离电器接入，正常时为开环运行。当 2 回电源由不同蓄电池组供电时，宜采用手动断电切换方式。

（五）绝缘监测装置配置

绝缘监测装置配置应具有交流窜直流故障的测记和告警功能。

（六）母线调压装置配置

在动力（合闸）母线（或蓄电池输出）与控制母线间设有由硅元件构成的母线调压装置，并应采用有效措施防止母线调压装置开路而造成控制母线失压。

第二节　出厂验收审查

一、参加人员

站用直流电源系统出厂验收由所属管辖单位运检部选派相关专业技术人员参与。

站用直流电源系统验收人员应为技术专责，或具备班组工作负责人及以上资格，或在本专业工作满 3 年以上的人员。

二、验收要求

运检部门认为有必要时参加验收。

出厂验收内容包括站用直流电源系统设备外观、出厂试验过程和结果。

物资部门应提前 15 日，将出厂试验方案和计划提交运检部门。

运检部门审核出厂试验方案，检查试验项目及试验顺序是否符合相应的试验标准和合同要求。

设备投标技术规范书保证值高于本书验收标准卡要求的，按照技术规范书保证值执行。

试验应在直流电源系统组屏完成后进行。

出厂验收按照站用直流电源系统出厂验收标准要求执行。

三、站用直流电源系统出厂验收标准

（一）直流电源屏柜出厂验收

1. 直流柜体结构检查

（1）直流柜采用柜式结构。

（2）直流柜柜体应有足够的强度和刚度，结构能承受机械、电和热应力。

（3）直流柜内的继电器应能在设备正常操作时不因振动误动作。

（4）直流柜正面操作设备的布置高度不应超过 1800mm，距地高度不应低于 400mm。

（5）直流柜门应开闭灵活，开启角应不小于 90°，门锁可靠。门与柜体之间应采用截面不小于 $4mm^2$ 的多股软铜线可靠连接。

（6）直流柜内的端子应装设在柜的两侧或中部下方，直流柜背面应设置防止直接接触带电元件的面板，直流屏柜间应有侧板，以防止事故扩大。

（7）直流柜屏内顶板上应装有照明装置，并设置自动开关控制其开闭。

（8）直流柜元件和端子应排列整齐、层次分明、不重叠，便于维护拆装。长期带电发热元件的安装位置应在柜内上方。

（9）直流柜内回路与回路之间应有隔板，以防止事故的扩大。

2. 直流柜体外形检查

屏内端子连接应牢固可靠，应能满足长期通过额定电流要求。

3. 直流柜体电器元件检查

（1）屏内使用的电器元件，如开关、按钮等应操作灵活。

（2）测量仪表应装设在柜体上方可旋转的面板上并满足精度要求。

（3）各类声光指示信号能正确反映各元件的工作状况。

（4）主母线、分支母线及接头应能满足长期通过电流的要求。

（5）柜内母线、引线应采取硅橡胶热缩等绝缘防护措施。

（6）屏内安装的元器件应具有产品合格证。

（7）屏柜元件选型和布置等应符合设计图纸要求。

4. 直流柜体标志检查

屏正面应有与实际相符的模拟接线图。屏内的各种开关、继电器、仪表、信号灯、光字牌等元器件应有相应的文字符号作为标志，并与接线图上的文字符号标志一致。字迹应清晰易辨、不褪色、不脱落、布置均匀。汇流排和主电路导线的相序和颜色应符合有关规定。

5. 直流柜体接地检查

直流柜内底部应装有不小于 $100mm^2$ 的接地铜排，并采用截面积不小于 $50mm^2$ 铜缆引至接地网可靠接地。

6. 直流柜体电气间隙、爬电距离检查

电气间隙、爬电距离的检查结果符合表 9－2－1 规定。

表 9－2－1　　直流柜体电气间隙、爬电距离

额定工作电压（V）	额定电流≤63（A）		额定电流＞63（A）	
	电气间隙（mm）	爬电距离（mm）	电气间隙（mm）	爬电距离（mm）
$60<U_i\leqslant300$	5.0	6.0	6.0	8.0
$300<U_i\leqslant600$	8.0	12.0	10.0	12.0

注　小母线汇流排或不同极的裸露带电的导体之间，及裸露带电导体与未经绝缘的不带电导体之间的电气间隙不小于 12mm，爬电距离不小于 20mm。

7. 绝缘电阻测量

柜内直流汇流排和电压小母线，在断开所有其他连接支路时，对地的绝缘电阻是否不小于 10MΩ。

（二）直流充电装置出厂验收

1. 充电装置交流输入

（1）每个成套充电装置应有两路交流输入（分别来自不同站用电源），互为备用，当运行的交流输入失去时能自动切换到备用交流输入供电。

（2）充电装置监控器应能显示两路交流输入电压。

（3）交流电源输入应为三相输入，额定频率为 50Hz。

（4）监视电压表计的精度应不低于 1.5 级。

（5）每套充电装置交流供电输入端应采取防止电网浪涌冲击电压侵入充电模块的技术措施。

2. 直流输出电压调节范围试验

直流输出电压的调节范围应为其标称值的 90%～130%。

3. 充电装置技术参数试验

（1）高频开关模块型充电装置稳压精度≤±0.5%。

（2）高频开关模块型充电装置稳流精度≤±1%。

（3）高频开关模块型充电装置纹波系数≤0.5%。

4. 并机均流试验

多块模块并列运行时，应具有良好均流性能，输出电流为 50%～100%额定值时，其均流不平衡度不大于±5%

5. 限流及限压性能试验

（1）输出直流电流在 50%～110%额定值中任一数值时，应能自动限流，降低输出直流电压。

（2）输出直流电压上升到限压整定值时（130%标称电压可调），应能正常工作。

（3）恢复到正常负载条件以后，应能自动地将输出直流电流恢复到正常值工作。

6. 充电装置的工作效率试验

高频开关模块型充电装置的单块模块功率小于等于 1.5kW，效率应不小于 85%，单块模块功率大于 1.5kW，效率应不小于 90%。

7. 保护及告警功能试验

（1）交流输入电压超过规定的波动范围后，整流模块应自动进行保护并延时关机。当电网电压正常后，应能自动恢复工作。整流模块交流电压输入回路短路时能跳开本充电装置的交流输入。

（2）充电装置告警或故障时，监控单元应能发出声光报警。

（3）设备直流电源系统发生接地故障（正接地、负接地或正负同时接地）或者发生交流窜入直流故障时，绝缘监测装置应能显示和发出报警信号，有接点信号或标准通信接口输出，并且能够判断接地极性。

8. 控制程序试验

（1）试验控制充电装置应能自动进行恒流限压充电→恒压充电→浮充电运行状态切换。

（2）试验充电装置应具备自动恢复功能，装置停电时间超过 10min 后，能自动实现恒流充电→恒压充电→浮充电工作方式切换。

9. 软启动时间测量

软启动时间应为（3～8）s。

10. 带电拔插试验

充电装置支持带电拔插更换。

11. 母线调压装置

（1）硅元件的额定电流应满足所在回路最大负荷电流的要求，并应有耐受冲击电流的短时过载和承受反向电压的能力。

（2）母线调压装置的标称电压不小于系统标称电压的 15%。

（三）直流保护电器出厂验收

1. 短路能力测试

（1）断路器在工频及额定工作电压下应能接通和分断额定短路能力及以下的任何电流值。

（2）功率因数应不小于或者时间常数应不大于相关规定限值。

2. 安秒特性试验

（1）时间－电流特性试验：

1）从冷态开始，对断路器通以 $1.13I_n$（约定不脱扣电流）的电流至约定时间，断路器不应脱扣。然后在 5s 内把电流稳定升至 $1.45I_n$（约定脱扣电流）的电流，断路器应在约定时间内脱扣。

2）从冷态开始，对断路器的各级通以 $2.55I_n$ 的电流，断开时间应大于 1s，并且对于额定电流小于等于 32A 的断路器断开时间应小于 60s，对于额定电流大于 32A 的断路器断开时间应小于 120s。

（2）瞬时脱扣试验：

1）对于 B 型断路器：从冷态开始，对断路器的各级通以 $4I_n$ 的电流，断开时间应大于 0.1s；然后再从冷态开始，对断路器的各级通以 $7I_n$ 的电流，断开时间应小于 0.1s。

2）对于 C 型断路器：从冷态开始，对断路器的各级通以 $7I_n$ 的电流，断开时间应大于 0.1s；然后再从冷态开始，对断路器的各级通以 $15I_n$ 的电流，断开时间应小于 0.1s。

3. 保护电器配置检查

（1）直流回路严禁采用交流空气断路器，应采用具有自动脱扣功能的直流断路器。

（2）蓄电池出口回路应采用熔断器或具有熔断器特性的直流断路器。

（3）充电装置直流侧出口回路、直流馈线回路和蓄电池试验放电回路应采用直流断路器，对充电装置回路应采用反极性接线。

（4）直流断路器的下级不应使用熔断器。

（5）直流回路采用熔断器为保护电器时，应装设隔离电器。

（6）蓄电池组和充电装置应经隔离和保护电器接入直流电源系统。

4. 保护电器级差配合检查

（1）充电装置直流侧出口应按直流馈线选用直流断路器，以实现与蓄电池出口保护电器的选择性配合。

（2）采用分层辐射型供电时，直流柜至分电柜的馈线断路器应选用具有短时延时特性的直流塑壳断路器。分电柜直流馈线断路器宜选用直流微型断路器。

（3）蓄电池出口保护电器的额定电流应按蓄电池 1h 放电率电流选择，并应与直流馈线回路保护电器相配合。

5. 直流断路器配置检查

（1）直流断路器应具有瞬时电流速断和反时限过流保护功能，当不满足选择性保护配合时，应增加短延时电流速断保护。

（2）直流断路器额定电压应大于或者等于回路的最高工作电压，额定电流大于回路的最大工作电流。

（3）蓄电池组、交流进线、整流装置直流输出等重要位置的断路器应装有辅助与报警触点。无人值班变电站的各直流馈线断路器应装有辅助与报警触点。

（4）断流能力应满足安装点直流电源系统最大预期短路电流要求。

（5）直流电源系统应急联络断路器额定电流也不应大于蓄电池出口熔断器额定电流的 50%。

（6）当采用短路短延时保护时，直流断路器额定短时耐受电流应大于装设地点的最大短路电流。

（7）各级断路器的保护动作电流和动作时间应满足上、下级选择性配合要求，且应有足够的灵敏度系数。

6. 蓄电池熔断器配置检查

（1）蓄电池出口回路熔断器应带有报警触点，其他熔断器也可带报警触点。

（2）熔断器额定电压应大于或者等于回路的最高工作电压，额定电流大于回路的最大工作电流。

（3）熔断器断流能力应满足安装地点直流电源系统最大预期短路电流要求。

（四）直流绝缘监测及微机监控装置出厂验收

1. 绝缘监测装置

（1）直流电源应按每组蓄电池装设一套绝缘监测装置，装置测量准确度不应低于 1.5 级。绝缘监测装置精度应不受母线运行方式的影响。

（2）能实时监测和显示直流电源系统母线电压，母线对地电压和母线对地绝缘电阻。

（3）具有监测各类型接地故障的功能，实现对各支路的绝缘检测功能。

（4）具有交流窜入直流故障的测记、选线及报警功能。

（5）具有自检和故障报警功能。

（6）具有对两组直流电源合环故障报警功能。

（7）具有对外通信功能。

2. 微机监控装置

（1）具有直流电源各段母线电压、充电装置输出电压和电流及蓄电池电压和电流等监测功能。

（2）具有直流电源系统各种异常和故障告警、蓄电池组出口熔断器检测、自诊断报警以及主要断路器/开关位置状态等监视功能。

（3）具有充电装置开机、停机和充电装置运行方式切换等监控功能。

（4）具有对设备的遥信、遥测、遥调及遥控功能，且遥信信息应能进行事件记忆。

（5）具备对时功能。

（6）具有对外通讯功能，通信规约宜符合现行行业标准的相关要求。

（五）蓄电池出厂验收

1. 外观、极性检查

（1）蓄电池外形尺寸是否符合制造商产品图样或文件规定蓄电池的外观不应有裂纹、变形、漏液、渗液及污迹。

（2）蓄电池的正、负极端子及极性是否有明显标记，便于连接，端子尺寸是否符合制造商产品图样，用反极仪或能判断蓄电池极性的仪器检查蓄电池极性。

2. 密封性检查

蓄电池除排气阀外，其他各处均要保持良好的密封性，检查是否能承受 50kPa 正压或负压。

3. 内阻值检查

检查制造厂提供的蓄电池内阻值是否与实际测试的蓄电池内阻值一致，各节蓄电池内阻值允许偏差范围为±10%。

四、异常处置

验收发现质量问题时，验收人员应及时告知物资部门、制造厂家，提出整改意见，报送运检部门。

第三节　到货验收

一、参加人员

站用直流电源系统设备到货验收由所属管辖单位运检部选派相关专业技术人员参与。

二、验收要求

运检部门认为有必要时参加验收。

到货验收应进行货物清点、运输情况检查、包装及外观检查。

到货验收工作按照站用直流电源系统到货验收标准要求执行。

三、站用直流电源系统到货验收标准

（一）直流电源装置及屏柜到货验收

1. 直流电源屏柜

（1）外观清洁，外壳无磨损、脱漆、锈蚀。

（2）装置接线连接可靠，接地良好，插头插拔顺利，无卡涩且连接可靠。

（3）设备铭牌清晰，相关技术参数符合技术协议要求。

（4）设备说明书、合格证等技术资料齐全。

2. 直流电源充电装置

（1）外观清洁，外壳无磨损、脱漆、锈蚀。

（2）装置接线连接可靠，接地良好。

（3）设备铭牌清晰，相关技术参数符合技术协议要求。

（4）资料齐全，直流电源充电装置的装箱资料应有：

1）装箱清单。

2）出厂试验报告。

3）型式报告。

4）合格证。

5）电气原理图和接线图。

6）安装使用说明书。

7）随机附件及备件清单。

（二）蓄电池组到货验收

（1）包装及密封应良好。

（2）蓄电池外观检查无损伤、脱漆、锈蚀。

（3）开箱检查清点，型号、规格应符合设计要求。

（4）连接线等附件齐全，元器件无损坏情况。

（5）产品的技术文件应齐全。

（6）蓄电池应轻搬轻放，不得有强烈冲击和振动，不得倒置、重压和日晒雨淋。

（三）铭牌

抄录屏柜及装置铭牌参数，并拍照片，编制设备清册。

四、异常处置

验收发现质量问题时，验收人员应及时告知物资部门、制造厂家，提出整改意见，报送运检部门。

第四节　竣 工 （预）验 收

一、参加人员

站用直流电源系统竣工（预）验收由所属管辖单位运检部选派相关专业技术人员参与。

站用直流电源系统竣工（预）验收负责人员应为技术专责或具备班组工作负责人及以上资格。

二、验收要求

竣工（预）验收应对外观、内部接线、动作、信号进行检查核对。

竣工（预）验收应核查站用直流电源系统验收交接试验报告。

竣工（预）验收应检查、核对站用直流电源系统相关的文件资料是否齐全，是否符合验收规范、技术合同等要求。

交接试验验收要保证所有试验项目齐全、合格，并与出厂试验数值无明显差异。

不同电压等级的站用直流电源系统，应按照不同的交接试验项目及标准检查安装记录、试验报告。

不同电压等级的站用直流电源系统，根据不同的结构、组部件执行选用相应的验收标准。

竣工（预）验收工作按照站用直流电源系统竣工（预）验收、站用直流电源系统资料及文件验收标准要求执行。

三、站用直流电源系统竣工（预）验收标准

（一）外观及运行方式检查验收

1. 外观检查

（1）屏上设备完好无损伤，屏柜无刮痕，屏内清洁无灰尘，设备无锈蚀。现场验收

问题如图 9－4－1 所示。

图 9－4－1　现场验收问题（屏内有灰尘）

（2）屏柜安装牢固，屏柜间无明显缝隙。

（3）直流断路器上端头应分别从端子排引入，不能在断路器上端头并接。现场验收问题如图 9－4－2 所示。

（4）保护屏内设备、断路器标示清楚正确。现场验收问题如图 9－4－3 所示。

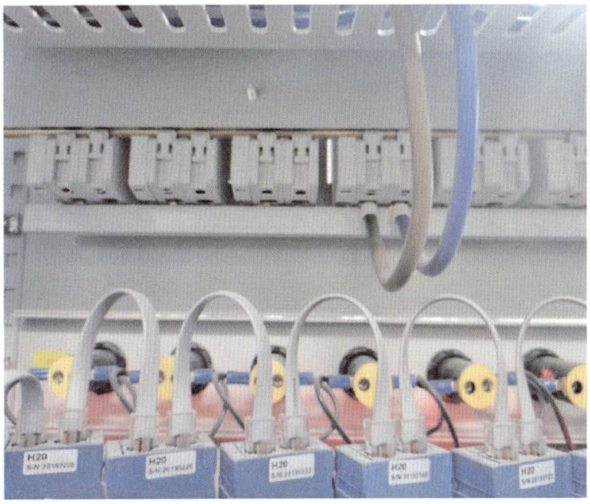

图 9－4－2　现场验收问题
（直流空开上端头在空开上端头并接）

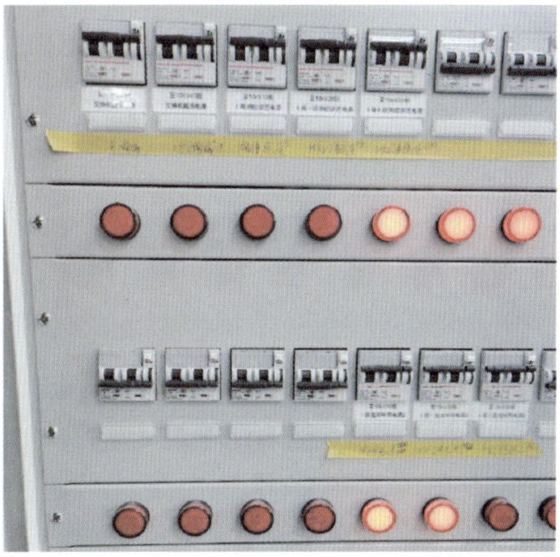

图 9－4－3　现场验收问题
（直流馈线屏开关标示牌未编号；备用开关未帖标示）

（5）检查屏柜电缆进口防火应封堵严密。现场验收问题如图 9－4－4 所示。

（6）直流屏铭牌、合格证、型号规格符合要求。现场验收问题如图 9－4－5 所示。

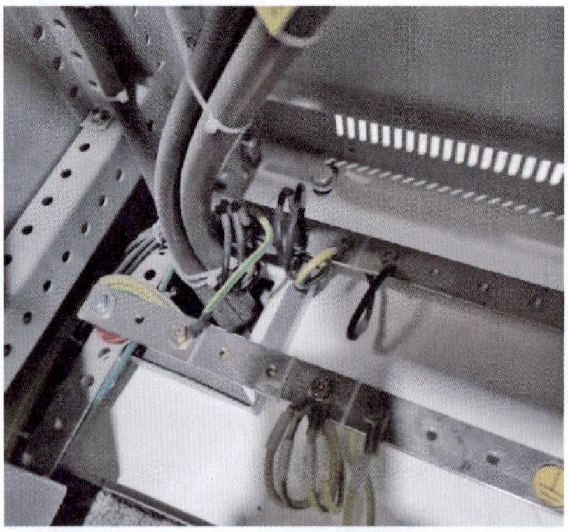

图 9-4-4 现场验收问题（电缆进口未进行防火封堵）

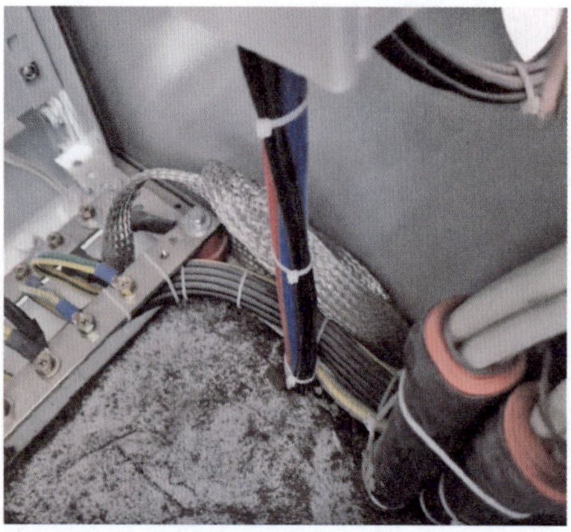

图 9-4-5 现场验收问题（电缆标牌缺失）

2. 运行方式检查

（1）一组蓄电池的变电站直流母线应采用单母线分段或不分段运行的方式。

（2）两组蓄电池的变电站运行方式检查要点。

1）两组蓄电池的变电站直流母线应采用分段运行的方式，并在两段直流母线之间设置联络断路器或隔离开关，正常运行时断路器或隔离开关处于断开位置，在运行中二段母线切换时应不中断供电。

2）每段母线应分别采用独立的蓄电池组供电，每组蓄电池和充电装置应分别接于一段母线上。

3）装有第三台充电装置时，其可在两段母线之间切换，任何一台充电装置退出运行时，投入第三台充电装置。

（3）每台充电装置两路交流输入（分别来自不同站用电源）互为备用，当运行的交流输入失去时能自动切换到备用交流输入供电。

（4）直流馈出网络应采用辐射状供电方式。双重化配置的保护装置直流电源应取自不同的直流母线段，并用专用的直流断路器供出。

（二）二次接线检查验收

1. 图纸相符检查

二次接线美观整齐，电缆牌标志正确，挂放正确齐全，核对屏柜接线与设计图纸应相符。

2. 二次电缆及端子排检查

（1）一个端子上最多接入线芯截面相等的两芯线，交、直流不能在同一段端子排上，所有二次电缆及端子排二次接线的连接应可靠，芯线标志管齐全、正确、清晰，与图纸设计一致。

（2）直流系统电缆应采用阻燃电缆，应避免与交流电缆并排铺设。

（3）蓄电池组正极和负极引出电缆应选用单根多股铜芯电缆，分别铺设在各自独立的通道内，在穿越电缆竖井时，两组蓄电池电缆应加穿金属套管。现场验收问题如图 9-4-6 所示。

（4）蓄电池组电源引出电缆不应直接连接到极柱上，应采用过渡板连接，并且电缆接线端子处应有绝缘防护罩。

3. 芯线标志检查

芯线标志应用线号机打印，不能手写。芯线标志应包括回路编号、本侧端子号及电缆编号，电缆备用芯也应挂标志管并加装绝缘线帽。芯线回路号的编制应符合二次接线设计技术规程原则要求。现场验收问题如图 9－4－7 所示。

图 9－4－6　现场验收问题
（竖井内的直流电源电缆与交流并排敷设，未加穿金属套管）

图 9－4－7　现场验收问题
（电缆设备芯缺少标识管）

（三）电缆工艺检查验收

1. 控制电缆排列检查

所有控制电缆固定后应在同一水平位置剥齐，每根电缆的芯线应分别捆扎，接线按从里到外，从低到高的顺序排列。电缆芯线接线端应制作缓冲环。

2. 电缆标签检查

电缆标签应使用电缆专用标签机打印。电缆标签的内容应包括电缆号，电缆规格，本地位置，对侧位置。电缆标签悬挂应美观一致、以利于查线。电缆在电缆夹层应留有一定的裕度。现场验收问题如图 9－4－8 所示。

（四）二次接地检查验收

1. 屏蔽层检查

所有隔离变压器（电压、电流、直流逆变电源、导引线保护等）的一、二次线圈间必须有良好的屏蔽层，屏蔽层应在保护屏可靠接地。现场验收问题如图 9－4－9 所示。

2. 屏内接地检查

屏柜下部应设有截面不小于 100mm^2 的接地铜排。屏柜上装置的接地端子应用截面不小于 4mm^2 的多股铜线和接地铜排相连。接地铜排应用截面不小于 50mm^2 的铜缆与保护室内的等电位接地网相连。

图 9-4-8　现场验收问题
（电缆无标牌；备用电缆未封套管）

图 9-4-9　现场验收问题
（隔离变压器未可靠接地）

图 9-4-10　现场验收问题
（直流屏柜门未可靠接地）

（五）充电装置检查验收

1. 外观及结构检查

（1）柜体外形尺寸应与设计标准符合，与现场其他屏柜保持一致。

（2）柜体内紧固连接应牢固、可靠，所有紧固件均具有防腐镀层或涂层，紧固连接应有防松措施。

（3）装置应完好无损，设备屏、柜的固定及接地应可靠，门应开闭灵活，开启角不小于 90°，门与柜体之间经截面不小于 $4mm^2$ 的裸体软导线可靠连接。现场验收问题如图 9-4-10 所示。

（4）元件和端子应排列整齐、层次分明、不重叠，便于维护拆装。长期带电发热元件的安装位置在柜内上方。

（5）二次接线应正确，连接可靠，标志齐全、清晰，绝缘符合要求。

（6）设备屏、柜及电缆安装后，孔洞封堵和防止电缆穿管积水结冰措施检查。

（7）监控装置本身故障，要求有故障报警，且信号传至远方。

（8）两段母线的母联开关，需检验其的通电良好性。

2. 电流电压监视

（1）每个成套充电装置应有两路交流输入（分别来自不同站用电源），互为备用，当运行的交流输入失去时能自动切换到备用交流输入供电且充电装置监控应能显示两路交流输入电压。

（2）交流输入端应采取防止电网浪涌冲击电压侵入充电模块的技术措施，实现交流输入过、欠压及缺相报警检查功能。

直流电压表、电流表应采用精度不低于 1.5 级的表计，如采用数字显示表，应采用精度不低于 0.1 级的表计。

（3）电池监测仪应实现对每个单体电池电压的监控，其测量误差应≤2‰。

（4）直流电源系统应装设有防止过电压的保护装置。

3. 高频开关电源模块检查

（1）高频开关电源模块应采用 $N+1$ 配置，并联运行方式，模块总数不宜小于 3。现场验收问题如图 9－4－11 所示。

（2）高频开关电源模块输出电流为 50%额定值［$50\% \times I_e(n+1)$］及额定值情况下，其均流不平衡度不大于±5%。现场验收问题如图 9－4－12 所示。

图 9－4－11　现场验收问题
（充电机电源模块损坏一只）

图 9－4－12　现场验收问题
（模块均流度不符合要求）

（3）监控单元发出指令时，按指令输出电压、电流。

（4）高频整流模块脱离监控单元后，可输出恒定电压给电池浮充。

（5）散热风扇装置启动以及退出正常，运转良好。

（6）可带电拔插更换。

4. 噪声测试

高频开关充电装置的系统自冷式设备的噪声应不大于 50dB，风冷式设备的噪声平均值应不大于 60dB。

5. 充电装置元器件检查

（1）柜内安装的元器件均有产品合格证或证明质量合格的文件。

（2）导线、导线颜色、指示灯、按钮、行线槽、涂漆等符合相关标准的规定。现场验收问题如图 9－4－13 所示。

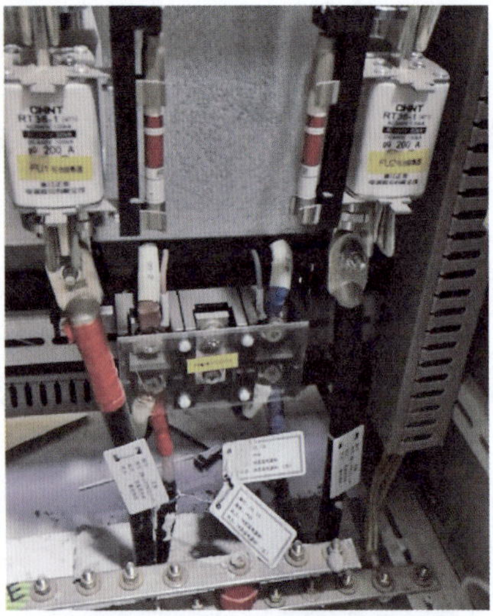

图 9－4－13 现场验收问题
（正负极导线颜色不正确）

（3）直流电源系统设备使用的指针式测量表计，其量程满足测量要求。

（4）直流空气断路器、熔断器上下级配合级差应满足动作选择性的要求。

（5）直流电源系统中应防止同一条支路中熔断器与空气断路器混用，尤其不应在空气断路器的下级使用熔断器，防止在回路故障时失去动作选择性。

（6）严禁直流回路使用交流空气断路器。现场验收问题如图 9－4－14 所示。

6. 充电装置的性能试验

（1）高频开关模块型充电装置稳压精度≤±0.5%。

（2）高频开关模块型充电装置稳流精度≤±1%。

（3）高频开关模块型充电装置纹波系数≤0.5%。

7. 控制程序试验

（1）试验控制充电装置应能自动进行恒流限压充电→恒压充电→浮充电运行状态切换。

（2）试验充电装置应具备自动恢复功能，装置停电时间超过 10 分钟后，能自动实现恒流充电→恒压充电→浮充电工作方式切换。

（3）恒流充电时，充电电流的调整范围为 $20\%I_n \sim 130\%I_n$（I_n－额定电流）。

（4）恒压运行时，充电电流的调整范围为 $0 \sim 100\%I_n$。

8. 充电装置柜内电气间隙和爬电距离检查

柜内两带电导体之间、带电导体与裸露的不带电导体之间的最小距离，应符合相关规程要求。

（六）蓄电池检查验收

1. 外观检查

（1）蓄电池外壳无裂纹、无漏液、无变形、无渗液、清洁吸湿器无堵塞、极柱无松动、腐蚀现象，连接条螺栓等应接触良好，无锈蚀，无氧化。现场验收问题如图 9－4－15 所示。

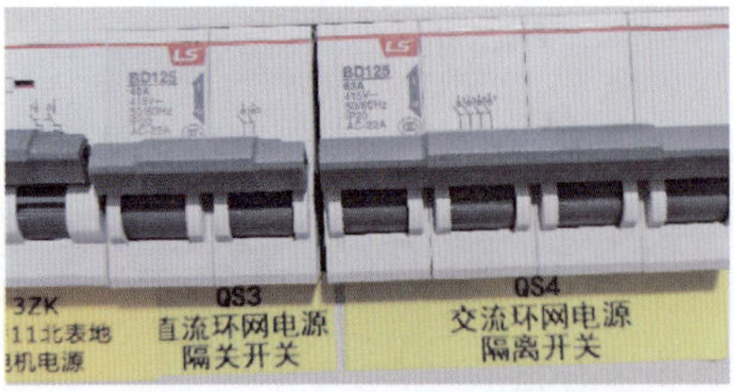

图 9－4－14 现场验收问题
（直流环网开关使用交流开关）

图 9－4－15 现场验收问题
（蓄电池漏液）

（2）蓄电池柜内应装设温控制器并有报警上传功能。

（3）蓄电池柜内的蓄电池应摆放整齐并保证足够的空间：蓄电池间不小于 15mm，蓄电池与上层隔板间不小于 150mm。

（4）蓄电池柜体结构应有良好的通风、散热。

（5）蓄电池组在同一层或同一台上的蓄电池间宜采用有绝缘的或有护套的连接条连接，连接线无挤压。不同一层或不同一台上的蓄电池间采用电缆连接。

（6）系统应设有专用的蓄电池放电回路，其直流空气断路器容量应满足蓄电池容量要求。

2. 运行环境检查

（1）容量 300Ah 及以上的阀控式蓄电池应安装在专用蓄电池室内。容量 300Ah 以下的阀控式蓄电池，可安装在电池柜内。同一蓄电池室安装多组蓄电池时，应在各组之间装设防爆隔火墙。

（2）蓄电池柜内的蓄电池组应有抗震加固措施。

（3）蓄电池室的门应向外开。现场验收问题如图 9－4－16 所示。

（4）蓄电池室内应设有运行和检修通道。通道一侧装设蓄电池时，通道宽度不应小于 800mm；两侧均装设蓄电池时，通道宽度不应小于 1000mm。

（5）蓄电池室的照明应使用防爆灯，并至少有一个接在事故照明母线上，开关、插座、熔断器等电气元器件均应安装在蓄电池室外。

（6）蓄电池架应有接地，并有明显标志。

（7）蓄电池室的窗户应有防止阳光直射的措施。

（8）蓄电池室应安装防爆空调，蓄电池柜内应装设温度计。环境温度宜保持在 15～30℃之间。

（9）蓄电池室应装设防爆型通风装置（设计考虑）。

（10）蓄电池室门窗严密，房屋无渗、漏水。现场验收问题如图 9－4－17 所示。

图 9－4－16 现场验收问题
（蓄电池室门向里开）

图 9－4－17 现场验收问题
（蓄电池室进风口百叶窗未装滤网）

3. 布线检查

布线应排列整齐，极性标志清晰、正确。现场验收问题如图 9－4－18 所示。

4. 安装情况检查

蓄电池编号应正确，外壳清洁。现场验收问题如图 9－4－19 所示。

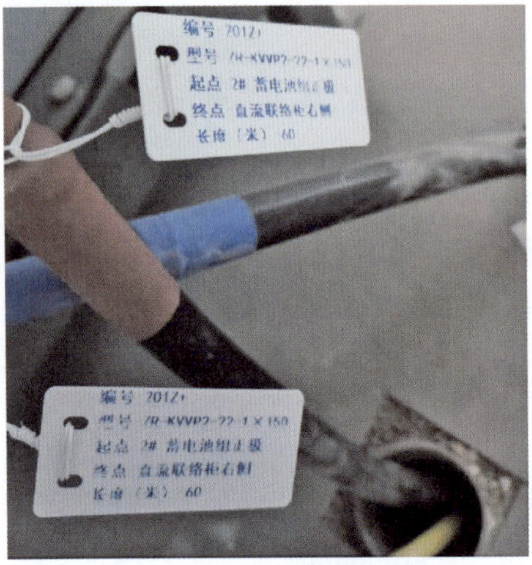

图 9－4－18　现场验收问题

（蓄电池电缆标牌错误，图中两个标牌均为正极）

图 9－4－19　现场验收问题

（电池编号粘贴不牢）

5. 资料检查

（1）查出厂调试报告，检查阀控蓄电池制造厂的充电试验记录。

（2）查安装调试报告，蓄电池容量测试应对蓄电池进行全核对性充放电试验。

6. 电气绝缘性能试验

（1）电压为 220V 的蓄电池组绝缘电阻不小于 500kΩ。

（2）电压为 110V 的蓄电池组绝缘电阻不小于 300kΩ。

7. 蓄电池组容量试验

蓄电池组应按规定的放电电流和放电终止电压规定值进行容量试验，蓄电池组应进行三次充放电循环，10h 率容量在第一次循环应不低于 $0.95C_{10}$，在第 3 次循环内应达到 C_{10}。

8. 蓄电池组性能试验

初次充电、放电容量及倍率校验的结果应符合要求，在充放电期间按规定时间记录每个电池的电压及电流以鉴定蓄电池的性能。现场验收问题如图 9－4－20 所示。

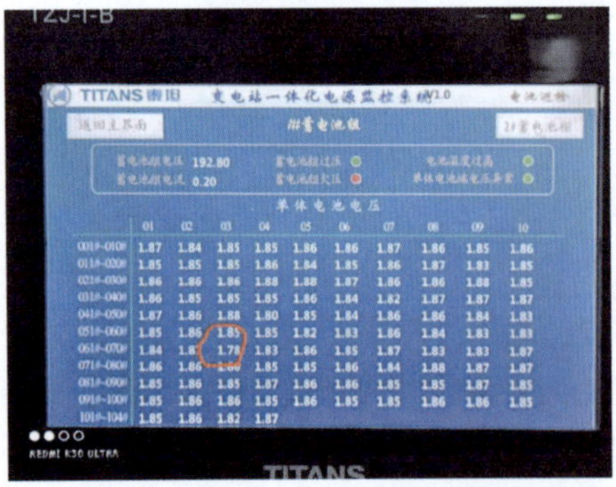

图 9－4－20　现场验收问题

（放点结束后，单只电池电压低于 1.8V）

9. 运行参数检查

（1）检查蓄电池浮充电压偏差值不超过 3%。

（2）蓄电池内阻偏差不超过 10%。

（3）连接条的压降不大于 8 毫伏。

（七）直流母线电压和电压监察（测）装置检查验收

对直流母线电压和电压监察（测）装置的功能检查有以下几个要求。

（1）当直流母线电压低于或高于整定值时，应发出欠压或过压信号及声光报警。

（2）能够显示设备正常运行参数，实际值与设定值、测量值误差符合相关规定。

（3）人为模拟故障，装置应发信号报警，动作值与设定值应符合产品技术条件规定。

（八）直流系统的绝缘及绝缘监测装置检查验收

1. 接地选线功能检查

（1）母线接地功能检查：合上所有负载开关，分别模拟直流Ⅰ母正、负极接地试验，采用标准电电阻箱模拟（电压为220V其标准电阻为25kΩ、电压为110V为15kΩ），分别模拟95%和105%标准电阻值检查装置报警、显示，装置显示误差不应超过5%，95%标准电阻值接地时装置应发出声光报警。若两段直流电源配置，则还需进一步检查Ⅱ母对地电压应正常，以确定直流Ⅰ、Ⅱ段间没有任何电气联系。

（2）支路接地选线功能检查：合上所有负载开关，分别模拟各支路正、负极接地试验，采用标准电电阻箱模拟（电压为220V其标准电阻为25kΩ、电压为110V为15kΩ），分别模拟90%和110%标准电阻值检查装置报警、显示，装置显示误差不应超过10%）。

2. 装置绝缘试验

用1000V兆欧表测量被测部位，绝缘电阻测试结果应符合以下规定：柜内直流汇流排和电压小母线，在断开所有其他连接支路时，对地的绝缘电阻应不小于10MΩ。

3. 交流测记及报警记忆功能检查

绝缘监测装置具备交流窜直流测记及报警记忆功能。

4. 负荷能力试验

设备在正常浮充电状态下运行，投入冲击负荷，直流母线上电压不低于直流标称电压的90%。

5. 连续供电试验

设备在正常运行时，切断交流电源，直流母线连续供电，直流母线电压波动，瞬间电压不得低于直流标称电压的90%。

6. 通信功能试验

（1）遥信：人为模拟各种故障，应能通过与监控装置通信接口连接的上位计算机收到各种报警信号及设备运行状态指示信号。

（2）遥测：改变设备运行状态，应能通过与监控装置通信接口连接的上位计算机收到装置发出当前运行状态下的数据。

（3）遥控：应能通过与监控装置通信接口连接的上位计算机对设备进行开机、关机、充电、浮充电状态的转换。

（九）母线调压装置检查

母线电压调整功能试验：检查设备内的调压装置手动调压功能和自动调压功能。采用无级自动调压装置的设备，应有备用调压装置。当备用调压装置投入运行时，直流（控制）母线应连续供电。

（十）备品备件检查验收

备品备件检查：备品备件与备品备件清单核对检查。

四、站用直流电源系统资料及文件验收标准

站用直流电源系统资料及文件验收主要包括以下种类。

（一）订货合同、技术协议。

（二）安装使用说明书，图纸、维护手册等技术文件。

（三）重要附件的工厂检验报告和出厂试验报告。

（四）整体试验报告。

（五）出厂型式试验报告。

（六）安装检查及安装过程记录。

（七）全站交直流联络图、级差配置表。

（八）安装过程中设备缺陷通知单、设备缺陷处理记录。

五、异常处置

验收发现质量问题时，验收人员应及时告知项目管理单位、施工单位，提出整改意见，报送运检部门。

本 章 小 结

本章重点介绍了站用低压直流电源系统可研初设审查、厂内验收、到货验收、竣工（预）验收的标准，聚焦设备选型、技术参数、接线方式及试验项目等方面，确保站用低压直流电源系统在实际运行中的可靠性和稳定性，为电网系统的安全稳定运行奠定坚实基础。

第十章　低压直流系统设备技改大修

本章描述

变电站低压直流电源系统可以为各种控制、继电保护、自动装置、信号提供可靠的直流工作电源，还可作为可靠的操作电源和应急后备电源。变电站低压直流系统一般由蓄电池组、充电设备、直流负荷三大部分组成，低压直流系统设备等同于主设备纳入变电站设备管理，而技改大修工作是设备管理中的一项重要任务，对于保持设备的良好运行状态以及提升生产效率都具有重要意义。

本节主要对几个典型的低压直流系统设备的技改大修工作的全流程进行介绍，包含变电站蓄电池组更换、安装直流分电屏、直流屏改造、直流电源双重化改造、交直流系统一体化改造等 5 个任务，为低压直流系统设备的技改大修工作提供参考。

第一节　蓄电池整组更换

一、双组蓄电池运行

（一）作业概况

以 220kV××变电站为例。××变电站直流系统采用两台充电装置、两组蓄电池的配置方式，采用两母线接线方式，两段直流母线之间设有联络开关，每组蓄电池和充电装置分别接于一段直流母线上。正常运行时，两段直流母线分别独立运行。

××变 1 号蓄电池组为湖南丰日电源电气股份有限公司生产，共有 103 只单体蓄电池，型号为 GFM－300，每只单体蓄电池额定电压为 2V，于 2018 年 6 月投入运行，在 2023 年 6 月进行核对性充放电试验时，放电容量为 52%，1 号蓄电池组第 80 只断格未恢复，已不能满足变电站正常直流设备运行的要求，为不合格设备，需对容量不足蓄电池组进行整体更换。本次改造作业电气一次设备不停电。

（二）安全措施及危险点分析

蓄电池因其材料和结构的特殊性，在蓄电池整组更换作业过程中，还需要注意以下危险点并制定安全措施。

1. 蓄电池更换危险点分析

接线时极性接反或短路现象，接地可靠，损坏蓄电池，严禁直流系统脱离蓄电池组运行。

（1）电池组连线时要认清“极性”开关电源与蓄电池组接线时应注意电源的“正、负”极性，防止接错。通电前要仔细核对接线“电源极性”是否正确，无误后方可加电试运行。做好安装电源设备的工作记录。

（2）压接电缆头时，要检查液压钳是否完好；接线前应先进行验电，后进行接线工作；施工中作好防止短路和接地现象发生。

（3）注意将蓄电池架（或柜体）的接地线与地网可靠连接。

（4）注意防止蓄电池正负极短路，不可撞击正负极柱。

（5）在拧紧极柱上螺丝的同时应避免用聆过大而导致螺丝纹路损坏；极柱变形、断裂。

（6）连接时可能会有瞬间的小充放电火花出现，对此不要惊慌，以免动作失态引发事故。

（7）装卸导电连接条时，应使用绝缘工具，尤其是金属工具的尾部一定要绝缘。

（8）要注意环境干净、通风。

（9）环境温度不得大于50℃。

2. 蓄电池充放电试验危险点分析（见表10-1-1）

对新安装的蓄电池组要做充放电试验，验证蓄电池实际容量的同时，也对充电机的充电性能进行检验，核对蓄电池充电参数是否正确。

（1）按100%容量做核对性放电试验，放电10h，单节电压不得低于1.8V，电池容量合格。

（2）放电试验前应如实记录电池内阻数据，放电试验过程中应记录好放电试验数据。

（3）放电试验结束，应立即对蓄电池组进行充电。充电过程中应观察充电限流是否正确，蓄电池温度是否正常。

表10-1-1　　危险点控制措施

工作地点	220kV××变电站
工作任务	××变电站1号蓄电池组更换
危险点分析	控制措施
1. 现场应无可燃或爆炸性气体、液体。 2. 现场严禁烟火，做好消防措施，保持通风良好，并应配置足够数量的防护用品。 3. 不能造成直流短路、接地。 4. 不能造成误动、误碰运行设备。 5. 严格控制充放电电流和监视各节蓄电池电池端电压，符合相关规程要求。 6. 使用绝缘或采取绝缘包扎措施的工具	1. 单体蓄电池内阻测试值应与蓄电池组内阻平均值比较，允许偏差范围为±10%。 2. 调整运行方式：两段直流母线，两组蓄电池并列运行，将更换的蓄电池组退出直流系统。 3. 蓄电池放置的平台、支架及间距应符合设计要求。 4. 蓄电池应安装平稳，间距均匀，排列整齐；蓄电池间距不小于15mm，蓄电池与上层隔板间距不小于150mm。 5. 连接条及蓄电池极柱接线正确，螺栓紧固。 6. 蓄电池及电缆引出线要标明序号和正、负极性。 7. 蓄电池遥测、遥信回路试验正确。 8. 用1000V兆欧表测量被测部位，绝缘电阻测试结果应符合以下规定：柜内直流汇流排和电压小母线，在断开所有其他连接支路时，对地的绝缘电阻应不小于10MΩ。蓄电池组的绝缘电阻：电压为220V的蓄电池组不小于500kΩ；电压为110V的蓄电池组不小于300kΩ。 9. 接入蓄电池巡视仪，检查每只蓄电池单体电压采集正常。 10. 新蓄电池组投入运行，确保极性正确。 11. 阀控蓄电池组在同一层或同一台上的蓄电池间宜采用有绝缘的或有护套的连接条连接，不同一层或不同一台上的蓄电池间采用电缆连接。 12. 大容量的阀控蓄电池宜安装在专用蓄电池室内。容量在300Ah以下的阀控蓄电池，可安装在电池柜内。 13. 应设有专用的蓄电池放电回路，其直流空气断路器容量应满足蓄电池容量要求。 14. 阀控蓄电池的浮充电电压值应随环境温度变化而修正，其基准温度为25℃，修正值为±1℃时3mV。 15. 两组蓄电池的直流系统应采用母线分段运行方式，每段母线应分别采用独立的蓄电池组供电，并在两段直流母线之间设联络断路器或隔离开关

（三）施工流程

1. 前期勘察

作业前需对直流系统的运行模式进行细致勘察，核查母线电压是否存在异常，直流系统有无短路、接地等情况，并确认另一组蓄电池的容量是否满足运行标准。同时，应详细记录各项勘察结果。

2. 施工步骤

（1）第一步：新蓄电池组就位。

新购置的蓄电池组（厂家：理士，型号：GFM－300，数量：103 只）需安全运送至变电站指定区域，并妥善放置于蓄电池室内，以替换原有的 1 号蓄电池组。在搬运过程中，需特别注意防止蓄电池发生磕碰。

1）外包装应完好无损。

2）蓄电池铭牌信息需与采购要求一致，说明书、出厂试验报告及证件应齐全并妥善保存。

3）配备件应与装箱清单相符。

4）蓄电池壳体无变形、裂纹及损伤，密封性能良好，外观整洁。

5）蓄电池正负极标识正确，连接条无变形，螺栓及螺母无锈蚀现象。

6）蓄电池无漏液，安全阀工作正常。

7）将蓄电池放置于便于更换及安装的区域。

（2）第二步：直流系统倒换运行方式。

为确保 1 号蓄电池组的顺利更换，需将其从直流系统中退出。在倒换运行方式时，需采取专人监护操作，以防直流母线失压或误断开运行中的开关。

1）检查两段直流系统的电压是否一致，如压差过大超过 5V），则需进行调整，并确保极性一致。

2）合上 2 号充电柜联络开关 QS，观察两段母线电压及电流情况。断开 1 号充电柜蓄电池开关 BK，并使用万用表测量 1 号充电柜蓄电池进线保险电压及 1 号蓄电池组端电压，确认需更换的蓄电池组。

3）拆除 1 号蓄电池组端电缆，并使用万用表再次测量 1 号充电机柜 1 号蓄电池组电压，确认无电。

（3）第三步：1 号蓄电池组退出。

1 号蓄电池组退出直流系统运行后，可进行新蓄电池组的更换。更换过程中，需特别注意防止人员触电及蓄电池短路。拆除的接线应进行绝缘包扎并标记，搬运过程中需防止蓄电池摔伤。

1）先拆除 1 号蓄电池组跃层线电缆，以防短路。再拆除每只蓄电池的连接线及蓄电池巡检装置连接线，并做好巡检线标签序号。

2）全部连线拆除后，将旧蓄电池搬运至指定位置。

3）清理蓄电池架卫生，并在蓄电池架上铺设绝缘皮。

（4）第四步：新 1 号蓄电池组安装。

旧蓄电池组全部搬运完毕后，将新 1 号蓄电池组安装至原位置。

安装过程中，需确保蓄电池放置的平台、支架及间距符合设计要求。蓄电池应安装平稳、间距均匀、排列整齐；蓄电池间距不小于 15mm，蓄电池与上层隔板间距不小于 150mm。连接条及蓄电池极柱接线需正确，螺栓需紧固。蓄电池及电缆引出线需标明序号和正负极性。在蓄电池组断开的情况下，使用 1000V 绝缘电阻表测量新蓄电池组的引出线正负之间及对地绝缘电阻，均不低于 10MΩ。接入蓄电池巡检仪后，需核对充电机直流输出母线极性与蓄电池组极性是否一致，以防直流接地短路。搬运电池时，需防止摔伤；极柱连接时，需防止用力过度损伤极柱、极性接错或短路。

1）将新蓄电池组安装至蓄电池架上，注意摆放间隔及蓄电池的连接极性。

2）粘贴蓄电池序号，便于连接单只蓄电池及巡检装置连接线。

3）先连接每层蓄电池连线，注意核对电池极柱极性以防接错。按照粘贴序号逐步连接巡检装置连接线至蓄电池对应序号。

4）使用绝缘套筒逐步紧固螺丝，防止用力过度损伤极柱或遗漏。

5）最后连接跃层连接线并紧固螺丝，以防蓄电池短路。

6）全部蓄电池螺丝紧固后，从 1 号蓄电池开始使用绝缘套筒逐步检查一遍螺丝是否紧固、连接线是否正常。

7）使用万用表测量安装好的蓄电池组端电压是否正常，并连接蓄电池端至 1 号充电机电缆，注意区分正负极性。

（5）第五步：新 1 号蓄电池组单独充电。

对新安装的 1 号蓄电池组进行均充，并进行核对性充放电实验。容量需达到额定容量的 100%，以防蓄电池组过充或过放。

1）将新安装的 1 号蓄电池单独进行充电。断开 1 号充电机屏充电机输出至母线开关，合上充电机输出至蓄电池开关，将浮充模式改为均充模式给蓄电池组充电。

2）蓄电池组充电电流为 0A 且充满电后，进行核对性充放电实验。

（6）第六步：新 1 号蓄电池组充放电试验。

为验证整组蓄电池的出厂容量是否合格，需进行核对性充放电试验。容量达到额定容量的 100%为合格，单只电池电压不低于 1.8V，整组电压不低于 185.4V。实验过程中，需防止蓄电池组过放或过充。

1）断开 1 号充电机屏充电机输出至蓄电池开关，退出蓄电池组。

2）将放电仪接入放电开关，注意区分正负极性。开机设定放电参数：放电电流值为 I10（10h 额定容量的 1/10）；放电终止电压为（1.80N）V（每组电池有 N 只）；放电时间为 10h。

3）合上放电开关进行放电。放电过程中保持放电电流恒定，并注意观察蓄电池外观及温度是否异常。

4）每小时记录一次蓄电池组端电压、单只蓄电池电压及温度。如发现蓄电池电压异常，需及时停止放电。

5）放电 10h 后停止放电，断开放电开关并退出放电仪。

6）蓄电池组静置 30min 后，合上 1 号充电机输出至蓄电池开关。充电装置应进入均充状态。观察充电机电流是否限流以防蓄电池组过充。充电过程中需注意蓄电池温度情况，如超过 40℃则需降低充电电流。每 2h 记录一次蓄电池组端电压、单只蓄电池电压及温度并观察其是否正常。蓄电池充电完成后需检查充电装置是否进入浮充状态。

（7）第七步：新 1 号蓄电池组并入直流电源系统运行。

新安装的 1 号蓄电池组实验合格后并入直流系统运行。

1）断开 1 号充电柜充电机输出至蓄电池开关并合上充电机输出至母线开关（确保两段电压差在 5V 以内）。再合上蓄电池至母线开关并断开 2 号充电机母线联络开关以实现两段母分段运行。

2）清理工作现场，进行清洁工作。

3. 注意事项

（1）现场应无可燃或爆炸性气体、液体。

（2）现场严禁烟火，做好消防措施，保持通风良好，并应配置足够数量的防护用品。

（3）不能造成直流短路、接地。

（4）不能造成误动、误碰运行设备。

（5）严格控制充放电电流和监视各节蓄电池电池端电压，符合相关规程要求。

（6）使用绝缘或采取绝缘包扎措施的工具。

（四）作业工器具

作业所需物资及工器具清单见表 10－1－2。

表 10－1－2　　作业所需物资及工器具清单

序号	器件名称	型号规格	单位	数量	备注
1	放电仪	FD－50	台	1	
2	VDE 绝缘耐压活动套筒	47102	把	2	
3	斜嘴钳	70201A	把	1	
4	双向快板 12mm	46605	把	1	
5	双向快板 13mm	46606	把	1	
6	万用表	FLUKE117	块	2	
7	钳形表	FLUKE317	块	2	
8	标签机	—	台	1	
9	压线钳	—	套	1	
10	综合工具箱	—	套	2	
11	线鼻、绝缘胶带、跨接电缆等安装零星材料	—	套	1	

（五）作业验收

1. 现场验收

（1）蓄电池外观应无裂纹、无损伤、密封应良好，应无渗漏及污迹。

（2）蓄电池的正、负端接线柱应极性正确，应无变形、无损伤。

（3）连接条、螺栓及螺母应齐全；连接条的接线应正确，连接部分应涂以电力复合脂。蓄电池组在同一层或同一台上的蓄电池间宜采用有绝缘的或有护套的连接条连接，连接线无挤压。不同一层或不同一台上的蓄电池间采用电缆连接。

（4）蓄电池组的引出电缆的敷设应符合现行国家标准《电气装置安装工程电缆线路施工及验收规范》GB 50168 的有关规定。电缆引出线正、负极的极性及标识应正确，且正极应为赭色，负极应为蓝色。蓄电池组电游、引出电缆不应直接连接到极柱上，应采用过渡板连接。电缆接线端子处应有绝缘防护罩。

（5）检查制造厂提供的蓄电池内阻值是否与实际测试的蓄电池内阻值一致，各节蓄电池内阻值允许偏差范围为±10%。

（6）检查蓄电池浮充电压偏差值不超过 3%；蓄电池内阻偏差不超过 10%；连接条的压降不大于 8mV。

（7）蓄电池组的每个蓄电池应在外表面用耐酸材料标明编号。

（8）容量 300Ah 及以上的阀控式蓄电池应安装在专用蓄电池室内，容量 300Ah 以下的阀控式蓄电池，可安装在电池柜内。同一蓄电池室安装多组蓄电池时，应在各组之间装设防爆隔火墙。

（9）蓄电池放置的基架及间距应符合设计要求；采用柜体结构蓄电池应摆放整齐并保证足够的间距，蓄电池安装应平稳，间距应均匀，单体蓄电池之间的间距不应小于 15mm；同一排、列的蓄电池槽应高低一致，排列应整齐，分层摆放的蓄电池层间不小于 150mm。

2. 资料验收

（1）蓄电池组使用说明书、型式和出厂试验报告、充放电曲线。

（2）蓄电池投运前的完整充放电记录。

（3）蓄电池测量记录。

（4）蓄电池产品合格证及安装图纸。

二、单组蓄电池运行

（一）作业概况

以 110kV××变电站为例。110kV××变电站为单充单蓄的直流系统，蓄电池组为江苏理士电池有限公司生产，于 2015 年 5 月投入运行，2023 年 6 月进行核对性充放电试验，放电容量为 60%，该组蓄电池已不能满足变电站正常直流设备运行的要求，给变电站的直流系统稳定运行带来一定的隐患，需尽快更换。

110kV××变电站蓄电池组由 104 只单体蓄电池串联组成，型号为 DJ300，每只单体蓄电池额定电压为 2V。本次工作需对此蓄电池组拆除并进行整体更换，新更换的蓄电池为同厂家，同型号的蓄电池，解决因整组蓄电池容量不合格造成直流系统不稳定的问题。

国网公司规定，单组蓄电池不能脱离母线，这就要求在更换蓄电池组前，需要将备用蓄电池组先并联至直流母线，方可进行后续的更换作业。为此，特准备备用蓄电池组一组，12V/18 只，容量 100Ah。经充放电试验验证，此组备用蓄电池组容量为 100%。现场直流负荷为 8A，可提供 10h 以上的备用时间，满足备用蓄电池组的容量要求。

（二）安全措施及危险点分析

同上一节。

（三）施工流程

1. 前期勘察

在正式施工前，需对现场进行详尽的勘察工作。这包括但不限于对直流系统的运行方式、母线电压的稳定性、直流系统是否存在短路或接地现象进行仔细排查，同时验证备用蓄电池的容量是否满足既定的运行需求。所有勘察结果均需详细记录，以备后续施工参考

2. 施工步骤

（1）第一步：新蓄电池组进场与摆放。新购蓄电池组（理士品牌，GFM－300 型号，共计 104 只）需安全运送至变电站指定区域，并妥善摆放。在搬运过程中，需特别注意防止蓄电池发生磕碰。

1）检查外包装完整性，确保无破损。

2）核对蓄电池铭牌信息与购置要求是否一致，同时检查说明书、出厂试验报告及证件是否齐全，并妥善保管。

3）根据装箱清单，确认配备件齐全。

4）检查蓄电池壳体无变形、裂纹及损伤，密封性良好，外观清洁。

5）确认蓄电池正负极标识正确，连接条无变形，螺栓及螺母无锈蚀。

6）确保蓄电池无漏液现象，安全阀功能正常。

7）将蓄电池摆放至便于后续更换与安装的位置。

（2）第二步：备用蓄电池组及直流充电机进场与摆放。根据国网公司规定，单组蓄电池不得脱离母线运行。因此，在更换蓄电池组前，需将备用蓄电池组（12V/18 只，容量 100Ah）并联至直流母线。此备用蓄电池组经充放电试验验证，容量为 100%，现场直流负荷为 6A，可提供 10h 以上的备用时间，满足容量要求。

1）检查备用蓄电池组及备用充电机无损坏。

2）根据装箱清单，确认配备）件齐全。

3）检查蓄电池壳体无变形、裂纹及损伤，密封性良好，外观清洁。

4）确认蓄电池正负极标识正确，连接条无变形，螺栓及螺母无锈蚀。

5）确保蓄电池无漏液现象，安全阀功能正常。

6）将备用蓄电池及充电机摆放至便于更换与安装的位置，特别注意防止搬运过程中蓄电池磕碰。

7）查阅备用蓄电池组放电试验报告，确保其满足更换蓄电池的容量要求。

（3）第三步：备用蓄电池组安装。将备用蓄电池组（12V/18 只，容量 100Ah）进行组装，并连接至直流系统。在连接过程中，需特别注意防止用力过度损伤极柱、极性接错或发生短路。同时，应设置安全区域，做好防护措施。

1）将备用蓄电池组摆放至指定位置，并按照极性逐步连接蓄电池连线，防止短路。

2）使用绝缘套筒逐步紧固螺丝，避免用力过度损伤极柱，并确保无遗漏。

3）全部蓄电池螺丝紧固后，使用绝缘套筒再次检查一遍螺丝是否紧固，连接线是否正常。

4）使用万用表测量安装好的备用蓄电池组端电压是否正常，确认无误后可加入站内直流系统运行。

5）使用护栏遮挡备用蓄电池组，设置安全区域。

（4）第四步：备用充电机安装。在安装备用充电机时，需特别注意防止交流电源短路，并分清交流相序。

1）将备用充电机安装至指定位置，接入一路交流电源。在接入过程中，需防止交流短路，并确认交流馈出开关在断开位置。使用万用表测量确认无电后，接入备用充电机。

2）送电调试备用充电机，根据现场情况设置充电参数、电压及充电电流。

（5）第五步：备用蓄电池组接入直流电源系统。备用蓄电池组为站内直流电源系统提供可靠的备用电源。在接入直流母线前，需检查蓄电池组连接是否牢固、端电压是否正常。同时，接入直流母线的连接电缆应做好极性标注，电缆端头做好绝缘包扎。搭接时，除搭接点外，四周应做好绝缘遮蔽措施。一极电缆接入完成并检查无误后，再接入另外一极电缆。

1）将备用蓄电池组安装连接至站内直流电源系统馈电柜，经开关返送上直流母线。接入直流馈电屏馈出开关端子连接电缆时，应做好极性标注，电缆端头做好绝缘包扎。搭接时，除搭接点外，四周应做好绝缘遮蔽措施。一极电缆接入完成并检查无误后，再接入另外一极电缆。

2）使用万用表测量电池组电压是否正常，正负极性连接是否正确。检查正常后，将直流馈电屏馈出开关合上。合上开关前，需检查开关上下极性是否一致。备用蓄电池组应通过开关（与直流电源系统下级断路器符合级差配合）接入直流系统运行。观察母线电压及电流情况，并使用万用表测量电池组电压是否与母线电压一致。

3）退出站内蓄电池组，将直流充电柜蓄电池开关断开，使蓄电池组脱离直流电源系统运行。

（6）第六步：旧蓄电池组拆除。在蓄电池退出直流系统运行后，可进行新蓄电池组的更换。在更换过程中，需特别注意防止人员触电和蓄电池短路。拆除的接线应包扎绝缘并做好标记，在搬运过程中防止重物砸伤。

1）先拆除蓄电池组跃层线电缆，防止短路。然后拆除每只蓄电池的连接线以及蓄电池巡检装置连接线，并做好巡检线标签序号。

2）将旧电池全部搬运至指定位置，并清理蓄电池架卫生。在蓄电池架上布设绝缘皮。

（7）第七步：新蓄电池组安装。在旧蓄电池组全部搬运完毕后，将新蓄电池组安装至旧蓄电池位置。新蓄电池组的安装需符合设计要求，蓄电池应放置平稳、间距均匀、排列整齐。连接条及蓄电池极柱接线需正确，螺栓需紧固。蓄电池及电缆引出线需标明序号和正负极性。在蓄电池组断开情况下，使用1000V绝缘电阻表测量新蓄电池组的引出线正负之间及对地绝缘均不低于10MΩ。接入蓄电池巡检仪，并核对充电机直流输出母线极性与蓄电池组极性是否一致，防止直流接地短路。在搬运电池时，需特别注意防止摔伤。在极柱连接时，需防止用力过度损伤极柱、极性接错或发生短路。

1）将新蓄电池组安装至蓄电池架，注意摆放间隔和蓄电池的连接极性。确保蓄电池组全部正确摆放至蓄电池架。

2）粘贴蓄电池序号，便于连接单只蓄电池以及巡检装置连接线。

3）先连接每层蓄电池连线，看清电池极柱极性防止极性接错。对照粘贴序号逐步连接巡检装置连接线至蓄电池对应序号。

4）使用绝缘套筒逐步紧固螺丝，避免用力过度损伤极柱，并确保无遗漏。

5）最后连接跃层连接线并紧固螺丝，防止蓄电池短路。

6）全部蓄电池螺丝紧固后，从编号 1 开始对蓄电池使用绝缘套筒逐步检查一遍螺丝是否紧固、连接线是否正常。

7）使用万用表测量安装好的蓄电池组端电压是否正常。在连接蓄电池端到充电机电缆时，需分清正负极性。

（8）第八步：备用充电机给新蓄电池组充电。对新安装的蓄电池组进行均充，并进行全核对性充放电试验。容量应达到额定容量的 100%，并防止对蓄电池组过充过放。

1）将备用充电机接入新安装蓄电池进行充电。

2）蓄电池组充电电流为 0A 且充满电后，进行全核对性充放电试验。

（9）第九步：新蓄电池组进行充放电试验。为了解整组蓄电池的出厂容量是否合格，需对蓄电池组进行核对性充放电试验。容量应达到额定容量的 100%方为合格，单只电池电压不低于 1.8V，整组电压不低于 185.4V。在试验过程中，需防止蓄电池组过放或过充。

1）将备用充电机退出蓄电池组。

2）将放电仪接入放电开关，分清正负极性。开机设定放电参数，设置放电电流值为 I10（10h 额定容量的 1/10）。设置放电终止电压（1.80N）V（每组电池有 N 只）。设置放电时间为 10h。

3）合上放电开关进行放电。放电过程中保持放电电流恒定，并注意观察蓄电池外观和温度有无异常。

4）每小时记录 1 次蓄电池组端电压、单只蓄电池电压和温度。如发现蓄电池电压异常，应及时停止放电。

5）放电 10h 后停止放电，断开放电开关并退出放电仪。

6）蓄电池组静止 30min 后合上备用充电机输出至蓄电池开关。充电装置应进入均充状态。观察充电机电流是否限流以防止蓄电池组过充。充电过程中需注意蓄电池温度情况，如超过 40℃应降低充电电流。每 2h 记录 1 次蓄电池组端电压、单只蓄电池电压和温度，并观察其是否正常。蓄电池充电完成后检查充电装置是否进入浮充状态。

（10）第十步：新安装的蓄电池组加入直流电源系统运行。新安装的 1 号蓄电池组实验合格加入直流系统运行。

1）退出临时充电机，将新安装蓄电池电缆接入直流系统，接电缆应做好极性标注，电缆端头做好绝缘包扎，搭接时除搭接点外四周做好绝缘遮蔽措施，一极电缆接入完成并检查无误后接入另外一极电缆，用万用表测量电池电压是否正常。

2）合上充电柜蓄电池开关，检查直流系统母线电压，电流情况。

3）断开馈电柜 132QF 馈出开关，退出备用蓄电池组。

4）拆除备用蓄电池组连线，防止短路做好绝缘处理。

5）拆除备用充电机，将交流进线电源断开，用万用表测量没电后拆除。

6）清理现场卫生。

（四）作业工器具

作业所需物资及工器具清单见表 10－1－3。

表 10－1－3　　作业所需物资及工器具清单

序号	器件名称	型号规格	单位	数量	备注
1	放电仪	FD－50	台	1	
2	VDE 绝缘耐压活动套筒	47102	把	2	
3	斜嘴钳	70201A	把	1	
4	双向快板 12mm	46605	把	1	
5	双向快板 13mm	46606	把	1	
6	万用表	FLUKE117	块	2	
7	钳形表	FLUKE317	块	2	
8	标签机	—	台	1	
9	压线钳	—	套	1	
10	综合工具箱	—	套	2	
11	线鼻、绝缘胶带、跨接电缆等安装零星材料	—	套	1	
12	备用蓄电池组	PS－100	只	18	
13	备用充电机	ZLCLS－60	台	1	

（五）作业验收

同上一节。

第二节　安装直流分电屏

（一）作业概况

以 220kV××变电站为例。××变电站共有两段直流电源系统，包含两面充电屏、两面馈电屏共四面屏柜，均为奥特迅厂家生产。220kV 小室有一面直流分电屏分为直流Ⅰ、Ⅱ段，分电屏Ⅰ、Ⅱ段馈出支路开关严重不足，已经不能满足现有用电设备的正常使用，需要安装直流分电屏解决馈线回路不足的问题。

本作业在 220kV 小室增加一面直流分电屏，其中直流每段馈出回路 30 路，工作的重点主要是不停电增加直流分电屏，本次改造作业电气一次设备不停电。

（二）安全措施及危险点分析

安全控制措施及危险点分析见表 10－2－1。

表 10－2－1　　危险点控制措施

工作地点	220kV××变电站
工作任务	××变电站 220kV 继电小室安装直流分电屏
危险点分析	控制措施
1. 触电。 2. 材料、机械、工具伤人（电动、手动工具）。 3. 损伤运行设备。 4. 施工人员失去监护。 5. 无关人员进入变电站。 6. 严禁造成直流短路、接地。 7. 严禁直流母线失压，造成系统事故。 8. 使用绝缘工具，不能造成人身触电。 9. 严禁造成极性接错	1. 现场作业时，人身和仪器注意与带电设备保持足够的安全距离：110kV 不小于 1.5m，10kV 不小于 0.7m。 2. 在带电设备周围严禁使用钢卷尺、皮卷尺和线尺（夹有金属丝者）进行测量工作。 3. 不得随意碰触、攀登设备。 4. 禁止使用裸露电源线。 5. 在使用电动工具时，电动工具外壳及电源线有可能带电，要防止低压触电，使用的电动工具及电源箱外壳必须接地，接地应可靠良好；使用前要检查电动工具电源线无破损，检查电动工具合格。施工电源必须经工作许可人同意并按指定位置接入，不得任意拉用电源，接取电源时应两人进行。电源线接头处必须用绝缘胶布包好，电源线必须接入带漏电保护器的低压开关上。所用电源应设有漏电保护器，接拆电源时监护人一定在场，认真监护。 6. 在搬运设备时，应提前查看好搬运路线，多人搬运，并设专人统一指挥。 7. 现场施工过程中，施工人员按照分组进行施工，监护人应做好现场监护，施工人员不得失去监护。 8. 无人变电站施工时，应做到随手关门，严禁无关人员进入变电站，如有特殊情况及时向运维人员汇报。 9. 对直流临时屏上的直流断路器使用要正确，确保安全供电。 10. 拆接各直流电缆，应认真核对并做好标记，恢复时正、负极不得接错。 11. 严禁直流屏倾斜压坏运行电缆。 12. 拖拽电缆时造成电缆外护层损伤和电缆过分弯曲会造成电缆内部损坏，电缆应固定牢固。 13. 电缆排列整齐，电缆放好后要悬挂标示牌。 14. 允许停电的支路，应停电转接。不允许停电的支路，应带电搭接。 15. 各直流断路器应及时作好标志。 16. 柜内母线、引线应采取硅橡胶热缩或其他防止短路的绝缘防护措施。 17. 有两组跳闸线圈的断路器，其每一跳闸回路应分别由专用的直流断路器供电

（三）施工流程

1. 前期勘察

作业前对现场进行详尽勘查，核实Ⅰ、Ⅱ段直流电源系统的联络开关位置是否处于正常状态，并检查主控室Ⅰ、Ⅱ段直流电源至 220kV 小室的直流分屏电缆的标识标牌是否准确无误。此外，还需确认是否存在延伸支路、环路以及接地现象，并对勘察结果进行详尽记录。

2. 施工步骤

（1）第一步：新增屏柜的装卸与准备。本次工程需新增一面直流分电屏，共计 1 面。新柜体到场后，首先需将其暂置于指定临时位置，并利用遮挡护栏设立安全作业区域。

1）新柜体抵达现场后，应首先检查外包装是否完好无损，随后开启包装箱，核查柜体是否存在磕碰损伤，确认柜体完好无损。同时，检查充电柜铭牌是否与购置要求一致，并核实说明书、出厂试验报告等证件是否齐全，妥善保管以备后续使用。

2）在搬运新柜体至指定位置时，需设置安全区域，并利用遮挡护栏进行围护。搬运过程中，需注重人员间的协调配合，以防砸伤手脚或造成其他伤害。

3）完成搬运后，需检查所配备的附件是否齐全且完好无损。

（2）第二步：直流电源系统运行方式的切换。新增的直流分电屏需安装在220kV继电小室内，并分别接入该继电小室1号分电屏的Ⅰ段与Ⅱ段直流电源。由于站内220kV继电小室1号分电屏设有Ⅰ、Ⅱ段母联开关，且主控室直流电源系统设有总母联开关，因此需先合上主控室的总母联开关，再合上220kV继电小室的1号分电屏联络开关。在切换过程中，需严防直流母线失压，并需熟悉现场直流电源系统原理及图纸或电缆走向后方可进行操作。为方便明确工作地点，下面在每个操作步骤前标注主控室直流屏或继电小室直流分屏。

具体操作步骤包括：

1）检查主控室直流屏两段直流电源系统是否存在异常。

2）确认两段直流系统运行正常，且两段直流母线电压压差不超过5V后，合上直流母线联络开关，并检查两段母线的电压、电流情况。

3）断开1号充电柜的充电机至母线开关及蓄电池至母线开关，使两段直流系统处于联络运行状态，Ⅰ段直流负荷由Ⅱ段直流系统供电。

4）将220kV继电小室1号直流分屏的联络开关，确定1号直流分屏Ⅰ、Ⅱ段直流负荷正常后，断开继电小室1号直流分屏上Ⅰ段直流进线开关。

5）断开主控室1号馈电屏至220kV继电小室1号直流分屏电源一开关直流分屏的电源一开关，继电小室1号直流分屏的Ⅰ段直流负荷由Ⅱ段直流系统供电。

（3）第三步：新直流分电屏的安装与调试。将新直流分电屏安装至220kV继电小室指定位置，以解决馈线回路不足的问题，并为变电站的二次设备提供稳定、可靠的直流电源。在安装过程中，需避免较大震动对相邻运行设备造成影响。

具体操作步骤包括：

1）将直流分屏安装至指定位置，并确保柜体稳固，以防倾斜造成人员伤害。

2）敷设新直流分电屏的Ⅰ段与Ⅱ段直流电源电缆各一路，共计2路，至1号直流分电屏，并做好电缆标记，分清正负极性。

3）使用万用表测量1号直流分屏Ⅰ段进线端子是否已停电。

4）将Ⅰ段敷设的电缆接入1号分电屏的Ⅰ段进线端子并联。随后使用万用表测量新安装的直流分屏Ⅰ段母线进线是否短路，并确认正负极性是否正确。

5）合上主控室1号馈电屏至220kV小室直流分屏的电源一开关。

6）使用万用表测量220kV继电小室1号直流分屏Ⅰ段进线端子的电源是否正常。若测量正常，则将1号直流分电屏的11ZK开关位置切换至Ⅰ段位置，此时新分电屏与1号分电屏的Ⅰ段均已带电。

7）主控室直流屏，切换运行方式。合上1号充电柜的充电机至母线开关及蓄电池至母线开关，使两段直流系统恢复联络运行状态。随后断开2号充电柜的充电机至母线开关及蓄电池至母线开关，使Ⅰ段母线带Ⅱ段母线运行。

8）断开220kV继电小室1号直流分屏的12ZKⅡ段直流进线开关。

9）断开主控室2号馈电屏至220kV小室直流分屏的电源二开关，此时Ⅱ段直流分电屏的负荷由Ⅰ段供电。

10）使用万用表测量 1 号直流分屏Ⅱ段进线端子是否已停电。

11）将新分电屏Ⅱ段敷设的电缆接入 1 号分电屏的Ⅱ段进线端子并联。随后测量新安装的直流分屏Ⅱ段母线进线是否短路，并确认正负极性是否正确。

12）合上 2 号馈电屏至 220kV 小室直流分屏的电源二开关。

13）使用万用表测量 220kV 继电小室 1 号直流分屏Ⅱ段进线端子的电源是否正常。

14）将 1 号直流分电屏的 12ZK 开关位置切换至Ⅱ段位置，新分电屏与 1 号分电屏的Ⅱ段均已带电。

15）将 220kV 继电小室 1 号直流分屏的联络开关切换至Ⅰ、Ⅱ段分断位置。

16）合上主控室 2 号充电屏的 2 号充电机充电机至母线开关及蓄电池至母线开关，并断开联络柜的母线联络开关，恢复系统的正常运行状态。

17）对新安装的直流分电屏进行调试，使用万用表测量每馈出支路的电压是否正常。同时调试新直流分电屏的绝缘监测装置与 1 号绝缘装置的通信连接。

18）清理现场，将新敷设的电缆进行捆扎并贴上电缆标牌，同时对现场遗留的物品进行彻底清理。

3. 注意事项

（1）严格按照标准工艺敷设二次电缆，做好二次接线，做好电缆标识工作，线号管清晰明了。

（2）工作完成后，认真检查设备运行情况，及时封堵电缆孔洞及卫生打扫。

（3）防止正负极短路。

（四）作业工器具

作业所需物资及工器具清单见表 10－2－2。

表 10－2－2　　作业所需物资及工器具清单

序号	器件名称	型号规格	单位	数量	备注
1	斜嘴钳	70201A	把	1	
2	绝缘十字螺丝刀	612613	把	1	
3	绝缘一字螺丝刀	61314			
4	双向快板 12MM	46605	把	1	
5	双向快板 13MM	46606	把	1	
6	万用表	FLUKE117	块	2	
7	钳形表	FLUKE317	块	2	
8	标签机	—	台	1	
9	压线钳	—	套	1	
10	综合工具箱	—	套	2	
11	线鼻、绝缘胶带、跨接电缆等安装零星材料	—	套	1	

（五）作业验收

1. 现场验收

（1）分电屏年内的电器元件如开关、按钮等操作灵活，测量仪表满足精度要求。

（2）各类声光指示信号能正确反应各元件的工作状况。

（3）主母线、分支母线及接头能满足长期通过电流的要求。

（4）分电屏内母线、引线采取硅橡胶热缩等绝缘防护措施。

（5）分电屏元件和端子均排列整齐、层次分明、不重叠，便于维护拆装。分电屏柜内的端子装设在柜的两侧或中下方，长期带点发热元件的安装位置在柜内上方。

（6）分电屏柜门开闭灵活，开启角应不小于 90°，门锁可靠。门与柜体之间采用截面不小于 $4mm^2$ 的多股软铜线可靠连接。

（7）分电屏内底部装有不小于 $100mm^2$ 的接地铜排，并采用截面积不小于 $50mm^2$ 铜缆引至接地网可靠接地。

（8）绝缘检测装置母线接地功能检查、支路接地选线功能检查合格，具备交流窜入直流测记及报警功能。

（9）保护电器短路能力测试和安秒特性试验合格，级差配置合理。

2. 资料验收

（1）安装使用说明书、设计图纸、维护手册等技术文件。

（2）屏柜装设的电器元件表，表内应注明制造厂家、型号规格及合格证。

（3）屏柜一次系统图、仪表接线图、控制回路二次接线图及相对应的端子编号图。

（4）屏柜装设的电器元件表，表内应注明制造厂家、型号规格及合格证。

（5）直流屏直流联络图、极差配置表。

（6）出厂试验报告。

（7）附件及备件清单。

第三节　直 流 屏 改 造

（一）作业概况

以 110kV××变电站为例。××变电站主控室有两段直流电源系统，包含 2 面充电屏和 2 面馈电屏共 4 面屏柜，其生产厂家均为科海，于 2005 年 8 月投入运行。正对屏柜自左向右依次为 1 号充电屏、1 号馈电屏、2 号馈电屏、2 号充电屏，其中直流每段馈线柜共计馈出回路 18 路。4 面屏柜部分设备出现故障老化现象，Ⅰ、Ⅱ段馈出开关严重不足，已经不能满足现有用电设备的正常使用；Ⅰ、Ⅱ段直流电源系统监控系统、整流模块、绝缘监测装置等故障频出，不能保障电力系统安全、稳定运行，严重影响到变电站直流电源系统的安全、稳定运行。因此，需要对两段直流电源系统共 4 面直流屏进行改造作业，工作重点主要是不停电负荷转移，站内保护、测控、合闸等总要负荷供电不得中断。

本次改造工程电气一次设备不停电，直流回路采取临时直流电源柜并接、不停电转移负荷等措施使运行设备直流回路不失电。

（二）安全措施及危险点分析

安全控制措施及危险点分析见表 10－3－1。

表 10－3－1　　危险点控制措施

工作地点	110kV××变电站
工作任务	××变电站 1 号直流充电屏、2 号直流充电屏、1 号直流馈电屏、2 号直流馈电屏改造
危险点分析	控制措施
1. 触电。 2. 材料、机械、工具伤人（电动、手动工具）。 3. 损伤运行设备。 4. 施工人员失去监护。 5. 无关人员进入变电站。 6. 严禁造成直流短路、接地。 7. 严禁直流母线失压，造成系统事故。 8. 使用绝缘工具，不能造成人身触电。 9. 严禁造成极性接错	1. 现场作业时，人身和仪器注意与带电设备保持足够的安全距离：110kV 不小于 1.5m，10kV 不小于 0.7m。 2. 在带电设备周围严禁使用钢卷尺、皮卷尺和线尺（夹有金属丝者）进行测量工作。 3. 不得随意碰触、攀登设备。 4. 禁止使用裸露电源线。 5. 在使用电动工具时，电动工具外壳及电源线有可能带电，要防止低压触电，使用的电动工具及电源箱外壳必须接地，接地应可靠良好；使用前要检查电动工具电源线无破损，检查电动工具合格。施工电源必须经工作许可人同意并按指定位置接入，不得任意拉用电源，接取电源时应两人进行。电源线接头处必须用绝缘胶布包好，电源线必须接入带漏电保护器的低压开关上。所用电源应设有漏电保护器，接拆电源时监护人一定在场，认真监护。 6. 在搬运设备时，应提前查看好搬运路线，多人搬运，并设专人统一指挥。 7. 现场施工过程中，施工人员按照分组进行施工，监护人应做好现场监护，施工人员不得失去监护。 8. 无人变电站施工时，应做到随手关门，严禁无关人员进入变电站，如有特殊情况及时向运维人员汇报。 9. 对直流临时屏上的直流断路器使用要正确，确保安全供电。 10. 拆接各直流电缆，应认真核对并做好标记，恢复时正、负极不得接错。 11. 严禁直流屏倾斜压坏运行电缆。 12. 拖拽电缆时造成电缆外护层损伤和电缆过分弯曲会造成电缆内部损坏，电缆应固定牢固。 13. 电缆排列整齐，电缆放好后要悬挂标示牌。 14. 允许停电的支路，应停电转接。不允许停电的支路，应带电搭接。 15. 各直流断路器应及时作好标志。 16. 柜内母线、引线应采取硅橡胶热缩或其他防止短路的绝缘防护措施。 17. 有两组跳闸线圈的断路器，其每一跳闸回路应分别由专用的直流断路器供电

（三）施工流程

1. 前期勘察

作业前对现场进行勘查，仔细勘察涉及Ⅰ、Ⅱ段直流电源系统中的 1 号充电柜、1 号馈电柜、2 号充电柜及 2 号馈电柜的布线走向，注意核实标识标牌的准确性，检查是否存在衍生支路、环路以及接地现象，并详细记录各项检查结果。

2. 施工步骤

（1）第一步：新屏柜的装卸与定位。本次需更换的新柜体共计四面，包括 1 号充电柜、1 号馈电柜、2 号充电柜及 2 号馈电柜。新柜体应先被妥善搬运至变电站指定的临时位置，并使用遮挡护栏划定安全作业区域，为后续更换安装作业提供便利。

1）新柜体抵达现场后，首要检查外包装是否完好无损，开箱后进一步核查柜体表面有无磕碰痕迹，确认柜体完好无损。同时，需校验充电柜铭牌信息是否与购置要求一致，并清点说明书、出厂试验报告等证件是否齐全，妥善保管以备后续使用。

2）在将新柜体搬移至指定位置的过程中，应设置遮挡护栏以划定安全区域，搬运时需注重人员间的协调配合，防止发生砸伤或扎伤事故。

3）对所配备的零部件进行全面检查，确保其完整且性能良好。

（2）第二步：接入直流临时负荷转接箱。本次大修期间，将使用一台包含 40 条馈线回路的临时负荷转接箱，以确保直流馈线负荷在不停电状态下进行转接。该转接箱的主要功能是在直流系统改造或维护期间，提供临时负荷转接方案，保障直流系统馈线负荷的持续供电。

1）将直流临时负荷转接箱安放于电缆夹层内，对应 1 号直流馈电柜 3P 位置下方。进入电缆夹层前，需确保通风良好并进行有害气体监测。将转接箱固定稳妥后，将其接地线接入夹层地网。使用遮挡物将转接箱围挡起来，并设置防护区域。

2）将临时负荷转接箱的临时电源接入 2 号直流馈电屏的备用馈线开关（标称电流达到 125A）的馈出端子。合上备用馈线开关后，使用万用表检测电压是否正常，测量临时转接箱上每个回路开关的工作状态。经过调整与测试，确保临时负荷转接箱性能可靠。

（3）第三步：拆除 1 号充电机屏。在退出 1 号充电机屏并更换为新屏的过程中，需采取谨慎措施防止母线失压。操作人员需熟悉图纸或电缆走向，并深入理解现场直流电源系统的运行原理后方可进行操作。在拆除过程中，需避免带电操作导致电缆拆除或直流短路接地，并对已拆除的电缆进行绝缘处理。工作人员需充分了解屏柜内带电系统的情况，使用绝缘良好的工具手柄，并设置专人进行监护。

1）Ⅰ段直流电源系统倒负荷步骤概述：

① 检查两段直流电源系统是否存在异常。

② 确认两段直流系统运行正常，且两段直流母线电压压差不超过 5V 后，合上 2 号充电柜 QS1 母线联络开关，检查两段直流系统的联络运行状态。

③ 依次断开 1 号充电机柜的 21QF1 号充电模块输出开关、1QK1 组蓄电池输出至母线开关以及模块输出断路器，使 1 号充电机脱离直流系统。

④ 检查Ⅰ段、Ⅱ段直流母线电压是否正常，并取下 1 号蓄电池总保险。此时，Ⅰ段直流负荷将由Ⅱ段直流系统供电。

⑤ 断开 1 号充电机的两路交流进线开关，并从交流盘上断开 1 号充电机的两路交流电源开关。

2）1 号充电机屏退出拆除步骤描述：

① 拆除 1 号充电柜内的电缆时，需使用万用表检测两路交流进线端子是否带电。确认无电后，方可拆除两路交流进线电缆，并做好电缆标记以区分相序。

对电缆进行绝缘处理后，将其放入电缆沟内。

拆除 1 号充电机至Ⅱ段母线联络电缆时，需采取防护措施并确保绝缘良好。同时，从 1 号蓄电池拆除至 1 号充电柜的电缆也需进行绝缘处理和标记。

在拆除 1 号充电柜至 1 号蓄电池组的进线电缆时，同样需做好电缆标记、区分正负极性并进行绝缘处理，最后将其放入电缆沟内。

② 检查确认柜内所有电缆均已拆除后，使用万用表测量各检查电缆芯对地电位，以确保原充电屏与外部连接线已完全断开且屏内不带电。

③ 拆除原充电屏的屏间连接螺钉和固定屏位的地脚螺钉，将所有连接电缆妥善固定后退出屏柜。

④ 使用手持电动工具去除槽钢上的焊点并使其平整，同时检查配备的零部件是否完整且性能良好。

⑤ 在拆除 1 号充电柜时，需合理安排人员分工以防止柜体倾斜造成人员伤害。

（4）第四步：拆除 1 号馈电屏。在退出 1 号馈电屏并更换为新直流馈电柜的过程中，需将 1 号馈电柜的负荷转移至临时负荷转接箱。直流负荷原则上应保持供电状态，直流负荷的转移需逐路进行，并在转移过程中采取绝缘措施以防止接地或短路；同时，需为每条负荷制作并粘贴标识标签以防止标签脱落；每转移一路负荷后均需检查极性是否正确，并在确认无误后再进行下一路的转移工作；整个过程中应有专人进行监护。

1）转移 1 号馈电屏直流负荷步骤及注意事项：

① 将临时转接箱上的临时电源线（空开处于断开状态）接至所转馈线支路在保护屏上的对应位置（注意正负极的匹配，并对临时电源线的正负极进行标识）。

② 在两段直流系统合环前，必须使用万用表测量电压差和极性以确保压差不超过 5V。

③ 此时保护屏处将有两条电源进线。先合上临时转接箱上的对应开关，然后再断开直流屏上该馈线支路的空开以确保保护屏不会断电。

④ 在直流屏端子排处拆除相应馈线支路并使用绝缘胶布进行包扎处理。同时标记好正负极及该线路的名称。

⑤ 将拆下的馈线支路接至临时转接箱并合上空开，在该空开位置贴上对应的线路名称标签。

⑥ 断开临时转接箱上的临时电源空开并将接至保护屏端的临时电源线拆下以便进行下一路负荷的转移。

⑦ 待全部负荷转移完毕后即可安装新的直流馈电屏，并将临时转接箱上的负荷转移至新直流屏上。

⑧ 在转移 1 号馈电柜负荷的过程中，根据勘查时编制的“1 号直流馈电屏直流负荷情况说明表”对照进行负荷转移，通过此辅助措施可有效防止负荷转接错误的隐患。见表 10－3－2 实例。

表 10－3－2　　　　1 号直流馈电屏直流负荷情况说明表

序号	馈出支路具体名称	负荷情况说明
1	101QF 远动逆变器电源（标称电流 C25）	采用外接电源方式，用一根临时电缆作为外接电源到后台监控柜，临时电缆接入端子 1D2 正 1D4 负，用万用表测量正负极性。临时返送开关指示灯点亮，用万用表在此测量正负极性确认极性无误，合上转接开关，断开 101QF 开关指示灯亮，拆除电源线正负极带电做好正负极性、做好正负绝缘，标注好电缆名称，接入临时负荷转接箱开关送电指示灯亮，做好开关名称，断开临时外接电源，拆除临时电缆

续表

序号	馈出支路具体名称	负荷情况说明
2	103QF***保护电源（标称电流 C25）	采用外接电源方式，用一根临时电缆作为外接电源到机场港九 1 线路保护测控柜，临时电缆接入端子 ZD1 正 ZD11 负，用万用表测量正负极性。临时返送开关指示灯点亮，用万用表在此测量正负极性确认极性无误，合上转接开关，断开 103QF 开关指示灯亮，拆除电源线正负极带电做好正负极性、做好正负绝缘，标注好电缆名称，接入临时负荷转接箱开关送电指示灯亮，做好开关名称，断开临时外接电源，拆除临时电缆
3	104QF 消弧线圈柜直流电源（标称电流 C25）	采用外接电源方式，用一根临时电缆作为外接电源到消弧线圈自动控制柜，临时电缆接入端子 3XT1 正 3XT6 负，用万用表测量正负极性。临时返送开关指示灯点亮，用万用表在此测量正负极性确认极性无误，合上转接开关，断开 104QF 开关指示灯亮，拆除电源线正负极带电做好正负极性、做好正负绝缘，标注好电缆名称，接入临时负荷转接箱开关送电指示灯亮，做好开关名称，断开临时外接电源，拆除临时电缆
4	105QFUPS 电源（标称电流 C25）	采用外接电源方式，用一根临时电缆作为外接电源到后台监控柜，临时电缆接入端子 ZD2 正 ZD4 负，用万用表测量正负极性。临时返送开关指示灯点亮，用万用表在此测量正负极性确认极性无误，合上转接开关，断开 105QF 开关指示灯亮，拆除电源线正负极带电做好正负极性、做好正负绝缘，标注好电缆名称，接入临时负荷转接箱开关送电指示灯亮，做好开关名称，断开临时外接电源，拆除临时电缆。 10kVⅠ段操作（至李 101I）环网电源（标称电流 C25）与 2 号直流馈电柜 10kVⅡ段操作（至李 102I）环网，首先将 2 号直流馈电柜 10kVⅡ段操作（至李 102I）馈出开关合上在把李 16 板柜操作小母线联络开关合上，让Ⅱ段直流电源 16 板工作。在断开 2 号馈电柜 105QF 开关指示灯亮，拆除电源线正负极带电做好正负极性、做好正负绝缘，标注好电缆名称，接入临时负荷转接箱不送电指示灯亮，做好开关名称，等接入新 1 号馈电柜后倒成正常方式
5	106QF110kV 操作电源 1 至 110 保护屏顶（标称电流 C25）	采用外接电源方式，用一根临时电缆作为外接电源到机 1 号主变保护测控屏，临时电缆接入端子 ZD2 正 ZD4 负，用万用表测量正负极性。临时返送开关指示灯点亮，用万用表在此测量正负极性确认极性无误，合上转接开关，断开 106QF 开关指示灯亮，拆除电源线正负极带电做好正负极性、做好正负绝缘，标注好电缆名称，接入临时负荷转接箱开关送电指示灯亮，做好开关名称，断开临时外接电源，拆除临时电缆
6	107QF10kV 操作电源 1 至 PT 并列屏（标称电流 C25）	采用外接电源方式，用一根临时电缆作为外接电源到电压隔离并列屏，临时电缆接入端子 ZD3 正 ZD5 负，用万用表测量正负极性。临时返送开关指示灯点亮，用万用表在此测量正负极性确认极性无误，合上转接开关，断开 107QF 开关指示灯亮，拆除电源线正负极带电做好正负极性、做好正负绝缘，标注好电缆名称，接入临时负荷转接箱开关送电指示灯亮，做好开关名称，断开临时外接电源，拆除临时电缆
7	108QF 新远动机直流电源直流电压测量（标称电流 C25）	采用外接电源方式，用一根临时电缆作为外接电源到远动通信柜，临时电缆接入端子 1ZD1 正 1ZD8 负，用万用表测量正负极性。临时返送开关指示灯点亮，用万用表在此测量正负极性确认极性无误，合上转接开关，断开 108QF 开关指示灯亮，拆除电源线正负极带电做好正负极性、做好正负绝缘，标注好电缆名称，接入临时负荷转接箱开关送电指示灯亮，做好开关名称，断开临时外接电源，拆除临时电缆
8	109QF**线保护电源（标称电流 C25）	采用外接电源方式，用一根临时电缆作为外接电源到***2 线路保护测控柜，临时电缆接入端子 ZD1 正 ZD11 负，用万用表测量正负极性。临时返送开关指示灯点亮，用万用表在此测量正负极性确认极性无误，合上转接开关，断开 109QF 开关指示灯亮，拆除电源线正负极带电做好正负极性、做好正负绝缘，标注好电缆名称，接入临时负荷转接箱开关送电指示灯亮，做好开关名称，断开临时外接电源，拆除临时电缆
9	110QF 直流墙壁检修电源（标称电流 C25）	开关在断开位置，拆除电源线正负极带电做好正负极性、做好正负绝缘，标注好电缆名称，接入临时负荷转接箱不送电指示灯灭，做好开关名称
10	111QF3 号消弧线圈装置电源（标称电流 C25）	采用外接电源方式，用一根临时电缆作为外接电源到机 3 号消弧线圈控制屏，临时电缆接入端子 3XT1 正 3X16 负，用万用表测量正负极性。临时返送开关指示灯点亮，用万用表在此测量正负极性确认极性无误，合上转接开关，断开 111QF 开关指示灯亮，拆除电源线正负极带电做好正负极性、做好正负绝缘，标注好电缆名称，接入临时负荷转接箱开关送电指示灯亮，做好开关名称，断开临时外接电源，拆除临时电缆。 开关在断开位置，环网电源，拆除电源线正负极带电做好正负极性、做好正负绝缘，标注好电缆名称，接入临时负荷转接箱不送电指示灯亮，做好开关名称

续表

序号	馈出支路具体名称	负荷情况说明
11	112QF 通信电源 1 号（标称电流 C63）	现场勘查机房通信电源柜进入两路直流电源分别从直流Ⅰ段馈电柜，直流Ⅱ段馈电柜接入两路电源，把 DC 通信电源一开关断开不影响通讯电源正常工作。拆除电缆，做好绝缘措施，做好标记。接入临时负载转接箱送电，做好开关名称
12	113QF110kV 储能至 5 板（标称电流 C63）	临时断开开关。拆除电缆，做好绝缘措施，做好标记。接入临时负载转接箱送电，做好开关名称
13	114QF110kV 储能至 113（标称电流 C63）	临时断开开关。拆除电缆，做好绝缘措施，做好标记。接入临时负载转接箱送电，做好开关名称

2）检查柜内电缆全部拆除，断开 2 号充电柜母联开关，1 号馈电柜没电，用万用表测量各检查电缆芯对地电位，确认原馈电屏与外部连接线都已断开，屏内不带电。

3）拆除原充电屏屏间连接螺钉，拆除固定屏位的地脚螺钉，将屏间所有连接电缆完善固定后退出屏柜。

4）除去槽钢上焊点使之平整配（备）件是否齐全、完好。

5）拆除 1 号馈电柜做好人员分配，防止柜体倾斜砸伤手脚。

（5）第五步：部署新柜体——1 号充电柜与 1 号馈电柜的安装。在原有位置精准安装 1 号充电柜与 1 号馈电柜，共计两面。依据屏位规范，稳固固定 1 号充电屏及 1 号馈电柜，确保两柜间水平及垂直倾斜度均符合既定标准（<1.5mm/m），且固定方式应避免焊接，以防安装过程中产生剧烈震动，影响相邻设备的正常运行。

依据施工图纸，仔细核对屏内及外部连线的准确性，一旦发现需调整之处，即时记录并修正。完成屏体封堵，完善屏内相关标识，并为电缆挂上标识牌。

1）在指定位置安装 1 号充电柜与 1 号馈电柜时，需特别注意防止柜体倾斜导致的意外伤害，使用燕尾丝确保两柜稳固。

2）接入 1 号充电柜的两路交流进线电缆，明确区分两路相序；连接 1 号蓄电池组电缆时，需清晰辨识正负极性，并做好绝缘处理。完成 1 号充电柜与 1 号馈电柜的内部连接线后，使用万用表检测柜内元器件及连接线的完好性。检查无误后，送电进行两面柜的调试，调试期间需严格防范触电及设备接地短路风险。

3）在 1 号充电柜与 1 号馈电柜调试完毕后，将 2 号充电机母联开关合闸，使 1 号馈电柜投入运行，并顺利接入直流电源系统。同时，将原有的直流故障信号接入新系统，确保故障信号能够临时上传至后台监控。

（6）第六步：直流负荷转移至 1 号直流馈电柜。在确保 1 号充电柜与 1 号馈电柜运行正常后，着手将临时直流负荷转接箱的负荷转移至 1 号直流馈电柜。

1）此过程中，直流负荷原则上应保持供电，负荷转移需逐路进行，每路转移时均需做好绝缘防护，明确标识负荷线路，以防标签脱落。转移过程中，需由专人监督，确保极性正确后再进行下一路的转移。

转移负荷时的注意事项：

① 将临时转接箱上的临时电源线（空开断开）连接至所转馈线支路的保护屏上，注意正负极的正确连接，并为临时电源线做好标识。

② 在两段直流系统合环前，使用万用表测量电压差及极性，确保压差不超过 5V。

③ 此时保护屏上有两条电源进线，先合上临时转接箱的对应开关，再断开直流屏上该馈线支路的空开，确保保护屏供电不受影响。

④ 在直流屏端子排上拆除相应馈线支路后，用绝缘胶布包裹并做好标识。

⑤ 将拆下的馈线支路连接至临时转接箱，并合上空开，贴上线路名称标识。

⑥ 断开临时转接箱的临时电源空开，并拆除连接至保护屏的临时电源线，继续下一路的负荷转移。

2）全部负荷转移完成后，退出临时直流转接箱。

3）负荷转移时，可参考“1 号直流馈电屏直流负荷情况说明表”。

4）对每一路转移的负荷做好标签标识，防止正负极短路，并做好绝缘处理。

5）拆除临时直流负荷转接箱的电源电缆，断开 2 号馈电柜的 218QF 备用开关（标称电流 C125），并做好电缆头的绝缘处理。

6）将临时直流负荷转接箱的电源电缆连接至 1 号馈电柜的 1DK48 备用开关（标称电流 C125），并贴上开关标签，明确正负极性。合闸后，使用万用表检测电压及回路开关是否正常，并进行临时负荷转接箱的调试。

（7）第七步：恢复两段直流系统的正常运行方式。在 1 号直流充电柜与 1 号直流馈电柜成功接入系统后，现场人员需熟悉两套直流系统的运行方式，防止母线失压。依据图纸或电缆走向，深入了解直流电源系统的原理，并进行相应操作。

1）首先检查两段直流系统的输出电压与电流情况。

2）将 2 号充电机的浮充电压调整至初始设定值。

3）将 1 号充电机的浮充电压同样调整至初始设定值。

4）合上 1 号充电机柜的充电机输出至母线开关及蓄电池输出至母线开关。

5）断开 2 号充电柜的母线联络开关，实现两段直流系统的分段运行。

（8）第八步：拆除 2 号充电机屏。为安装新 2 号充电柜，需退出 2 号充电机屏。在退出过程中，需特别注意防止母线失压，并依据图纸或电缆走向了解直流电源系统的原理。在拆除电缆前，需使用万用表确认无电，以防直流短路接地，并做好绝缘处理。工作人员需了解屏柜内带电系统的情况，使用绝缘良好的工具，并设专人监护。

1）Ⅱ段直流电源系统倒负荷步骤：

① 检查两段直流电源系统是否存在异常。

② 确认两段直流系统运行正常，母线电压压差不超过 5V 后，合上 1 号充电柜的 QS 母线联络开关 1，检查两段直流系统的联络运行情况。

③ 断开 2 号充电机柜的 22QF1 号充电模块输出开关、2QK 蓄电池输出至母线开关及模块输出断路器，使 2 号充电机脱离直流系统。确认Ⅰ段与Ⅱ段直流母线电压正常后，取下 2 号蓄电池总保险。此时Ⅱ段直流负荷由Ⅰ段直流系统供电。

④ 断开 2 号充电机的两路交流进线开关，并从交流盘上断开 2 号充电机的两路交流电源。

2）拆除 2 号充电柜的步骤：

① 使用万用表测量两路交流进线端子是否带电，确认无电后拆除两路交流进线电缆，并做好电缆标记及绝缘处理。

② 拆除 2 号充电机至Ⅰ段母线联络电缆时需注意电缆带电情况，并做好绝缘措施。

③ 从 2 号蓄电池拆除连接至 2 号充电柜的电缆，并做好绝缘处理及电缆标记。

④ 拆除 2 号充电柜的 2 号蓄电池组进线电缆时同样需做好电缆标记及绝缘处理。

⑤ 确认柜内电缆全部拆除后，使用万用表测量各电缆芯对地电位，确保原充电屏与外部连接线已断开且屏内不带电。

⑥ 拆除原充电屏的屏间连接螺钉及固定屏位的地脚螺钉，将所有连接电缆妥善固定后退出屏柜。

⑦ 使用手持电动工具去除槽钢上的焊点并使其平整，检查备件是否齐全完好。

⑧ 拆除 2 号充电柜时需做好人员分配，防止柜体倾斜造成意外伤害。

（9）第九步：拆卸二号馈电屏。此步骤旨在为新二号直流馈电柜的安装腾出空间，故需先退出现有二号馈电屏一面。在退出过程中，需将二号馈电柜的负荷妥善转移至临时负载转接箱内。原则上，直流负荷应保持连续供电，以避免对系统造成影响。

直流负荷的转移工作需逐条线路进行，确保在转移过程中线头部位采取有效绝缘措施，以防接地或短路故障的发生。同时，需为每条负荷线路贴上清晰的标识标签，以防标签脱落导致混淆。每完成一路负荷的转移后，均需检查其极性是否正确，确认无误后方可继续下一路负荷的转移工作，此过程需由专人进行监督。

1）关于负荷转移步骤的具体注意事项如下：

① 将临时转接箱上的临时电源线（确保空气开关处于断开状态）连接至所转移馈线支路在保护屏上的对应位置，连接时需特别注意保持正极与正极、负极与负极的对应，并为临时电源线的正负极做好明确标识。

② 在两段直流系统合环之前，必须使用万用表对电压差和极性进行测量，确保电压差不超过 5V，以避免对系统造成不良影响。

③ 此时，保护屏上将有两条电源进线。应先合上临时转接箱上对应的开关，再断开直流屏上该馈线支路的空气开关。如此操作可确保保护屏在负荷转移过程中不会断电。

④ 在直流屏的端子排上拆除相应的馈线支路后，需使用绝缘胶布进行包裹，并标记清楚正负极及该线路的名称，以便后续操作。

⑤ 将拆下的馈线支路连接至临时转接箱，并合上空开。同时，在该空开位置贴上该线路的名称标签，以便进行管理和维护。

⑥ 断开临时转接箱上的临时电源空气开关，并将连接至保护屏端的临时电源线拆下，以便进行下一路负荷的转移。

⑦ 待所有负荷均转移完毕后，即可安装新直流屏。此时，需将临时转接箱上的负荷再次转移至新直流屏上，以确保系统的正常运行。

⑧ 在转移 2 号馈电柜负荷的过程中，根据勘查时编制的“2 号直流馈电屏直流负荷情况说明表”对照进行负荷转移，通过此辅助措施可有效防止负荷转接错误的隐患。见表 10－3－3 实例。

表 10-3-3　　2 号直流馈电屏直流负荷情况说明表

序号	馈出支路具体名称	负荷情况说明
1	101QF110kV 操作电源 2 至 1 号变屏顶（标称电流 C25）	采用外接电源方式，用一根临时电缆作为外接电源到机 1、2、3 号主变测控屏，临时电缆接入端子 ZD1 正 ZD6 负，用万用表测量正负极性。临时返送开关指示灯点亮，用万用表在此测量正负极性确认极性无误，合上转接开关，断开 101QF 开关指示灯亮，拆除电源线正负极带电做好正负极性、做好正负绝缘，标注好电缆名称，接入临时负荷转接箱开关送电指示灯亮，做好开关名称，断开临时外接电源，拆除临时电缆
2	102QF10kV 操作电源至信息子站屏顶（标称电流 C25）	采用外接电源方式，用一根临时电缆作为外接电源到保护信息子站系统柜，临时电缆接入端子 8D8 正 8D10 负，用万用表测量正负极性。临时返送开关指示灯点亮，用万用表在此测量正负极性确认极性无误，合上转接开关，断开 102QF 开关指示灯亮，拆除电源线正负极带电做好正负极性、做好正负绝缘，标注好电缆名称，接入临时负荷转接箱开关送电指示灯亮，做好开关名称，断开临时外接电源，拆除临时电缆
3	103QF 调度专网电源（标称电流 C25）	有两路电源一路直流电源另外一路 UPS 电源，断开一路直流电源不影响供电，拆除电源线正负极带电做好正负极性、做好正负绝缘，标注好电缆名称，接入临时负荷转接箱送电指示灯亮，做好开关名称
4	105QF***控制电源（标称电流 C25）	采用外接电源方式，用一根临时电缆作为外接电源到机场港九 1 线路保护测控柜，临时电缆接入端子 ZD6 正 ZD16 负，用万用表测量正负极性。临时返送开关指示灯点亮，用万用表在此测量正负极性确认极性无误，合上转接开关，断开 105QF 开关指示灯亮，拆除电源线正负极带电做好正负极性、做好正负绝缘，标注好电缆名称，接入临时负荷转接箱开关送电指示灯亮，做好开关名称，断开临时外接电源，拆除临时电缆
5	106QF***线控制电源（标称电流 C25）	采用外接电源方式，用一根临时电缆作为外接电源到**2 线路保护测控柜，临时电缆接入端子 ZD6 正 ZD16 负，用万用表测量正负极性。临时返送开关指示灯点亮，用万用表在此测量正负极性确认极性无误，合上转接开关，断开 106QF 开关指示灯亮，拆除电源线正负极带电做好正负极性、做好正负绝缘，标注好电缆名称，接入临时负荷转接箱开关送电指示灯亮，做好开关名称，断开临时外接电源，拆除临时电缆
6	107QF 电能测量监测总电源（标称电流 C25）	现场电能质量自动采集终端柜，没有临时跨接电源端子需要在现场班组配合
7	108QF 电流电压测量（标称电流 C25）	采用外接电源方式，用一根临时电缆作为外接电源到公用测控柜柜，临时电缆接入端子 1YX6 正 1YX7 负，用万用表测量正负极性。临时返送开关指示灯点亮，用万用表在此测量正负极性确认极性无误，合上转接开关，断开 108QF 开关指示灯亮，拆除电源线正负极带电做好正负极性、做好正负绝缘，标注好电缆名称，接入临时负荷转接箱开关送电指示灯亮，做好开关名称，断开临时外接电源，拆除临时电缆
8	109QF***1 保护屏（标称电流 C25）	采用外接电源方式，用一根临时电缆作为外接电源到***1 保护屏，临时电缆接入端子 ZD1 正 ZD9 负，用万用表测量正负极性。临时返送开关指示灯点亮，用万用表在此测量正负极性确认极性无误，合上转接开关，断开 109QF 开关指示灯亮，拆除电源线正负极带电做好正负极性、做好正负绝缘，标注好电缆名称，接入临时负荷转接箱开关送电指示灯亮，做好开关名称，断开临时外接电源，拆除临时电缆
9	110QF***1 电度表屏（标称电流 C25）	采用外接电源方式，用一根临时电缆作为外接电源到 110kV 电度表屏，临时电缆接入端子 3D1 正 3D9 负，用万用表测量正负极性。临时返送开关指示灯点亮，用万用表在此测量正负极性确认极性无误，合上转接开关，断开 110QF 开关指示灯亮，拆除电源线正负极带电做好正负极性、做好正负绝缘，标注好电缆名称，接入临时负荷转接箱开关送电指示灯亮，做好开关名称，断开临时外接电源，拆除临时电缆
10	111QF10kV 储能至 44 板（标称电流 C63）	临时断开开关。拆除电缆，做好绝缘措施，做好标记。接入临时负载转接箱送电，做好开关名称
11	113QF 通信电源 2 号（标称电流 C63）	现场勘查机房通信电源柜进入两路直流电源分别从直流Ⅰ段馈电柜，直流Ⅱ段馈电柜接入两路电源，把 DC 通信电源二开关断开不影响通讯电源正常工作。拆除电缆，做好绝缘措施，做好标记。接入临时负载转接箱送电，做好开关名称
12	114QF110kV 储能至 110（标称电流 C63）	临时断开开关。拆除电缆，做好绝缘措施，做好标记。接入临时负载转接箱送电，做好开关名称

续表

序号	馈出支路具体名称	负荷情况说明
13	115QF***储能（标称电流 C63）	临时断开开关。拆除电缆，做好绝缘措施，做好标记。接入临时负载转接箱送电，做好开关名称
14	负荷 116QF***储能（标称电流 C63）	拆除电缆，做好绝缘措施，做好标记。接入临时负载转接箱送电，做好开关名称

2）检查柜内电缆全部拆除，断开 1 号充电柜母联开关，2 号馈电柜没电，用万用表测量各检查电缆芯对地电位，确认原馈电屏与外部连接线都已断开，屏内不带电。

3）拆除原馈电屏屏间连接螺钉，拆除固定屏位的地脚螺钉，将屏间所有连接电缆完善固定后退出屏柜。

4）使用手持电动工具除去槽钢上焊点使之平整配（备）件是否齐全、完好。

5）拆除 2 号馈电柜做好人员分配，防止柜体倾斜砸伤手脚。

（10）第十步：安装新柜体——2 号充电柜与 2 号馈电柜。在此步骤中，需在原位置安装 2 号充电柜与 2 号馈电柜，共计两面。需按照屏位准确固定 2 号充电屏及 2 号馈电柜，确保屏柜之间的水平倾斜度与垂直倾斜度均符合规定要求（不超过 1.5mm/m），且屏柜应采用可靠方式固定，避免采用焊接方式，以防安装过程中产生较大震动，对相邻运行设备造成不良影响。依据施工图纸，进行屏内及外部连线的核对，确保图纸无误；如需修改，应详细记录。完成屏封堵工作，完善屏内相关标示，并为电缆挂牌。

具体安装注意事项如下：

1）在原位置安装 2 号充电柜与 2 号馈电柜时，应合理分配人员，防止柜体倾斜导致人员受伤。采用燕尾丝固定两面柜子，确保稳固。

2）接入 2 号充电柜的两路交流进线电缆时，需明确两路相序；接入 2 号蓄电池组电缆时，需分清正负极性，并做好绝缘处理。完成 2 号充电柜与 2 号馈电柜柜内连接线的接入工作。使用万用表检测柜体内部元器件及连接线的状态，确保无误后，送入两路交流进线电源，对两面柜子进行调试。调试过程中，需严格防范人身触电及设备接地短路等安全隐患。

3）当 2 号充电柜与 2 号馈电柜调试正常后，合上 1 号充电机母线联络开关，使 1 号充电机为 2 号馈线柜供电，并将其加入直流电源系统。同时，将原直流故障信号接入新直流电源系统，确保临时能将故障信号上传至后台机。

（11）第十一步：将临时直流负荷转接箱负荷转移至 2 号直流馈电柜。在 2 号充电柜与 2 号馈电柜调试正常并加入直流电源系统后，需将临时直流负荷转接箱的负荷转移至 2 号直流馈电柜。直流负荷原则上应保持连续供电；直流负荷的转移需逐路进行，确保线头做好绝缘措施，防止接地或短路。

为每条负荷贴上标识标签，防止标签脱落。每转移一路负荷后，均需检查极性是否正确（正极对正极，负极对负极），确认无误后再进行下一路负荷的转移工作，此过程需由专人监督。

转移负荷的具体注意事项如下：

① 将临时转接箱上的临时电源线（确保空气开关处于断开状态）连接至所转馈线支路在保护屏上的对应位置，注意保持正极接正极、负极接负极，并为临时电源线的正负极做好标识。

② 在两段直流系统合环前，必须使用万用表测量电压差和极性，确保压差不超过5V。

③ 此时，保护屏上有两条电源进线。应先合上临时转接箱上的对应开关，再断开直流屏上该馈线支路的空气开关，以确保保护屏在负荷转移过程中不会断电。

④ 在直流屏端子排上拆除相应馈线支路后，使用绝缘胶布进行包裹，并标记清楚正负极及线路名称。

⑤ 将拆下的馈线支路连接至临时转接箱，并合上空开。在该空开位置贴上线路名称标签。

⑥ 断开临时转接箱上的临时电源空气开关，并将连接至保护屏端的临时电源线拆下，以便进行下一路负荷的转移。

⑦ 全部负荷转移完毕后，退出临时直流转接箱。

在此过程中，应参考"2号直流馈电屏直流负荷情况说明表"进行负荷转移工作。针对每一路转过来的负荷，应做好标签名称的粘贴工作，防止正负极短路，并做好绝缘处理。当全部负荷电缆均接入2号馈电柜后，应检查临时直流转接箱是否已无负荷。断开1号馈电柜的备用开关（如1DK48），使用万用表确认无电后，拆除直流临时负载转接箱的进线，并将电缆头做好绝缘处理。

（12）第十二步：恢复两段直流正常运行方式。现场人员需充分了解两套直流系统的运行方式，并对照图纸或电缆走向，了解现场直流电源系统的原理，以便进行正确操作。

首先检查两段直流系统的输出电压与电流情况。

1）将2号充电机的浮充电压调整至原初设定值。

2）将1号充电机的浮充电压也调整至原初设定值。

3）合上2号充电机柜的充电机输出至母线开关以及蓄电池输出至母线开关。

4）断开1号充电柜的母线联络开关，实现两段直流系统的分段运行。

5）检查两段直流充电装置的运行状态是否正常，所有信号显示是否准确。如发现问题，需继续整改直至满足要求。

（四）作业工器具

作业所需物资及工器具清单见表10－3－4。

表10－3－4　作业所需物资及工器具清单

序号	器件名称	型号规格	单位	数量	备注
1	万用表	FLUKE117	块	2	
2	钳形表	FLUKE317	块	2	
3	十字绝缘螺丝批	61213	把	1	
4	一字绝缘螺丝批	61313	把	1	

续表

序号	器件名称	型号规格	单位	数量	备注
5	双向快板 12MM	46605	把	1	
6	双向快板 13MM	46606	把	1	
7	双向快板 14MM	46607	把	1	
8	VDE 绝缘耐压活动板手	47101	把	1	
9	斜嘴钳	70201A	把	1	
10	标签机	—	台	1	
11	手电钻	—	台	1	
12	压线钳	—	套	1	
13	综合工具箱	—	套	2	
14	线鼻、绝缘胶带、跨接电缆等安装零星材料	—	套	1	

（五）作业验收

1. 现场验收

（1）直流屏年内的电器元件如开关、按钮等操作灵活，测量仪表满足精度要求。

（2）各类声光指示信号能正确反应各元件的工作状况。

（3）主母线、分支母线及接头能满足长期通过电流的要求。

（4）直流屏内母线、引线采取硅橡胶热缩等绝缘防护措施。

（5）直流屏元件和端子均排列整齐、层次分明、不重叠，便于维护拆装。直流屏柜内的端子装设在柜的两侧或中下方，长期带点发热元件的安装位置在柜内上方。

（6）直流屏柜门开闭灵活，开启角应不小于 90°，门锁可靠。门与柜体之间采用截面不小于 $4mm^2$ 的多股软铜线可靠连接。

（7）直流柜内底部装有不小于 $100mm^2$ 的接地铜排，并采用截面积不小于 $50mm^2$ 铜缆引至接地网可靠接地。

（8）充电装置两路交流输入来自不同站用电源，互为备用，直流输出电压调节范围为其标称值的 90%～130%。

（9）充电装置技术参数符合规定，并机均流符合规定，高频开关电源模块采用 $N+1$ 配置，模块总数不小于 3，散热风扇运转良好。

（10）保护电器短路能力测试和安秒特性试验合格，级差配置合理。

（11）绝缘检测装置母线接地功能检查、支路接地选线功能检查合格，具备交流窜入直流测记及报警功能。

（12）微机监控装置能够显示设备正常运行参数，实际值与设定值/测量值误差符合规定，具有直流电源系统各种异常和故障告警、蓄电池出口熔断器检测、自诊断报警以及主要断路器位置状态等监视功能。

2. 资料验收

（1）安装使用说明书、设计图纸、维护手册等技术文件。

（2）屏柜装设的电器元件表，表内应注明制造厂家、型号规格及合格证。

（3）屏柜一次系统图、仪表接线图、控制回路二次接线图及相对应的端子编号图。

（4）屏柜装设的电器元件表，表内应注明制造厂家、型号规格及合格证。

（5）直流屏直流联络图、极差配置表。

（6）出厂试验报告。

（7）附件及备件清单。

第四节　直流电源双重化改造

（一）作业概况

以 110kV××变电站为例。110kV××变只有单套直流系统，主控室现有 2 面直流电源屏柜和 2 面交流电源屏柜及 1 面公用测控屏，分别为 4P 1 号直流充电屏、5P 1 号直流馈线屏、8P 1 号交流电源屏、9P 2 号交流电源屏、28P 公用测控屏。为满足直流电源的可靠性，按河南省电力公司要求，开展直流系统双重化改造工作，需新增一套直流电源和一组蓄电池。主控室内有空余屏位，可进行新屏柜安装。本次改造作业包括新增 2 号直流充电屏、2 号直流馈线屏、2 号蓄电池屏及电缆接线。

（二）安全措施及危险点分析

安全控制措施及危险点分析见表 10－4－1。

表 10－4－1　　危险点控制措施

工作地点	110kV××变电站
工作任务	××变电站直流电源双重化改造
危险点分析	控制措施
1. 触电、电弧灼伤。 2. 设备拆除、安装时应防止机械人身伤害。 3. 损伤运行设备。 4. 施工人员失去监护。 5. 无关人员进入变电站。 6. 严禁造成直流短路、接地。 7. 严禁直流母线失压，造成系统事故。 8. 使用绝缘工具，不能造成人身触电。 9. 严禁造成极性接错。 10. 防止负载失电	1. 现场作业时，人身和仪器注意与带电设备保持足够的安全距离：110kV 不小于 1.5m，10kV 不小于 0.7m。 2. 在带电设备周围严禁使用钢卷尺、皮卷尺和线尺（夹有金属丝者）进行测量工作。 3. 在使用电动工具时，电动工具外壳及电源线有可能带电，要防止低压触电，使用的电动工具及电源箱外壳必须接地，接地应可靠良好；使用前要检查电动工具电源线无破损，检查电动工具合格。施工电源必须经工作许可人同意并按指定位置接入，不得任意拉用电源，接取电源时应两人进行。电源线接头处必须用绝缘胶布包好，电源线必须接入带漏电保护器的低压开关上。所用电源应设有漏电保护器，接拆电源时监护人一定在场，认真监护。 4. 禁止使用裸露电源线。 5. 运电池，严禁野蛮作业，防止电池滑落，避免造成人身伤害。 6. 在搬运设备时，应提前查看好搬运路线，多人搬运，并设专人统一指挥。 7. 现场施工过程中，施工人员按照分组进行施工，监护人应做好现场监护，施工人员不得失去监护。 8. 无人变电站施工时，应做到随手关门，严禁无关人员进入变电站，如有特殊情况及时向运维人员汇报。 9. 对直流临时屏上的直流断路器使用要正确，确保安全供电。 10. 拆接各直流电缆，应认真核对并做好标记，恢复时正、负极不得接错。 11. 严禁直流屏倾斜压坏运行电缆。 12. 拖拽电缆时造成电缆外护层损伤和电缆过分弯曲会造成电缆内部损坏，电缆应固定牢固。 13. 电缆排列整齐，电缆放好后要悬挂标示牌。 14. 改变运行方式时，拆除电池或放电时需先合母联空开，再断开其他空开，充满电恢复原运行方式需先合其他空开后，最后断开母联空开。 15. 电缆沟、电缆竖井等作业区域盖板揭开后应设警示标志，必要时设围栏、遮栏，作业完毕及时恢复盖板

（三）施工流程

1. 前期勘察

作业前需对Ⅰ段直流系统的运行模式进行细致勘察，核查母线电压是否存在异常，直流系统有无短路、接地等情况，并确认一组蓄电池的容量是否满足运行标准。同时，应详细记录各项勘察结果。

2. 施工步骤

（1）第一步：新柜体与蓄电池组的装卸与准备。将新增的 2 号直流充电屏、2 号直流馈线屏、2 号蓄电池屏 1 及 2 号蓄电池屏 2，以及一组 200Ah 的蓄电池组，共计四面柜体与一组蓄电池，安全装卸至变电站指定的位置。将新柜体暂时摆放于预设的临时位置后，利用遮挡护栏划定安全作业区域，为后续的安装更换工作提供便利。此过程中需要注意：

1）新柜体抵达现场后，首要任务是检查其外包装是否完好无损。开箱后，需仔细核查柜体是否存在磕碰痕迹，确保其完好无损。同时，核对充电柜的铭牌信息是否与采购要求一致，并检查说明书、出厂试验报告等相关证件是否齐全，妥善保管以备后用。

2）在搬运新柜体至指定摆放位置的过程中，需设置安全区域，并确保搬运人员之间的协调配合，以防范砸伤、扎伤等安全事故的发生。

3）全面检查配备的零部件是否齐全且完好无损，为后续的安装工作奠定坚实基础。

（2）第二步：新柜体的安装与固定。将新柜体精准安装至指定位置，包括 2 号直流充电屏、2 号直流馈线屏、2 号蓄电池屏 1 及 2 号蓄电池屏 2。在安装过程中，需特别注意防止产生较大震动，以免对相邻的运行设备造成不良影响。同时，需依据施工图纸对屏内及外部连线进行逐一核对，确保图纸无误；如需修改，需详细记录。

在敷设电缆时，需采取严格的绝缘措施，防止短路现象的发生，并做好电缆的标记工作。此外，还需完善屏内的封堵与标示工作，并为电缆挂牌。

具体安装步骤如下。

1）将新 2 号直流充电屏、2 号直流馈线屏、2 号蓄电池屏 1 及 2 号蓄电池屏 2 精确安装至指定位置，确保新安装的直流屏与相邻屏体对齐并紧密靠近。屏体就位后，需进行接地处理，并用螺丝将柜子固定牢固，以防柜体倾斜导致人员受伤。

2）为 2 号直流电屏敷设两路交流进线，分别接入低压交流Ⅰ段与Ⅱ段。在敷设过程中，需做好电缆的标记工作，并分清相序。

3）接入 2 号充电屏的两路交流进线端子时，需特别注意分清相序。随后，分别接入低压交流柜Ⅰ段与Ⅱ段的馈出开关，并确认需接入的馈出开关处于断开状态，以防交流触电危险。使用万用表对馈出开关对应的端子进行测量，确保不带电。在接入两路交流电源进线时，需分清相序，并为对应的两路馈出开关粘贴明确的标签。最后，对柜体内部进行封堵处理。

4）敷设 2 号充电柜至 1 号充电柜的联络电缆时，需做好极性标注，并对电缆端头进行绝缘包扎。先接入 2 号充电柜的联络端子，再接入 1 号充电柜的母线排。在带电接入过程中，需对 1 号充电柜的母排采取绝缘措施，用绝缘套管将正负母排隔离。搭接时，除搭接点外，四周需做好绝缘遮蔽。一极电缆接入并检查无误后，再接入另外一极电缆。最后，对柜体内部进行封堵。

5）敷设 2 号充电柜至站内公用测控柜的信号电缆时，需做好电缆芯的备注工作，并对电缆端头进行绝缘包扎。先接入 2 号充电柜的信号故障端子，并做好电缆芯的备注。随后，接入公用测控柜指定的端子排对应的序号。最后，对柜体内部进行封堵。

6）对照图纸，连接柜体内部的二次线。

7）调试新增的直流电源，分别送两路交流进线开关。使用万用表测量 2 号充电柜的交流进线端子电压是否正常。在 2 号充电柜带电的情况下，需采取严格的防护措施，由专人进行监护与调试工作。同时，需调整直流充电参数与定值。

（3）第三步：新蓄电池组的安装。对于新蓄电池组的安装，需确保蓄电池放置的平台、支架及间距符合设计要求。蓄电池应平稳安装，间距均匀且排列整齐。蓄电池间距不小于 15mm，蓄电池与上层隔板间距不小于 150mm，连接条及蓄电池极柱的接线需正确且螺栓紧固。蓄电池及电缆引出线需标明序号和正负极性。在蓄电池组断开的情况下，使用 1000V 绝缘电阻表测量新蓄电池组的引出线正负之间及对地的绝缘电阻均不低于 10MΩ。接入蓄电池巡检仪，并核对充电机直流输出母线极性与蓄电池组极性是否一致，以防直流接地短路。在搬运电池时，需防止摔伤。在极柱连接时，需防止用力过度损伤极柱、极性接错或短路。

具体安装步骤如下。

1）将新蓄电池组安装至蓄电池柜内，特别注意摆放间隔与蓄电池的连接极性。确保蓄电池组全部正确摆放于蓄电池柜内。

2）粘贴蓄电池序号标签，便于连接单只蓄电池以及巡检装置连接线。

3）先连接每层蓄电池的连线，特别注意分清电池极柱极性以防极性接错。对照粘贴的序号逐步连接巡检装置连接线至蓄电池对应序号。

4）使用绝缘套筒逐步紧固螺丝，防止用力过度损伤极柱并确保无遗漏。

5）最后连接跃层连接线并紧固螺丝，以防蓄电池短路。

6）全部蓄电池螺丝紧固后，从编号 1 开始对蓄电池使用绝缘套筒逐步检查一遍螺丝是否紧固、连接线是否正常。

7）使用万用表测量安装好的蓄电池组的端电压是否正常。

8）接入 2 号充电柜的蓄电池电缆时需分清正负极性并做好标记。在接蓄电池端电缆头时，除搭接点外四周需做好绝缘遮蔽措施。一极电缆接入并检查无误后再接入另外一极电缆。

9）使用万用表测量 2 号充电柜蓄电池进线端子的电压是否正常。合上 2 号充电柜蓄电池至母线开关后观察充电机的电压、电流情况。将充电机参数改为均充模式进行充电。

（4）第四步：蓄电池组的充放电试验。为验证整组蓄电池的出厂容量是否合格，需对蓄电池组进行核对性充放电实验。实验过程中需确保容量达到额定容量的 100%方为合格，且单只电池的电压不低于 1.8V，整组电压不低于 185.4V。同时，需防范蓄电池组过充或过放的现象发生。

具体试验步骤如下。

1）将 2 号充电机的蓄电池至母线开关断开。

2）将放电仪接入放电开关并分清正负极性。开机后设定放电参数：放电电流值为 I10（即 10h 额定容量的 1/10）；放电终止电压为（1.80*N*）V（每组电池有 *N* 只）；放电时间为 10h。

3）合上放电开关进行放电。在放电过程中需保持放电电流恒定，并注意观察蓄电池的外观与温度是否存在异常。

4）每小时记录一次蓄电池组的端电压、单只蓄电池的电压及温度。需密切关注蓄电池电压的变化情况，一旦发现异常需立即停止放电。

5）放电 10h 后停止放电并断开放电开关以退出放电仪。

6）蓄电池组静置 30min 后合上 2 号充电机的蓄电池母线开关。此时充电装置应进入均充状态。需观察充电机的电流是否限流以防蓄电池组过充。在充电过程中需注意蓄电池的温度情况，若超过 40℃则需降低充电电流。每 2h 记录一次蓄电池组的端电压、单只蓄电池的电压及温度并观察其是否正常。蓄电池充电完成后需检查充电装置是否已进入浮充状态。

（5）第五步：新蓄电池组加入直流电源系统运行。经实验合格的新安装的 1 号蓄电池组可加入 2 套直流系统运行。在加入前需检查 2 号充电机的电压、电流情况以判断蓄电池容量是否充满。待充满电后即可将其加入 2 套直流系统运行。

（6）第六步：后台信号接入与调试。为确保第 2 套直流系统信号能够正确上传至后台机及监控班，并能够及时上传故障信号及报文，需进行后台信号的接入与调试工作。在调试过程中需特别注意防止遗漏重要故障点，以确保在出现故障时能够及时进行处理。

具体调试步骤如下。

1）配合保护及后台专业完成信号的上传工作。

2）进行模拟故障上传测试。

3）确认第二 2 套直流电源系统全部改造完毕且系统运行正常。

4）清理现场并等待验收。

（四）作业工器具

作业所需物资及工器具清单见表 10－4－2。

表 10－4－2　　作业所需物资及工器具清单

序号	器件名称	型号规格	单位	数量	备注
1	斜嘴钳	70201A	把	1	
2	绝缘十字螺丝刀	612613	把	1	
3	绝缘一字螺丝刀	61314			
4	双向快板 12MM	46605	把	1	
5	双向快板 13MM	46606	把	1	
6	万用表	FLUKE117	块	2	
7	钳形表	FLUKE317	块	2	

续表

序号	器件名称	型号规格	单位	数量	备注
8	标签机	—	台	1	
9	压线钳	—	套	1	
10	综合工具箱	—	套	2	
11	线鼻、绝缘胶带、跨接电缆等安装零星材料	—	套	1	
12	放电仪	FD－50	台	1	

（五）作业验收

1. 现场验收

（1）直流柜内电流在63A及以下的直流馈线，应经电力端子出线。端子宜装设在柜的两侧或中部下方，以便与电缆连接和装设绝缘监测装置的传感器。

（2）直流柜内母线、引线应采取硅橡胶热缩或其他防止短路的绝缘防护措施。

（3）直流柜内底部装有不小于100mm²的接地铜排，并采用截面积不小于50mm²铜缆引至接地网可靠接地。

（4）直流绝缘监测装置能定量显示母线和支路的正、负极对地电压及绝缘电阻值，并具备接地故障记忆及历史记录追忆。

（5）直流绝缘监测装置应具备“交流窜入”以及“直流互窜”的测记、选线及告警功能。

（6）微机监控装置能够显示设备正常运行参数，实际值与设定值/测量值误差符合规定，具有直流电源系统各种异常和故障告警、蓄电池出口熔断器检测、自诊断报警以及主要断路器位置状态等监视功能。

（7）直流屏柜门开闭灵活，开启角应不小于90°，门锁可靠。门与柜体之间采用截面不小于4mm²的多股软铜线可靠连接。

（8）充电装置技术参数符合规定，并机均流符合规定，高频开关电源模块采用$N+1$配置，模块总数不小于3，散热风扇运转良好。

（9）保护电器短路能力测试和安秒特性试验合格，级差配置合理。

（10）蓄电池组容量满足运行要求。

（11）蓄电池组正极和负极引出电缆不共用一根电缆，并采用单根多股铜芯耐火电缆。

（12）蓄电池组连接条、螺栓应齐全，并用厂家规定的力矩扳手进行紧固。蓄电池的正、负端接线柱应极性正确，应无变形、无损伤。

（13）蓄电池组的每个蓄电池应在外表面用耐酸材料按顺序标明编号。蓄电池外观应无裂纹、无损伤；密封应良好，应无渗漏，接线柱无锈蚀现象。

2. 资料验收

（1）安装使用说明书、设计图纸、维护手册等技术文件。

（2）屏柜装设的电器元件表，表内应注明制造厂家、型号规格及合格证。

（3）屏柜一次系统图、仪表接线图、控制回路二次接线图及相对应的端子编号图。

（4）屏柜装设的电器元件表，表内应注明制造厂家、型号规格及合格证。

（5）直流屏直流联络图、极差配置表。

（6）出厂试验报告。

（7）附件及备件清单。

本 章 小 结

本章介绍了低压直流设备技改大修项目的相关内容，包括蓄电池整组更换、直流分电屏安装、直流屏改造、直流电源双重化改造等项目的项目概况，详细介绍各施工项目的施工步骤、安全措施、危险点分析及作业工器具，同时注意在技改大修中组织好前期勘察与后期资料验收工作。

第三部分

仪器仪表使用

第十一章　仪器仪表使用方法

本章描述

本章介绍了变电站内站用低压交直流系统常用仪器仪表的使用方法，包括直流接地查找仪、蓄电池充放电仪、跨接宝、相序仪、摇表、直流断路器安秒特性测试仪、测温仪、直流系统综合测试仪、级差配合测试系统、蓄电池内阻测试仪（统称站用低压交直流系统常用仪器仪表，下同），以及它们在实际操作中的应用和注意事项。通过学习各类仪器仪表的使用方法，运维人员能够更有效地进行变电站站用低压交直流设备的巡视维护以及验收等工作，确保电力系统的稳定运行。掌握正确的操作技巧和安全意识，对于预防设备故障、提高系统安全性具有重要意义。

第一节　直流接地查找仪

直流接地查找仪是用于排查直流系统接地故障的专用设备，能够快速、准确地定位接地故障点，能够自适应各种电压等级的直流系统，对于保障直流系统的安全稳定运行具有重要作用。

直流接地查找仪主要由分析仪、探测仪、采集器等部分构成。分析仪负责对检测到的数据进行分析处理，探测仪可以选择相应的功能，采集器则采集相关电信号。一款常用的直流接地查找仪如图 11－1－1 所示。

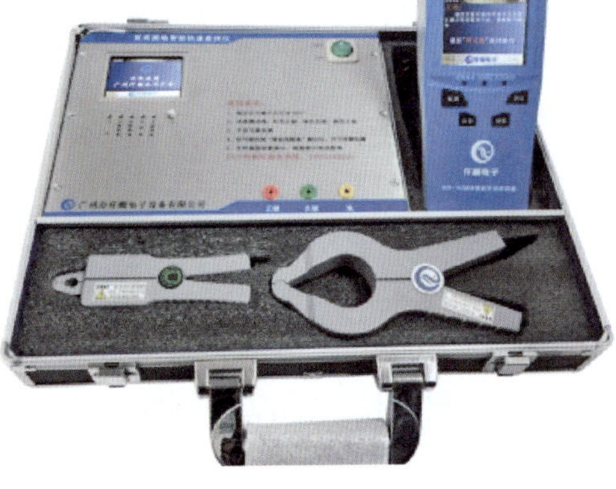

图 11－1－1　直流接地查找仪

一、分析仪接线

首先，将红、绿、黄三条连接线按颜色正确接入测试仪，其中红色连接线连接正极，绿色连接线连接负极，黄色连接线接地。随后，将黄色连接线的黄夹接母线的地，红色连接线的红夹接到母线正极，绿色连接线的绿夹接到母线负极，确保连接紧密、无松动。（对于装有接地选线在线监测仪的直流系统，建议关闭接地选线在线监测仪，以便于检测。）

二、探测仪与采集器连接

检查探测仪电池电量充足，使用连接线将探测仪和采集器连接起来。

三、分析仪操作

打开分析仪电源，电源灯和显示屏点亮，设备进入工作状态，若系统不存在接地，分析仪“正常”指示灯亮，液晶显示接地直流系统电压、正接地电压和负接地电压。当系统出现接地故障时，分析仪自动判断接地极性。如果系统为正极接地，则分析仪的“正接地”指示灯亮；如果系统为负极接地，则分析仪的“负接地”指示灯亮。同时液晶显示正地电压、负地电压和总阻抗、系统的接地绝缘。

四、探测仪操作

开启探测仪电源开关，当信号源提示“请查找接地”时，打开手持器的电源，根据手持器操作步骤提示，按下【测试】键，用采集器卡钳对馈线逐个排查。当正负极线不能夹在一起时，建议采用“单夹”检测方法，检测方法与上述方法相同。

五、检查结果

当探测仪报出正极接地或负极接地的情况时，同时显示屏显示的对地电压升高，此时使用探测仪和采集器查找可疑馈线电缆，排除接地故障。

六、仪器的拆除

待仪器使用完毕后，严格按照操作流程，关闭分析仪电源开关；拆接线时注意先取下直流母线排上的导线夹，后拔出分析仪的连接线；然后将探测仪、采集器及连接线复位，放置在规定的位置。

七、注意事项

由于此仪器是在设备不停电情况下使用，如果在使用过程中操作不规范，极有可能导致两点直流接地的情况发生，进一步造成保护误动或拒动，或导致试验仪器烧毁甚至受到人身伤害等严重状况，给人身安全以及电网设备的正常运行造成极大威胁。在整个使用过程中，应始终严格按照操作规范使用直流接地查找仪，杜绝任何疏忽或违规操作。使用时必须两人进行，一人操作，另一人监护。

第二节　蓄电池充放电仪

蓄电池充放电仪的主要作用是对蓄电池进行维护和管理，其具备充电、放电、监测和分析等功能，能够帮助运维人员有效的管理和维护蓄电池组。本节将以 FDL05 蓄电池组放电容量测试仪为例，介绍主要功能、使用方法、注意事项等。

一、FDL05 蓄电池组放电容量测试仪主要有以下功能特点

（1）采作 PTC 陶瓷电阻，避免了红热现象，使整个放电过程更安全。

（2）自带大屏幕图形 LCD、7.0 寸触摸屏，全汉化图形界面，操作简单，使用方便。

（3）采用智能单片机 ARM 控制、液晶中英文显示，菜单操作简单明了。

（4）可设定测试/放电终止条件，包括单体电池电压、电池组终止电压、放电电流、放电时间。

（5）可记录测试/放电过程，主要是电池组总容量、总电压、总电流以及电压最低的单体电池的电压变化情况。

（6）实时在线显示、检测、记录整组电池的各项参数，测试完成后自动存贮数据。

（7）可设定并控制电压、电流、时间等参数，自动完成蓄电池组各种参数的测试；自动放电，延长电池的使用寿命。

（8）放电完毕，检测的数据可现场转存至 U 盘；配套的数据处理软件对放电采集的数据信息进行处理，分析电池容量，生成各种图表。

（9）增加继续放电功能，可以继续上次放电，容量和时间自动记录累加，保证放电过程的完整性。

二、FDL05 蓄电池组放电容量测试仪主要有以下技术指标

FDL05 蓄电池组放电容量测试仪的主要技术指标如表 11－2－1 所示。

表 11－2－1　　FDL05 蓄电池组放电容量测试仪主要技术指标

工作电源	AC220V 或 DC220V（电池组直接供电）				
电池组电压	DC48V	DC110V	DC220V	DC380V	DC480V
放电电流	2～100A	2～100A	2～100A	0～30A	0～30A
放电终止电压	38～60V	88～132V	176～264V	304～456V	420～580V
放电电流精度	0.5%				
电流分辨率	0.01A				
电压测试精度	0.5%				
通信接口	USB、RS232				
采样间隔	10s				
工作环境	湿度：5%～90%；温度：0～60℃				
散热方式	强制风冷				

（表格中的电流只是参考值，具体以设备为准）

三、准备工作

确认需要进行放电测试的蓄电池组是否与蓄电池组放电容量测试仪电压等级一致。

在与蓄电池组放电容量测试仪进行连接前，首先确认放电电池组是否已经退出运行状态，是否已经与充电电源和负载断开，以免在放电过程中发生意外。

检查电池组及蓄电池组放电容量测试仪周围是否有足够场地，场地周围是否存在易燃易爆物品，空气中是否存在易燃易爆气体。

检查蓄电池组放电容量测试仪是否完好，电源开关是否在断开状态。

四、主机连接及运行

连接放电电缆。首先连接电池组放电电缆，黑色放电电缆一端连接电池组负极，另一端连接蓄电池组放电容量测试仪黑色接线柱，红色放电电缆一端连接电池组正极，另一端连接蓄电池组放电容量测试仪红色接线柱。注意连接可靠，不要有松动现象，注意不要接反。

连接放电电缆和电压测试线时，注意安全，防止触电和短路的发生。

检查接线正确无误后，打开开关，液晶屏应显示正常后，即可根据操作说明完成各种测试/放电参数的设置。

五、功能操作

（一）开机

打开电源开关，显示屏出现设备正在初始化界面，稍作等待进入主界面。主界面如图 11－2－1 所示。

进行一次完整的放电过程，首先需要进行放电设置（以下设置参数仅为一种规格说明书内容，具体参数以实际技术规格为准）。

（二）放电设置

（1）在主菜单中，通过点击【放电设置】选项进入放电功能选择界面，放电设置包括放电电流、放电时间、整组终止电压等设置。放电设置界面如图 11－2－2 所示，终止电压建议设置值如表 11－2－2 所示。

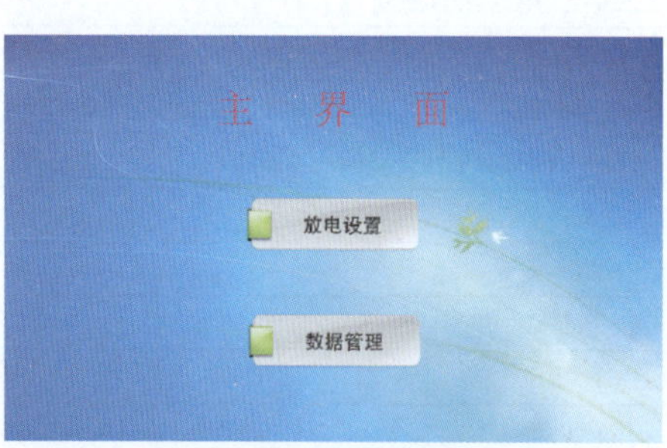

图 11－2－1　FDL05 蓄电池组放电容量测试仪主菜单界面

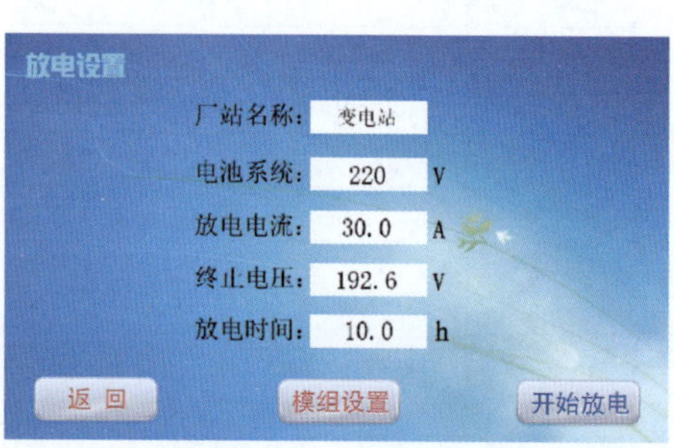

图 11－2－2　FDL05 蓄电池组放电容量测试仪放电设置界面

表 11-2-2　　FDL05 蓄电池组放电容量测试仪主要技术指标终止电压建议设置值

蓄电池组电压规格	终止电压建议设置	备注
480V	432.0V	请根据实际电池规格，电池节数进行设置具体为单节终止电压乘以电池节数
380V	345.6V	
220V	194.0V	
110V	97.2V	
48V	43.2V	

（2）场站名称可以输入最多 5 个中文，输入法为全拼输入法，不可输入不符合全拼拼音之外的字母。

（3）若是蓄电池组第一节蓄电池为正极，则设置为正向电池排序，若是最后一节蓄电池为负极，则设置为反向电池排序，默认为正向排序。

（4）点击【模组设置】可以设置 6 组不同的放电参数，点击【选择】可以直接替换数据，界面如图 11-2-3 所示。

（5）选择完成之后会提示更新成功，点击【返回】回到放电设置界面。

（6）设置完放电参数后，按【开始放电】键弹出一个确认对话框。界面如图 11-2-4 所示。

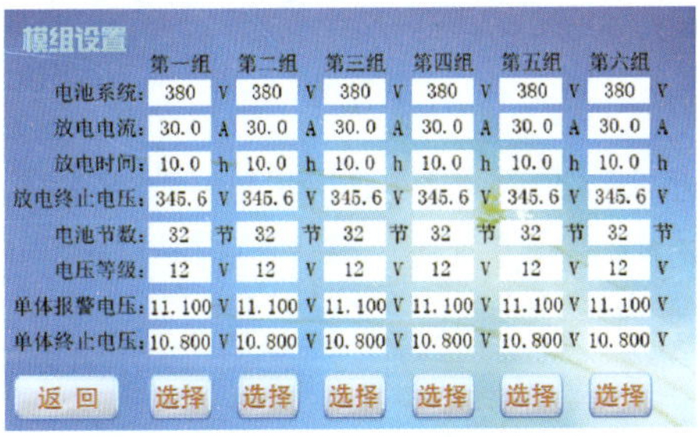

图 11-2-3　FDL05 蓄电池组放电容量测试仪模组设置界面

图 11-2-4　FDL05 蓄电池组放电容量测试仪确认放电界面

（7）再次按下【确认】键，就会进入放电状态，按【返回】键则退回到放电设置界面。

（8）完成放电设置并按【确认】键执行后，进入放电状态指示界面，界面如图 11-2-5 所示。

（9）在电池放电界面中，【放电容量】是已放出的电池组的容量，【放电电压】是电池组总电压，【放电电流】是实际放电电流。在此界面下，按【停止放电】键可以手动终止放电，可以查看放电曲线。设备冷却时间默认 30s。点击【返回】按键回到放电设置。放电过程的数据默认自动保存，在开始放电的第一小时内 2min 记录一次数据，一小时后 10min 记录一次数据。放电结束的时候才会提示是否保存数据。如果放电电压低于电压报警下限值或者高于电压报警上限值，设备会启动蜂鸣器报警并记录 1 次报警数据，蜂鸣器报警时间为 60s。恢复正常之后才会启动和记录下一次电压。电流和温度报警如同电压报警。停止界面如图 11-2-6 所示。

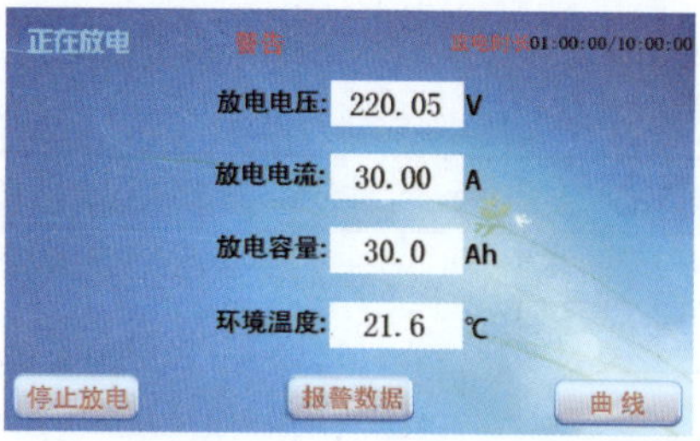

图 11-2-5　FDL05 蓄电池组放电容量测试仪放电界面

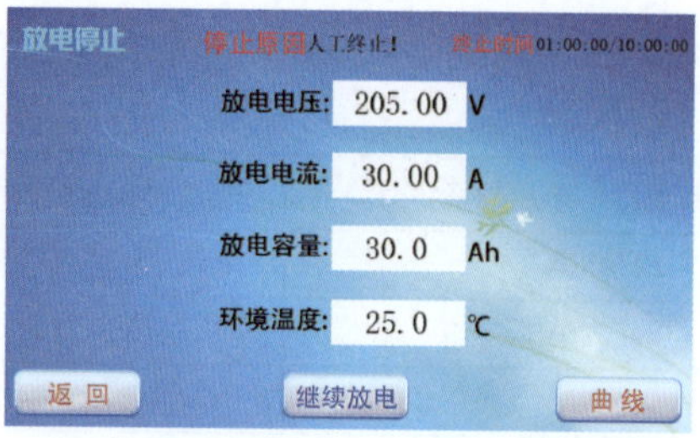

图 11-2-6　FDL05 蓄电池组放电容量测试仪放电终止界面

（10）停止放电之后可以选择继续上次放电过程，点击【继续放电】即可，容量和时间自动累加。

（11）如果要重新开始一次放电过程，点击【返回】之后，设置完放电参数再开始放电。

（三）数据管理

1. 主菜单设置

在主菜单中，点击【数据管理】键进入数据管理选择界面，如图 11-2-7 所示。在数据管理界面中，可以查看、删除和保存以前的放电数据。历史数据最多可以储存十组，超过十组将自动覆盖最早的一组数据。用户也可以在历史数据界面按下【单组保存】键来保存单组的历史数据。系统设置包括时间设置和参数设置，系统的参数非专业人员请不要修改，如需修改请联系厂家。

2. 查看历史数据

（1）在数据管理界面点击【查看数据】，进入数据查看界面如图 11-2-8 所示。

图 11-2-7　FDL05 蓄电池组放电容量测试仪数据管理界面

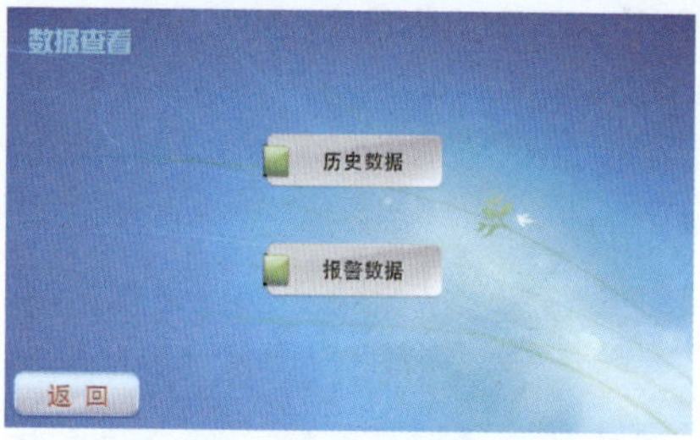

图 11-2-8　FDL05 蓄电池组放电容量测试仪数据查看界面

（2）点击【历史数据】按钮进入历史数据界面，如图 11-2-9 所示。

（3）点击图片中的数字选择该组数据，可以查看数据和导出数据到 U 盘。点击【查看】进入历史数据查看界面，如图 11-2-10 所示。

（4）点击【返回】回到历史数据界面，点击【继续放电】会继续这次历史数据之前未完成的放电过程。

3. 查看报警数据

（1）在数据查看界面点击【报警数据】按钮进入报警数据界面，如图 11-2-11 所示。

（2）在此界面可以点击【上一页】和【下一页】按钮查看数据。点击【删除数据】按钮清空报警数据。

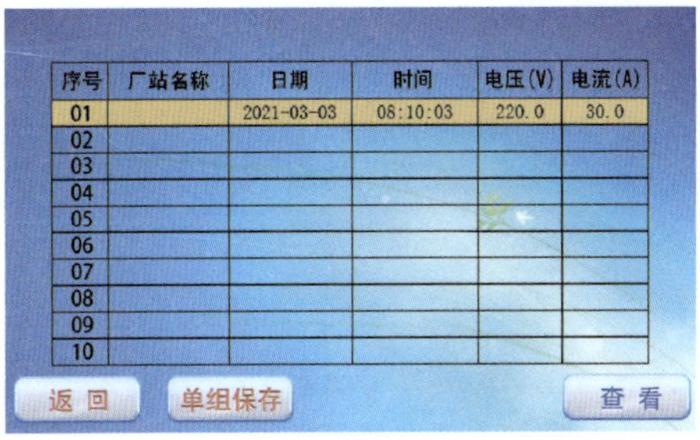

图 11-2-9　FDL05 蓄电池组放电容量测试仪历史数据界面

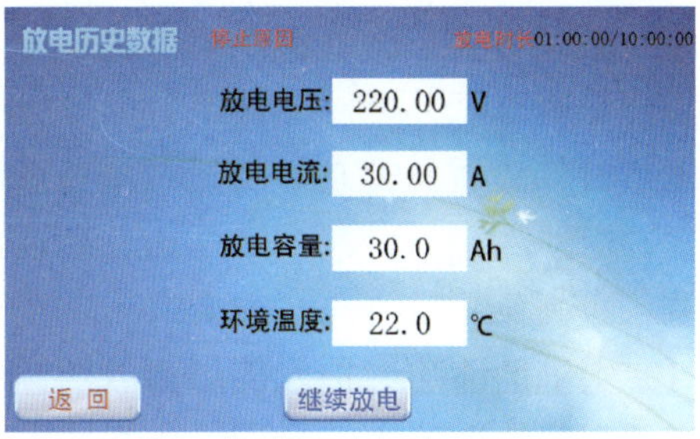

图 11-2-10　FDL05 蓄电池组放电容量测试仪历史数据查看界面

4. 存至 U 盘

进入数据管理之后，把 U 盘插入主机的 USB 口，点击【存至 U 盘】，可以把所有数据导出到 U 盘。如果不是厂家的 U 盘，注意 U 盘的格式要是 FAT324096 的格式，不然可能无法正确导出数据到 U 盘。

5. 数据系统

（1）在数据管理界面点击【系统管理】，进入系统管理界面，如图 11-2-12 所示。

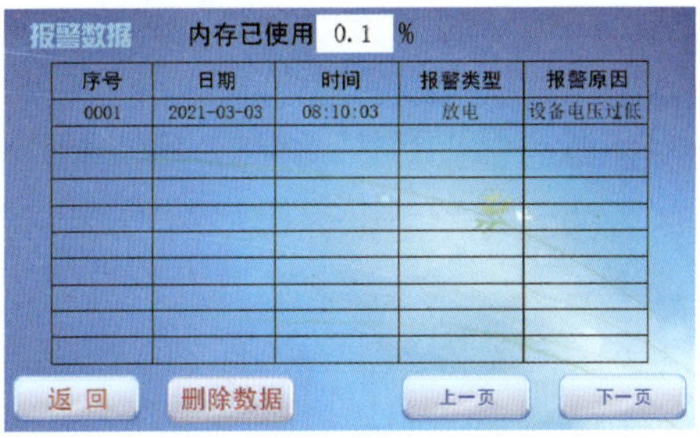

图 11-2-11　FDL05 蓄电池组放电容量测试仪报警数据界面

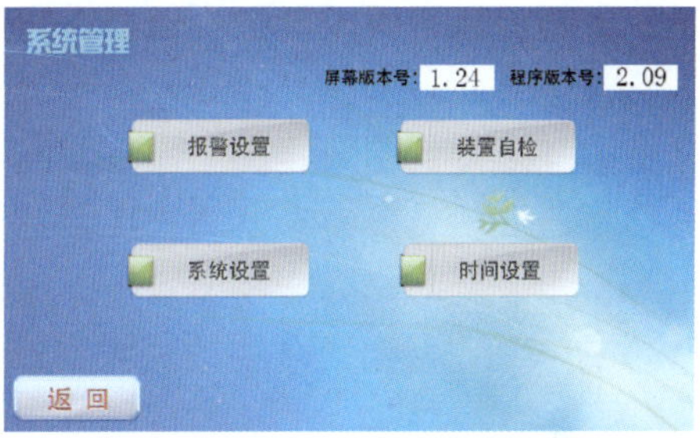

图 11-2-12　FDL05 蓄电池组放电容量测试仪系统管理界面

（2）报警设置。点击【报警设置】按钮进入报警设置界面，如图 11-2-13 所示。报警设置包括电压上限、下限报警，温度上限、下限报警，电流上限、下限报警，根据现场不同情况设置对应的数据。电流报警设置默认为放电或者充电电流的 0.9 倍。

（3）装置自检。点击【装置自检】按钮进入装置自检界面，该界面可以检测设备功能是否正常，如图 11-2-14 所示。如果有异常情况设备会发出蜂鸣器报警。

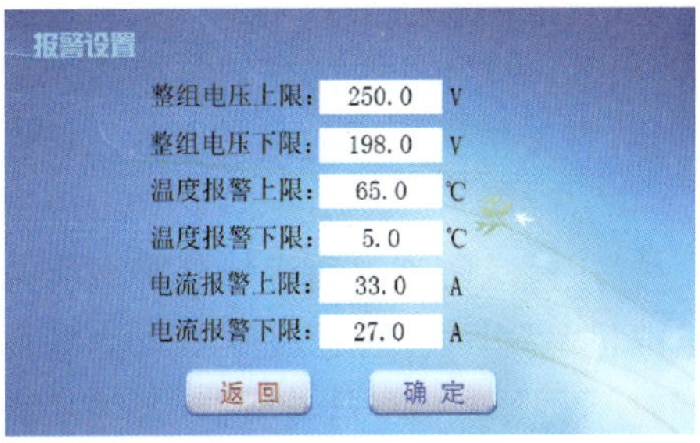

图 11-2-13　FDL05 蓄电池组放电容量测试仪报警设置界面

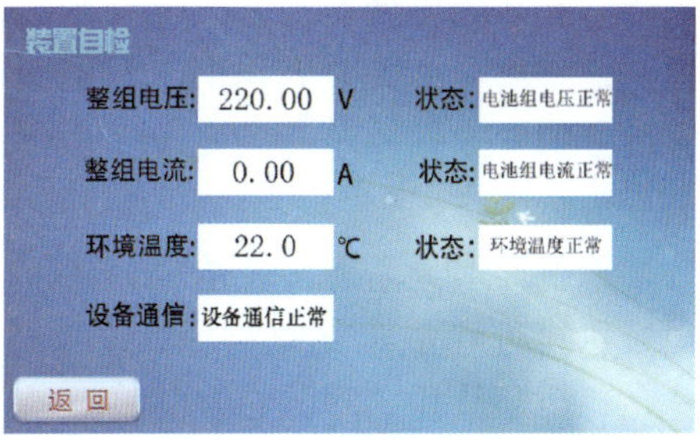

图 11-2-14　FDL05 蓄电池组放电容量测试仪装置自检界面

（4）系统设置。此功能为厂家调试专用，非专业人员请勿使用，有需要修改请联系厂家。

（5）时间设置。此功能可以校准设备时间。

六、清洁维护

（1）主机的清洁维护。使用柔软的湿布与温和型清洗剂清洗设备，请不要使用擦伤型、溶解型清洗剂或酒精等，以免损坏主机上的文字。

（2）夹具的清洁维护。使用柔软的湿布与温和型清洗剂清洗夹具，请不要擦伤探头的金属部分，以免造成接触不良。

（3）当使用完后，应将设备及时放入机箱内，所有夹具和连线应整理后放入机箱内相应位置。

七、常见问题解答及使用技巧

（1）启动放电后立即停止放电。请检查放电参数设置，放电开关是否合上及电池接线的连接状况。

（2）开机后显示屏无显示。请检查输入电源接线端子是否接触良好。

第三节　跨　接　宝

一、概述

蓄电池是确保直流设备正常运行的最后一道防线，其使用寿命受环境、温度、浮充电压、纹波、充电方式、维护方式等因素的影响。在长期运行中，蓄电池组出现容量不足，个别电池的参数发生了变化，如容量不足、内阻过大、端电压异常等现象，或个别电池受外力、连接应力破坏、外壳破裂等，此时需及时更换。

如果是两组电池组，通过倒换运行方式，可以将故障的电池组从系统中退出运行，直接进行对故障电池进行更换。而在只有一组蓄电池组的情况下，故障蓄电池的更换过程显的十分困难。通常的办法有：一是采用带病运行到停电检修时更换；二是采用相同电池并列后把故障电池更换；三是采用二极管。目前国内更换失效电池一般采用断开直流电源，把备用电池并到充电机上再退出待换蓄电池，这将大大降低更换速度，影响直流系统运行的安全性。跨接宝是一个不需停电即可直接更换电池的电气设备，能够在以下状态下进行操作。

（1）蓄电池组无需断开充电机，在浮充状态时，对故障蓄电池进行直接更换。

（2）更换过程中，充电机输入端停电或充电机故障，可以对故障蓄电池进行直接更换。

（3）更换过程中，遇到大功率的重合闸装置动作，可以对故障蓄电池进行直接更换。

二、技术要求

对于跨接宝，需要满足以下要求。

（1）不需退出运行中的蓄电池组，可在线更换单一劣化蓄电池。

（2）安全可靠，能够自动识别分析电池方向。

（3）重量轻，携带方便，操作方便。

（4）自带更换电池的安全工具。

（5）采用工程塑料为外壳，绝缘性能好。

三、使用方法

由于跨接宝内部安装有大电流半导体二极管，既可以保证不影响蓄电池组的正常电流，又能防止故障电池通过跨接宝短路放电。将故障电池卸下之后，安装正常电池在原来的位置，从而实现了对故障单体蓄电池的在线更换。详细使用步骤主要有以下几步。

（1）确定待更换的电池，并清楚其极性。

（2）将黑色大夹子连接到待更换电池的负级，如图 11－3－1（a）所示。

（3）用绿色小夹子连接到待更换电池的正极，数码管显示电压，表示接线正确。（小于 1.5V 数码管不显示）

（4）撤下绿色小夹子，将红色大夹子连接到待更换电池的正极，如图 11－3－1（b）、（c）所示。

（5）确认牢固后，更换电池。更换新电池，确定牢固以后，撤下红色大夹子，用绿色小夹子连接到新电池的正极，数码管显示新电池电压，最后撤除装置。

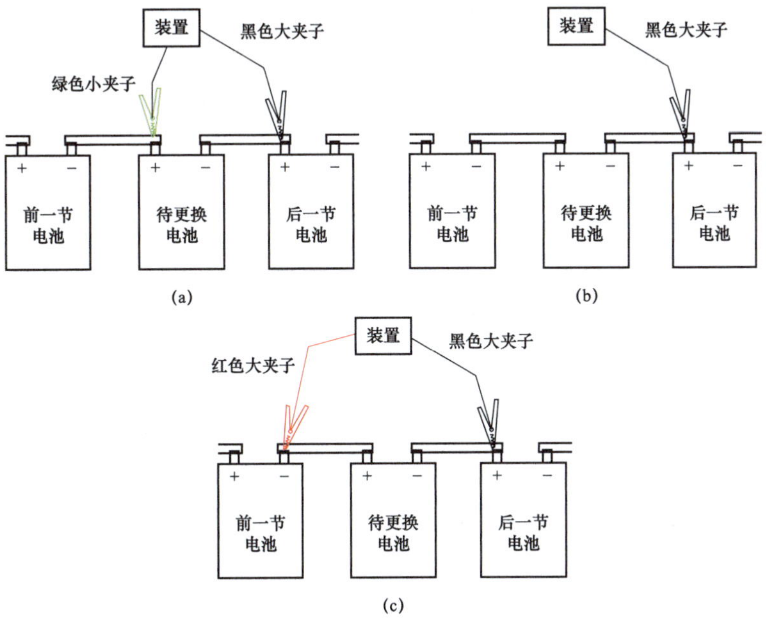

图 11－3－1　跨接宝使用方法

四、注意事项

跨接宝在使用的过程中有以下几点注意事项。

（1）当故障电池无法从外观直接确定正负极时，一定采用万用表测量正负极。

（2）观测设备，一定确定正负（黑、红）极没有开路和短路现象。

（3）跨接好后一定要确认锷鱼夹一定接好，接牢，接可靠。

第四节 相 序 仪

一、概述

站用低压交流系统中，三相相序是否正确对于设备的安全运行具有重要的作用。相序仪就是一种用来判断三相电路相序是否正确的测量工具，如图 11－4－1 所示。

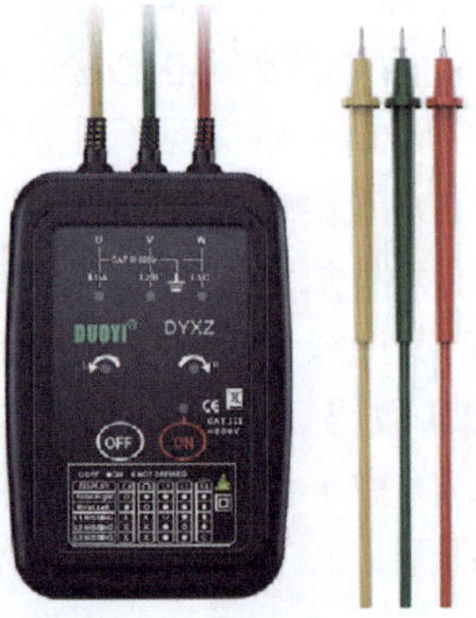

图 11－4－1 相序仪

在电力系统中，相序仪具有非常重要的实际意义，它反映了低压交流系统的电压相位状况，能够指导电力系统的操作和故障排除，通过相序仪，可以确保电压的相位正确，保证电力系统的稳定运行。其主要原理就是通过测量三相电路中各相电压之间的相位差，来判断三相电路中各相之间的相位关系。

相序仪的主要有以下功能：检相（正相、逆相）；活线检查；简易检电；线路检修；马达转向。

检相（正相、逆相）是相序仪最常用的功能，也是本节的重点。

二、使用方法

（一）灯光显示

相序仪的灯光显示主要有："R" 灯亮表示三相为正相相序，"L" 灯亮表示三相为逆相相序，"U、V、W"（部分相序仪采用 A、B、C，下同）灯亮，表示该相带电，"ON" 灯亮表示相序仪开机状态。

（二）操作方法

1. 相序检测

（1）将相序仪的测试针连接到裸露的三相线上，部分相序仪采用的是裸露鳄鱼夹或者钳形非接触感应夹，总之，将测试针或夹子连接在三相导线上，下文将以测试针进行讲解。

（2）按下 "ON" 开机键，面板上 "ON" 指示灯亮，同时 "U、V、W" 相位指示灯会闪亮一次。

（3）当 "U、V、W" 相位指示灯均处于点亮状态时，正相时 "R" 指示灯亮，反之

“L”指示灯亮。

（4）当“U、V、W”相位指示灯有一相或多相未处于点亮状态时，说明未亮指示灯对应相线缺电，在排除连接问题外，需检查对应相缺电情况，需要注意的是，此时正、逆相指示无意义。

（5）使用完毕之后，拆除测试针。

（6）按“OFF”键关机，面板上“ON”指示灯灭。一般相序仪会设置开机一段时间内自动关机，以降低电池损耗。

2. 活线检查、简易检电、线路检修、马达转向等功能

活线检查、简易检电、线路检修、马达转向等功能能否实现与相序仪的型号有关，此处不过多涉及。

三、注意事项

相序仪更换电池主要有以下几项步骤。

（1）更换电池前，必须将测试针移离被检导线，禁止在测试过程中更换电池。

（2）按“OFF”键关机。

（3）松开仪表电池后盖上的一枚螺丝，打开电池后盖。

（4）换上全新合格的电池，请注意电池极性及规格。

（5）合上电池后盖，拧紧螺丝。

（6）按“ON”键，检测仪表能否正常开机，若不能开机，按第3步重新操作或检查电池电量是否足够。

第五节　摇　　表

一、概述

手摇绝缘兆欧表又称摇表，由中大规模集成电路组成，主要用于测量电气设备的绝缘电阻。摇表的额定电压有500、1000、2500V等几种。

除了通过手摇直流发电机进行发电的摇表，随着设备的不断发展，摇表也在不断更新换代，新型号的摇表多采用电池或者外接电源的形式供电，省略了直流发电机的结构，而且刻度盘也逐步被液晶显示屏代替，使用越来越方便。

目前常用的摇表多为通过手摇直流发电机进行发电的形式，本节依然以该类型的摇表为例进行讲解。

二、结构与原理

摇表的主要组成部分如图11－5－1所示。主要有：接线柱（E端、L端）、刻度盘、发电机手柄、保护环（屏蔽端G）、测试线等。

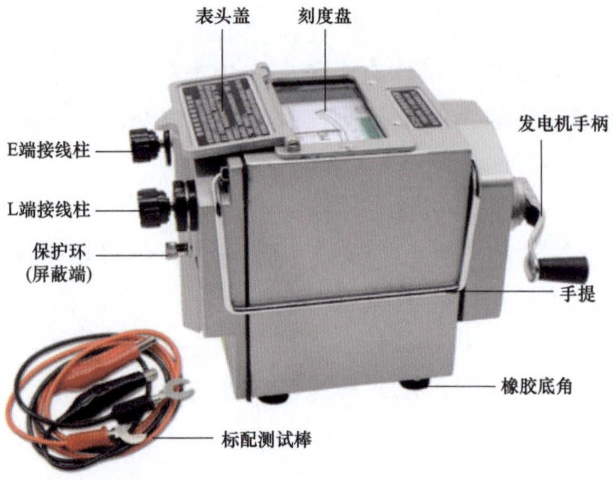

图 11－5－1　摇表的主要组成部分

测量绝缘电阻时，线路“L”与被测物同大地绝缘的导电部分相接，接地“E”与被测物体外壳或接地部分相接，屏蔽“G”与被测物体保护遮蔽部分相接或其他不参与测量的部分相接，以消除表泄漏所引起的误差。测量电气产品的元件之间绝缘电阻时，可将“L”和“E”端接在任一组线头上进行。如测量发电机相间绝缘时，三组可轮流交换，空出的一相应安全接地。

测量前必须将被测设备电源切断，并对地短路放电，决不允许设备带电进行测量，以保证人身和设备的安全。

三、摇表的检查

（一）开路试验

在摇表未接通被测电阻之前，摇动手柄使发电机达到 120r/min 的额定转速，观察指针是否指在标度尺“∞”的位置，如图 11－5－2 所示。

（二）短路试验

将端钮 L 和 E 短接，缓慢摇动手柄，观察指针是否指在标度尺的“0”位置，如图 11－5－3 所示。

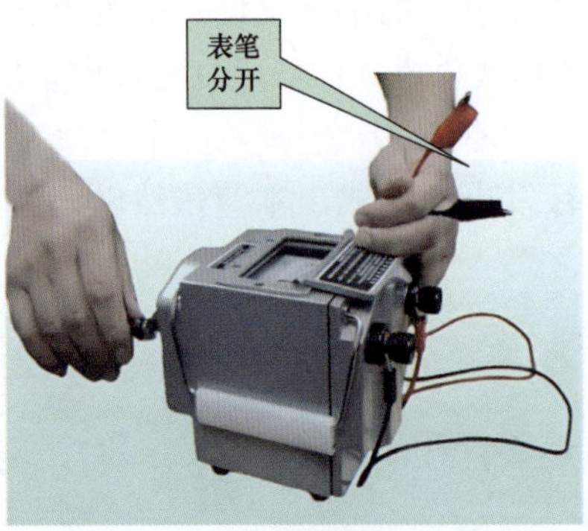

图 11－5－2　摇表的开路试验

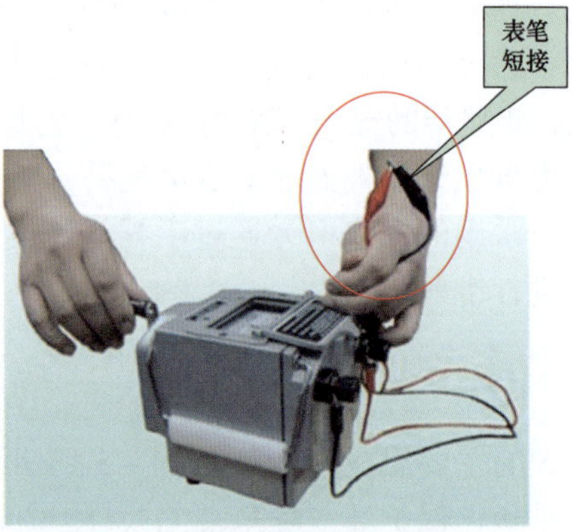

图 11－5－3　摇表的短路试验

四、摇表的使用

（1）观测被测设备和线路是否在停电的状态下进行测量。并且摇表与被测设备间的连接导线不能用双股绝缘线或绞线，应用单股线分开单独连接。

（2）将被测设备与摇表正确接线。摇动手柄时应由慢渐快至额定转速 120r/min。

（3）正确读取被测绝缘电阻值大小，如图 11－5－4 所示。同时，还应记录测量时的温度、湿度、被测设备的状况等，以便于分析测量结果。

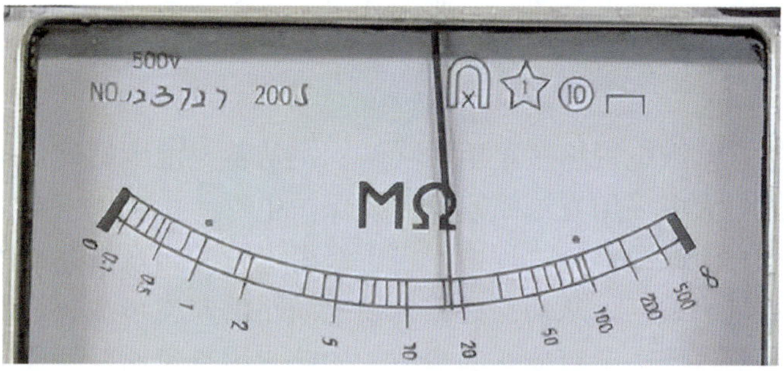

图 11－5－4　摇表的刻度盘读数

五、注意事项

摇表在使用的过程中有以下几点注意事项。

（一）摇表的选择

（1）摇表的额定电压一定要与被测电气设备或线路的工作电压相适应。一般额定电压在 500V 以下的设备，选用 500V 或 1000V 的摇表；额定电压在 500V 及以上的设备，选用 1000～2500V 的摇表。

（2）摇表的测量范围要与被测绝缘电阻的范围相符合，以免引起大的读数误差。

（二）摇表的使用

（1）使用条件：温度－25～40℃，相对湿度不大于 80%。使用时，必须使仪器远离磁场、水平放置。

（2）使用摇表测量高压设备绝缘，应由两人担任。

（3）连接柱与被测物之间导线不能使用绞线，应分开单独连接，避免绞线绝缘不良影响测量结果。

（4）测量绝缘时，必须将被测设备从各方面断开，验明无电压，确实证明设备无人工作后，方可进行。在测量中禁止他人接近设备。

（5）在测量绝缘前后，必须将被试设备对地放电。被测设备必须与其他电源断开，以保护设备及人身安全。

（6）摇动手柄时，应由慢渐快，均匀加速到 120r/min，并注意防止触电。摇动过程中，当出现指针已指零时，就不能再继续摇动，以防表内线圈发热损坏。

（7）禁止在雷电天气或在邻近有带高压导体的设备处使用摇表测量。

第六节　直流断路器安秒特性测试仪

直流断路器安秒特性测试仪通过模拟不同的短路电流情况，分析断路器的脱扣时间、分散性、内阻不一致及保护等级选择配合等问题，测试直流断路器的安秒特性，确保其过载和短路保护功能的可靠性，从而避免电网事故的发生。本节将以 ZAS02 直流断路器安秒特性测试仪为例，介绍主要功能、使用方法、注意事项等。

一、概述

目前变电站的直流馈电网络多采用树状结构，从蓄电池到站内用电设备，一般经过三级配电，每级配电大多采用直流断路器作为保护电器。由于上下级直流断路器保护动作特性不匹配，在直流系统运行过程中，当下级用电设备出现短路故障时，经常引起上一级直流断路器的越级跳闸，从而引起其他馈电线路的断电事故，进而引起变电站一次设备如高压开关、变压器、电容器等的事故。为防止因直流断路器及其他直流保护电器动作特性不匹配带来的隐患，国家电网公司对于新装和运行中的直流保护电器，规定了必须进行安秒特性测试，保证性能与设计相符，以确保直流回路级差配合的正确性。

二、主要技术参数

（1）电源输入：220V±20%，频率 50Hz。

（2）测试电流范围：1～1000A。

（3）测试电流纹波系数：小于 1%。

（4）输出电流稳定性：≤±1%。

（5）时间记录范围：0.001～1000s。

（6）最小时间分辨率：0.001s。

三、操作说明

（1）将测试装置从仪表箱中取出，放置在地面或平稳的台面上。

（2）仪表箱放置在测试装置旁边，不要阻挡测试装置的风道，本产品的风道为仪器的后面与侧面。仪器与被测直流断路器接线如图 11－6－1 所示。

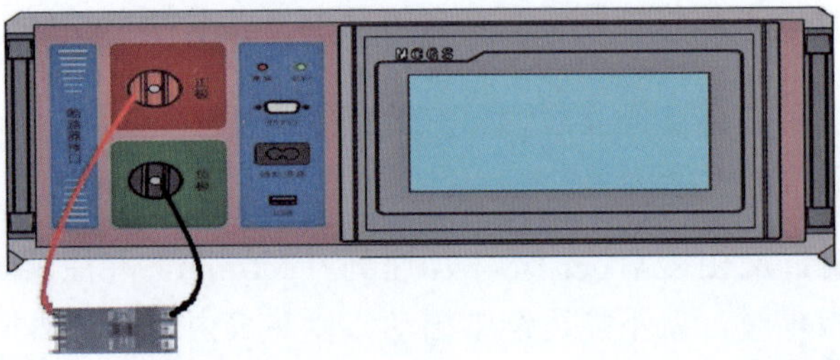

图 11－6－1　ZAS02 直流断路器安秒特性测试仪与被测断路器接线图

（3）打开测试主机侧面板的开关，等待几秒钟，进入欢迎界面，点击显示屏任意位置会出现主界面。在主界面中显示了三个功能菜单。

1）断路器测试功能。

2）记录查询功能。

3）参数设置功能。

四、触摸屏界面描述

在主界面中放置了【断路器测试】按钮，【记录查询】按钮，【参数设置】按钮，如图 11－6－2 所示。这三个按钮分别可进入实时数据填写及测试界面、历史数据查询界面、参数设置界面。

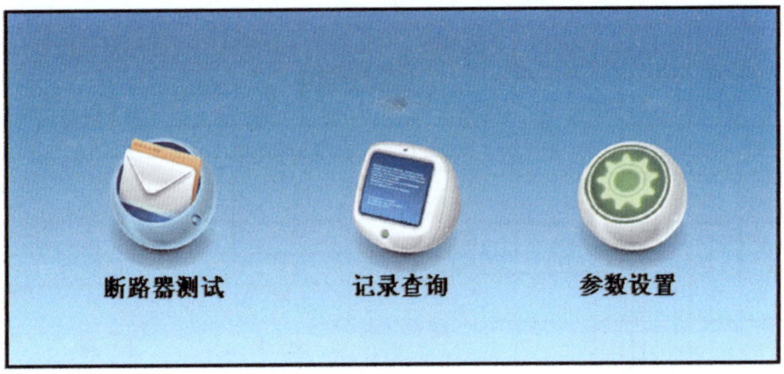

图 11－6－2　ZAS02 直流断路器安秒特性测试仪主界面

（一）测试界面描述

点击【断路器测试】图标，进入断路器测试界面，如图 11－6－3 所示。

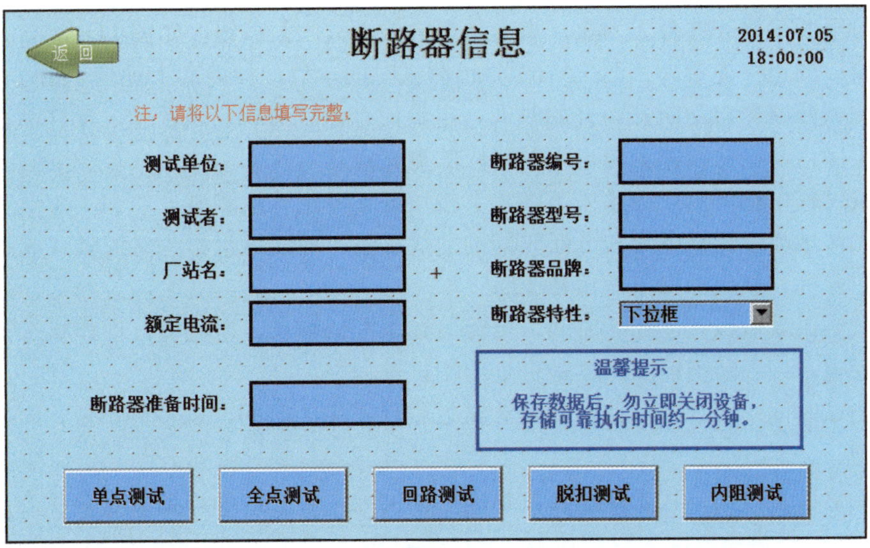

图 11－6－3　ZAS02 直流断路器安秒特性测试仪断路器测试界面

在该界面设置一些断路器信息，把相关测试单位、测试者和厂站名称、断路器编号、断路器型号、额定电流、试验电流比等参数输入对应的表格内。设置好断路器信息之后，就可以点击下方断路器测试功能图标菜单，对断路器进行相应的测试功能进行测试。

1. 单点测试

点击【单点测试】按钮，进入单点测试功能界面，如图 11－6－4 所示。

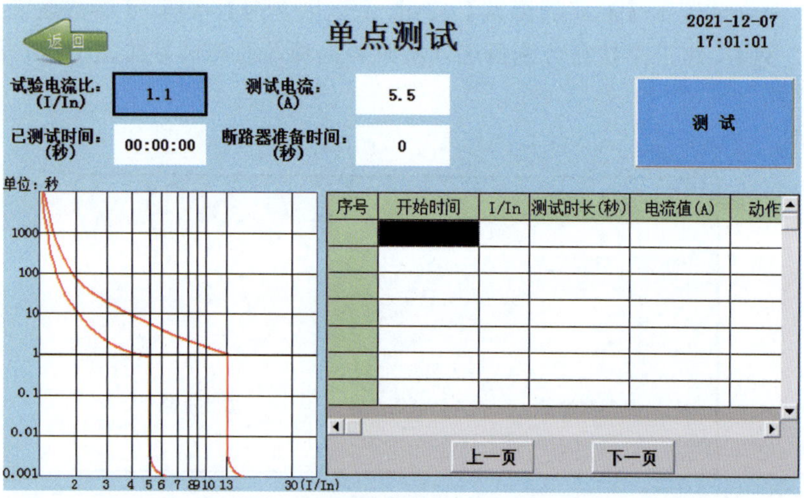

图 11－6－4　ZAS02 直流断路器安秒特性测试仪单点测试界面

点击【设置试验电流比】（试验电流比最小值为 1.1，建议从 2 开始测试，如果设置太小了测试时间会很长），设置好电流比之后，就可以点击测试图标按钮进行测试。

操作者在闭合被测试断路器后（如未闭合测试断路器会弹出“断路器开关未合上”对话框，至断路器开关合上为止，点击话框中的【关闭】按钮，如图 11－6－5 所示。实时状态窗口的运行提示为“正在测试”，已测试时间一秒一秒地向上递增。经过一段时间后，被测试断路器自动断开。开始时间、电流比、测试时长、电流值、动作状态显示在测试结果区内，在曲线图上会出现其对应的测试点。

测试过程中也可以点击【人工终止】按钮进行停止该次测试。

左侧区域显示测试电流和分断时间的曲线关系，曲线纵坐标为时间轴（脱扣时间），采用对数坐标，横坐标为电流倍数 I/I_n。

测试结果数值包括：开始时间，电流倍数、测试时长、电流值、动作状态等。

运行提示：表示当前断路器是否处于测试过程中。

已测试时间：直观提示该断路器测试过程已发生的时间，以秒为单位，时间是从 0 向上递增。

断路器准备时间：代表断路器测试的时间间隔，防止因断路器处于热状态，从而影响测试结果。该准备时间会以秒递减，当递减为 0s 时方可测试。否则按测试键开始测试，界面提示“时间未到，请稍候！”，如图 11－6－6 所示。

图 11－6－5　ZAS02 直流断路器安秒特性测试仪断路器开关闭合提示界面

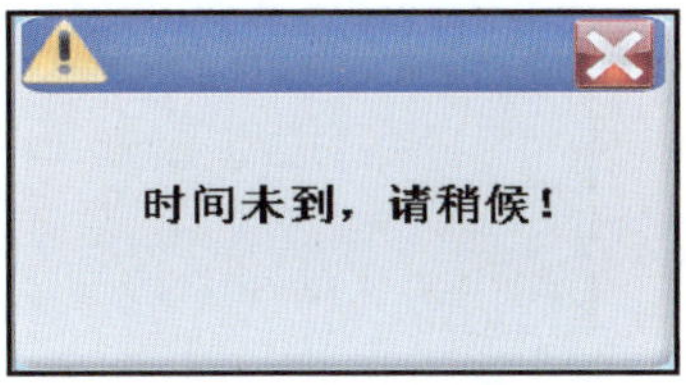

图 11－6－6　ZAS02 直流断路器安秒特性测试仪时间提示界面

如果想重新开始测试，可以点击【清除数据】按钮（注意：要是没有保存清除后，之前测试的数据会被删除）。

测试完所有数据后，记得点击【保存数据】按钮进行数据保存。

2. 全点测试

点击【全点测试】按钮，进入全点测试功能界面，如图 11－6－7 所示。

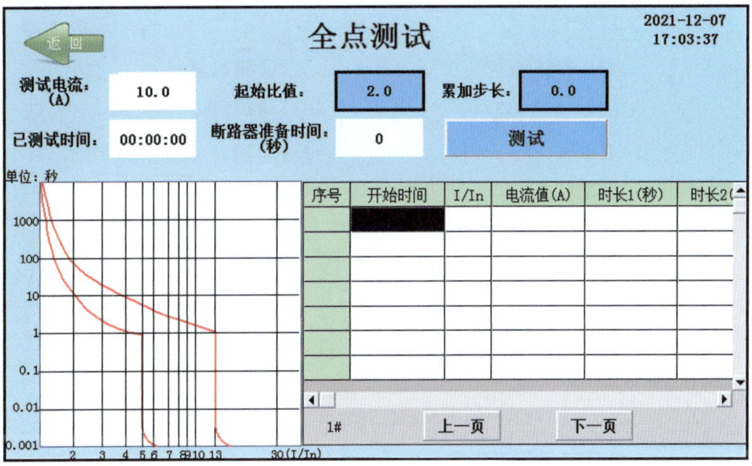

图 11－6－7　ZAS02 直流断路器安秒特性测试仪全点测试界面

在该页面可以设置电流比个数（设置需要测试的次数），起始比值（就是从设置该值开始测试），还有累加步长（在起始比值的基础上加上累加步长作为下一次测试的电流比）。

测试方法和单点测试基本一致，当全部次数测试完成，才能重新修改测试参数，如果中途想修改测试参数，只有测试停止后点击【数据清除】按钮，进行数据清除才能重新设置参数，也就是前面测试的数据会丢失。

3. 回路测试

点击【回路测试】按钮，进入回路测试功能界面，如图 11－6－8 所示。

回路测试测试界面中可以设置五个额定电流值，也就是说，最多只能串五个断路器，输入相应断路器的额定电流，再输入测试电流进行测试，测试完成后，请输入脱扣断路器的位号（1－5）。全部测试完成之后记得点击【保存数据】按钮进行数据保存。

4. 脱扣测试

点击【脱扣测试】按钮，进入脱扣测试功能界面，如图 11－6－9 所示。

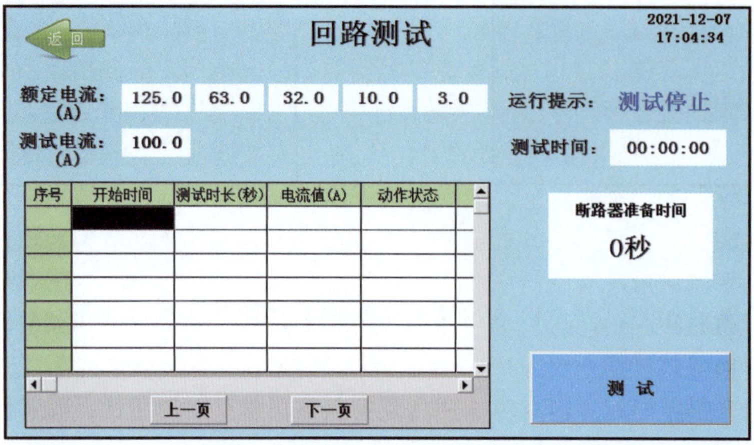

图 11-6-8　ZAS02 直流断路器安秒特性测试仪回路测试界面

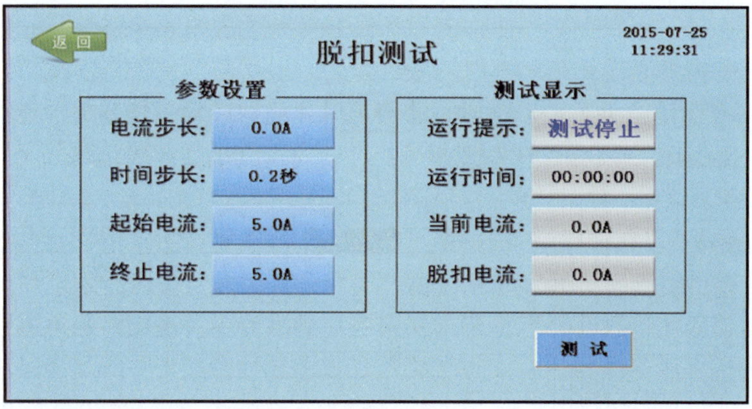

图 11-6-9　ZAS02 直流断路器安秒特性测试仪脱扣测试界面

（1）电流步长：每次电流自动累加值得大小，电流步长可设置范围：0～1000A。

（2）时间步长：每次电流自动增加的时间，时间步长可设置范围：0.2～60s。

（3）起始电流：电流自动增加开始值，可设置范围：5～1000A。

（4）终止电流：电流自动增加结束值，可设置范围：5～1000A。

（5）运行提示：断路器在测试当中界面显示正在测试，测试过程中想停止测试，可以点击【终止按钮】，停止测试。断路器在没有测试界面显示测试停止，点击【测试】即可开始测试。

（6）运行时间：电流开始累加到断路器脱扣的运行时间。

（7）当前电流：即实时显示当前的测试电流值。

（8）脱扣电流：即断路器脱扣电流值。

（9）测试过程：设置好参数，点击测试，电流从起始值自动累加到终止值，直到断路器脱扣为止，并记录脱扣值，测试过程中也可手动终止。

5. 内阻测试

点击【内阻测试】按钮，进入内阻测试功能界面，如图 11-6-10 所示。

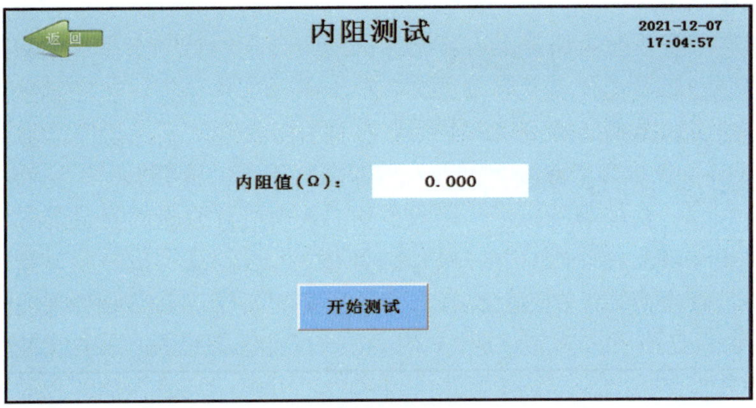

图 11－6－10　ZAS02 直流断路器安秒特性测试仪内阻测试仪界面

点击【开始测试】按钮进行测试，测试需要几秒时间，测试完成就会显示回路内阻值。

（二）记录查询界面描述

在主界面中，点击【记录查询】按钮进入记录查询界面，如图 11－6－11 所示。

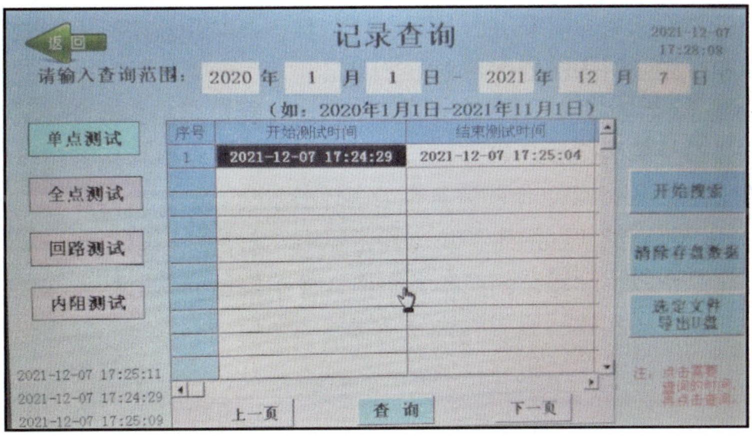

图 11－6－11　ZAS02 直流断路器安秒特性测试仪记录查询界面

输入需要查询的时间段（起始时间—截止时间），在屏幕中间左侧有四个按钮筛选项，分别为单点测试，全点测试、回路测试和内阻测试，请选择需要查询的内容，然后点击【点击搜索】按钮，搜索需要一段时间，如果数据越多，所需要的时间就越长，最多可以显示 30 组数据（也就是最多只能保存 30 组数据，保存数据超过 30 组之后，就开始覆盖前面的数据，从最开始保存的数据开始覆盖），搜索完成之后，在下列的表格之中会显示所有保存的数据（保存的数据是按开始测试时的时间显示这里的），选择你需要查看的数据，点击【查询】图标按钮进行查询，以单点的历史数据为例，弹出如图 11－6－12 所示。

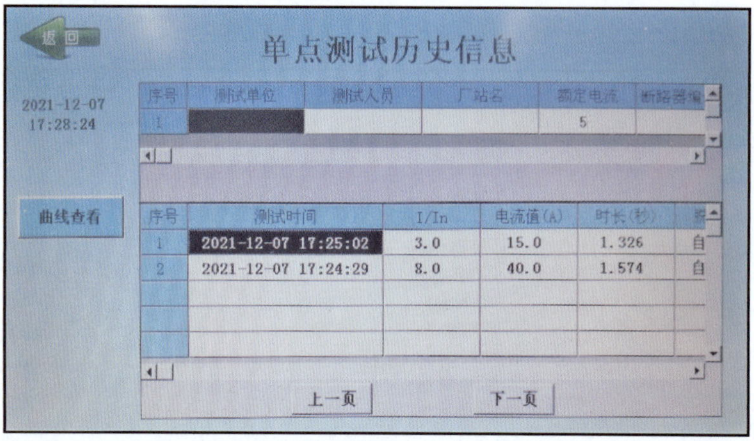

图 11－6－12　ZAS02 直流断路器安秒特性测试仪单点测试历史信息界面

点击【曲线查看】等待的时间也是和数据多少有关系，数据越多等待的时间也就越长如图 11－6－13 所示。

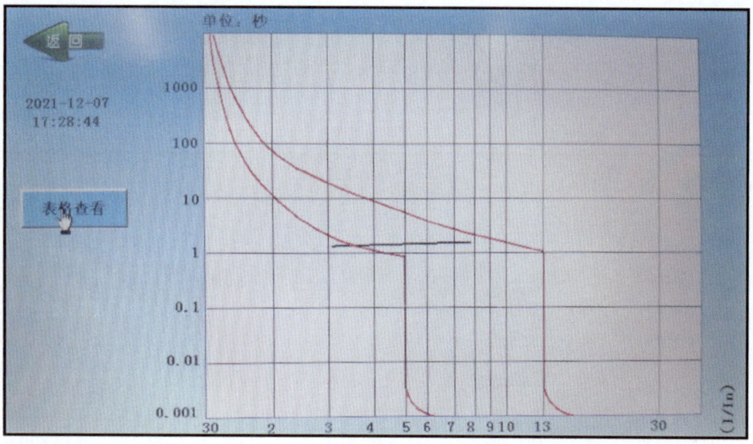

图 11－6－13　ZAS02 直流断路器安秒特性测试仪曲线查看界面

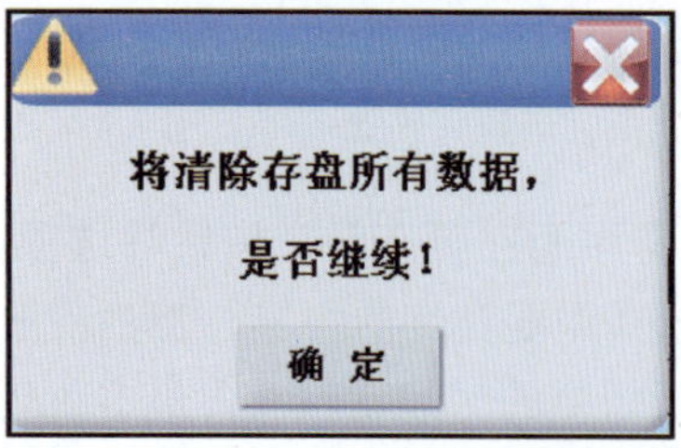

图 11－6－14　ZAS02 直流断路器安秒特性测试仪清除存盘数据界面

在记录查询界面，点击【清除存盘数据】按钮，会弹出“是否清除所以数据”提示对话框如图 11－6－14 所示。点击【确定】，则删除所有数据，点击【关闭】，则取消删除数据。

在记录查询界面，点击【导出到 U 盘】按钮，可以导出单点数据、全点数据、回路数据。在导出数据的过程中请勿拔出 U 盘，等待界面提示导出成功时，才可拔出 U 盘，否则将可能导致数据损坏。导出数据的格式为 Execl 文件，数据可通过 U 盘上传至报表转换工具软件，生成数据报表。

五、报表转换工具说明

将仪器附带的软件安装包，拷贝到电脑上，解压后直接运行文件夹内的“报表转换工具.exe”图标。双击打开显示界面如图 11－6－15 所示。

图 11－6－15　软件主界面

单击【数据导入】菜单项后，会打开数据导入窗口，如图 11－6－16 所示。再单击【浏览文件】按钮，在打开窗口选择需要导入的数据文件，单击打开，如图 11－6－17 所示。

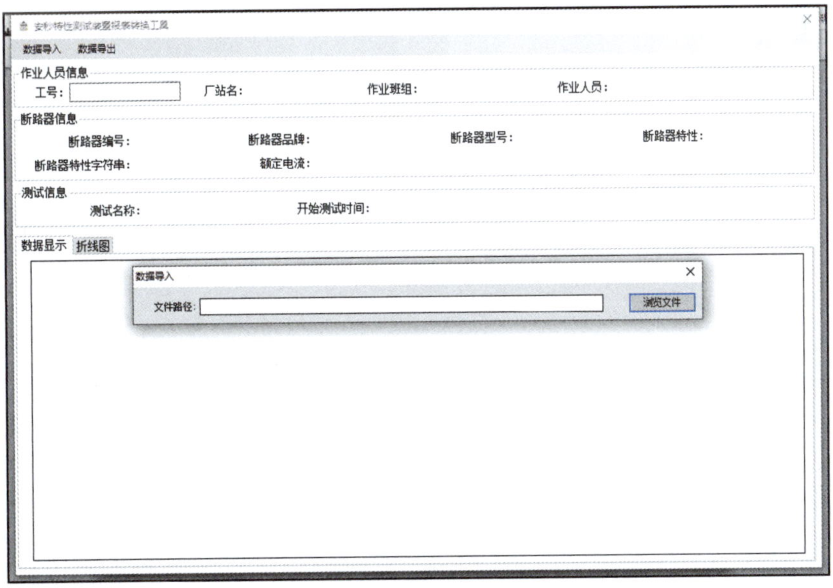

图 11－6－16　数据导入窗口

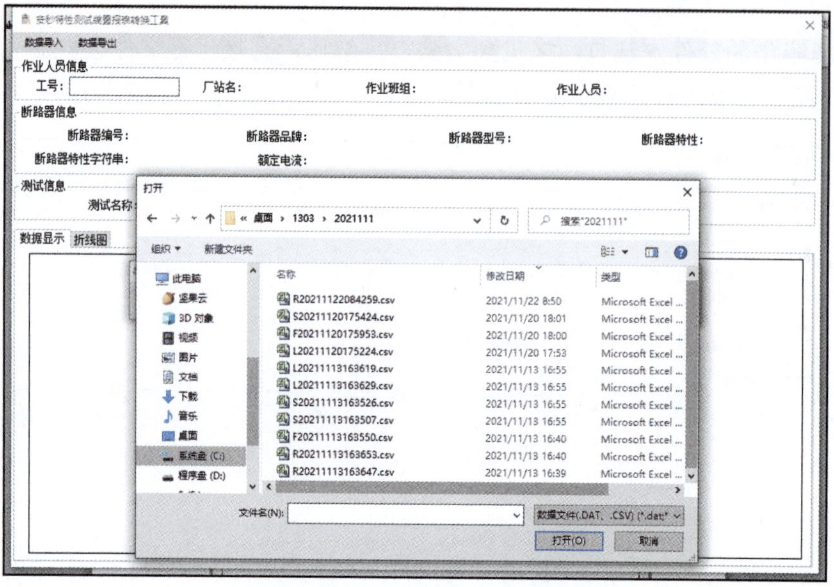

图 11-6-17 数据打开窗口

比如单点数据导入结果如图 112-6-18、图 11-6-19 所示，显示单点测试信息与曲线图。

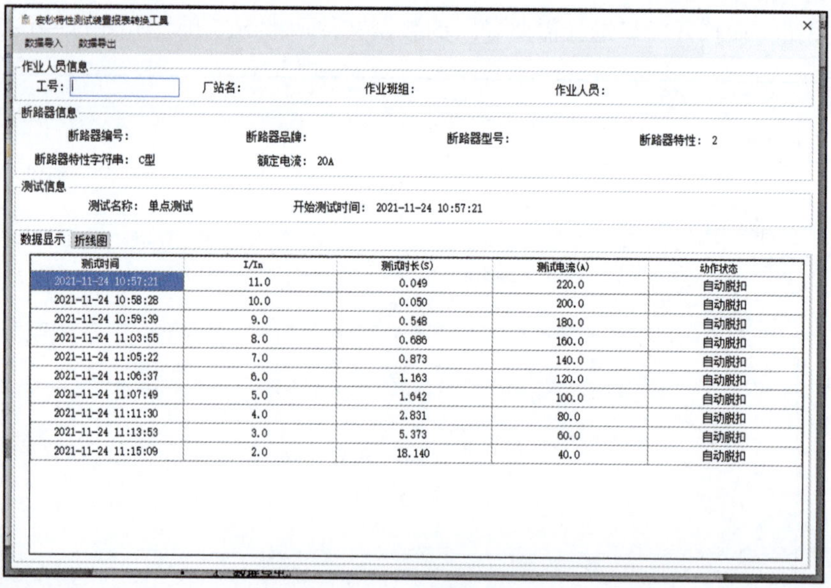

图 11-6-18 数据表格显示

数据导出为 doc 文件，工号要自己输入，也可不输入。在主界面单击【数据导出】按钮，会打开数据导出窗口。打开保存窗口后，选择保存位置，单击【保存】。弹出如图 11－6－20 所示对话框，输入文件名。导出 doc 的内容如图 11－6－21 所示。

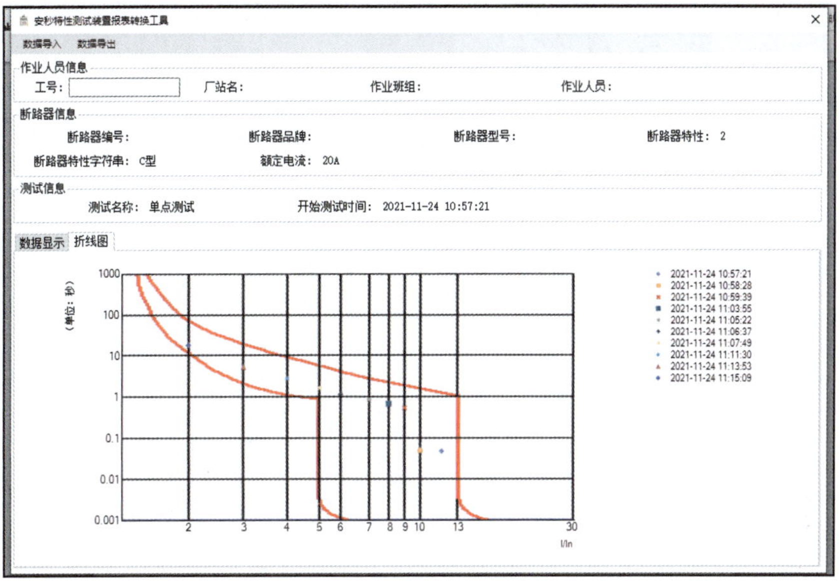

图 11－6－19　数据曲线显示

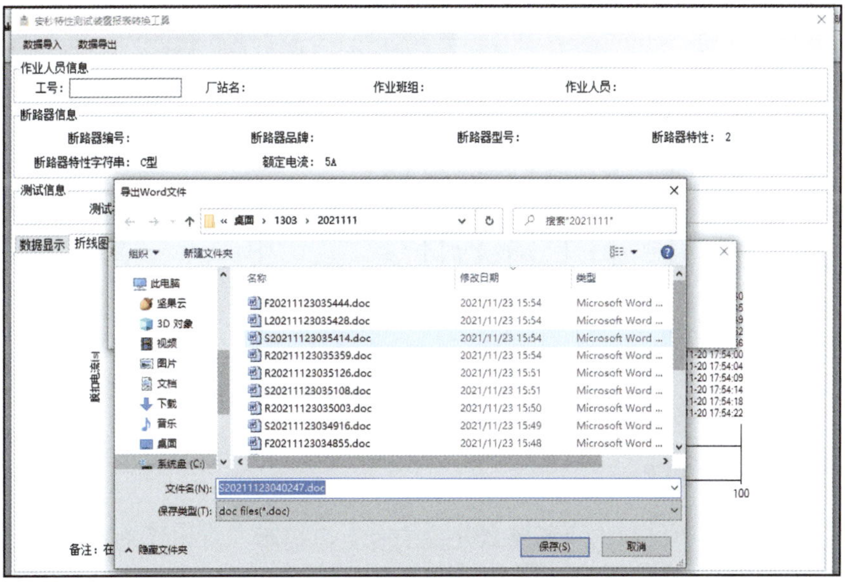

图 11－6－20　数据导出界面

注意：这里使用的是第三方插件导出 doc，如果使用旧版本 wps 打开会出现格式错乱，因为旧版本的 wps 没有兼容 word 创建的 doc 格式文件。请使用从 wps 官网下载的版本号至少为 11.11.0.11115 的 wpsoffice。

直流断路器安秒特性测试试验报告					
变电站		试验人员		试验班组	
断路器编号		断路器名称		型式	C型
额定电流	5A	品牌		型号	
测试类型	单点测试				
试验数据					
序号	测试时间	I/In	测试时长(S)	测试电流(A)	动作状态
1	2021-11-20 17:53:40	1.1	0.340	5.5	自动脱扣
2	2021-11-20 17:53:45	1.1	0.251	5.5	自动脱扣
3	2021-11-20 17:53:49	1.1	0.239	5.5	自动脱扣
4	2021-11-20 17:53:52	1.1	0.235	5.5	自动脱扣
5	2021-11-20 17:53:56	1.1	0.236	5.5	自动脱扣
6	2021-11-20 17:54:00	1.1	0.233	5.5	自动脱扣
7	2021-11-20 17:54:04	1.1	0.231	5.5	自动脱扣
8	2021-11-20 17:54:09	1.1	0.252	5.5	自动脱扣
9	2021-11-20 17:54:14	1.1	0.247	5.5	自动脱扣
10	2021-11-20 17:54:18	1.1	0.235	5.5	自动脱扣
11	2021-11-20 17:54:22	1.1	0.237	5.5	自动脱扣
试验结论					
试验人员签字			日期	年 月 日	
审核人员签字			日期	年 月 日	
批准人员签字			日期	年 月 日	
备注					

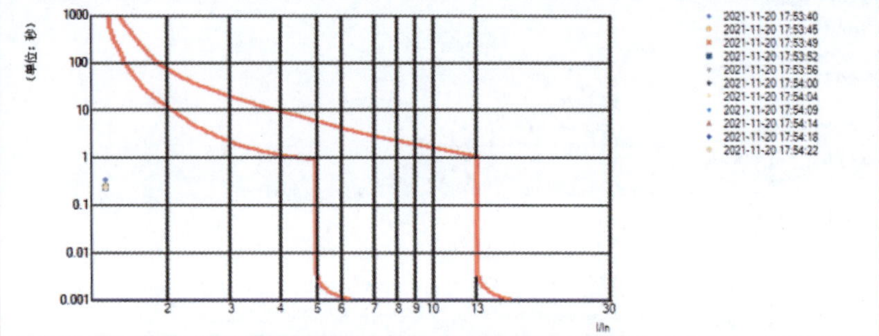

图 11－6－21　导出测试数据

六、异常情况处理

（1）在测试过程中，弹出“断路器开关未合上”提示，点击【确定】后听到接触器吸合的声音，但程序无反应。

处理措施：检查被测试直流断路器是否闭合，若没有闭合，请按测试装置前面板上复位按钮，重新启动测试过程。

（2）在测试过程中，弹出“断路器开关未合上”提示，点击“确定”后没有听到接触器吸合的声音。

处理措施：按测试装置前面板上的复位按钮，重新启动测试过程。

（3）设置测试电流与实际测试电流不一致。

处理措施：这种情况因被测试直流断路器触头接触电阻和连接线电阻引起，属于正常现象，以实测电流为准。

第七节　测　温　仪

一、概述

测温仪能够测量运行设备的温度，对于变电站站用低压交直流设备巡视维护具有重要的作用。本节以FlukeTi32热像仪为例，介绍其主要功能、使用方法、注意事项等。

一切温度高于绝对零度的物体都在不停地向周围空间发出红外辐射能量，物体的红外辐射能量的大小及其波长的分布与它的表面温度有着十分密切的关系。FlukeTi32ThermalImager（以下简称“热像仪”）是用于预防性和预测性维护、设备故障检修、维修验证、建筑检查、修复和补救工作、能量审计以及御寒抗暑等用途的手持式热像仪。

FlukeTi32 采用 Fluke 独有的 IR－Fusion®技术，通过此技术可将全可见光图像（640*480）与每个红外图像融合在一起并一同显示和存储，热图像和可见光图像可以各种融合模式的全热图像或画中画（PIP）图像形式同时显示。

热像仪自带的SmartView®软件可用于根据这些保存的图像进行分析并生成报告。

二、详细规格

详细规格见表11－7－1。

表11－7－1　　详细规格表

温度测量值	－20℃至＋600℃
成像性能	320×240像素
热敏度（NETD）	≤0.045℃（45mK），目标温度30℃
语音附注	每个图像最长60s的录音，可在热像仪上回放
红外相机（使用标准镜头）的最小焦距	15cm
可见光相机的最小焦距	46cm
电池	两个可现场更换的锂离子充电电池组（每组支持热像仪连续工作4h以上）

三、检测环境

红外测温时环境温度不宜低于5℃，空气湿度不宜大于85%，不应在有雷、雨、雾、雪及风速超过0.5m/s的环境下进行检测，天气以阴天、多云为宜，夜间图像质量为佳，户外晴天要避开阳光直接照射或反射进入仪器镜头，在室内或晚上检测应避开灯光的直射，宜闭灯检测。

四、主要组件

FlukeTi32 热像仪的主要组件如图 11－7－1 所示，各组件名称如表 11－7－2。

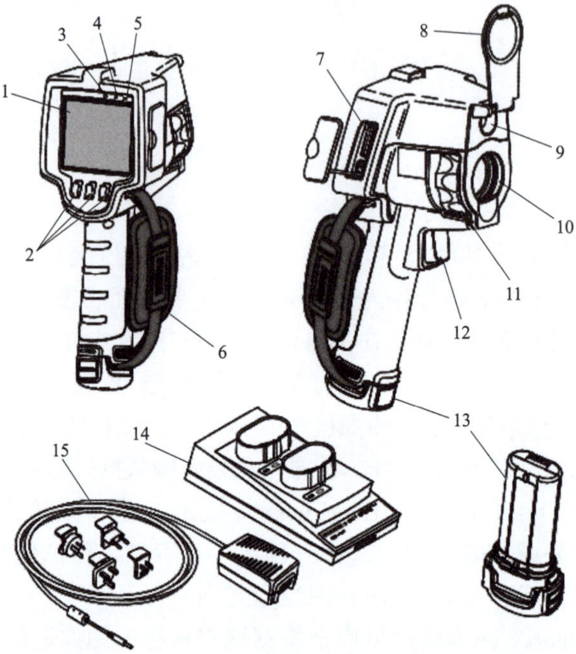

图 11－7－1　FlukeTi32 热像仪的主要组件

表 11－7－2　　FlukeTi32 热像仪的主要组件

1	液晶显示屏（LCD）	6	手带	11	调焦环
2	功能键（F1、F2 和 F3）	7	SD 存储卡/交流电源插孔	12	图像捕获扳机
3	扬声器	8	翻盖式镜头盖	13	锂离子电池组
4	麦克风	9	可见光相机	14	双座充电器
5	自动背光传感器	10	红外镜头	15	交流适配器/电源

五、功能介绍

（一）功能键和图像捕捉扳机

FlukeTi32 热像仪共有三个功能键（F1、F2 和 F3，如图 11－7－2 所示）和一个图像捕获扳机（以下简称扳机，如图 11－7－3 所示），其中：

F2：菜单键；

F1/F3：可以进行相应的选择；

扳机：主要用途是捕获图像，另外快速扣动两次扳机可以实现菜单退出/实时查看功能。

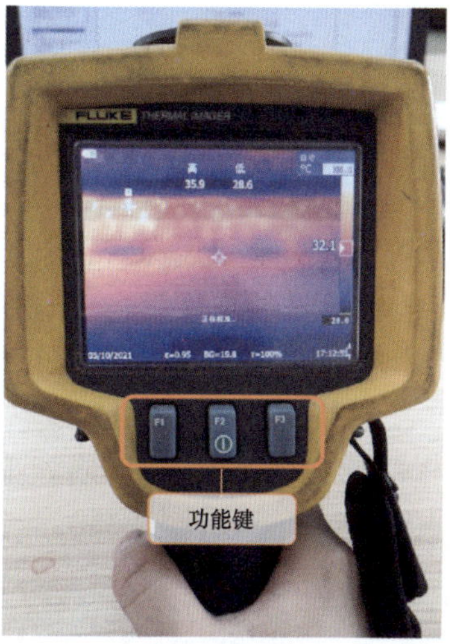

图 11-7-2　FlukeTi32 热像仪三个功能键

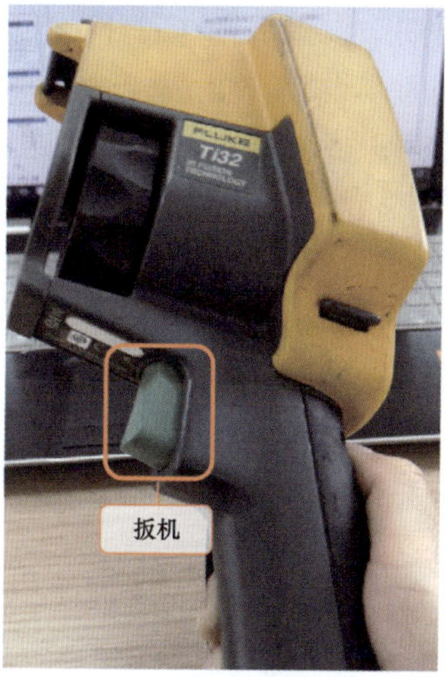

图 11-7-3　FlukeTi32 热像仪三个功能键

（二）菜单功能

FlukeTi32 热像仪菜单与三个功能键（F1、F2 和 F3）配合，可实现的功能有：

（1）浏览：浏览已经捕获并保存的图像，可以删除图像。

（2）范围：自动或手动设置查看温度的范围（水平和跨度）。

（3）调色板：设置“标准”或“UltraContrast”。

（4）红外融合：提供了 6 种 IR-Fusion®设置，其中前三种设置选择画中画（PIP）显示，后三种设置为具有不同可见光混和水平的全屏红外显示。

（5）发射率：给热像仪设置正确的发射率对进行正确的温度测量至关重要，Ti32 热像仪可以针对不同材料的设备，设置不同的发射率。

（6）背景：被测物体表面发射率较低时，设置背景温度可提高很热或很冷物体温度的测量准确度。

（7）报警：Ti32 热像仪可以设置温度报警功能，允许热像仪显示完整的可见光图像，同时仅显示所设报警水平以上的物体或区域的红外信息。

（8）透射率：在热像仪中或 SmartView®软件中调整透射率校正设置，可以提高温度测量的准确度。

（9）点温度：启用或禁用热点和冷点指示符。

（10）设置：可用于设置“背光”“镜头”等，其中，“设置菜单”下的可选项目有：

1）背光：设置自动或全明亮。

2）镜头：长焦镜头和广角镜头，需配合长焦镜头和广角镜头使用。

3）文件格式：设置三种格式.bmp、.jpeg 和.is2，其中.bmp、.jpeg 为常用的图片格式，仅保存热像仪显示屏上显示的图像，.is2 为该品牌热像仪特有的图片格式，可保存所有辐射测量数据、红外图像、IR-Fusion®模式信息、调色板信息、全可见光图像、屏幕设置和所存储图像的录音附注。

4）显示：设置屏幕显示全部信息或者部分信息。

5）日期：设置日期（月/日/年或日/月/年）。

6）时间：设置时间（24时制或12时制）。

7）语言：多种语言可以选择。

8）单位：设置温度的单位（摄氏度或华氏度）。

9）热像仪信息：型号等信息。

10）中间框：正常情况下，屏幕中显示最高温、最低温和平均温，中心框的作用是屏幕中只能显示选定的区域内的最高温、最低温和平均温。

（三）聚焦、捕获、保存图像

FlukeTi32热像仪聚焦、捕获、保存图像功能流程及现场测温图谱如图11-7-4所示。

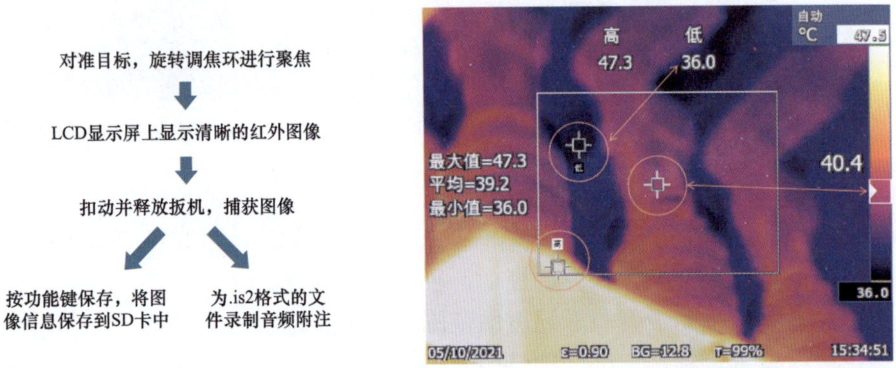

（a）流程　　　　（b）现场实拍

图11-7-4　FlukeTi32热像仪聚焦、捕获、保存图像功能

（四）浏览图像

FlukeTi32热像仪浏览图像功能流程及现场测温图谱如图11-7-5所示。

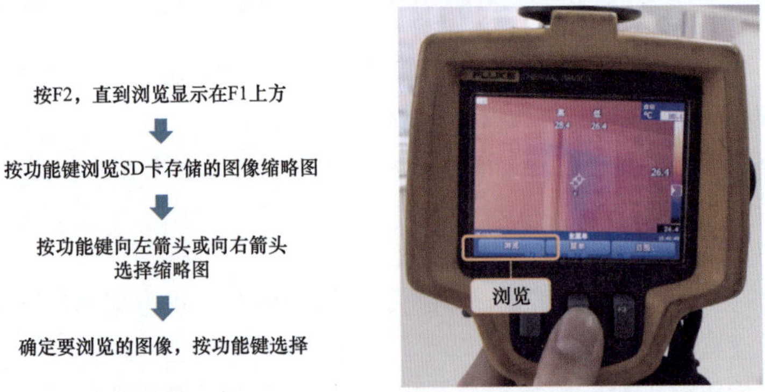

（a）流程　　　　（b）现场实拍

图11-7-5　FlukeTi32热像仪浏览图像功能

（五）为保存的图像添加语音附注

FlukeTi32热像仪为保存的图像添加语音附注功能流程及现场测温图谱如图11-7-6所示。

将文件格式设置为.is2格式

⬇

捕捉到图像之后，选择功能键音频，
再按功能键记录开始录制

⬇

对准热像仪的麦克风口讲话完成录制

⬇

按功能键浏览收听所录制内容

↙ ↘

保存音频附注
（中键-返回后有保存选项，
保存过后音频不可修改）

功能键附加或替换，在存
储图像前修改录制内容

（a）流程

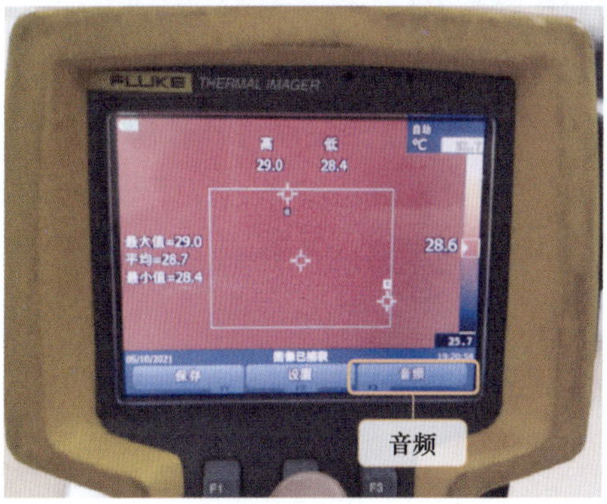

（b）现场实拍1

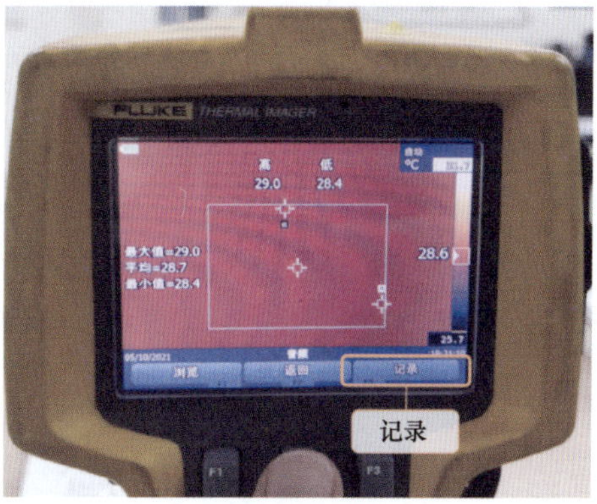

（c）现场实拍2

图 11－7－6　FlukeTi32 热像仪为保存的图像添加语音附注功能

（六）收听语音附注

FlukeTi32 热像仪收听语音附注功能流程及现场测温图谱如图 11－7－7 所示。

按F2，直到浏览显示在F1上方

⬇

按功能键浏览调出存储卡中存储的图像缩略图

⬇

按功能键选择需要查看的具体图像

⬇

按功能键音频，按功能键浏览

⬇

所保存的语音附注将通过热像仪的
扬声器回放出来

（a）流程

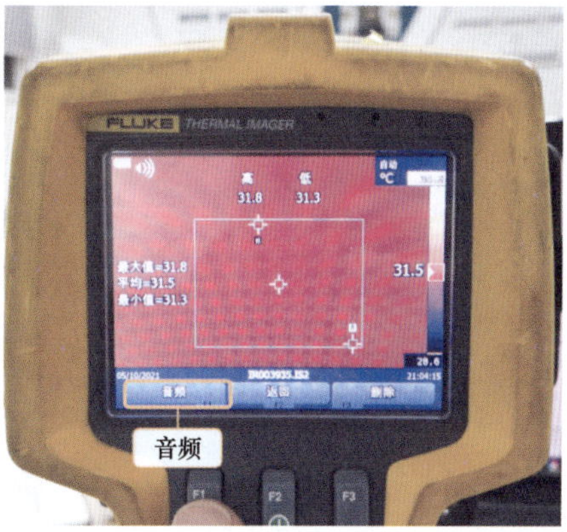

（b）现场实拍

图 11－7－7　FlukeTi32 热像仪收听语音附注功能

（七）设置高温报警

FlukeTi32 热像仪设置高温报警功能流程及现场测温图谱如图 11－7－8 所示。

按F2，直到报警显示在F1上方，按功能键报警

↓

按功能键启用高温报警功能
（按功能键禁用高温报警功能）

↓

启用后，按向上或向下功能键设置高温报警，
即“报警＝** ℃”

↓

结束时按完成

↓

等待主菜单消失，或迅速扣动并释放
扳机两次以返回到实时查看

(a) 流程

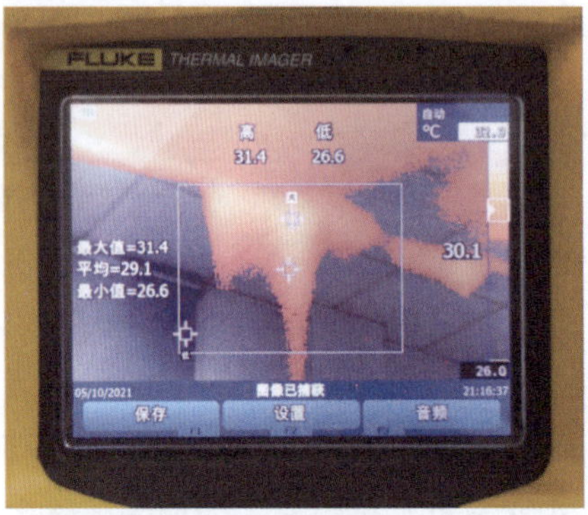

设置高温报警温度为29℃时，仅显示高于
29℃的物体或区域的红外信息

(b) 现场实拍

图 11－7－8　FlukeTi32 热像仪设置高温报警功能

（八）设置 IR－Fusion 和画中画（PIP）

FlukeTi32 热像仪设置 IR－Fusion 和画中画（PIP）功能流程及现场测温图谱如图 11－7－9 所示。

按F2直到红外融合显示在F3上方，
按功能键红外融合显示IR-Fusion®菜单

↓

按功能键向上或向下可在六种IR-Fusion®
设置之间移动

↓

结束时按完成

↓

等待主菜单消失，或迅速扣动并释放
扳机两次以返回到实时查看

(a) 流程

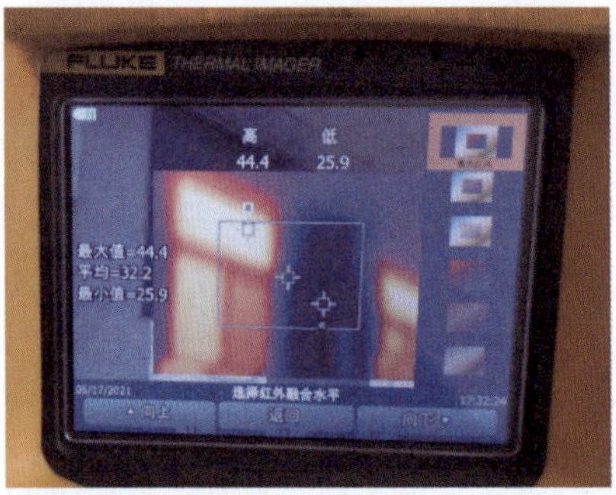

上面三种选项为画中画（PIP）显示：最大红外，
中度红外，最小红外。
下面三种选项为具有不同可见光混和水平的全屏
红外显示：最大红外，中度红外，最小红外。

(b) 现场实拍

图 11－7－9　FlukeTi32 热像仪设置 IR－Fusion 和画中画（PIP）功能

（九）设置发射率

FlukeTi32 热像仪设置发射率流程及现场测温图谱如图 11－7－10 所示、如图 11－7－11 所示。

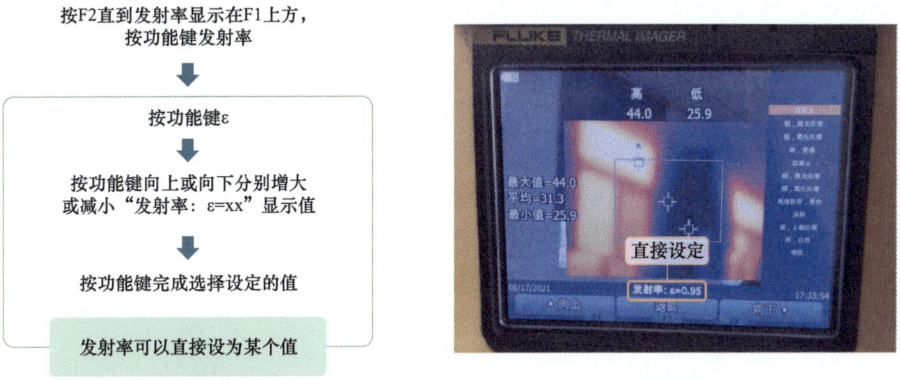

(a) 流程　　(b) 现场实拍

图 11-7-10　FlukeTi32 热像仪设置发射率（固定发射率）

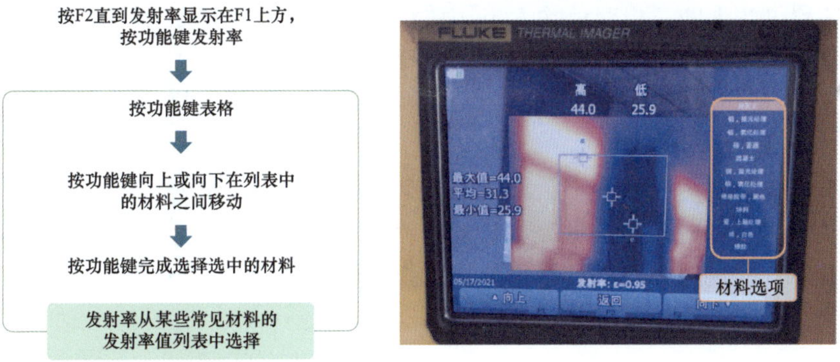

(a) 流程　　(b) 现场实拍

图 11-7-11　FlukeTi32 热像仪设置发射率（常见材料发射率）

六、注意事项

红外测温时环境温度不宜低于 5℃，空气湿度不宜大于 85%，不应在有雷、雨、雾、雪及风速超过 0.5m/s 的环境下进行检测，天气以阴天、多云为宜，夜间图像质量为佳，户外晴天要避开阳光直接照射或反射进入仪器镜头，在室内或晚上检测应避开灯光的直射，宜闭灯检测。

（1）待测设备处于运行状态。

（2）精确测温时，待测设备连续通电时间不小于 6h，最好在 24h 以上。

（3）待测设备上无其他外部作业。

（4）应在良好的天气下进行，如遇雷、雨、雪、雾不得进行该项工作，风力大于 5m/s 时，不宜进行该项工作。

（5）检测时应与设备带电部位保持相应的安全距离。

（6）进行检测时，要防止误碰误动设备。

（7）行走中注意脚下，防止踩踏设备管道。

（8）应有专人监护，监护人在检测期间应始终行使监护职责，不得擅离岗位或兼任其他工作。

第八节　直流系统综合测试仪

直流系统综合测试仪的主要作用是综合测试直流系统的各项参数，一般具有综合测试、稳压、稳流、纹波精度测量、数据分析等功能，以确保系统的稳定和安全运行。本节以 CFDC 直流系统综合测试仪为例，介绍其主要功能、使用方法、注意事项等。

一、装置结构及主要技术参数

CFDC 直流系统综合测试仪能够实现对直流电源的充电机、蓄电池的各项技术指标进行检测。

（1）装置可实现的三相交流输入电压调整，其范围为 380V±15%；检测数据精度≤0.5%；汉化液晶显示，可打印测试结果；且人机对话方便。

（2）该装置在设计上采用模块化组合结构，体积小、重量轻，方便车载运输及在各变电站移动检测。

（3）装置由系统主机装置、交流电压调整装置组成，如图 11－8－1 所示。采用微型计算机控制技术，通过调节被试充电机的交流输入电压及输出负载，同时系统主机自动进行采样计算，实现对充电机及蓄电池技术指标的检测。

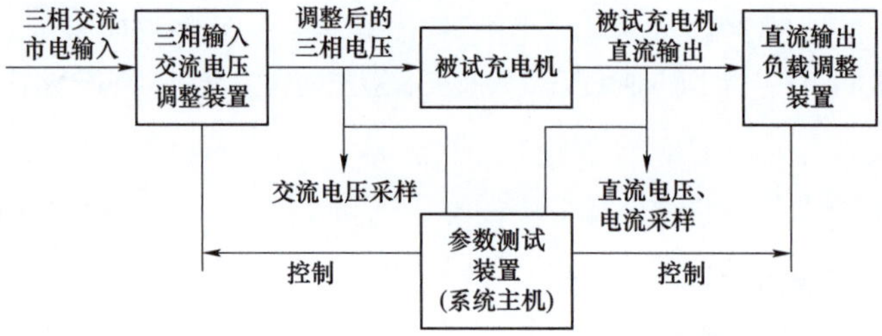

图 11－8－1　CFDC 直流系统综合测试仪测试原理图

（4）可备份历史测试记录。

（5）主机面板布置如图 11－8－2 所示。

1）U 盘连接端口。

2）控制输出该接口控制调压装置自动调压。

3）电源开关。

4）电源插座（带保险）保险为 250V/3A。

5）通信接口装置与上位机数据通信和控制接口，也是装置升级接口。

6）U_+、U_-直流负载接线柱。

7）直流断路器。

（6）CFDC 直流系统综合测试仪主要技术参数有以下几方面：

1）工作电源：交流 220V±15%，频率 50Hz。

2）功率消耗：整机不大于 50W。

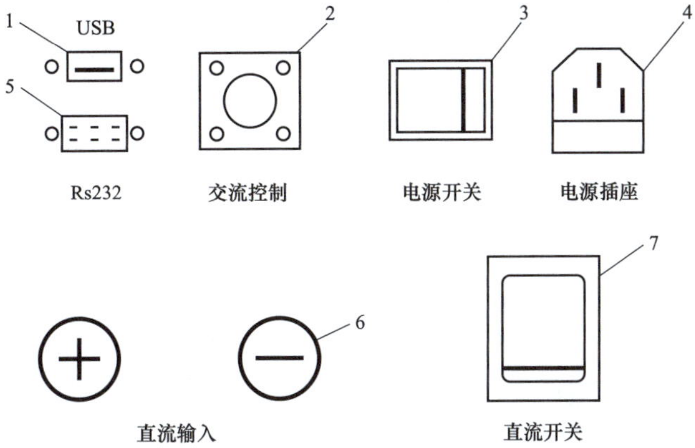

图 11-8-2　CFDC 直流系统综合测试仪主机面板布置图

3）环境温度：−20～−+55℃。

4）三相调压装置额定功率：15kVA，额定电流：25A。

5）额定放电电流：≤80A（电流可定做）。

6）电压测量精度：≤0.2%。

7）电流测量精度：≤0.5%。

8）外形尺寸及重量：测试仪尺寸：500×360×420（mm）；重量：15kg。

三相调压装置尺寸：260×350×600（mm）；重量：18kg。

9）适用电压等级：110V 和 220V。

10）数据记录：内存大于 256M。

11）接口方式：USB 和 RS232 同时自带。

12）工作时间：连续不间断。

二、装置主要功能及特点

（一）主要特点

（1）全自动型测试，装置按菜单方式完成各种试验功能。

（2）主机系统采用新型高速工业 PC 机做处理器及大规模集成电路（CPLD），可靠性高，性能优良。

（3）自带大屏幕图形 LCD、5.6 寸彩屏，全汉化图形界面，操作简单，使用方便。

（4）采用三相自动数控调压器，输出精度高、功率大，电压稳定度高。

（5）采用新型大功率功耗器件为负载，负载能力强，精度高，体积小，重量轻，放电无明火。结构上采用一体化设计，携带方便。

（6）负载电阻采用 8421 码有序排列，可任意组合为用户所需的负载。

（7）放电过程中，放电电流始终保持不变。

（8）仅用三键完成设定，直接输入数字，现场打印，并具有 RS232 和 USB 接口。

（9）完善的上位机功能，具有分析，数据保存，对比确定故障功能。

（二）主要功能

1. 电压稳定精度及纹波系数测试功能

测试原理：按照 DL/T 459—2000《电力系统直流电源柜订货技术条件》规定，充电浮充电装置在浮充电（稳压）状态下，交流输出电压在其额定值的＋15%、－10%的范围内变化，输出电流在其额定值的 0～100%范围内变化，输出电压在其浮充电压调节范围的任一数值上保持稳定，其稳压精度应符合如表 11－8－1 内规定。

表 11－8－1　充电装置稳压精度规定

项目名称 \ 充电浮充电装置类别	磁放大型	相控型		高频开关电源型
		Ⅰ	Ⅱ	
稳压精度	≤±5%	≤±0.5%	≤±1%	≤±0.5%
稳流精度	≤±2%	≤±1%	≤±2%	≤±1%
纹波系精度	≤1%	≤1%	≤±1%	≤0.5%

注：Ⅰ、Ⅱ表示浮充电装置的精度分类

$$\delta_u = \frac{U_m - U_z}{U_z} \times 100\% \tag{11-1}$$

式中：

δ_u——稳压精度；

U_m——输出电压波动极限值；

U_z——输出电压整定值。

按照 DL/T 459—2000《电力系统直流电源柜订货技术条件》规定，充电浮充电装置在浮充电（稳压）状态下，交流输出电压在其额定值的＋15%、－10%的范围内变化，输出电流在其额定值的 0～100%范围内变化，输出电压在其浮充电电压调节范围的任一数值上，测得负载电阻两端的纹波系数均也应符合上表规定。

$$X_{PP} = \frac{U_{PP}}{U_{dc}} \times 100\% \tag{11-2}$$

式中：

X_{PP}——纹波峰值系数；

U_{PP}——输出电压交流峰值，即纹波峰值；

U_{dc}——直流输出电压平均值。

测试方法：在“电压稳定精度参数设置”界面中设置负载电流、直流整定电压、稳压精度规定值、纹波系统规定值等参数，按开始键，装置自动按程序进行测试，并将测试结果显示在界面上。

2. 电流稳定精度测试功能

测试原理：按照 DL/T 459—2000《电力系统直流电源柜订货技术条件》规定，充电浮充电在浮充电（稳流）状态下，交流输出电压在其额定值的+15%、-10%的范围内变化，输出电压在充电电压调节范围内变化，输出电流在其额定值的 20%～100%范围内变化任一数值上保持稳定，其稳流精度符合上表规定。

$$\delta_i = \frac{l_m - l_z}{l_z} \times 100\% \tag{11-3}$$

式中：

δ_i——稳流精度；

l_m——输出电流波动极限值；

l_z——交流输入电压为额定值且充电电压在调整范围内的中间值时，充电电流测量值。

测试方法：在“电流稳定精度参数设置”界面中设置直流电流整定值、充电电压、负载电流、稳流精度等参数，按【开始】键，装置自动按程序进行测试，并将测试结果显示在界面上。

3. 放电测试功能

用户仅需在“放电参数设置”界面中设置电池组容量、直流电压、终止放电电压、放电电流、放电时间等参数，装置按设定参数进行放电，并记录放电全过程，放电完成后，根据记录描述放电曲线及保存所有的放电过程的技术参数。

在放电过程中，参照放电前所设置的最低报警电压参数，放电过程中如电池组端电压小于报警电压，装置在界面显示报警信息。

若在放电过程中，参照放电前所设置的最低终止放电电压参数，如电池组端电压小于终止电压，为防止过放电，程序即可终止放电，装置在界面显示报警信息。

若在放电过程中，如用户需要终止放电可在界面选择【终止放电】键，程序即可终止放电。

4. 限流测试功能

不同的充电机在不同的限流状态进行测试，可以测试限流状态。

5. 限压测试功能

不同的充电机在不同的限压状态进行测试，可以测试限压状态。

6. 效率测试功能

不同的充电机在额定交流电压进行测试，可以测试充电机效率。

7. 三相不平衡测试功能

在额定交流电压进行测试，可以测试不同调压器输出的不平衡度。

8. 时钟显示及对时功能

仪器自带时钟并可以具有对时调节功能。

9. 电压选择功能

实时交流电压选择，根据不同的用户的实际测量需要，在测试 90%～110%的实际输入交流电压时，依用户的需要进行数值输入就可以测量，不要做任何改动。

10. 满足所有类型的充电机

本装置完全满足不同类型的充电机，如高频电源，相控电源等。

11. 波形显示功能

本装置采用目前国内外最新型的 PC104 主机，具有强大有功能，能准确测量外，还新增了波形显示功能，具有波形分析，显示，记录等功能。

三、装置操作方法

接通装置交流 220V 电源，打开面板上的电源开关，液晶屏蓝色背光亮，装置进入自检、CPU 进入系统，显示开机界面。

（一）开机界面

开机界面如图 11-8-3 所示。

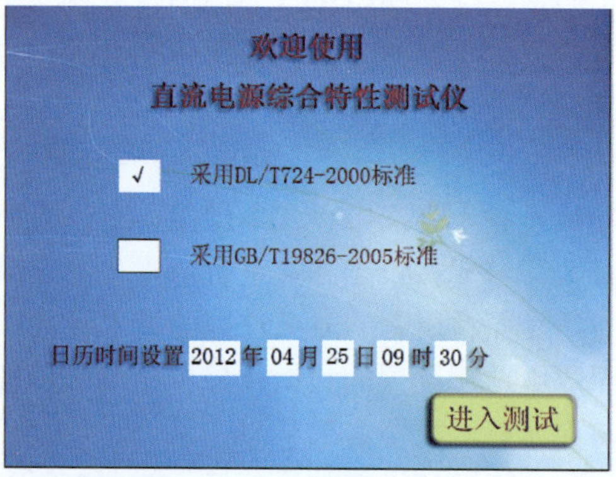

图 11-8-3　CFDC 直流系统综合测试仪开机设置界面

（1）本机采用的是触摸液晶屏，直接通过点击白色选框对相应的功能进行设置。

（2）标准选择：通过点击白色选框选择不同的标准（目前只采用 DL/T 724—2000 标准）。

（3）日历时间设置：如果仪器时间不对就可以对时间进行调节设置，点击白色选框，出现数字键盘，如图 11-8-4 所示。点击选择需要的数字，完成后点击【确认】退出，不点击【确认】无法退出。选择过程中可以通过点击【退格】对错误的数字进行修改，以下数字键盘操作方式都以此为标准。

图 11-8-4　CFDC 直流系统综合测试仪时间设置

（4）进入测量参数选择：设置完了以上的数据，点击【进入测试】，进入测量参数选择界面。

（二）测量参数选择界面

这个界面是对系统的直流电压类型和测试类型进行选择，如图 11-8-5 所示。

（1）直流电压类型：点击白色选框选择需要的类型。

（2）测试类型：如果点击【逐一测试】，系统只会进行一次（电流设定值）测试。如果点击【连续测试】，系统会在不同直流输出电流进行调试。进入交流电压选择界面。

（三）交流电压选择界面

本界面可以选择不同的交流电压，如图 11－8－6 所示。

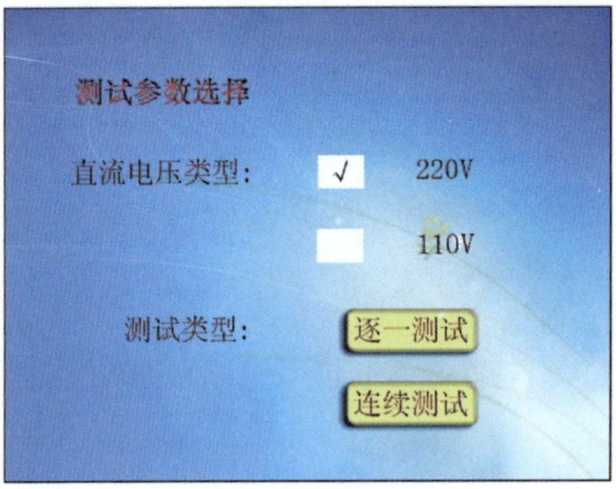

图 11－8－5　CFDC 直流系统综合测试仪测量参数选择界面

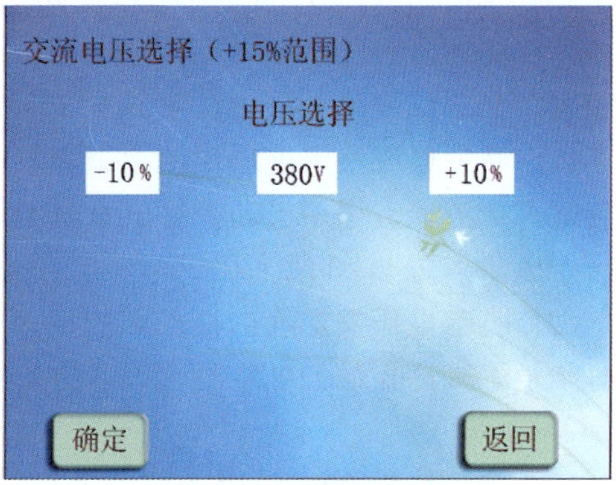

图 11－8－6　CFDC 直流系统综合测试仪交流电压选择界面

（1）如果是逐一调试，系统会进行对五种电压分别为 380V 的 90%，95%，100%，105%，110%电压进行调试。

（2）如果是连续调试，系统会进行对三种电压分别为 380V 的 90%，100%，110%电压进行调试。

（3）点击【确定】进入主菜单界面，点击【返回】进入测量参数选择界面。

（四）测试信息设置

测试信息包含厂站名称、充电机厂家、充电机型号、充电机编号、模块编号。根据不同的测试设备设置，如图 11－8－7 所示。

（五）主菜单界面

主菜单有放电测试、稳压纹波精度测试、电流稳定精度测试、放电特性测试、可选功能测试、系统功能设置、电脑控制操作、历史数据查询、返回到开机设置功能选择。用户可通过点击进入该项的子菜单。下面介绍各菜单的测试，如图 11－8－8 所示。

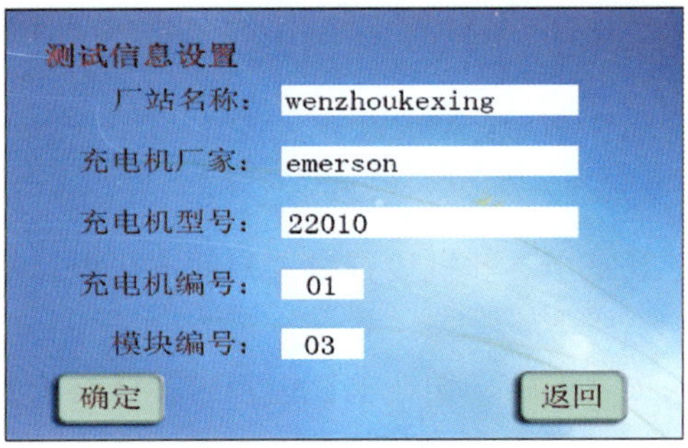

图 11－8－7　CFDC 直流系统综合测试仪测试信息设置

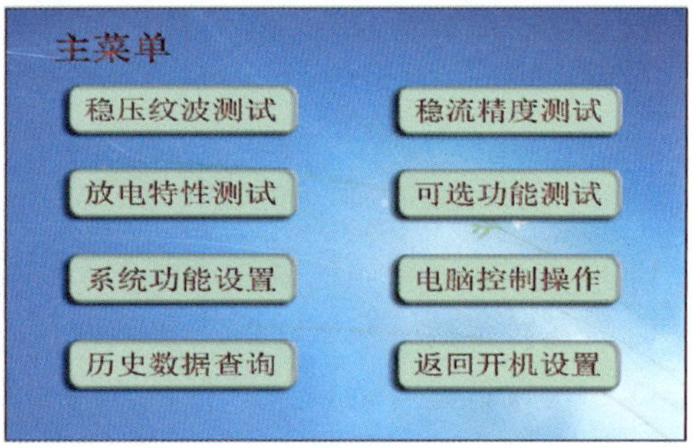

图 11－8－8　CFDC 直流系统综合测试仪主菜单界面

（六）稳压精度参数设置界面

连接主装置与调压装置的联络线，将调压装置上的输入端接入三相四线市电，输出端接在直流电源充电机的输入端子上，主装置上的“+”端子（红色）接直流电源的正极，“-”端子（黑色）接直流电源的负极，合上主装置电源开关、三相调压装置的空气开关，三相调压装置指示灯亮，进入稳压纹波精度测试。首先用户需对界面上的参数进行设置，稳压纹波精度参数设置界面如图 11-8-9 所示。

（1）负载电流整定值：做此项试验时，被测系统的直流电源系统所需的负载，用户只需输入电流值，程序自动计算出负载电阻值，并将其接通。范围在 0A 至 30A，例如设置 10A，点击 1，0 两个按键，然后直接点击【确定】即可。

（2）直流电压整定值：被测试的直流电源系统的输出电压在其浮充电电压调节范围的任一值。缺省值为 220V，范围在 180V 至 260V，缺省值为 110V，范围在 80V 至 140V 之间。

（3）稳压精度规定值：指直流电源系统出厂时规定值，缺省值为 0.5%。（行标、国标）

（4）纹波系数规定值：指直流电源系统出厂时规定值，缺省值为 0.5%。（行标、国标）

（5）稳定精度测试时间：指测试过程中，采样计算时间，默认值为 20s，范围为 10～100s。

（6）充电模块编号：为方便记录，根据用户需求设置。

（7）点击【开始】开始试验，如果是逐一测试，如图 11-8-10 所示。如果是连续测试，如图 11-8-11 所示。

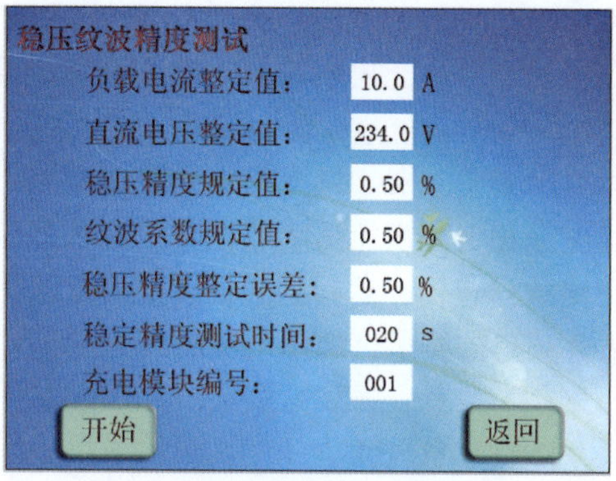

图 11-8-9　CFDC 直流系统综合测试仪稳压纹波精度参数设置界面

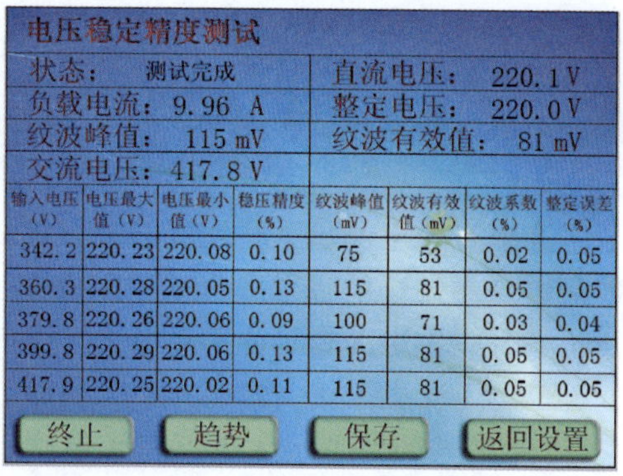

图 11-8-10　CFDC 直流系统综合测试仪电压稳定精度测试界面（逐一测试）

（8）该试验三相调压装置的起始试验电压既是当时开机设置时选择的电压值，每次试验时间和稳定精度测试时间为整定时间值。

（9）完成试验时装置同时将试验结果填入该表格中，如在测试过程中按【终止】确认键，程序停止该项试验。

（10）试验完成，状态栏上显示“测试完毕”，报警栏上显示：“正常终止”，终止键亮起。

（11）若用户需返回上级菜单时，必须先点击【终止】按键终止测试，再点击【返回设置】。

（12）如用户需要再做其他项目试验，点击【返回】，返回上级菜单，直至进入主菜单做其他项目试验设置其值，重复试验。

（13）测试结束后，点击【趋势】，用户可查看该项试验过程中电压的波形变化情况。

（14）若需要保存数据，点击【保存】，出现图 11－8－12 所示。点击【确定】，进入保存界面，点击【取消】，则不进行保存操作。

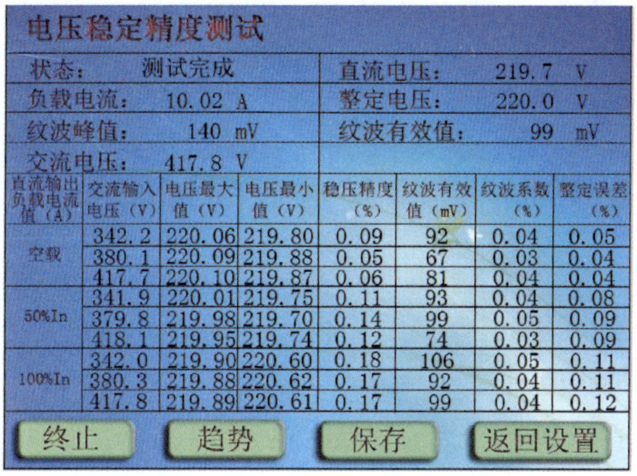

直流输出负载电流值（A）	交流输入电压（V）	电压最大值（V）	电压最小值（V）	稳压精度（%）	纹波有效值（mV）	纹波系数（%）	整定误差（%）
空载	342.2	220.06	219.80	0.09	92	0.04	0.05
	380.1	220.09	219.88	0.05	67	0.03	0.04
	417.7	220.10	219.87	0.06	81	0.04	0.04
50%In	341.9	220.01	219.75	0.11	93	0.04	0.08
	379.8	219.98	219.70	0.14	99	0.05	0.09
	418.1	219.95	219.74	0.12	74	0.03	0.09
100%In	342.0	219.90	220.60	0.18	106	0.05	0.11
	380.3	219.88	220.62	0.17	92	0.04	0.11
	417.8	219.89	220.61	0.17	99	0.04	0.12

图 11－8－11　CFDC 直流系统综合测试仪电压稳定精度测试界面（连续测试）

图 11－8－12　CFDC 直流系统综合测试仪保存数据界面

（七）电流稳定精度测试

接线方式、测试过程同“电压稳定精度测试”一样，首先对参数进行设置。直流电流整定值：指被测试的直流电源系统输出电压在充电电压调节范围内变化，输出电流在其额定值的 20%～100%范围内变化任一值。充电机工作在稳流状态下测量。进入界面，电流稳定精度参数设置界面如图 11－8－13 所示。

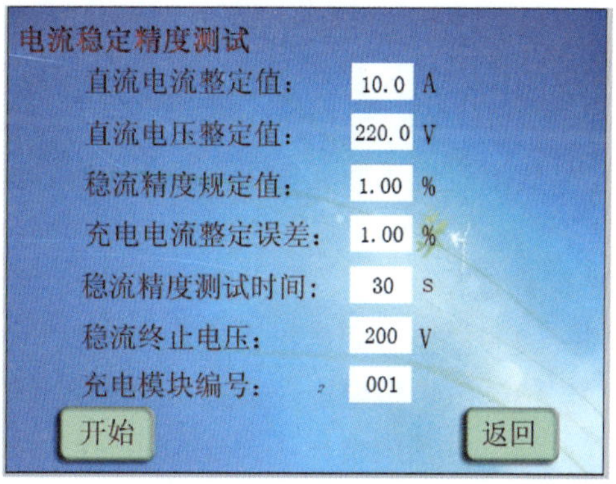

图 11－8－13　CFDC 直流系统综合测试仪电流稳定精度测试

（1）负载电流整定值：指做此项试验时，被测系统的直流电源系统所需的负载。缺省值为 00A，范围在 0～30A。

（2）直流电压整定值：被测试的直流电源系统的输出电压在其浮充电电压调节范围的任一值。缺省值为 220V，范围在 180～260V，缺省值为 110V，范围在 80～140V 之间。

（3）稳流精度规定值：指直流电源系统出厂时规定值，缺省值为 0.5%。但是行标中规定为 1%，试验过程中，只要不超过 1%既为合格。

（4）充电电流整定误差：指直流电源系统出厂时规定值，行标中规定为 1%，试验过程中，只要不超过 1%既为合格。

（5）充电模块编号：为方便记录，根据用户需求设置。

（6）点击【开始】键开始试验，装置将试验结果填入该表格中，如在测试过程中按面板【确认】键，程序停止该项试验。如果是逐一测试电流稳定精度，界面如图 11－8－14 所示，如果是连续测试，界面如图 11－8－15 所示。

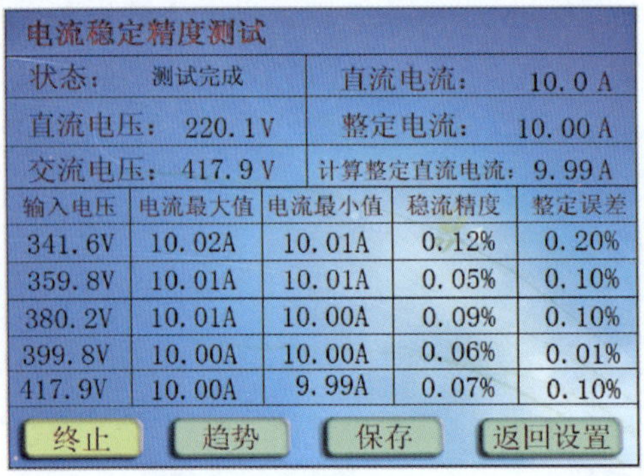
电流稳定精度测试
状态：测试完成
直流电流：10.0 A
直流电压：220.1 V
整定电流：10.00 A
交流电压：417.9 V
计算整定直流电流：9.99 A
输入电压 | 电流最大值 | 电流最小值 | 稳流精度 | 整定误差
341.6V | 10.02A | 10.01A | 0.12% | 0.20%
359.8V | 10.01A | 10.01A | 0.05% | 0.10%
380.2V | 10.01A | 10.00A | 0.09% | 0.10%
399.8V | 10.00A | 10.00A | 0.06% | 0.01%
417.9V | 10.00A | 9.99A | 0.07% | 0.10%
终止
趋势
保存
返回设置

图 11－8－14　CFDC 直流系统综合测试仪电流稳定精度测试界面（逐一测试）

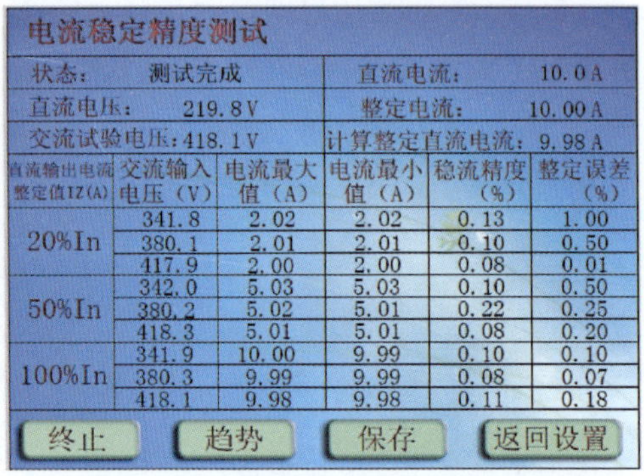
电流稳定精度测试
状态：测试完成
直流电流：10.0 A
直流电压：219.8 V
整定电流：10.00 A
交流试验电压：418.1 V
计算整定直流电流：9.98 A
直流输出电流整定值IZ(A) | 交流输入电压（V） | 电流最大值（A） | 电流最小值（A） | 稳流精度（%） | 整定误差（%）
20%In | 341.8 | 2.02 | 2.02 | 0.13 | 1.00
380.1 | 2.01 | 2.01 | 0.10 | 0.50
417.9 | 2.00 | 2.00 | 0.08 | 0.01
50%In | 342.0 | 5.03 | 5.03 | 0.10 | 0.50
380.2 | 5.02 | 5.01 | 0.22 | 0.25
418.3 | 5.01 | 5.01 | 0.08 | 0.20
100%In | 341.9 | 10.00 | 9.99 | 0.10 | 0.10
380.3 | 9.99 | 9.99 | 0.08 | 0.07
418.1 | 9.98 | 9.98 | 0.11 | 0.18
终止
趋势
保存
返回设置

图 11－8－15　CFDC 直流系统综合测试仪电流稳定精度测试界面（连续测试）

（7）试验完成，状态栏上显示“测试完毕”，报警栏上显示：“正常终止”。

（8）若需要保存数据，请参照稳压保存数据方式。

（9）测试结束后点击稳流【趋势】按键，可看到电流曲线图。

（10）返回设置，需要终止测试后才能回到电流稳定精度参数界面。

（11）如用户需要再做其他项目试验，按【返回】键，返回上级菜单，直至进入主菜单做其他项目试验设置其值，重复试验。

（八）放电测试

放电设置页面如图 11－8－16 所示。

（1）放电电流：指蓄电池按 0.1C 放电时的电流值（0～30A，最大值以本仪器负载设置有关）。

（2）放电时间：指蓄电池规定放电时间。

（3）放电报警电压：在放电过程中，为防止整组电池过放电，提示用户电压值。

（4）终止放电电压：在放电过程中为防止整组电池过放电而终止放电全过程设置的电压值。

（5）采样间隔：记录一组数据的时间，如果低于（放电时间/20）h，将提早结束放电。

（6）点击【开始】位置按键开始试验。

（7）在确定无需外接采样放电后，只需完成“放电电流，放电时间，放电报警电压，终止放电电压”的放电参数设置，然后进入放电过程，界面显示放电参数，放电参数测试界面如图 11－8－17 所示。程序界面实时显示：电池组端电压、放电电流、已放电容量等参数。并每半个小时记录一次电池组端电压及放电电流并在放电参数测试界面中显示。

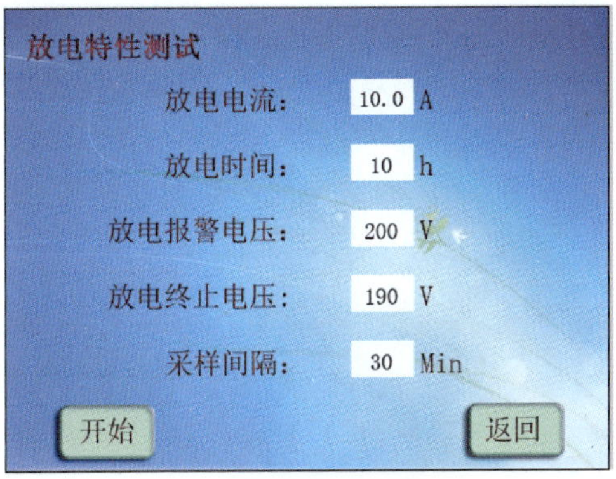

图 11－8－16　CFDC 直流系统综合测试仪放电设置页面

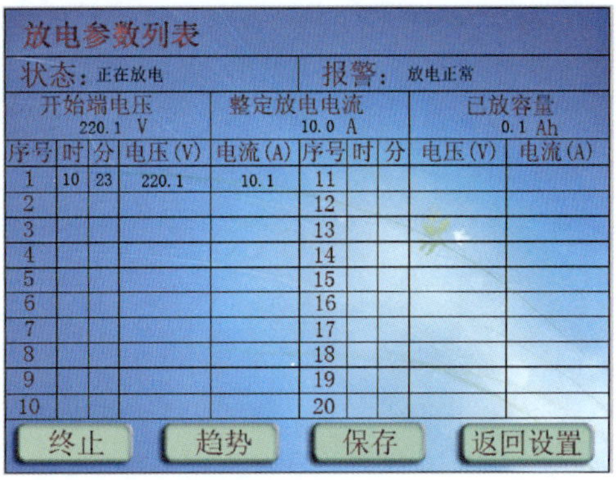

图 11－8－17　CFDC 直流系统综合测试仪放电数据页面

（8）自动终止测试。若在设定的时间内完成放电，则状态栏显示测试完毕，报警栏上显示正常终止，若电压到放电报警电压，报警栏显示报警，每隔采样时间记录一次时间放电电流，端电压等数据。放电结束后点击【趋势】，界面显示放电曲线。

（9）手动终止测试。如果在测试过程中遇到其他问题，需要手动终止放电，按【终止放电】，仪器进入手动终止，界面状态栏显示“手动终止测试”，停止放电。

（10）返回设置，需要终止测试后才能回到电流稳定精度参数界面。

（11）放电过程中电池组电压低于报警电压值，则报警信息栏显示低压报警，若用户按终止放电，则状态栏中显示：报警人工终止。

（12）放电过程中电池组电压低于终止电压值，则立即自动终止放电。

（九）限流特性测试

连接直流负载的充电装置在稳压状态下运行，调整直流负载，在直流输出电流超过限流整定值时，应能自动降低直流输出电压的增加，使其直流输出电流减小到限制电流以下。

测试方法：连接直流负载的被测充电装置，在交流输入电压为额定值时，设定充电装置输出限流值并将其置于浮充工作方式，待被测充电装置工作稳定后（约几 min），程序调节直流负载使被测充电装置输出直流电流超过限定值，当直流输出电压开始自动下降并使直流输出电流逐步减小时，读取及判别测得对应的实际限流值是否符合要求。进入限流特性参数设置如图 11－8－18 所示，首先对参数进行设置。

（1）直流电流整定值：指被测试的单个充电模块能正常工作的最大电流值，缺省值为 30A，范围在 0～30A。

（2）直流电压整定值：指被测试的单个充电模块电压在充电电压调节范围内变化的输出值，缺省值为 220V，范围在 190～250V，缺省值为 110V，范围在 80～140V。

（3）如在测试过程中按面板【确认】键，程序停止该项试验。

（4）如用户需再做其他项目试验，点击【返回】，返回上级菜单，直至进入主菜单。

（5）做其他项目试验设置其值，重复试验。

测试界面如图 11－8－19 所示。

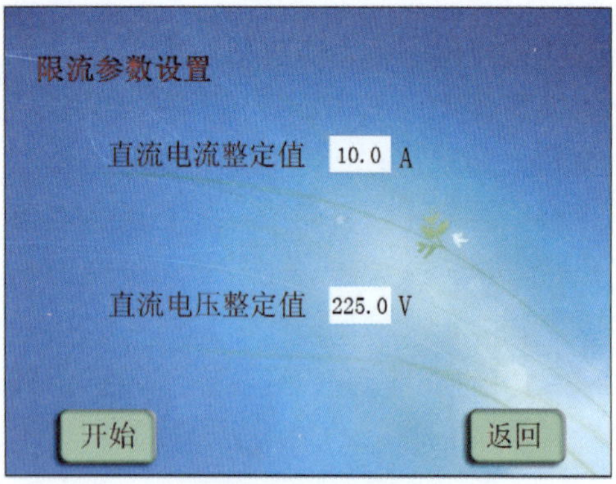

图 11－8－18　CFDC 直流系统综合测试仪限流参数设置

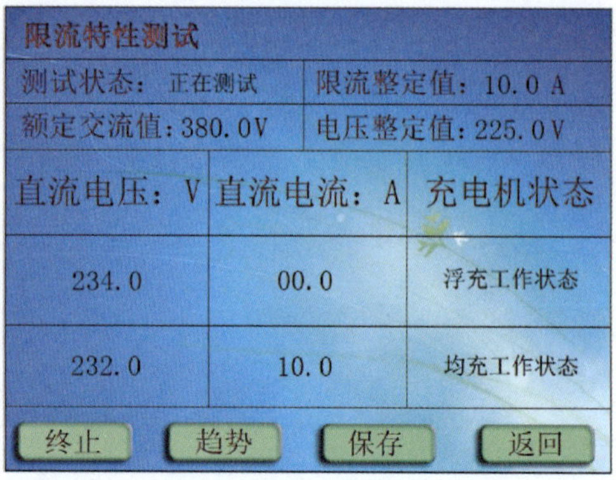

图 11－8－19　CFDC 直流系统综合测试仪限流特性测试界面

试验完成后，如果设备满足限流特性，状态栏上显示“满足限流特性”，不满足则状态栏上显示“不满足限流特性”。

（1）若需要保存数据，请参照稳压保存数据方式。

（2）测试结束后点击【趋势】按键，可看到电压电流曲线图。

（3）返回设置，需要终止测试后才能回到电流稳定精度参数界面。

（4）如用户需要再做其他项目试验，按返回键，返回上级菜单，直至进入主菜单做其他项目试验设置其值，重复试验。

（十）限压特性测试

连接直流负载的充电装置在恒流充电状态下运行，调整直流负载，在直流输出电压超过限压整定值时，应能自动转为恒压充电方式，限制输出直流电压的增加。

测试方法：连接直流负载的被测充电装置，在交流输入电压为额定值时，设定充电装置输出限压值并将其置于均充工作方式，待被测充电装置工作稳定后（约几分钟），程控调节直流负载使充电装置输出直流电压超过限定值，当直流电压停止上升并自动转为恒压充电方式时，读取及判别测得对应的实际限压值是否符合要求。进入限流特性参数设置如图 11－8－20 所示，首先对参数进行设置。

（1）直流电流整定值：指被测试的单个充电模块的电流额定值，缺省值为 30A，范围在 0～30A。

（2）直流电压整定值：指被测试的单个充电模块电压在充电电压调节范围内变化的输出值，缺省值为 220V，范围在 190～250V，缺省值为 110V，范围在 80～140V。

（3）如在测试过程中按面板【确认】键，程序停止该项试验。

（4）如用户需再做其他项目试验，点击【返回】，返回上级菜单，直至进入主菜单。

（5）做其他项目试验设置其值，重复试验。

测试界面如图 11－8－21 所示。

试验完成后，如果设备满足限压特性，状态栏上显示“满足限压特性”，不满足则状态栏上显示“不满足限压特性”。

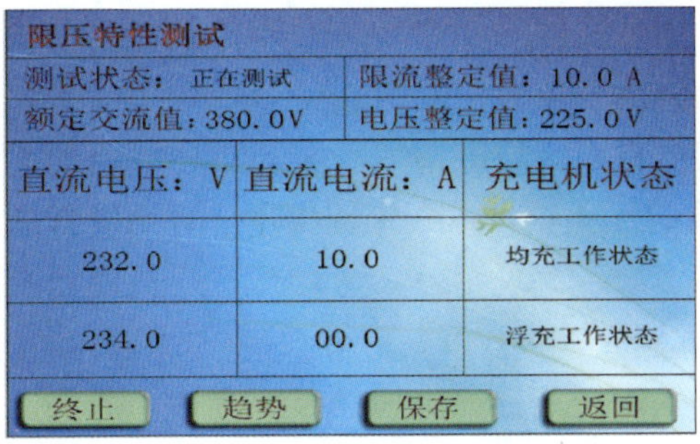

图 11－8－20　CFDC 直流系统综合测试仪限压参数设置

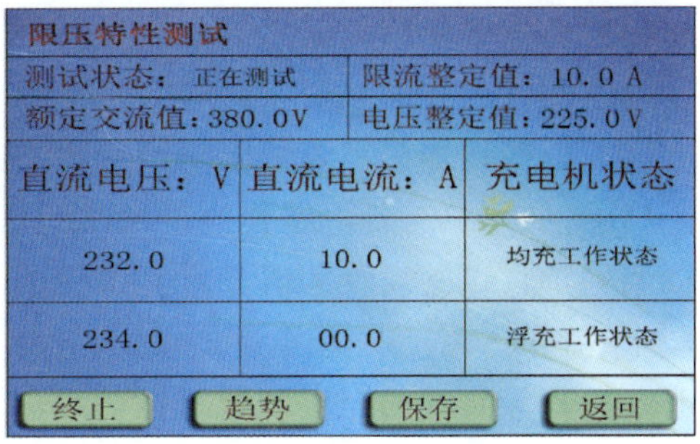

图 11－8－21　CFDC 直流系统综合测试仪限压特性测试界面

（1）若需要保存数据，请参照稳压保存数据方式。

（2）测试结束后点击趋势按键，可看到电压电流曲线图。

（3）返回设置，需要终止测试后才能回到电流稳定精度参数界面。

（4）如用户需要再做其他项目试验，按返回键，返回上级菜单，直至进入主菜单做其他项目试验设置其值，重复试验。

（十一）效率特性测试

连接直流负载的被测充电装置，在交流输入电压为额定值时，使被测充电装置输出直流电流在额定值，输出直流电压为浮充电压调节范围上限值运行时，同时测量交流输入功率和直流输出的电压值与电流值，由直流输出电压值与电流值乘积得到充电装置直流输出功率。进入效率特性参数设置如图 11－8－22 所示，首先对参数进行设置。

（1）直流电流整定值：指被测试的单个充电模块的电流额定值，缺省值为 30A，范围在 0～30A。

（2）直流电压整定值：指被测试的单个充电模块电压在充电电压调节范围内变化的输出值，缺省值为 220V，范围在 190～250V，缺省值为 110V，范围在 80～140V。

（3）如在测试过程中按面板【确认】键，程序停止该项试验。

（4）如用户需再做其他项目试验，点击【返回】，返回上级菜单，直至进入主菜单。

（5）做其他项目试验设置其值，重复试验。

（6）测试界面如图 11－8－23 所示。

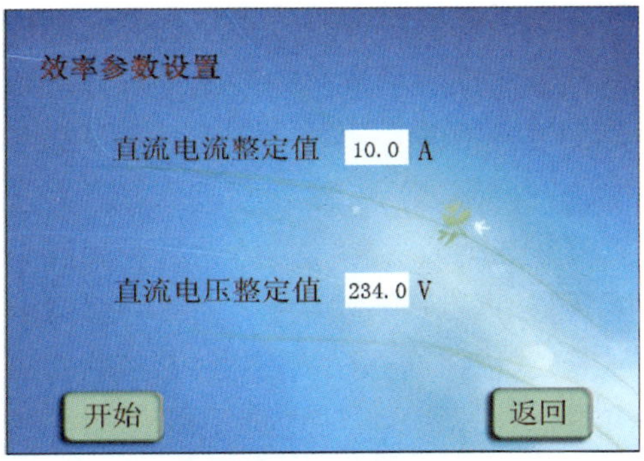

图 11－8－22　CFDC 直流系统综合测试仪效率参数设置

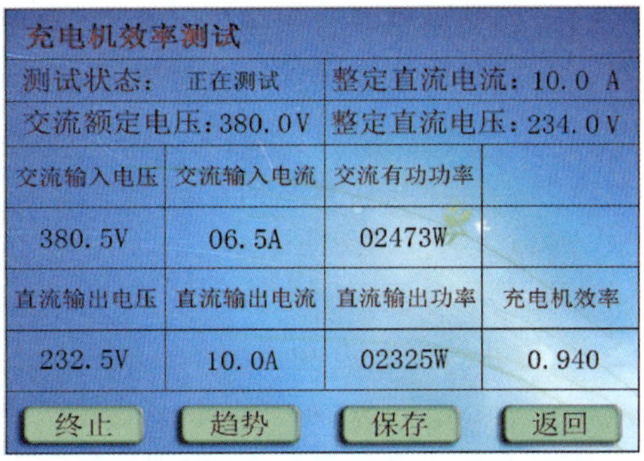

图 11－8－23　CFDC 直流系统综合测试仪效率测试界面

（7）若需要保存数据，请参照稳压保存数据方式。

（8）测试结束后点击【趋势】按键，可看到电压电流曲线图。

（9）返回设置，需要终止测试后才能回到电流稳定精度参数界面。

（10）如用户需要再做其他项目试验，按【返回】键，返回上级菜单，直至进入主菜单做其他项目试验设置其值，重复试验。

（十二）三相不平衡度测试

连接直流负载的充电装置，在额定交流输入电压的浮充电压调整范围内，对调压器的 A、B、C 三相输出电流不平的进行测试。进入三相不平衡度参数设置如图 11－8－24 所示，首先对参数进行设置。

（1）直流电流整定值：指被测试的单个充电模块的电流额定值，缺省值为 30A，范围在 0～30A。

（2）不平衡度整定值：根据不同的调压器，设置不同的不平衡度。

（3）如在测试过程中按面板【确认】键，程序停止该项试验。

（4）如用户需再做其他项目试验，点击【返回】，返回上级菜单，直至进入主菜单。

（5）做其他项目试验设置其值，重复试验。

（6）测试界面如图 11－8－25 所示。

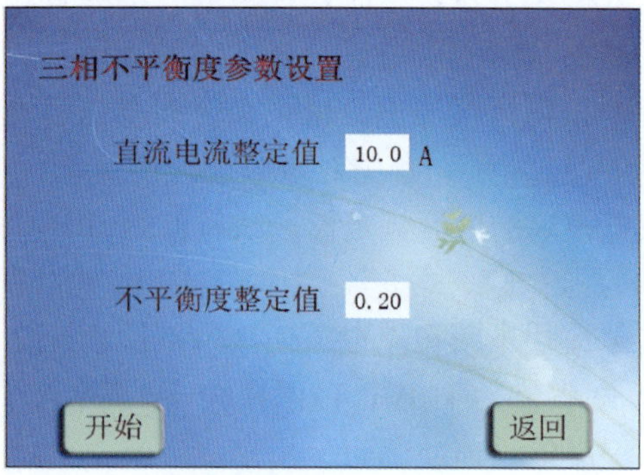

图 11－8－24　CFDC 直流系统综合测试仪三相不平衡度参数设置

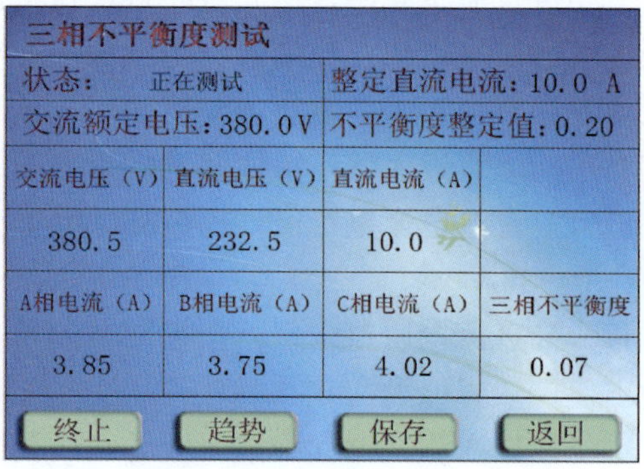

图 11－8－25　CFDC 直流系统综合测试仪三相不平衡度测试界面

（7）若需要保存数据，请参照稳压保存数据方式。

（8）测试结束后点击【趋势】按键，可看到电压电流曲线图。

（9）返回设置，需要终止测试后才能回到电流稳定精度参数界面。

（10）如用户需要再做其他项目试验，按【返回】键，返回上级菜单，直至进入主菜单做其他项目试验设置其值，重复试验。

（十三）历史数据查询

本装置具有保存历史数据的功能，可以保存最近 20 次放电特性测试的历史记录、最近 20 次电压稳定精度测试记录、最近 20 次电流稳定精度测试记录、最近 20 次充电机效率测试记录、最近 20 次三相不平衡测试记录、最近 20 次效率特性测试记录、最近 20 次限压特性测试记录和最近 20 次限流特性测试记录，每次保存都以测试的时间区分，查询时都以序号和时间为准。也可以把历史记录上传至计算机，便于数据备份，查询，统计。

需要查询历史数据时，在主界面上下点击【历史数据查询】菜单，就进入历史数据查询界面，如图 11－8－26 所示。

1. 稳压纹波历史数据查询

需要查询放电特性历史数据时，点击【放电特性】，进入放电特性历史数据查询界面。首先必须点击序号，才可查阅上次稳压纹波测试的历史记录，如图 11－8－27 所示。

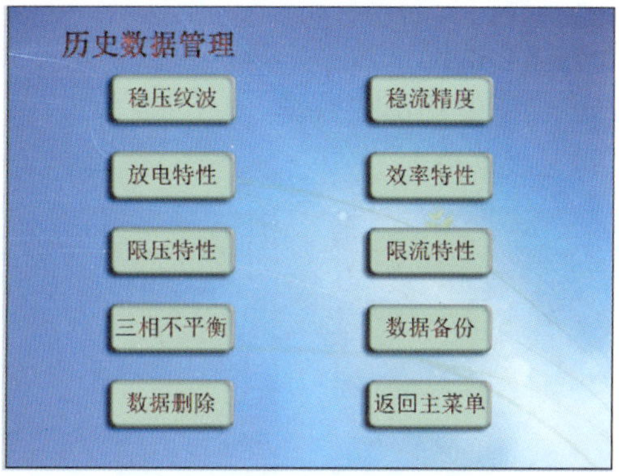

图 11－8－26　CFDC 直流系统综合测试仪历史数据管理页面

（1）点击序号 01，然后点击【查看】，就可查阅上次放电特性的历史记录。

（2）点击序号 01，然后点击【删除】，单个删除数据。

（3）选择返回，回到上级菜单。

进入历史数据界面可以查看选定序号的数据，可以整组保存和删除历史数据，如图 11－8－28 所示。

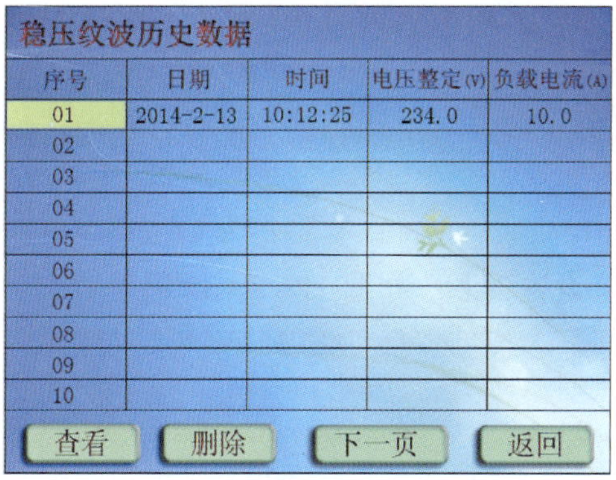

图 11－8－27　CFDC 直流系统综合测试仪稳压纹波历史数据界面 1

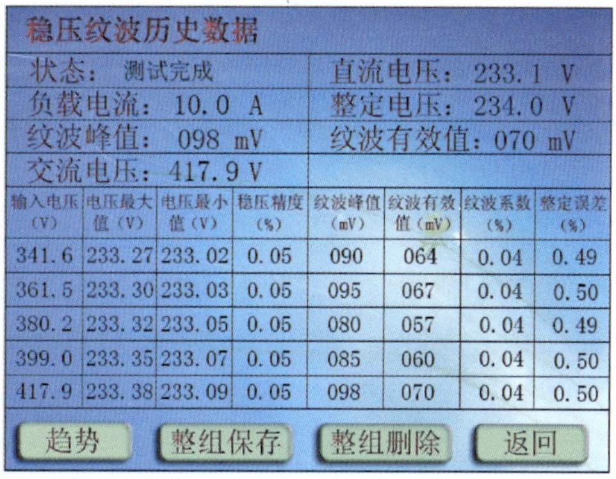

图 11－8－28　CFDC 直流系统综合测试仪稳压纹波历史数据界面 2

其他历史数据请参照稳压纹波历史数据。

如果要查看逐一测试的历史数据，必须去测量参数选择界面选择逐一测试。

如果要查看连续测试的历史数据，必须去测量参数选择界面选择连续测试。

2. 数据备份

如果需要把数据拷贝到 U 盘，方便携带。这时，在没有开机时把 U 盘插入机器面板上的 USB 口，然后开机 USB 指示灯亮代表工作正常，那么点击历史数据中的【数据备份】选择项，如图 11-8-29 所示。

（1）选择【YES】，系统将自动保存当前所有的历史数据到 U 盘。

（2）选择【NO】，系统将自动放弃当前所有的历史数据到 U 盘。

（3）选择【CLEAR】，系统将自动删除 U 盘里面所有的历史数据。

3. 数据删除

如果要删除仪器内所有保存的测试数据，进入数据删除。如图 11-8-30 所示。

（1）选择【YES】将删除所有的历史数据。

（2）选择【NO】回到上级菜单。

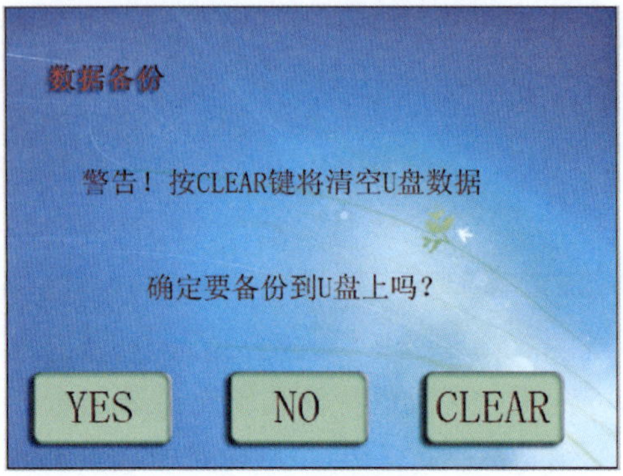

图 11-8-29　CFDC 直流系统综合测试仪数据备份界面

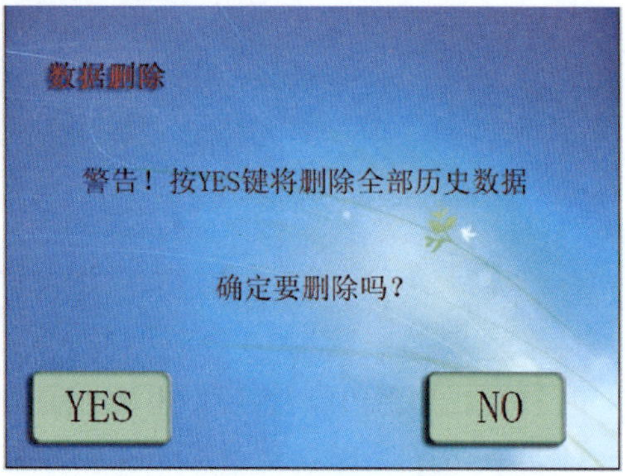

图 11-8-30　CFDC 直流系统综合测试仪

（十四）系统功能测试

进入主菜单界面，点击【系统功能测试】，进入系统工具页面：如图 11-8-31 所示。

调压装置自检：指对调压器自身的检测。

系统参数校准：指系统检测的参数偏离实际值时，对检测到的数据进行校准，使其符合实际情况。

1. 调压装置自检

点击【调压装置自检】，进入调压装置自检设置页面：如图 11-8-32 所示。

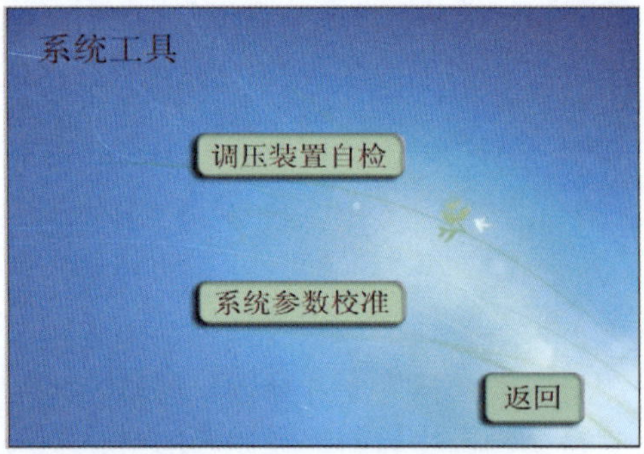

图 11-8-31　CFDC 直流系统综合测试仪系统工具

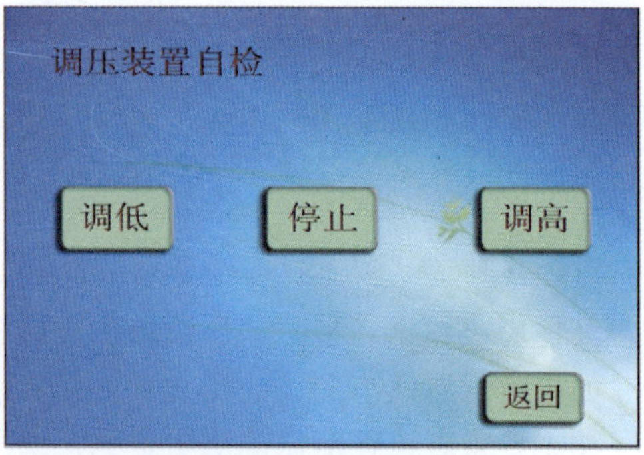

图 11-8-32　CFDC 直流系统综合测试仪调压装置自检

（1）调低：点击【调低】按键，调压器输出的三相电降低。

（2）调低：点击【停止】按键，调压器输出的三相电停止调节。

（3）调高：点击【调高】按键，调压器输出的三相电升高。

此功能用于调压器测量值偏离实际值的情况下的校准和判断其自身的好坏（可以调节的为好，不可调为坏）。

2. 系统参数校准

非专业人员请勿修改，需要修改请联系厂家。

四、注意事项

（1）请勿将本仪器置于不平稳的平台或桌面上以防止仪器跌落受损。

（2）仪器后面的风扇为通风散热而设，为保证仪器工作的可靠性，请勿堵塞。

（3）装置的工作电源为交流 220V，请勿图方便直接从三相接线端接一相供电。面板上红黑接线柱为直流 220V，请勿将二者混淆。

（4）不要让任何异物掉入机箱内，以免发生短路。

（5）作为安全措施，该仪器有单相三线插头，试验之前请将电源线中的接地线可靠接地。

第九节　级差配合测试系统

级差配合测试系统的主要作用是对短路电流及级差配合概率进行评估，一般具有预估测试、短路测试、测试数据分析等功能，以确保系统的稳定和安全运行。

一、软件使用说明

（一）软件功能

级差配合测试系统具有以下主要功能：

（1）预估测试。

（2）短路测试。

（3）测试数据分析、显示。

（4）数据保存、报表导出。

（5）人机交互界面。

（二）软件界面

1. 主界面

双击“级差配合测试系统”软件，首先进入的是接线示意图，本系统应按图 11－9－1 示意接入被测直流系统。

注意：设备背面的 CH340 和 USB3200 两个 USB 接口都需要连接电脑 USB 接口，不要使用 USB 扩展坞。

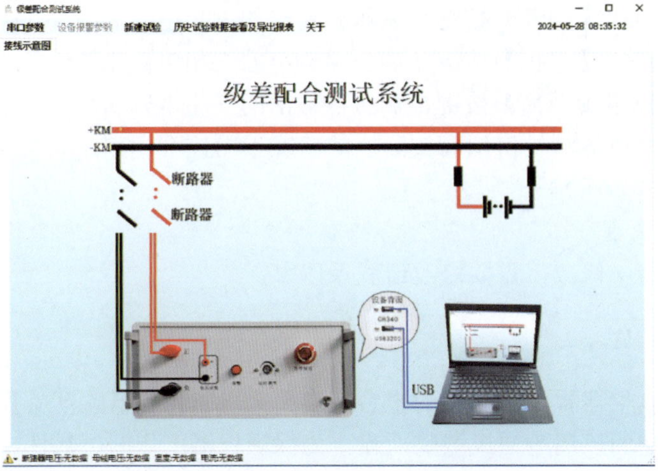

图 11-9-1　级差配合测试系统接线示意图

2. 串口参数设置

该串口用于电脑与主机通信，本界面用于设置串口信息。保存后生效，见图 11-9-2。

3. 设备参数设置

用于设置测试仪使用的阈值。单击保存按钮后，会将值发送到测试仪设备，见图 11-9-3。

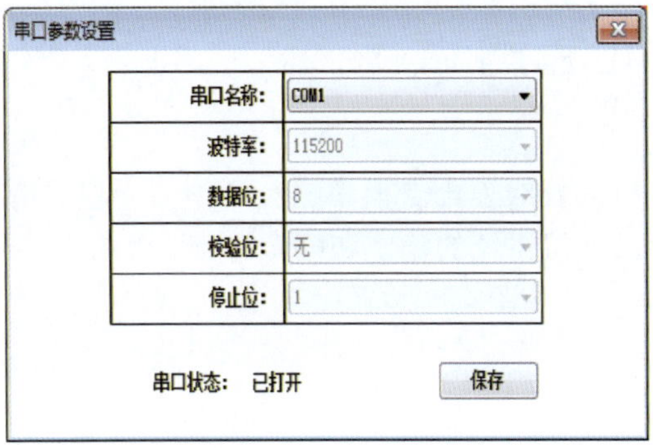

图 11-9-2　级差配合测试系统串口设置窗口

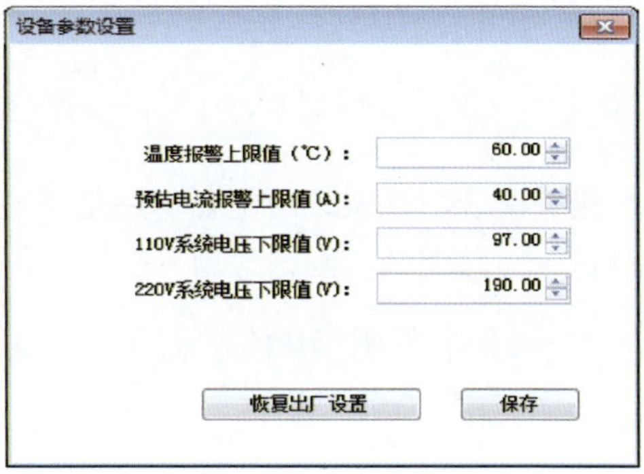

图 11-9-3　级差配合测试系统设备参数设置

4. 报警提示说明

当前存在报警，则会在程序界面底部显示报警图标。

单击会展开显示详细报警信息。见图 11-9-4。

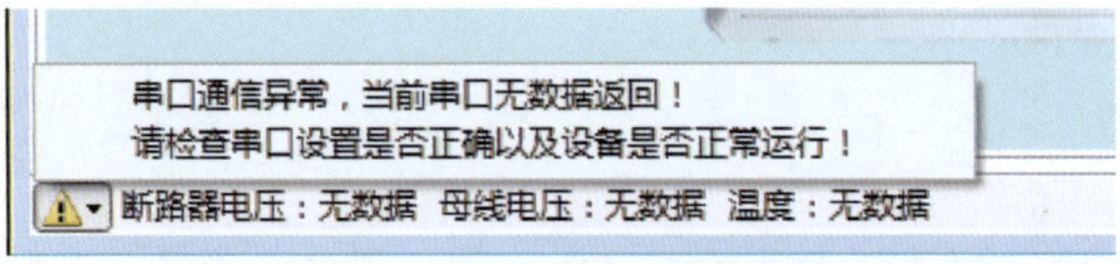

图 11-9-4　级差配合测试系统报警信息

5. 历史试验数据查看及导出报表

用于显示历史试验数据，并提供对数据的删查以及某一试验的报表导出功能，见图 11-9-5。

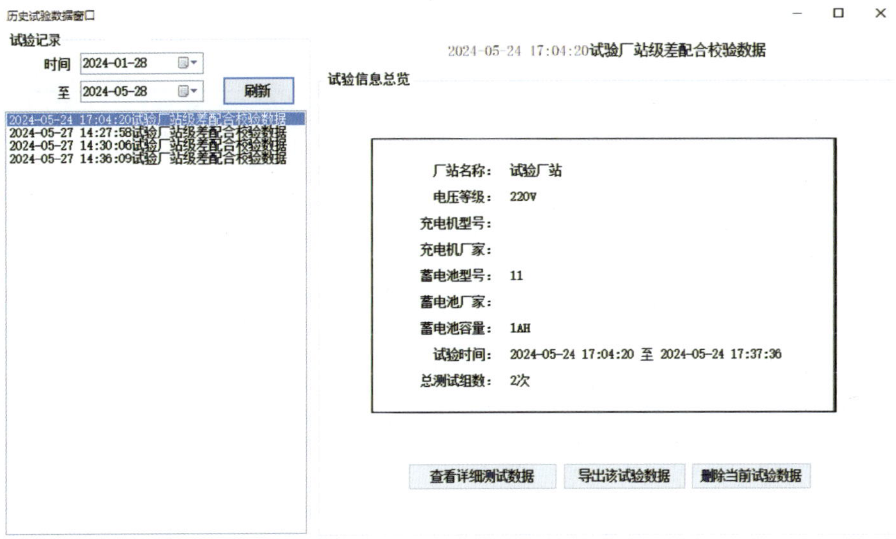

图 11－9－5　级差配合测试系统历史数据查看窗口

（三）新建试验

1. 选择试验厂站

试验开始前需要选择进行试验的厂站，见图 11－9－6。

（1）添加新厂站。在选择测试厂站窗口单击添加新厂站按钮，则会打开新建厂站数据窗口，见图 11－9－7。

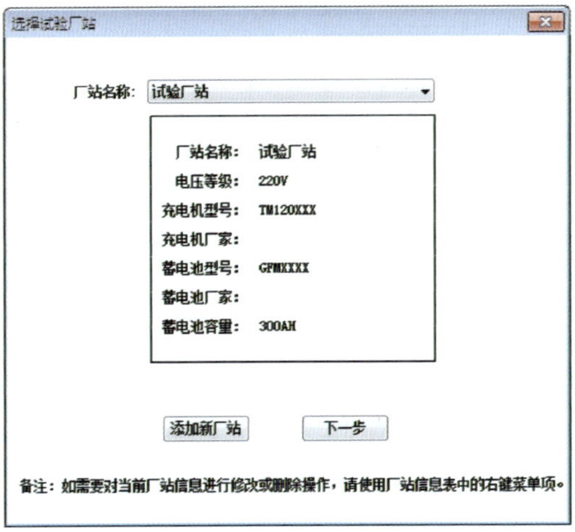

图 11－9－6　级差配合测试系统场站选择窗口

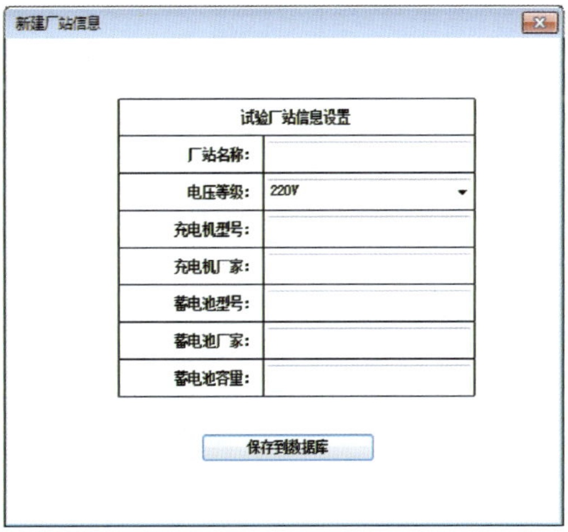

图 11－9－7　级差配合测试系统新建厂站数据窗口

（2）修改/删除选中厂站数据。在选择测试厂站窗口，厂站信息表中右键，可以看到修改当前厂站信息和删除当前厂站信息，见图 11－9－8。

选择修改当前厂站信息，则会打开修改厂站信息窗口，见图 11－9－9。

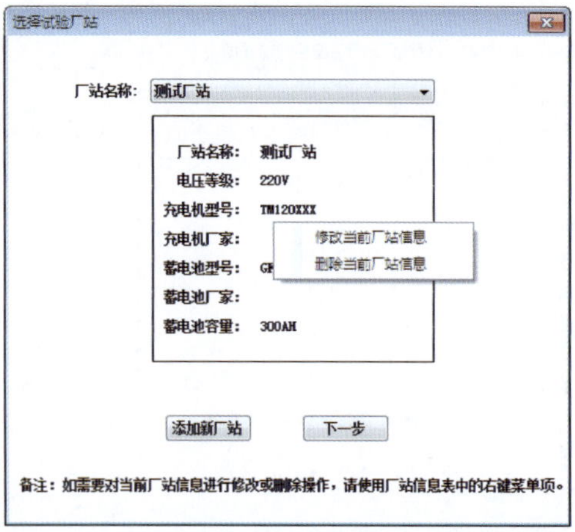

图 11-9-8　级差配合测试系统厂站信息右键菜单

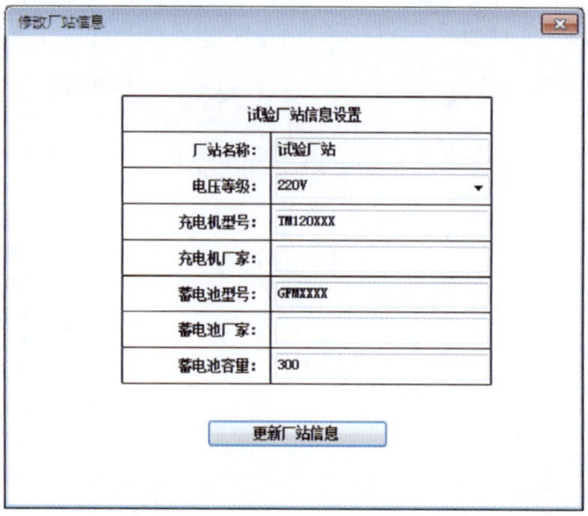

图 11-9-9　级差配合测试系统修改厂站信息窗口

选择删除当前厂站信息，则会直接删除当前选中的厂站信息。

2. 试验窗口

选择厂站信息后，单击下一步会打开试验窗口，见图 11-9-10。

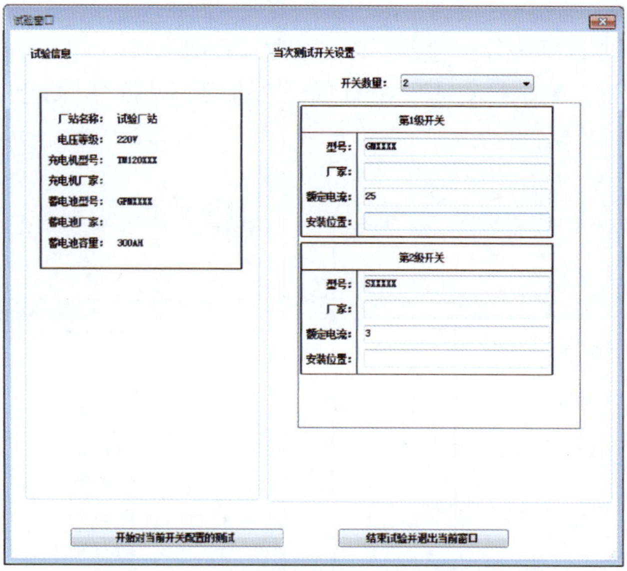

图 11-9-10　级差配合测试系统试验窗口

一次试验内可以进行多组测试，一组测试可以没有预估测试，也可以没有短路测试，但必须要有两种测试中某一个测试的正常结果才可以保存。异常数据无法用于保存。

设置开关时请注意，需要至少设置两级开关，末级开关的额定电流值不能为零。电流测试点将根据末级开关的额定电流值自动进行计算。上级开关的额定电流将用于预估计算，也请勿设置为零。在试验窗口配置完需要测试的开关后，单击开始对当前开关配置的试验按钮，可以打开试验窗口。

3. 预估测试

见图 11－9－11。

预估测试			
电流测试点(A)	电压电流测试值		回路阻抗
	断路器电压(U1)(V)	I(A)	0.53
0	217.96	0.06	短路电流预估(A)
	218.03	0.06	408.29
	218.03	0.06	级差配合概率预估(%)
6	214.17	6.30	0.0
	214.02	6.30	备注:本级差配合概率预测是在直流开关合格的情况下得出。
	213.87	6.30	

开始测试　手动中断设备端测试

图 11－9－11　级差配合测试系统预估测试窗口

（1）测试过程。单击开始测试后，系统自动完成预估测试，并最终将分析得到的预估短路电流和级差配合概率预估显示到界面，见图 11－9－12。

预估测试			
电流测试点(A)	电压电流测试值		回路阻抗
	断路器电压(U1)(V)	I(A)	0.0
0	0.0	0.0	短路电流预估(A)
	0.0	0.0	0.0
	0.0	0.0	级差配合概率预估(%)
6	0.0	0.0	0.0
	0.0	0.0	备注:本级差配合概率预测是在直流开关合格的情况下得出。
	0.0	0.0	

开始测试　手动中断设备端测试

图 11－9－12　级差配合测试系统预估测试结果

（2）测试结束。要单击左上角的保存当前测试结果到数据库按钮进行保存。保存完成则会关闭测试。可以在试验窗口内看到当前进行的测试次数。

4. 短路测试

（1）测试过程。单击开始测试按钮后，会先进行数据采集。数据采集需要一段时间，采集完成后会进行数据分析并将数据显示到数据图中。再进行分析将动作电流、弧前时间、灭弧时间显示到界面上。最后弹出开关跳闸窗口用于设置开关跳闸情况，见图11－9－13。

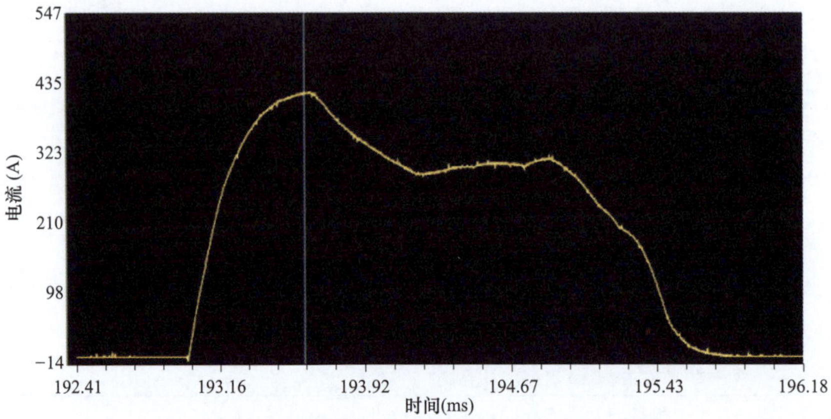

图 11－9－13　级差配合测试系统数据采集结果

（2）数据图缩放。数据图可以通过重新设置 x 轴 y 轴最大值最小值进行缩放。在数据图中右键，可以看见修改坐标轴显示范围的右键菜单，通过它可以打开修改窗口，见图 11－9－14、图 11－9－15。

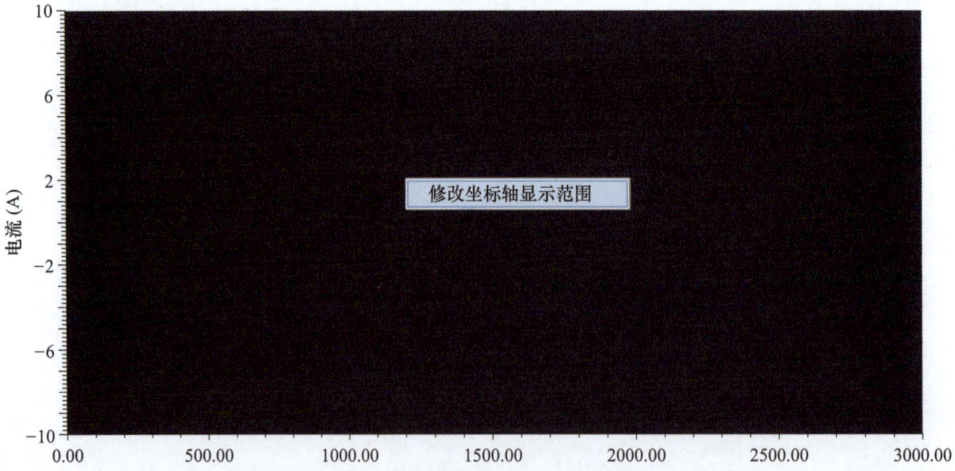

图 11－9－14　级差配合测试系统数据图缩放设置

修改后单击应用按钮生效。

（3）测试结束后设置测试结果。正常短路测试结束后，会弹出短路测试开关跳闸情况设置窗口，用于输入开关跳闸情况。

如果短路测试数据异常，则不会弹出该窗口，并且当次测试数据也无法用于保存，见图 11－9－16。

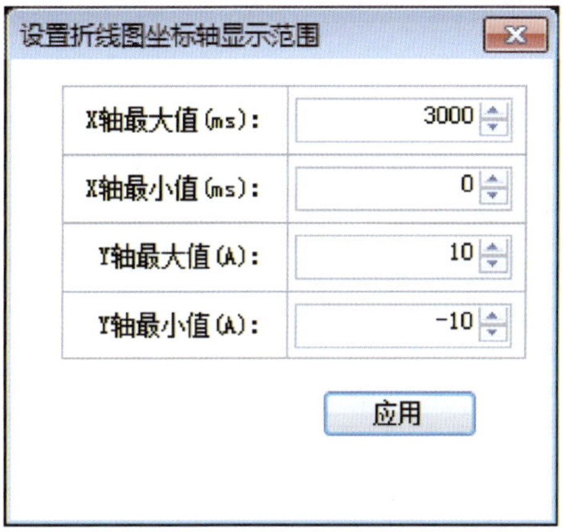

图 11－9－15　级差配合测试系统数据图坐标显示范围设置

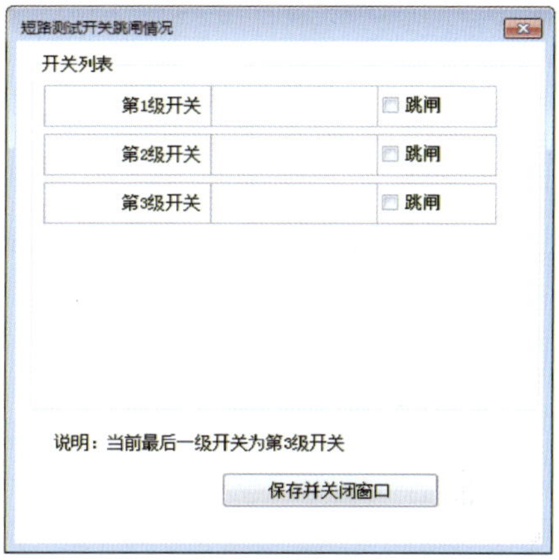

图 11－9－16　级差配合测试系统短路测试开关跳闸情况设置窗口

以上述界面说明判定测试结果：

1）只有第 3 级开关跳闸，则判断测试结果为正常跳闸。

2）第 3 级开关以外的开关，如果有一个发生跳闸，则判断测试结果为越级跳闸。

3）所有开关均无跳闸情况发生，则判断测试结果为无越级。

（4）注意事项。短路测试开始时，为防止指令干扰，会暂停主界面底部断路器电压、母线电压及温度数据的实时采集。测试结束后继续。

5. 试验结束

试验结束时，需要单击试验窗口的结束试验并退出当前窗口按钮，将数据保存到数据库，并关闭窗口。

如果直接关闭试验窗口，会提示试验数据未保存，见图 11－9－17。

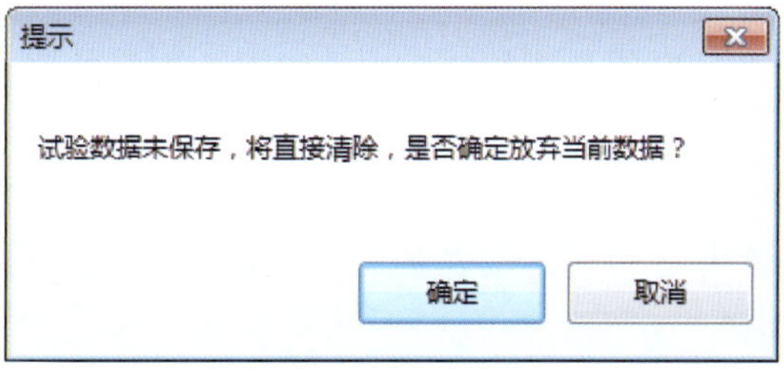

图 11－9－17　级差配合测试系统数据保存提示窗口

（四）历史数据及报表导出

历史试验数据窗口主要显示试验记录及选中试验记录的信息总览，每次试验将以试验时间试验厂站名的形式作为试验名保存，见图 11－9－18。

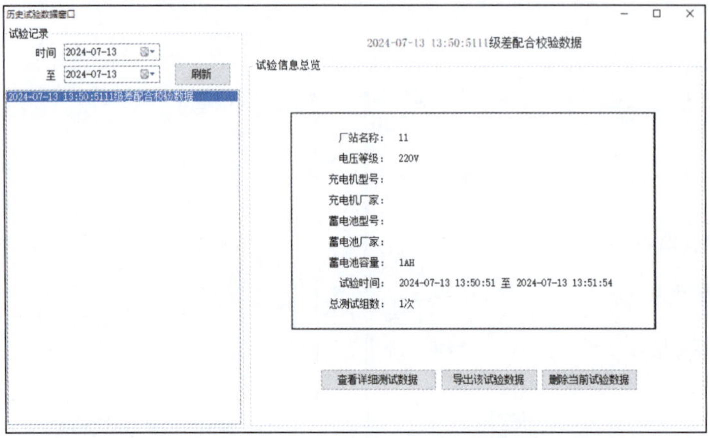

图 11－9－18　级差配合测试系统历史数据查看及导出窗口

1．查看详细测试数据

单击查看详细测试数据按钮后会打开对应测试的详细数据窗口，见图 11－9－19。

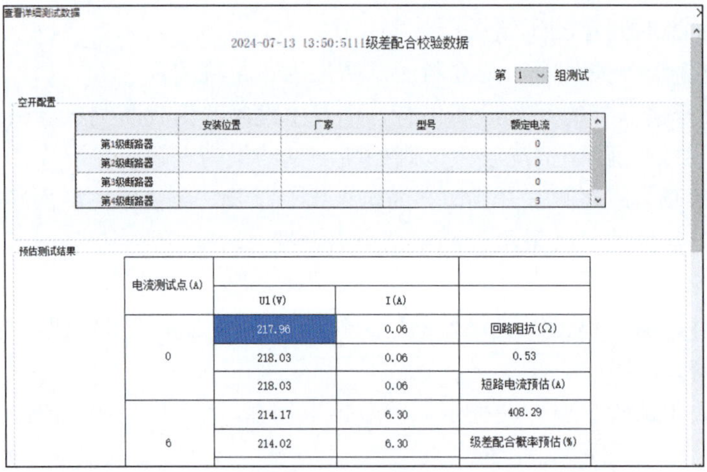

图 11－9－19　级差配合测试系统测试详细数据窗口

可以通过修改右上角试验序号下拉菜单来查看对应序号的测试数据。

2．导出该试验数据

单击导出该试验数据按钮后会开始讲当前选中试验数据导出为 doc 格式报表。单击保存，则会将报告保存到指定位置。报表格式请参见安装包导出样例文件夹。

3．删除该试验数据

删除当前试验数据按钮则会将当前选中试验下的数据全部删除，该操作无法撤销，请慎用，见图 11－9－20。

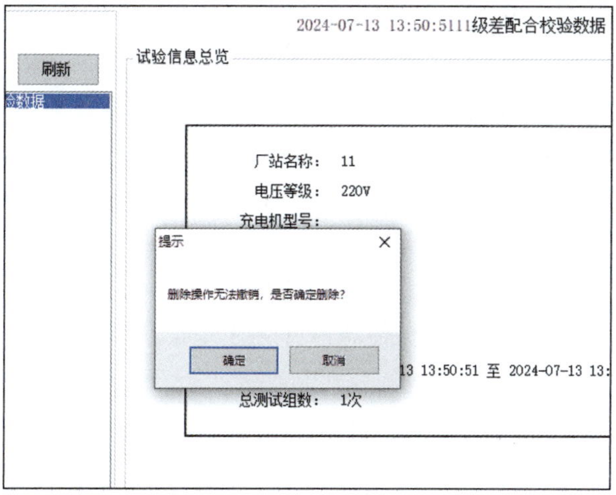

图 11-9-20　级差配合测试系统测试数据删除确认窗口

二、装置简易操作说明

接通装置交流 220V 电源，打开面板上的电源开关，液晶屏蓝色背光亮，装置进入自检、CPU 进入系统，显示开机界面。

（一）操作前准备

1. 接线

按照接线示意图，首先断开待测回路直流开关，用正负连接电缆和电压采样线将控制装置的输入端子和电压采样端子连接到待测直流开关的下口。连接时注意连接电缆和电压采样线极性是否对应。然后用 USB 线连接控制装置和电脑。

2. 设定参数

连接完毕后，插上控制装置的工作电源，闭合开关，运行上位机，此时显示初始界面。按照操作说明进行参数设定。

（二）测试过程

1. 启动检测

参数设定完成后，关闭充电机输出，闭合待测回路所有直流开关，按照操作说明启动测量，“预估测试”过程自动执行并保存报表。“短路测试”过程自动执行并计算短路电流、弧前时间和灭弧时间，然后手动保存报表。注：“短路测试”正常情况下，待测回路断路器自动脱扣断开，控制装置也延时断开。（如出现异常，待测回路断路器及控制装置不能正常分断，这是需要人工迅速按“急停”按钮，强制分断主路。）

2. 测量结束

首先分断待测回路末端直流开关，再断开控制装置工作电源开关和上位机，确认完全断电后，将正负连接电缆和电压采样线拆下，最后恢复现场直流系统。

三、注意事项

（1）电缆接线端子接到待测级联断路器的末级；

（2）母线电压采集端子接到第一级开关的输入侧；

（3）预估测试是通过直流系统测试回路压降、测试电流，计算出回路阻值，对短路电流及级差配合概率进行评估；

（4）当预估测试所获取的短路电流＞2000A，禁止启动短路测试功能；

（5）当末级开关≤25A，设备离母线采样点距离超过 20m（无法采集到母线电压），可直接做短路测试；

（6）采用自动延时断开和手动急停按钮两种保护方式，切断故障回路；急停开关亮起时，测试回路断开，可顺时针旋转使急停开关恢复正常。

第十节　蓄电池内阻测试仪

蓄电池内阻测试仪的主要作用是对蓄电池电压、内阻、连接电阻进行测试从而判断蓄电池供电能力，一般具有电压、内阻、容量测试、反接保护等功能，以确保系统的稳定和安全运行。

一、简介

主要功能特点如下：

（1）可对蓄电池电压、内阻、连接电阻进行测试；

（2）可以作为电压表使用，测试单体蓄电池电压；

（3）自动识别不同电压等级的蓄电池；

（4）内置电池内阻基值表，供客户参考分析；

（5）可对蓄电池进行容量预估；

（6）具有蓄电池反接保护；

（7）对判别结果或故障进行蜂鸣器及画面文字提示；

（8）支持以蓄电池组方式存储数据，方便客户浏览蓄电池组的各个电池数据；

（9）支持站点名称和组编号英文输入；

（10）锂电池充电状态指示；

（11）自动待机功能，10min 无操作自动关机；

（12）数据记录存储功能；

（13）强大的上位机分析功能。

二、内阻测试说明

电池内部阻抗，也称为内阻，是一项影响电池性能的关键指标。测试电池内阻以判断电池供电能力已经是业内的共识。影响电池内阻的因素有：电池尺寸、工作时间、结构、状况、温度和充电状态。

三、系统分析软件说明

软件使用说明如下：

1. 软件功能介绍

内阻数据分析软件具有以下主要功能：

（1）采用微软 Access 数据库存储、分析和管理三个电池参数：内阻、电压、放电容量。

（2）数据可来自于多个站点。

（3）分析内阻仪导出数据文件，将数据储存到 Access 数据库中，便于后续分析及测试报告生成。

（4）利用直方图和曲线显示测量数据和数据变化趋势。

（5）用醒目的颜色显示非正常的数据，提示数据异常。

（6）生成测试报告。

2. 软件主界面

见图 11－10－1。

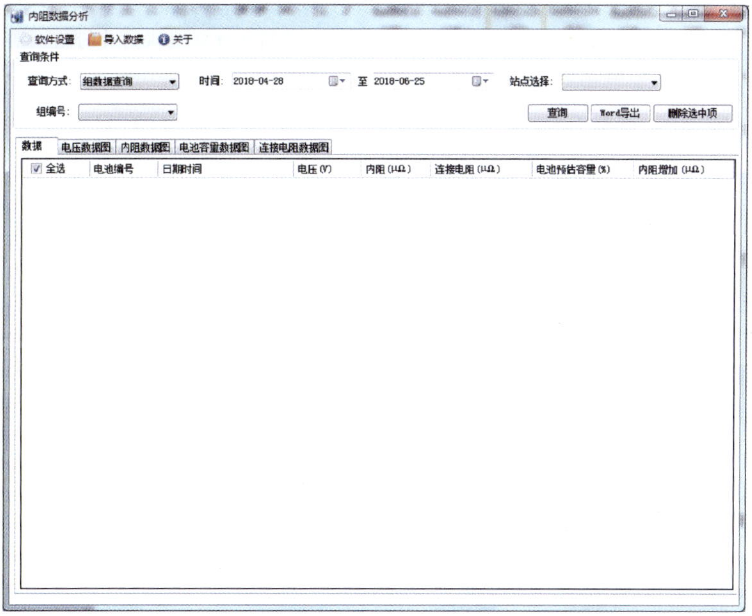

图 11－10－1　蓄电池内阻测试仪内阻分析软件主界面

兼容组数据文件和单节电池数据文件，查询需要分别查询。查询时先在查询方式中选择对应的数据类型。见图 11－10－2。

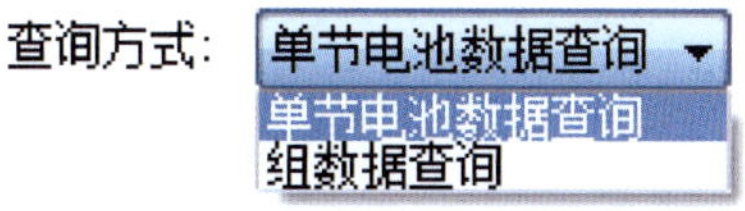

图 11－10－2　蓄电池内阻测试仪内阻分析软件查询方式选择

单节数据查询结果，只有数据表格显示。组数据查询结果，除了数据表格显示以外，还会显示对应数据图。

文中只以组数据为例做说明。单节数据查询操作与组数据查询相同。

3. 软件设置

（1）功能介绍：

1）用于启用禁用报警功能，以及设置具体报警参数值。

2）用于设置系统数据库。

（2）使用操作。单击 软件设置 菜单项，会打开软件设置窗口，见图 11－10－3。

1）报警选项：

可以在这里设置数据柱状图和曲线图中报警开关的启用和禁用状态。

按钮灰色，表示当前功能的状态。例如图中内阻上限报警功能，启用按钮为灰色不可用状态，意味着当前已启用内阻上限报警功能，如需禁用单击对应禁用按钮即可。

当前可用的报警功能有：

① 内阻上限报警功能：在内阻数据柱状图中，超过内阻上限的数据，会以红色标出。在内阻数据曲线图中，会显示内阻上限的红色直线。

② 电压上限报警功能：在电压数据柱状图中，超过电压上限的数据，会以红色标出。在电压数据曲线图中，会显示电压上限的红色直线。

③ 电压下限报警功能：在电压数据柱状图中，超过电压下限的数据，会以橙色标出。在电压数据曲线图中，会显示电压下限的橙色直线。

④ 连接电阻上限报警功能：在连接电阻数据柱状图中，超过连接电阻上限的数据，会以红色标出。在连接电阻数据曲线图中，会显示连接电阻上限的红色直线。

其他功能暂不可用，如果单击对应启用按钮，则会弹出不可用提示框。

注意：所有操作即可生效。

2）报警参数：

可以在这里设置每个已启用的报警功能的报警数值，见图 11－10－4。

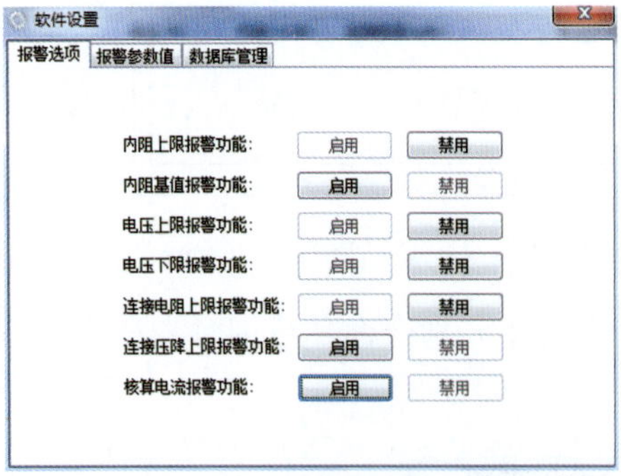

图 11－10－3　蓄电池内阻测试仪内阻分析软件设置

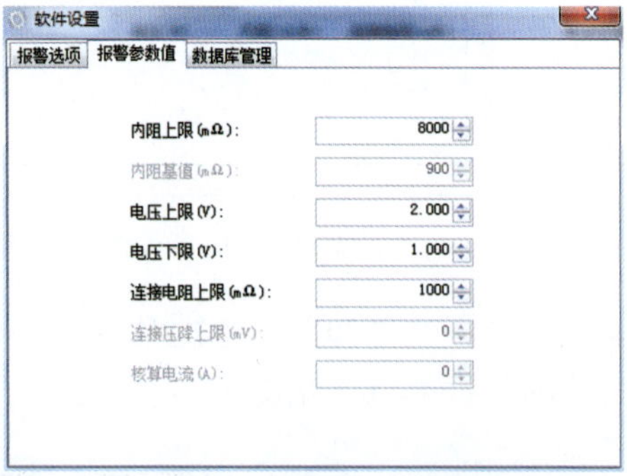

图 11－10－4　蓄电池内阻测试仪内阻分析软件报警参数设置

支持手动输入和文本框后侧按钮微调。

内阻上限和连接电阻上限使用按钮微调时，单次增长和减少步长为 1。电压上限和电压下限使用按钮微调时，单词增长和减少步长为 0.1。

内阻上限支持的数值范围为：0～99999。

电压上限支持的数值范围为：0～15000。

电压下限支持的数值范围为：0～15000。

连接电阻上限支持的数值范围为：0～2000。

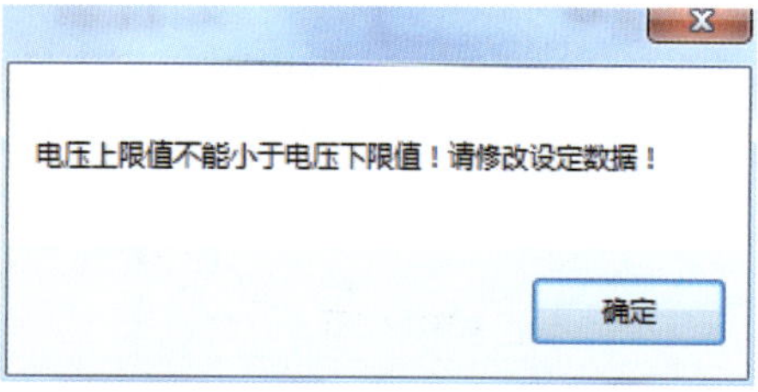

图 11－10－5　蓄电池内阻测试仪内阻分析软件设置电压数值错误提示

注意：当同时启用电压上限和电压下限报警时，如果设置的电压下限大于设置的电压上限，关闭窗口时会电压数值错误弹出提示，见图 11－10－5。

3）数据库管理：

见图 11－10－6。

软件默认数据库路径指向的开发该软件的电脑上的某一数据库，所以当软件第一次运行时，会出现无法找到系统数据库的提示，见图 11－10－7。

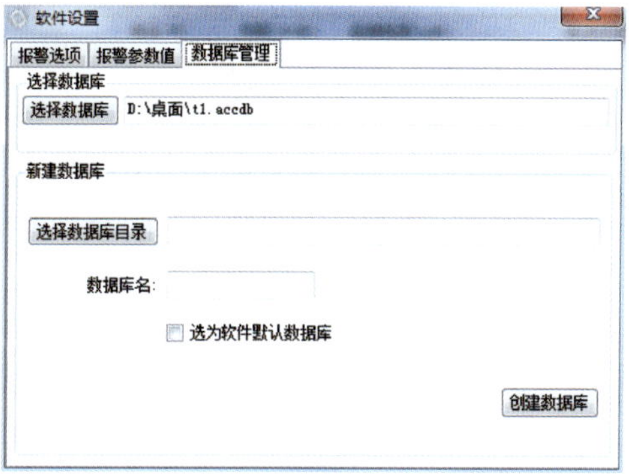

图 11－10－6　蓄电池内阻测试仪内阻分析软件数据库管理设置界面

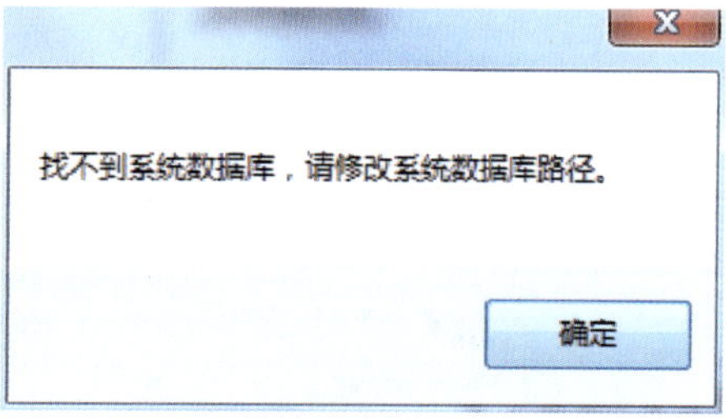

图 11－10－7　蓄电池内阻测试仪内阻分析软件数据库路径错误提示

① 选择数据库。如果已经存在一个可用的数据库，则可通过单击 选择数据库 按钮，打开文件打开窗口浏览找到对应数据库，打开它。你可以看到选择数据库按钮右边的文本框会显示该数据库的路径，这个文本框就是用于显示系统数据库路径。

② 新建数据库。第一次使用软件，建议新建一个数据库。

单击 选择数据库目录 按钮，会打开浏览文件夹窗口，选择好数据库保存的位置。

在数据库栏输入新建的数据库名，单击 创建数据库 按钮后，则会在对应位置新建数据库。

如果需要将新建的数据库设置为系统默认数据库，那么在单击创建数据库之前，需要将 □ 选为软件默认数据库 选项勾上。你会看到上方显示系统数据库的文本框内，会变为显示新建后的数据库路径。

4. 数据导入

（1）主要用于分析内阻仪导出数据文件，并将数据存储到Access数据库中。

（2）使用操作。在软件主界面单击 导入数据 ，会打开数据文件打开窗口，见图11－10－8。

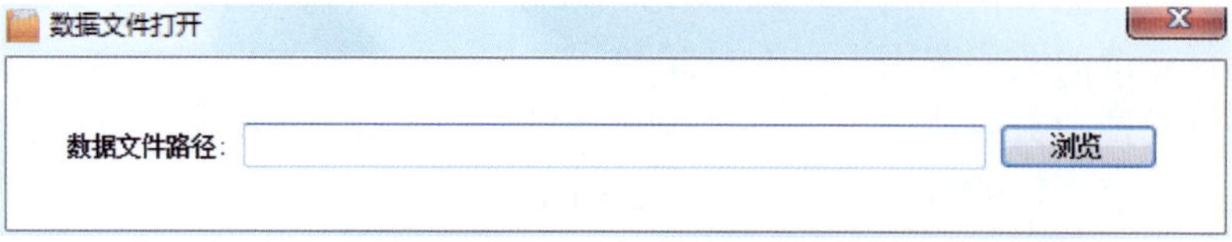

图11－10－8　蓄电池内阻测试仪内阻分析软件导入数据窗口

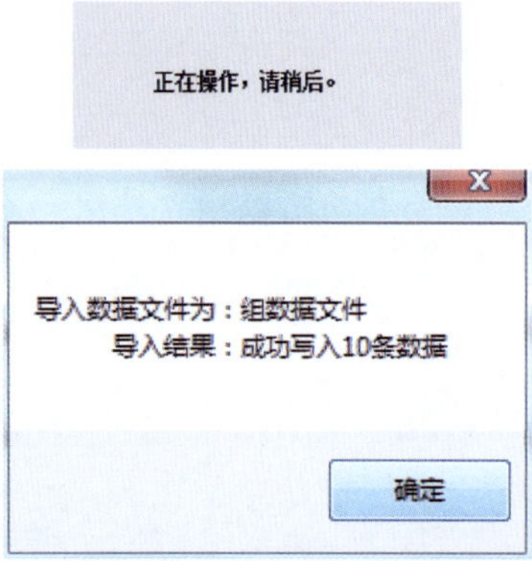

图11－10－9　蓄电池内阻测试仪内阻分析软件数据导入结果

1）单击浏览按钮，会打开窗口，浏览找到需要导入的csv格式数据，打开。

2）数据分析写入 Access 数据库可能会花一定时间。写入结束后会弹出结束提示，见图11－10－9。

单击确定后，会将主界面的查询方式设置为相应数据类型，见图11－10－10。

5. 站点信息操作

（1）主要用于管理站点信息。数据文件导入后，程序会根据数据文件内的站点名称查找数据库是否存在该站点信息。如果不存在，则以数据文件内的站点名称作为新站点名称插入数据库，并为新站点的电池规格设置默认值“2V”。

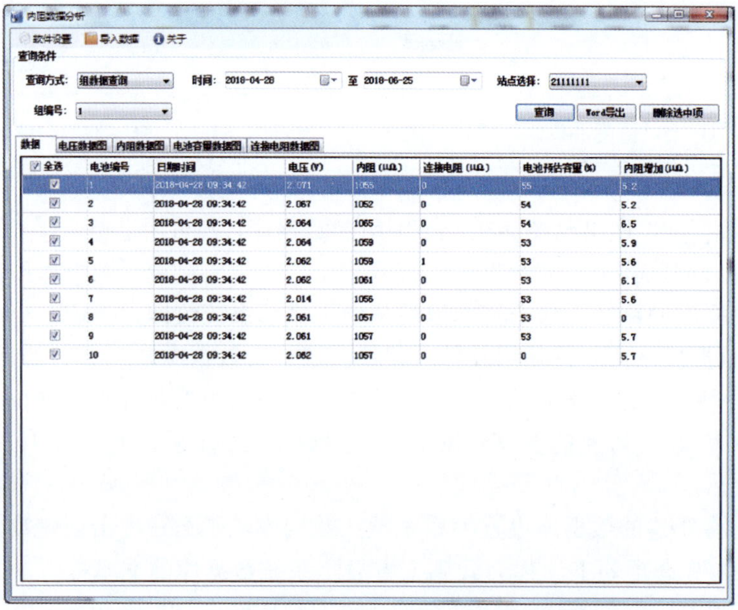

图11－10－10　蓄电池内阻测试仪内阻分析软件数据查看

（2）使用操作。见图 11－10－11。

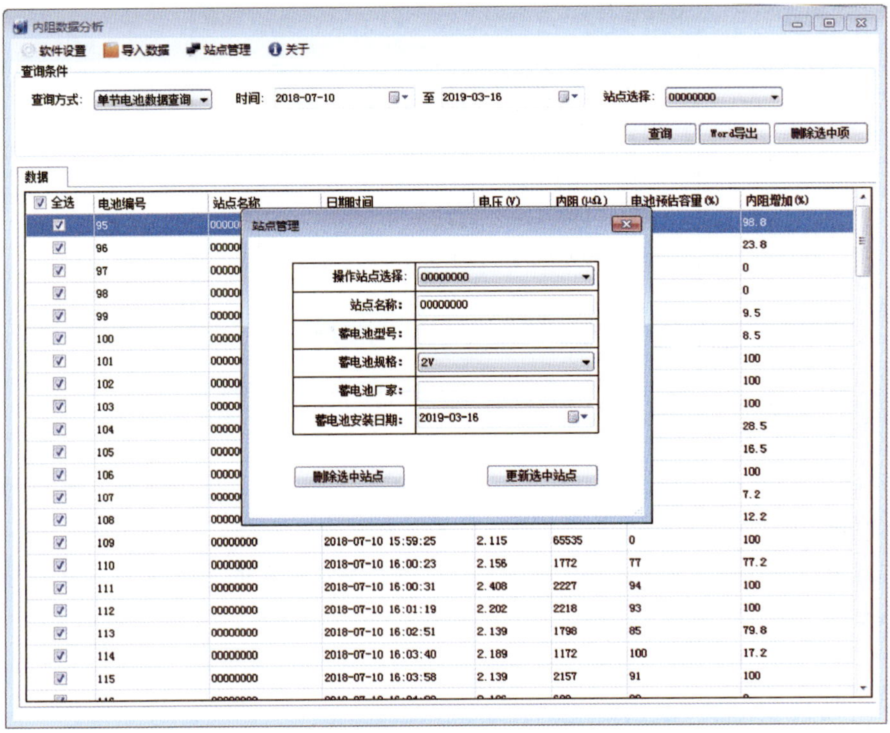

图 11－10－11 蓄电池内阻测试仪内阻分析软件站点管理

图中可以看见，站点名称为“00000000”，不具有辨识度。可以将站点名称修改为更具辨识度的名称，见图 11－10－12。

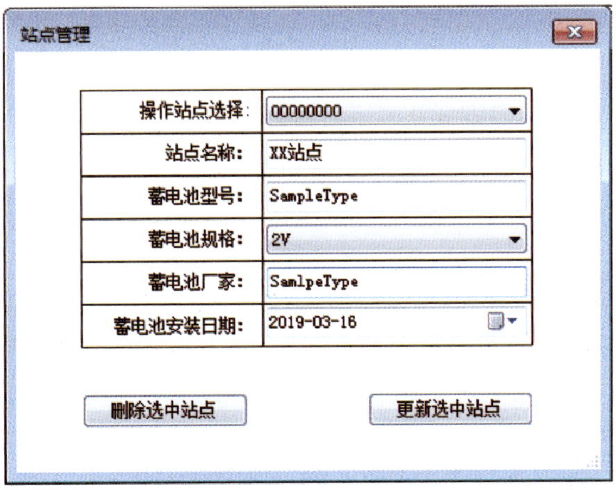

图 11－10－12 蓄电池内阻测试仪内阻分析软件站点信息编辑

单击更新选中站点后，可以看见操作站点选择中的站点名称也跟着发生了变化，见图 11－10－13。

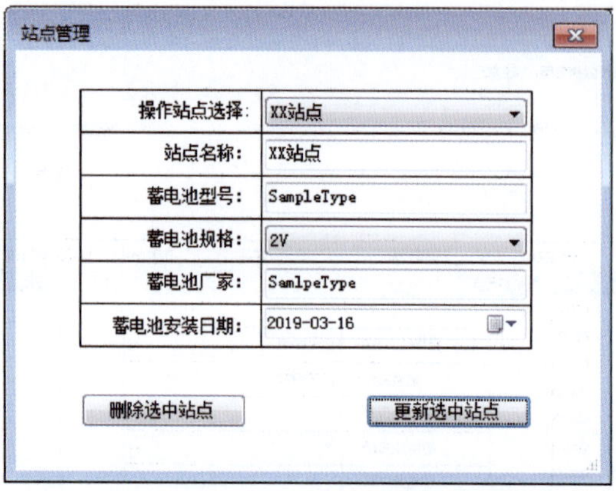

图 11－10－13　蓄电池内阻测试仪内阻分析软件站点名称修改结果

这意味着，在此后的数据处理中，所有拥有“站点名称：00000000”内容的数据文件，会被处理为××站点。

单击删除选中站点按钮则会删除对应站点以及站点相关的所有数据，请慎用。

6. 数据分析

（1）主要用于数据显示和删除，以及使用直方图和曲线图显示数据。

（2）使用操作

1）数据查询。见图 11－10－14。

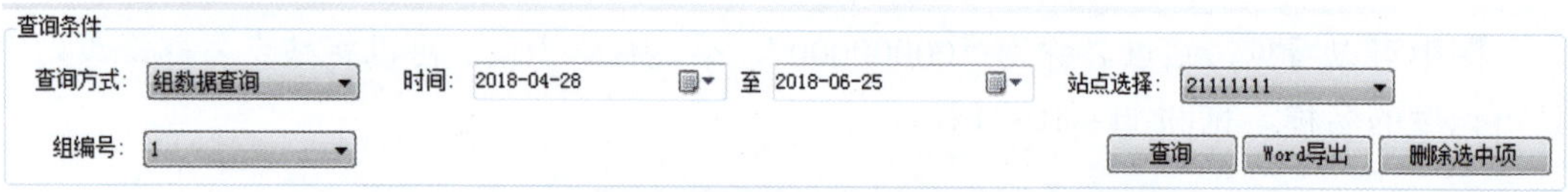

图 11－10－14　蓄电池内阻测试仪内阻分析软件数据分析

在软件主界面设置好查询方式、查询的时间范围、查询的站点和组编号，单击查询按钮。查询结束后会弹出查询到的数据项数目提示，同时在数据选项卡中显示得到查询结果，见图 11－10－15。

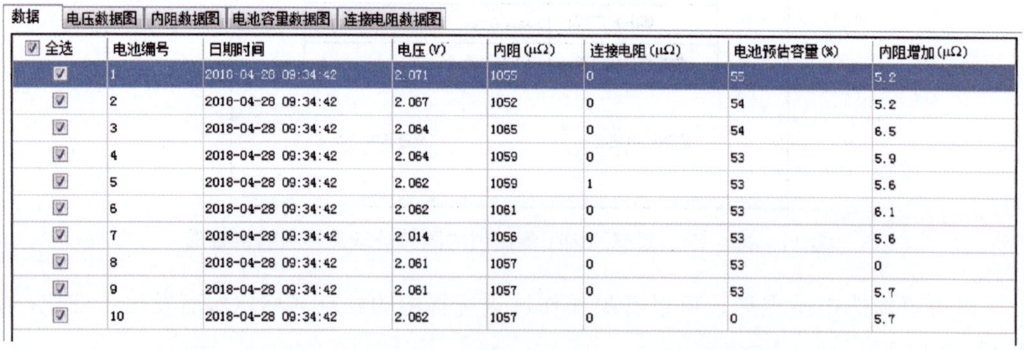

全选	电池编号	日期时间	电压 (V)	内阻 (μΩ)	连接电阻 (μΩ)	电池预估容量 (%)	内阻增加 (μΩ)
☑	1	2018-04-28 09:34:42	2.071	1055	0	55	5.2
☑	2	2018-04-28 09:34:42	2.067	1052	0	54	5.2
☑	3	2018-04-28 09:34:42	2.064	1065	0	54	6.5
☑	4	2018-04-28 09:34:42	2.064	1059	0	53	5.9
☑	5	2018-04-28 09:34:42	2.062	1059	1	53	5.6
☑	6	2018-04-28 09:34:42	2.062	1061	0	53	6.1
☑	7	2018-04-28 09:34:42	2.014	1056	0	53	5.6
☑	8	2018-04-28 09:34:42	2.061	1057	0	53	0
☑	9	2018-04-28 09:34:42	2.061	1057	0	53	5.7
☑	10	2018-04-28 09:34:42	2.062	1057	0	0	5.7

图 11－10－15　蓄电池内阻测试仪内阻分析软件数据显示界面

2）数据图。几类数据图使用方式类似，此处只介绍电压数据图。

① 电压数据图。默认显示带数据标签的电压柱状图。见图 11－10－16。

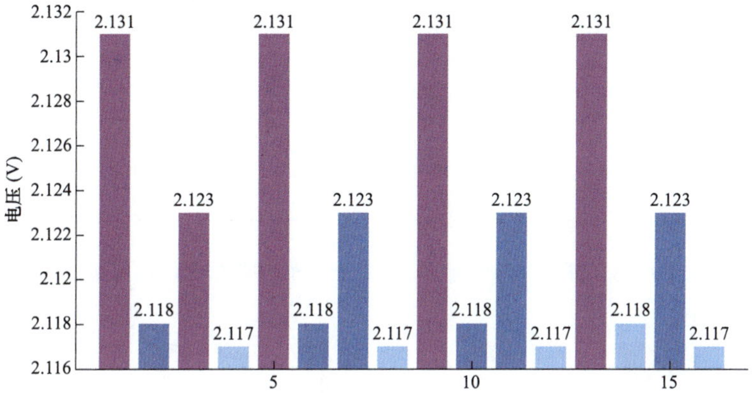

图 11－10－16　蓄电池内阻测试仪内阻分析软件电压数据柱状图

当数据量小于 10 时，只将显示电压最高数据显示为紫色，电压最低数据显示为浅蓝色。

当数据量大于 10 时，电压最高五节数据显示为紫色，电压最低五节数据显示为浅蓝色。

可以通过曲线图和柱状图单选框来控制数据显示的样式。见图 11－10－17。

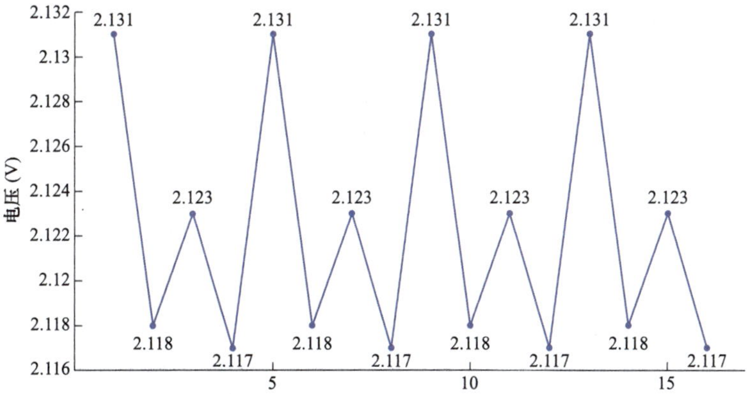

图 11－10－17　蓄电池内阻测试仪内阻分析软件电压数据曲线图

可以通过隐藏数据标签复选框来控制数据标签的显示隐藏。

② 带报警提示的电压数据图。见图 11－10－18。

上方的红色直线表示电压上限，下方的橙色直线表示电压下限。见图 11－10－19 中，报警上限为 2.13V，报警下限为 2.1V。

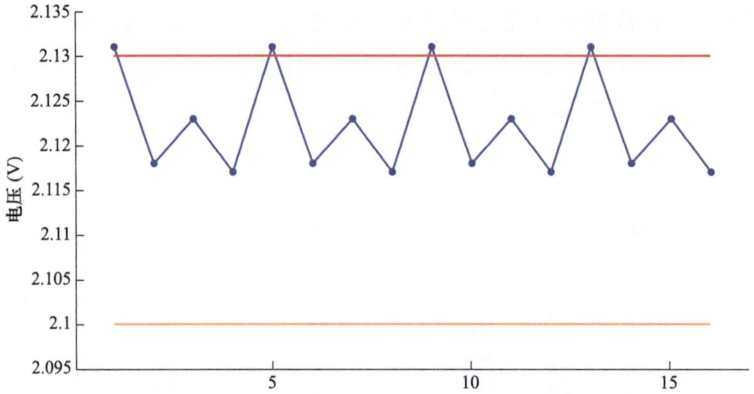

图 11－10－18　蓄电池内阻测试仪内阻分析软件带报警的电压数据曲线图

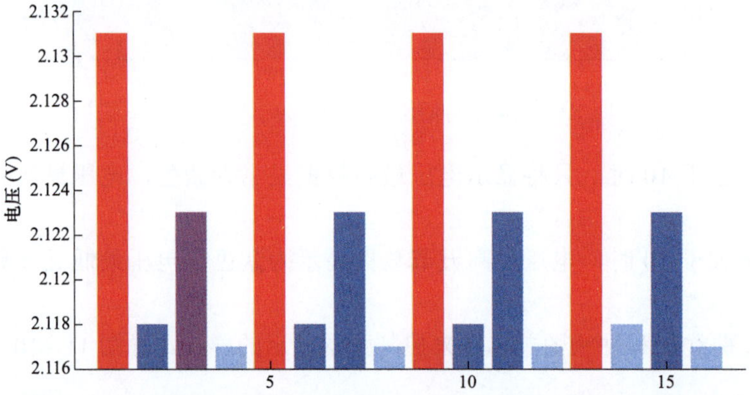

图 11－10－19　蓄电池内阻测试仪内阻分析软件电压越上限时电压数据柱状图

图 11－10－20 中，电压上限报警值设置为 2.13V，超过 2.13V 的电压柱状图均为红色（此处将电压上限报警值设置为 2.13V，仅为了显示该报警功能）。

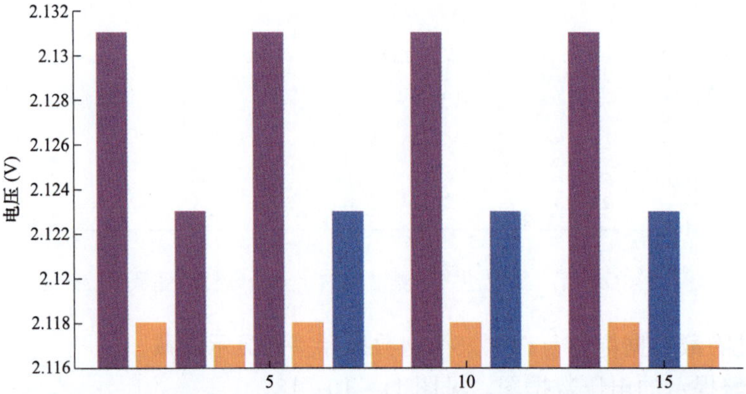

图 11－10－20　蓄电池内阻测试仪内阻分析软件电压低于下限时电压数据柱状图

图中，电压下限报警值设置为 2.12V，低于 2.12V 的电压柱状图均为橙色（此处将电压下限报警值设置为 2.12V，仅为了显示该报警功能）。

3）数据删除。单击

，则会删除数据表中，复选框处于选中状态的数据。

4）数据导出。单击 Word导出 按钮，会打开导出 doc 文件窗口，选择好保存的位置，则会开始将数据以及数据图导出成 Word 保存在选择的位置。

单节测试报表案例：见图 11－10－21。

蓄电池内阻测试仪

单节电池内阻测试报表

使用单位：
电池型号：
产品名称：
制造厂商：
测试单位：
测试人员：
测试日期：
打印日期：
测试站点：

数据表

站点名称	[illegible]		电池厂家			安装日期		
电池编号	电压值(V)	内阻值(uΩ)	连接电阻(uΩ)	电池预估容量(%)	内阻增加(uΩ)	内阻基值(uΩ)	型号(AH)	测试时间
1	2.047	1565	0	100	100	650	300	2018-06-23 08:03:57
2	2.111	1981	0	100	100	650	300	2018-06-23 08:04:30
3	2.017	2557	0	100	100	650	300	2018-06-23 08:05:09
4	2.015	2554	0	100	100	650	300	2018-06-23 08:05:24
5	2.134	1451	0	100	100	650	300	2018-06-23 08:05:46
6	2.259	1598	0	100	100	650	300	2018-06-23 08:06:02
站点名称	[illegible]		电池厂家			安装日期		
电池编号	电压值(V)	内阻值(uΩ)	连接电阻(uΩ)	电池预估容量(%)	内阻增加(uΩ)	内阻基值(uΩ)	型号(AH)	测试时间
1	12.742	5156	0	74	14.5	4500	100	2018-06-23 08:07:18
2	12.712	5156	0	75	14.5	4500	100	2018-06-23 08:07:37
3	12.838	4686	0	77	4.1	4500	100	2018-06-23 08:07:59
4	12.813	4650	0	77	3.3	4500	100	2018-06-23 08:09:48
5	12.788	4686	0	76	4.1	4500	100	2018-06-23 08:10:07
6	12.82	4743	0	77	5.4	4500	100	2018-06-23 08:10:30
7	12.786	4708	0	76	4.6	4500	100	2018-06-23 08:10:50
10	25.569	12192	0	81	100	4500	100	2018-06-23 08:25:25
站点名称	[illegible]		电池厂家			安装日期		
电池编号	电压值(V)	内阻值(uΩ)	连接电阻(uΩ)	电池预估容量(%)	内阻增加(uΩ)	内阻基值(uΩ)	型号(AH)	测试时间
1	2.047	1565	0	100	100	650	300	2018-06-23 08:03:57
2	2.111	1981	0	100	100	650	300	2018-06-23 08:04:30
3	2.017	2557	0	100	100	650	300	2018-06-23 08:05:09
4	2.015	2554	0	100	100	650	300	2018-06-23 08:05:24
5	2.134	1451	0	100	100	650	300	2018-06-23 08:05:46
6	2.259	1598	0	100	100	650	300	2018-06-23 08:06:02
站点名称	[illegible]		电池厂家			安装日期		
电池编号	电压值(V)	内阻值(uΩ)	连接电阻(uΩ)	电池预估容量(%)	内阻增加	内阻基值(uΩ)	型号(AH)	测试时间

图 11－10－21　蓄电池内阻测试仪单节电池内阻测试报表样例

整组测试报表案例：见图 11－10－22。

参数列表

站点名称	21111111	电池组编号	1	电池类型	2V
电池厂家		电池节数	10	安装日期	
电池型号(AH)	100	测试时间	2018-04-28 09:34:42		
最高内阻	3#:1065uΩ	最低内阻	2#:1052uΩ	平均内阻	105Tu Ω

数据表

电池编号	电压值(V)	内阻值(uΩ)	内阻增加(uΩ)	内阻基值(uΩ)	电池预估容量(%)
1	2.071	1055	5.2	1000	55
2	2.067	1052	5.2	1000	54
3	2.064	1065	6.5	1000	54
4	2.064	1059	5.9	1000	53
5	2.062	1059	5.6	1000	53
6	2.062	1061	6.1	1000	53
7	2.014	1056	5.6	1000	53
8	2.061	1057	0	1000	53
9	2.061	1057	5.7	1000	53
10	2.062	1057	5.7	1000	0

电压数据图：

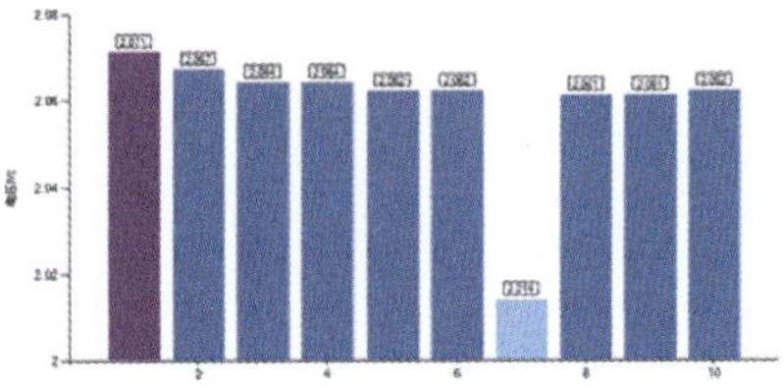

	电池编号	电压值		电池编号	电压值
电压最高五节电池信息	1#	2.071V	电压最低五节电池信息	7#	2.014V
	2#	2.067V		9#	2.061V
	3#	2.064V		8#	2.061V
	4#	2.064V		10#	2.062V
	6#	2.062V		6#	2.062V

内阻数据图：

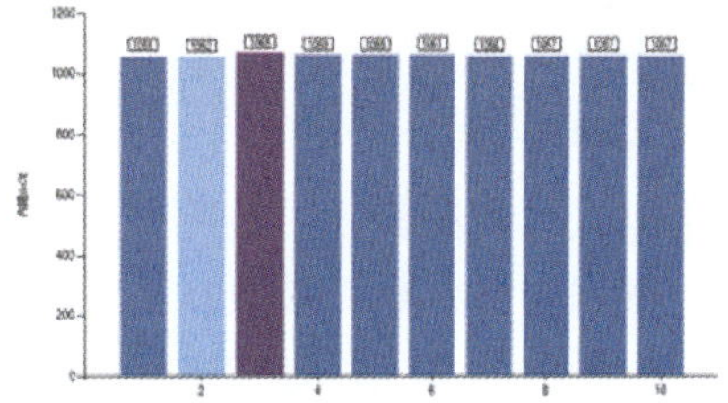

	电池编号	内阻值		电池编号	内阻值
内阻最高五节电池信息	3#	1065uΩ	内阻最低五节电池信息	2#	1052uΩ
	6#	1061uΩ		1#	1055uΩ
	4#	1059uΩ		7#	1056uΩ
	5#	1059uΩ		10#	1057uΩ
	8#	1057uΩ		9#	1057uΩ

电池剩余容量数据图：

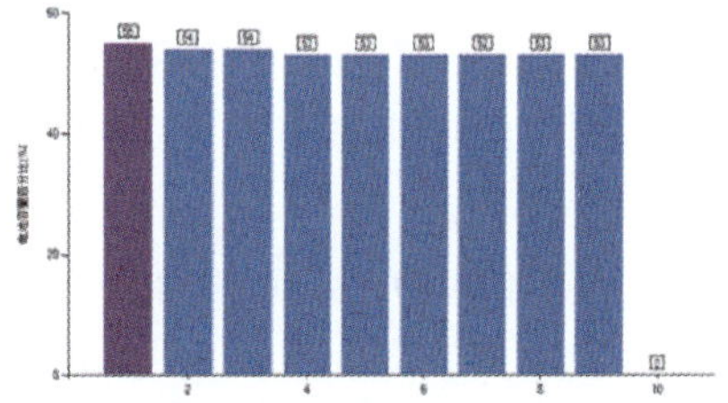

图 11－10－22　蓄电池内阻测试仪整组测试报表样例

四、使用方法

（一）准备

将测试线和内阻仪通过插头连接起来。

本机电池应该充满电。内阻仪连接蓄电池如图 11－10－23 所示。

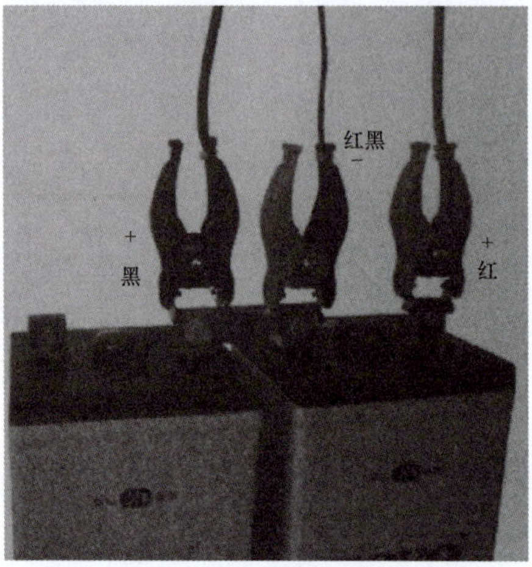

图 11－10－23　蓄电池内阻测试仪连接蓄电池示意图

夹子应可靠夹到蓄电池极柱上。

若不需要测试连接电阻，可将红黑夹子夹到黑色夹子的电压测量回路上，即黑色夹子细导线连接一侧。

警告：不能在线测试内部已断路的电池内阻，因为此时电池两级的电压非常高，可以通过测其电压来判断是否断路。

！禁止接入 15V 以上的直流电压进行测试。

（二）目视检查

使用测试仪测试前应对被测电池进行如下检查：

（1）待测电池盒是否破裂。

（2）待测电池单元盖是否破裂。

（3）待测电池盒与电池单元盖的密封情况。

（4）待测电池接头或接线柱是否被腐蚀。

（5）待测电池压板是否过松或过紧而使电池内部破裂。

（6）待测电池上部污垢或导电酸。

（7）电缆或导线磨损、断裂或损坏。

（8）待测电池接头被腐蚀或过松。

（三）电池测试

按下⏻键 1 秒钟，即可开启内阻仪。自动进入【测试选择】界面，见图 11－10－24。

在【测试选择】界面下，按 Enter 键选择电池单节测试或整组测试，按左右键进行菜单切换，右上角的图标显示内部锂电池电量；容量为被测电池剩余容量百分比。

（1）选择单节测试进入节数设置界面如图 11－10－25。

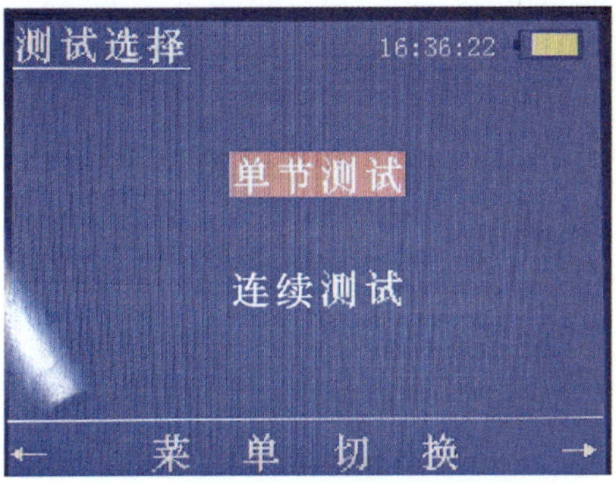

图 11－10－24　蓄电池内阻测试仪测试选择界面

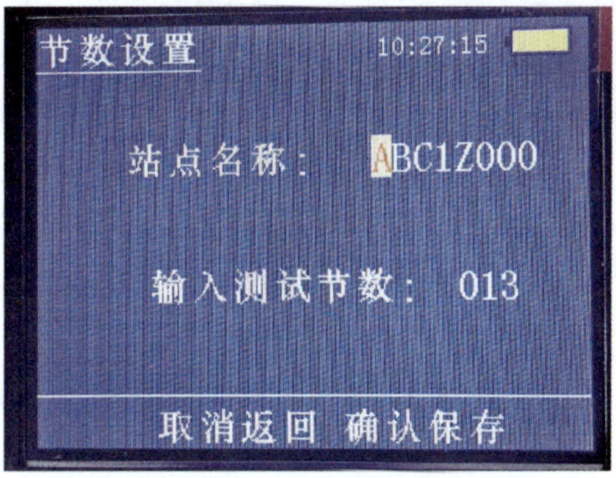

图 11－10－25　蓄电池内阻测试仪单节测试节数设置界面

在【节数设置】界面下，按左右键选择站点编号和测试节数，按上下键可对选择的编号及测试节数进行设置，站点名称为 26 字母加 0－9 是个数字组合而成，测试节数最多可设置为 999 节。设置完成后，按确定键进入单节测试界面，进行指定节数的设置。

（2）选择单节测试进入单节测试页面如图 11－10－26。

在【单节测试】界面下，按 Enter 键进行电池测试，节号表示当前所要测试的节数；电压显示被测电池电压值；内阻为被测电池内阻数值（单位μΩ）；容量为被测电池剩余容量百分比；通过上下键选择，选择被测电池的型号，默认情况下，系统会自动设定相关电池的基值，当然，用户可在“系统设置”菜单中的“基值设定”设定电池的基值。内阻测试结束后，会自动进入系统冷却状态，冷却过程约 15 秒。冷却过程中，系统不能进行内阻测试，此时界面也会提示“冷却中”，冷却结束后，界面“冷却中”提示消失，此时可再次进行内阻测试。

（3）选择连续测试进入节数设置界面如图 11－10－27。

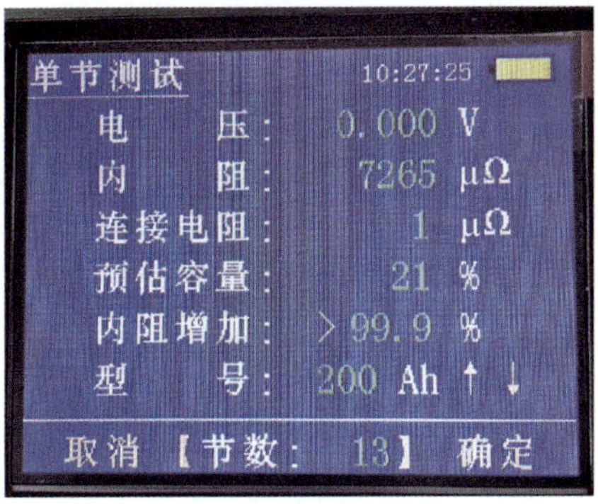

图 11－10－26　蓄电池内阻测试仪单节测试界面

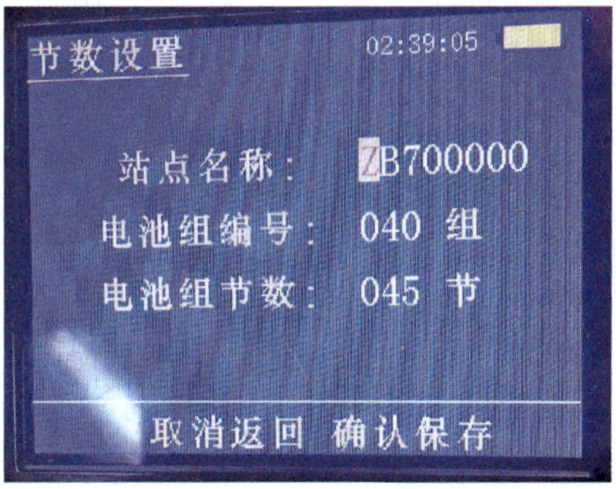

图 11－10－27　蓄电池内阻测试仪连续测试节数设置界面

在【节数设置】界面下，电池组编号为系统自动生成，每进行一次整组测试自动加一。按左右按键可选择电池组节数及站点名称光标位置，上下按键可设置光标所对应的电

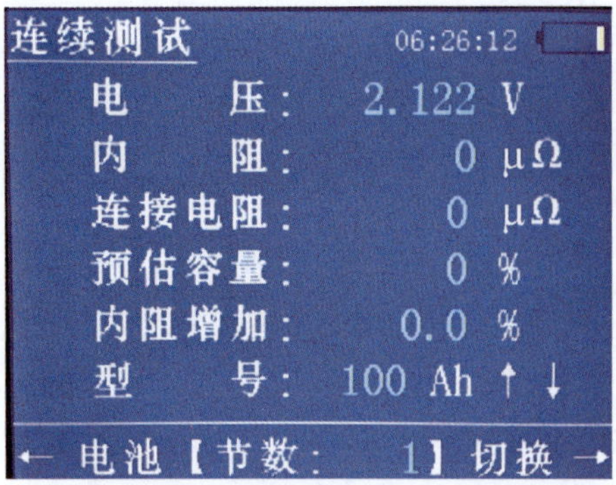

图 11－10－28　蓄电池内阻测试仪连续测试界面

池组节数及站点名称，站点名称支持全数字及全字母。电池组节数用户可自行根据实际电池组节数设置（必须与实际要测试的电池组节数相同）。按 Enter 键按当前设置的电池节数进入【连续测试】页面进行电池测试，按 ESC 键退出节数设置到【测试选择】界面。

连续测试界面如图 11－10－28 所示。

在【连续测试】界面下，按 Enter 键进行电池测试，按左右键可对已测试的电池进行查看，长按 ESC 键可对当前所在节数进行数据删除（删除当前节数数据后，必须重新测试被删除的电池数据）；节数表示要测试的下一节电池编号；电压显示被测电池电压值；内阻为被测电池内阻数值（单位μΩ）；容量为被测电池剩余容量百分比；通过上下键选择，选择被测电池的型号，内阻测试结束后，会自动进入系统冷却状态，冷却过程约 15s。冷却过程中，系统不能进行内阻测试，此时界面也会提示“冷却中”，冷却结束后，界面“冷却中”提示消失，此时可进行下一节电池内阻测试。

说明：键即为电源开关键，电源关闭时按下可打开电源，电源关闭状态下按键可打开电源，每次按下时间需持续 2s 以上方为有效。

（四）历史记录

在【测试选择】界面下按←、→键进入【记录选择】界面，见图 11－10－29。

按 ENTER 键可进入当前选择要查看的电池历史记录数据。

列：选择整组数据查看见图 11－10－30。

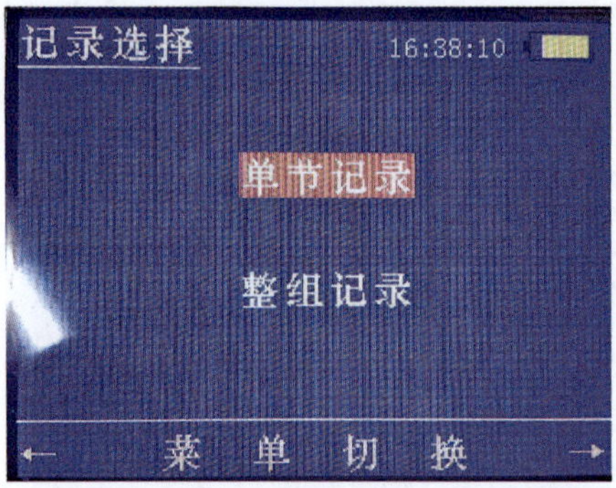

图 11－10－29　蓄电池内阻测试仪记录选择界面

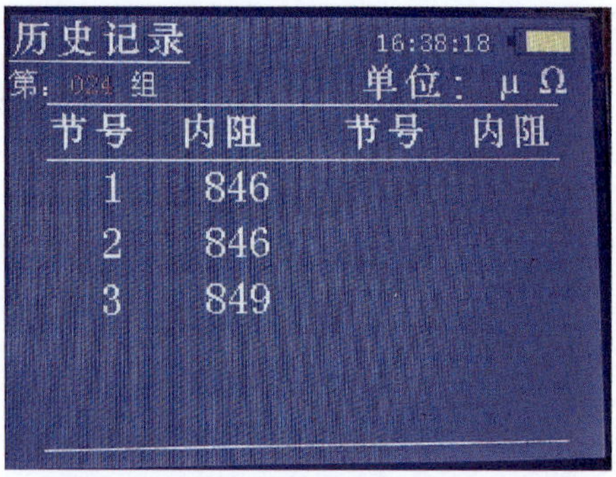

图 11－10－30　蓄电池内阻测试仪历史记录查看

历史记录显示从最新保存值开始排列，按↑↓键进行翻页操作。

（五）系统设置

在【测试选择】或者【记录选择】界面下按←、→键进入【系统设置】界面，见图 11－10－31。

其中，【功能选择】设定蓄电池基值，即蓄电池满容量的内阻，例如某品牌 2V300Ah 蓄电池满容量内阻值为 650 微欧，该值由蓄电池厂家提供；【时间设置】设置系统日期和时间；选择【数据处理】后选择【整组数据】或者【单节数据】可将数据保存至 U 盘及本机数据清除，单节数据写入U盘时保存为NZY_V23.TXT文件，整组数据会根据系统内部存储了多少组数据而生成相应组数的文件，文件名为NZYxx，其中xx为电池组编号列如：第一组电池组保存文件名为NZY01；【出厂设置】由厂家设置，客户一般不需要进行设置。见图11－10－31。

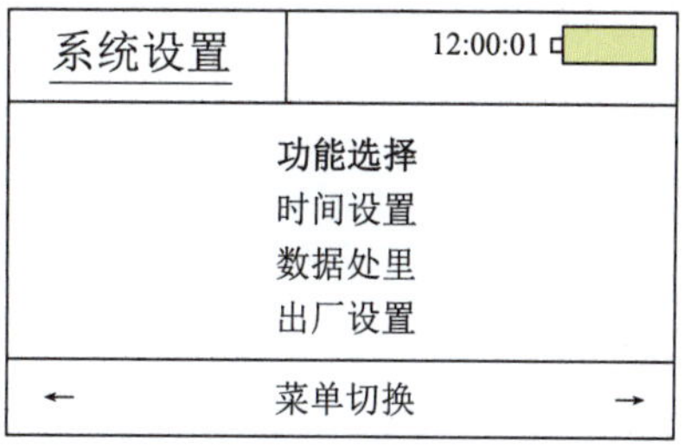

图11－10－31　蓄电池内阻测试仪系统设置界面

（六）提示音说明

开机与关机时蜂鸣器发出短促的“嘀”声。

在【电池测试】界面下按Enter键进行电池测试，测试开始与结束时蜂鸣器发出短促的“嘀”声，见11－10－32。

内阻仪测试数据								
序号	电压(V)	内阻(μΩ)	连接电阻(μΩ)	容量(%)	内阻增加(%)	基值(μΩ)	型号(AH)	时间
001	2.086	1020	60	0	2.0	1000	100	16-08-16 12:23:23
002	2.085	583	61	0	1.0	650	300	16-08-16 12:25:21
003	2.085	584	60	63	1.0	650	300	16-08-16 12:33:07
004	12.449	5190	14	42	10.0	4500	100	16-08-16 13:20:35

图11－10－32　蓄电池内阻测试仪导出数据样例

当内部温度高于一定值时内阻仪需要进行散热冷却，蜂鸣器发出连续的“嘀－嘀”声，此时电池内阻测试被禁用，等待冷却以后蜂鸣器发出短促的“嘀”声，此时可继续进行电池测试。

数据保存至U盘成功后，蜂鸣器发出短促的“嘀”声。

五、注意事项

使用本内阻仪进行测试时，应观察所有设备制造商的注意事项和警告。

（1）测试前应仔细检查所有测试引线的连接。

（2）确认红，黑测试夹牢靠连接在电池的接线柱上。

（3）如果极性接反或未连接，电压将显示为零。

（4）电池夹必须与电池连接牢固。否则将出现错误诊断。对于接线柱在侧面的电池，将测试夹夹在圆形电缆的接线端，而不是方形电缆的接线端。为了确保连接牢固，必要时可拆下电池夹螺栓，并用一个侧面转接接头代替。安装前检查接线柱间隙是否足够。

本章小结

本章重点介绍了站用低压交直流系统常用仪器仪表的使用方法及注意事项，以图文的形式对重点内容进行详细讲解。掌握站用低压交直流系统常用仪器仪表的使用方法能帮助运维人员及时发现和处理异常情况，为后续的设备维护和故障排查打下了坚实的基础，从而提高变电站的运行安全性和稳定性。